Hochschultext

Helmut Werner   Herbert Arndt

Gewöhnliche Differentialgleichungen

Eine Einführung in Theorie und Praxis

Springer-Verlag Berlin Heidelberg New York
London Paris Tokyo

Prof. Dr. Helmut Werner
Dr. Herbert Arndt
Institut für Angewandte Mathematik
Universität Bonn
Wegelerstr. 6
5300 Bonn

Mathematics Subject Classification (1980): 34-01, 65-01

ISBN-13:978-3-540-15288-0   e-ISBN-13:978-3-642-70338-6
DOI: 10.1007/978-3-642-70338-6

CIP-Kurztitelaufnahme der Deutschen Bibliothek
Werner, Helmut:
Gewöhnliche Differentialgleichungen: e. Einf. in Theorie u. Praxis / Helmut Werner;
Herbert Arndt. – Berlin; Heidelberg; New York; London; Paris; Tokyo: Springer, 1986.
(Hochschultext)
ISBN-13:978-3-540-15288-0

NE: Arndt, Herbert:

2144/3140-543210

Vorwort

Dieses Buch über gewöhnliche Differentialgleichungen ist aus einem Kurs für die Fernhochschule Hagen hervorgegangen, an dem seinerzeit auch Herr Dr. P. Janßen mitgearbeitet hatte. Ziel des damaligen Kurses war es, den Studenten, die ihrer Natur nach nicht so häufig persönlichen Kontakt mit der Hochschule haben, eine Einführung in die Theorie und Praxis der gewöhnlichen Differentialgleichungen in einer Form zu geben, die dem häuslichen Selbststudium entgegenkommt. Dieses Konzept wurde auch in der vorliegenden Darstellung beibehalten. Jedoch kann man bei einer solchen Intention nicht erwarten, daß alle Aspekte der gewöhnlichen Differentialgleichungen auch nur annähernd angesprochen werden können. Dem Leser, der an weiterführenden Themen wie z.B. "Periodische Lösungen" oder "Verzweigungstheorie" interessiert ist, soll das Literaturverzeichnis helfen.

Leider hat Herr Werner die endgültige Fertigstellung dieses Buches nicht mehr erleben können – er verstarb im November 1985. Aus der engen Zusammenarbeit mit ihm kann ich jedoch sagen, daß ihm die Anfertigung dieses Buches mit seinem Thema und seiner didaktischen Ausrichtung ein besonderes Anliegen war und er bis zuletzt stets mit Freude daran gearbeitet hat.

An dieser Stelle möchte ich allen denen herzlich danken, die an dem Zustandekommen dieses Buches beteiligt waren. Dies gilt für Kollegen und Studenten, die durch Verbesserungsvorschläge und Kritik zur jetzigen Darstellung beigetragen haben, und die Unterstützungen, die mir die Universität von Miami gewährte; dies gilt auch für die Studenten, die die Schriftsetzung mit dem Satzprogramm TeX besorgten, nämlich Christoph Jäger und Günter Oster, die einen Teil des Satzes übernahmen, und besonders Angelika Schofer, die den verbleibenden Teil gesetzt hat und für eine endgültige Harmonisierung sorgte, und Jürgen Groß, der die Zeichnungen anfertigte; schließlich gilt dies auch für den Springer-Verlag, der gern jede Unterstützung gewährte und alle Wünsche stets wohlwollend behandelt hat.

Bonn, im Juni 1986 H. Arndt

Inhaltsverzeichnis

Kapitel 4   Ein- und Mehrschrittverfahren bei Anfangswertaufgaben

Kapitel 5   Verfahren für Anfangswertaufgaben bei steifen Differentialgleichungen

Kapitel 6   Existenzaussagen und Verfahren bei Randwertaufgaben

Symbolverzeichnis

$\to$ S.	siehe Seite
$:=$	definiert als
$I\!N$	Menge der natürlichen Zahlen
$I\!N_0$	$:= I\!N \cup \{0\}$
$Z\!\!\!Z$	Menge der ganzen Zahlen
$I\!R$	Menge der reellen Zahlen
$I\!R_+$	Menge der positiven reellen Zahlen
$C\!\!\!\!/\,$	Menge der komplexen Zahlen
$\overline{C\!\!\!\!/\,}$	$:= C\!\!\!\!/\, \cup \{\infty\}$
$\overline{x}$	komplex Konjugierte von $x \in C\!\!\!\!/\,$
$Re\, x,\ Im\, x$	Realteil bzw. Imaginärteil von $x \in C\!\!\!\!/\,$
x^T	transponierter Vektor x
$I\!R^n$	$:= \{x = (x_1, x_2, \ldots, x_n)^T \,\big|\, x_i \in I\!R^n\, , i = 1, 2, \ldots, n\}$
$[a,b]$	$:= \{x \in I\!R \,\big|\, a \leq x \leq b\}$ abgeschlossenes Intervall
(a,b)	$:= \{x \in I\!R \,\big|\, a < x < b\}$ offenes Intervall
$y',\ \frac{d}{dx}y,\ Dy$	Ableitung der Funktion y, Fréchet-Ableitung, $\to$ S. 89
$D_i f,\ f_{x_i}$	Ableitung der Funktion $f : I\!R^n \longrightarrow I\!R$ nach der i-ten Variablen
	$=$ partielle Ableitung $\frac{\partial}{\partial x_i}$, $i = 1, 2, \ldots, n$
id	identische Abbildung, $\mathrm{id}(x) = x$ für alle x
min, max	Minimum, Maximum
inf, sup	Infimum, Supremum
R	Randoperator $Ry = My(\alpha) + Ny(\beta)$, $\to$ S. 13
$C^k(U, I\!R^n)$	$:= \{f : U \longrightarrow I\!R^n \,\big|\, f$ ist k-mal stetig differenzierbar$\}$, $\to$ S. 49
$C(U, I\!R^n)$	$:= C^0(U, I\!R^n)$
$C^k(U)$	$:= C^k(U, I\!R)$
(Y, d)	metrischer Raum, $\to$ S. 48
$K_r(y_0)$	offene Kugel um y_0 mit dem Radius r, $\to$ S. 48
$\overset{\circ}{Z}$	Inneres der Menge Z, $\to$ S. 48
$\overline{Z}$	Abschluß der Menge Z, $\to$ S. 48
∂Z	$:= \overline{Z} \setminus \overset{\circ}{Z}$ Rand von Z, $\to$ S. 48
$(Y, \|\cdot\|)$	normierter Raum, $\to$ S. 49
$|x|$	Betrag von x, falls $x \in I\!R$
$|x|$	$:= \max\limits_{1 \leq i \leq n} |x_i|$, falls $x = (x_1, x_2, \ldots, x_n)^T \in I\!R^n$, $\to$ S. 50

$\|y\|_\infty$ $\sup\limits_{x \in U} |f(x)|$ für (beschränktes) $f \in C(U, I\!\!R^n)$, Supremumsnorm, $\to$ S. 50

$(y_j)_{j \in N}$ Folge in Y, falls $y_j \in Y$ für alle j, $\to$ S. 49

$\mathrm{dist}(S, T)$ $:= \inf\limits_{\substack{s \in S \\ t \in T}} |s - t|$ Distanz der Mengen $S, T \subset I\!\!R^n$

$\mathcal{L}, L$ lineare Differentialoperatoren,

$$\mathcal{L}y := y' + Ay',$$
$$Lz := a_n(x)z^{(n)} + a_{n-1}(x)z^{(n-1)} + \ldots + a_0(x)z$$

$\{y^1, y^2, \ldots, y^n\}$ Fundamentalsystem von $\mathcal{L}y = 0$, $\to$ S. 69

$L(Y, Z)$ Menge der beschränkten linearen Operatoren von Y nach Z, $\to$ S. 87

o, O Landausche Symbole, $\to$ S. 88

$\dfrac{\partial g}{\partial u}, g_u$ Funktionalmatrix, $\to$ S. 94

I_h Gitter auf I, $\to$ S. 112

$\lfloor x \rfloor$ $:= \min\{n \in Z\!\!\!Z \,|\, n \leq x\}$ Gauß-Klammer für $x \in I\!\!R$

u_h Gitterfunktion, $u_h : I_h \longrightarrow I\!\!R^n$, $\to$ S. 113

E $n \times n$-Einheitsmatrix oder Verschiebungsoperator, $\to$ S. 38

Π_n $:= \{p : I\!\!R \longrightarrow I\!\!R \,|\, p(x) = a_n x^n + a_{n-1} x^{n-1} + \ldots + a_0, \, a_i \in I\!\!R\}$ reelle Polynome höchstens n-ten Grades, $\to$ S. 24

∂p (tatsächlicher) Grad von $p \in \Pi_n$, $\to$ S. 24

Π_n^C Menge der komplexen Polynome höchstens n-ten Grades

$\Delta^n(x_0, \ldots, x_n)f$ n-ter Differenzenquotient, $\to$ S. 150

$\nabla^n f_i$ absteigende Differenzen, $\to$ S. 150

C_h $:= C(I_h, I\!\!R^n)$, $\to$ S. 160

$\|u\|_h$ $:= \max\limits_{x \in I_h} |u(x)|$ für $u \in C_h$, $\to$ S. 160

δ_{ij} Kronecker-Symbol, $\delta_{ij} = 0$ für $i \neq j$ und $\delta_{ij} = 1$ für $i = j$

$(x)_+^k$ abgeschnittene Potenzen, $\to$ S. 254

H_- linke komplexe Halbebene

Kapitel 1 Einführung und elementare Lösungsmethoden

§1 Beispiele für das Auftreten von Differentialgleichungen

Das Lösen von Gleichungen ist eine Aufgabe, die sehr häufig und in vielfältiger Form in der Mathematik selbst und bei ihrer Anwendung auftritt. Ihr Ziel kann sein, eine Lösung durch theoretische Überlegungen ("analytisch") zu ermitteln und explizit anzugeben, oder aber, falls dies nicht möglich ist, eine Näherungslösung mit Hilfe numerischer Verfahren zu berechnen. Es gibt sogar Fälle, in denen man das Lösen durch numerische Verfahren der Auswertung des explizit bekannten Ausdrucks vorzieht, weil jenes organisatorisch (Programmierung) und numerisch einfacher ist als die analytische Auswertung.

Eine Bestimmungsgleichung für eine Größe y läßt sich in der Form

$$F(y) = 0$$

darstellen, wobei F beispielsweise eine Abbildung eines linearen Raumes R_1 in einen linearen Raum R_2 bezeichnen kann. Gesucht wird entweder eine Lösung $y \in R_1$ oder die Gesamtheit der Lösungen der Gleichung.

Typische Beispiele solcher Aufgaben sind die Bestimmung einer Nullstelle einer reellen Funktion oder das Lösen eines linearen Gleichungssystems.

Durch die Gleichung

$$F(x, y(x)) = 0 \; , \quad x \text{ aus einem Intervall} \, ,$$

kann implizit eine Funktion y bestimmt sein. Differentialgleichungen sind ebenfalls Bestimmungsgleichungen für Funktionen, sie sind aber dadurch charakterisiert, daß eine oder mehrere Ableitungen der gesuchten Funktion in der Bestimmungsgleichung auftreten.

Wie bei allen anderen Gleichungen ergibt sich zunächst die Frage nach der Existenz einer Lösung bzw. nach der Gesamtheit der Lösungen einer Differentialgleichung. Darüber hinaus gibt es speziellere Fragen, wie die nach der Empfindlichkeit der Lösung gegen Veränderungen der Daten des Problems, denn die Daten können aus der Praxis stammen, durch Messungen gewonnen und damit fehlerbehaftet sein, und diese Ungenauigkeiten sollten nicht zu großen Abweichungen der Lösung führen.

Weiter kann man nach dem größten Intervall fragen, in dem die in einem Punkte festgelegte Lösung einer Differentialgleichung durch stetige Fortsetzungen erklärt werden kann.

Erst bei Vorliegen positiver Antworten auf diese Fragen ist die Anwendung numerischer Verfahren, d.h. der Einsatz von Mühe und Arbeit gerechtfertigt. Es erscheint deshalb zweckmäßig, Theorie und Praxis der Differentialgleichungen als eine Einheit zu behandeln.

In diesem Buch wollen wir Fragen ausschließen, wie sie z.B. bei regeltechnischen Problemen auftreten. Das Verhalten eines zu regelnden Systems hängt häufig nicht nur von seinem augenblicklichen Zustand, sondern auch von der Vorgeschichte ab. Man denke etwa an die Einstellung der Hähne einer Dusche, deren Ergebnis man erst Sekunden später spürt und in gewünschter Weise korrigieren kann. Die Beschreibung solcher Regelsysteme führt in einfachsten Fällen auf Differentialgleichungen mit nacheilenden Argumenten, allgemein auf sogenannte Funktional-Differentialgleichungen.

Die unten folgenden Beispiele sollen auf einige Phänomene aufmerksam machen, die bei Differentialgleichungen auftreten können. Häufig hilft bei der Beantwortung obiger Fragen ein Blick auf das zugrundeliegende Problem, das durch die Differentialgleichung beschrieben werden soll, und die dort durch die realen Gegebenheiten und Verhältnisse gestellten Bedingungen. Differentialgleichungen begegnet man auch in der Physik, Chemie, Biologie, Medizin, den Wirtschafts- und Sozialwissenschaften. Die mathematische Modellbildung für dort auftretende Probleme und damit gegebenenfalls die Aufstellung zugehöriger Differentialgleichungen als Aufgabe für den Mathematiker wäre eine eigene Behandlung wert, hierauf kann in diesem Band nicht eingegangen werden.

1.1.1 Beispiel. Die Differentialgleichung

$$(1) \qquad y' = ay \ \text{ mit } \ a \in I\!R$$

beschreibt u.a. modellartig die Zerfalls- oder Wachstumsprozesse einer Größe $y(x)$ in Abhängigkeit von der Zeit x. Die erste Ableitung $y' = dy/dx$ ist proportional zu y, d.h. die Abnahme oder das Anwachsen von y zum Zeitpunkt x ist proportional zur Größe y selbst im Zeitpunkt x. Auch wenn man sich auf reellwertige Lösungsfunktionen beschränkt, existiert eine Vielfalt von Lösungen. Sie besteht aus allen Funktionen $y(x) = ce^{ax}$ mit $c \in I\!R$, wie man durch Einsetzen in die Differentialgleichung verifiziert; wir werden später beweisen, daß jede Lösung diese Form besitzt. Man sieht ferner, daß bei dieser Differentialgleichung, in der nur eine Ableitung ersten Grades auftritt, eine Lösung aus der Gesamtheit der Lösungen durch Vorgabe ihres Werts y_0 an der Stelle x_0 eindeutig festgelegt wird. Ist beispielsweise $x_0 = 0$, so ist $c = y_0$ zu setzen. Der Bereich, in dem eine Lösung durch Fortsetzung definierbar ist, besteht in diesem Beispiel offensichtlich aus ganz $I\!R$.

Dieses Beispiel gibt uns gleichzeitig einen ersten Hinweis auf den Begriff der "Stabilität" von Lösungen einer Differentialgleichung, denn falls $c \neq 0$ ist, wächst $y(x)$ bei $a > 0$ für $x \longrightarrow \infty$ betragsmäßig über jede Grenze, während "stabile" Verhältnisse vorliegen, wenn $a = 0$ oder $a < 0$ ist, da dann $y(x)$ konstant ist bzw. für $x \longrightarrow \infty$ gegen 0 strebt.   □

1.1.2 Beispiel. Die Differentialgleichung

$$(2) \qquad y' = -a\sqrt{y} \ \text{ mit } \ a > 0$$

kann als Modell für das Auslaufen einer Flüssigkeit aus einem im Querschnitt gleichförmigen Gefäß angesehen werden, wenn $y(x)$ die Höhe des Flüssigkeitsspiegels über der Auslauföffnung in Abhängigkeit von der Zeit x bedeutet. Denn zum einen ist die momentane Abnahme y' der Höhe naturgemäß proportional zur Geschwindigkeit der auslaufenden Flüssigkeit an der Öffnung, und zum anderen ist das Quadrat dieser Geschwindigkeit proportional zur kinetischen Energie, diese gleich der potentiellen Energie der Teilchen an der Wasseroberfläche und diese wiederum ist proportional zur Höhe des Flüssigkeitsspiegels über der Öffnung. Also ergibt sich, daß y' zu $\sqrt{y}$ proportional ist. Wir sehen, daß die Differentialgleichung von jeder Funktion

$$y(x) = b(x - \tilde{x})^2 \quad \text{mit} \quad b = \left(\frac{a}{2}\right)^2$$

und beliebigem $\tilde{x} \in I\!R$ im Bereich $\{x \in I\!R \mid x \leq \tilde{x}\}$ gelöst wird, ferner von

$$y(x) = 0 \quad \text{in ganz} \quad I\!R$$

und allen aus diesen beiden Lösungstypen wie folgt stückweise zusammengesetzten Funktionen

$$(3) \qquad\qquad y(x) = \begin{cases} b(x - \tilde{x})^2 & \text{für} \quad x < \tilde{x} \\ 0 & \text{für} \quad x \geq \tilde{x} \,. \end{cases}$$

Definitionsbereich ist wie vorher ganz $I\!R$. Im Unterschied zu Beispiel 1.1.1 ist bei dieser Differentialgleichung, wenngleich sie ebenfalls nur eine Ableitung ersten Grades enthält, eine Lösung nicht notwendig schon durch Vorgabe eines Wertes y_0 an einer Stelle x_0 festgelegt, denn für $y_0 = 0$ ist eine Funktion aus (3) für jedes $\tilde{x} \leq x_0$ eine Lösung mit dieser Vorgabe wie auch $y = 0$. Hingegen ist für $y_0 > 0$ der Zeitpunkt $\tilde{x} = x_0 + (2/a)\sqrt{y_0}$ und damit die Lösung eindeutig bestimmt. Diese theoretische Mehrdeutigkeit im Falle $y_0 = 0$ bedeutet im physikalischen Beispiel, daß im Rückblick auf die Zeit $x < x_0$ nicht entschieden werden kann, ob und wann das Gefäß mit Flüssigkeit gefüllt war. □

1.1.3 Beispiel. Die Differentialgleichung

$$y' = 1 + y^2$$

sei hier als Beispiel angeführt, um zu veranschaulichen, daß der Definitionsbereich der Lösung eingeschränkt sein kann, ohne daß man dies der Differentialgleichung unmittelbar ansieht. Die Differentialgleichung wird von allen Funktionen

$$y(x) = \tan(x - c) \quad \text{mit} \quad c \in I\!R$$

und keinen weiteren gelöst, und jede dieser Lösungen ist nur im Intervall $(c - \pi/2, c + \pi/2)$ stetig definierbar und über die Randpunkte hinaus wegen der dortigen Pole nicht fortsetzbar. □

1.1.4 Beispiel. Wir wollen hier ein einfaches Epidemie-Modell anführen. Es sei P der Populationsumfang, S die Anzahl der ansteckbaren, "suszeptiblen" Elemente, I die Anzahl der ansteckenden, "infektiösen" Elemente und schließlich V die Anzahl der immunen oder "vernichteten" Elemente der Population, also $P = S + I + V$. Wenngleich es sich um diskrete Größen handelt, wollen wir P, S, I, V als einmal stetig differenzierbare Funktionen der Zeit x ansehen und annehmen, daß zu einem Zeitpunkt, etwa $x = 0$, die Werte $S_0 = S(0)$ und $I_0 = I(0)$ positiv sind, was für die Modellbildung sinnvoll ist. Aus Erfahrung scheint die Annahme vernünftig, daß die momentane Änderung von S, also S' wie beim Ablauf chemischer Prozesse nach dem "Massenwirkungsgesetz" zum Produkt von S und I proportional ist, während V' als zu I proportional angenommen werden kann, also

$$(4) \qquad \begin{aligned} S' &= -r \cdot S \cdot I & &\text{mit } r > 0 \,, \\ V' &= \ \gamma \cdot I & &\text{mit } \gamma > 0 \,, \ \text{ und folglich} \\ I' &= \ r \cdot S \cdot I - \gamma \cdot I \,, \end{aligned}$$

wenn wir $P = \text{const}$, also $P' = S' + I' + V' = 0$, voraussetzen. Dies ist ein "System von Differentialgleichungen". Hier besteht es aus drei Gleichungen, die einen Zusammenhang zwischen drei zeitabhängigen Größen und ihren Ableitungen ersten Grades beschreiben. Dieses Epidemiemodell (4) läßt sich noch verfeinern zu Funktionaldifferentialgleichungen, die Verzögerungen wie Inkubationszeit und Krankheitsdauer mitberücksichtigen.

Um sich eine Vorstellung von den durch das Differentialgleichungssystem gegebenen Zusammenhängen zwischen den einzelnen Größen zu machen, kann man versuchen, sie in Relation zueinander zu setzen und zu betrachten. So ergibt sich z.B. aus (4) durch Division der beiden ersten Gleichungen die einzelne Differentialgleichung

$$(5) \qquad \frac{d\tilde{S}}{dV} = \frac{S'}{V'} = -\frac{r}{\gamma}\tilde{S} \,,$$

wenn $\tilde{S}$ die Anzahl der suszeptiblen Elemente in Abhängigkeit von V beschreibt. Diese Differentialgleichung entspricht dem ersten Beispiel und wird von

$$\tilde{S}(V) = S_0 e^{-\frac{r}{\gamma}(V - V_0)} \,, \quad V_0 := V(0) \,,$$

gelöst. Da P eine obere Schranke von V ist, kann man folgern, daß

$$\tilde{S}(V) \geq S_0 e^{-\frac{r}{\gamma}(P - V_0)} > 0$$

ist, also die Anzahl der ansteckbaren Elemente in diesem Modell stets größer als Null bleibt.

Aus (4) erhält man ferner die Anzahl $\tilde{I}$ der ansteckbaren Elemente als Funktion von S,

$$(6) \qquad \frac{d\tilde{I}}{dS} = \frac{\gamma}{r} \cdot \frac{1}{S} - 1 \,.$$

Diese Gleichung wird von

$$\tilde{I}(S) = \frac{\gamma}{r} \log\left(\frac{S}{S_0}\right) - (S - S_0) + I_0$$

gelöst.

Nach (6) ist $d\tilde{I}/dS = 0$ für $S^* = \gamma/r$, d.h. nimmt S, die Anzahl der ansteckbaren Elemente, ab, so fällt von einer bestimmten Stelle S^* an auch I, die Anzahl der ansteckenden Elemente. □

1.1.5 Bemerkung. Wie an den ersten Beispielen zu erkennen war, besitzen Differentialgleichungen eine Vielfalt von Lösungen. Bei einer Differentialgleichung der Form

$$y' = f(x,y)$$

– die drei ersten Beispiele waren von diesem Typ – kann man sich die gegebenenfalls noch unbekannte Lösungsvielfalt durch Skizzierung des *Richtungsfeldes* veranschaulichen, indem man in einer großen Anzahl von Punkten (x,y) des Definitionsgebietes G von f in der xy-Ebene kleine Striche in jener Richtung zeichnet, die durch die Ableitung $y' = f(x,y)$ dort vorgeschrieben wird. Man gewinnt auf diese Weise bereits einen guten Eindruck vom Verlauf der Lösungsfunktionen, von ihren Definitionsbereichen etc. □

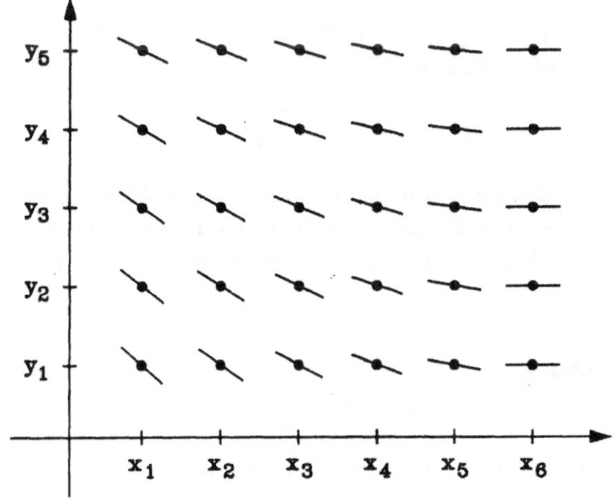

Umgekehrt besteht auch die Möglichkeit, Funktionenscharen oder Kurvenscharen mit Hilfe von Differentialgleichungen zu beschreiben. Bei ein- oder mehrparametrigen, hinreichend oft differenzierbaren Kurvenscharen kann man eine solche Darstellung dadurch zu erreichen versuchen, daß man nach ein- oder mehrfacher Differentiation die freien Parameter zu eliminieren versucht. Bei diesem Vorgehen ergibt sich häufig, daß die resultierende Differentialgleichung auch Lösungen besitzt, die nicht zur ursprünglichen Kurvenschar gehören, wie die folgenden Beispiele zeigen.

1.1.6 Beispiel. Die Funktionenschar

$$\left\{ y \ : \ \mathbb{R} \longrightarrow \mathbb{R} \,\middle|\, y(x) = \frac{1}{x^2 + a}, \ x \in \mathbb{R}, \ a > 0 \right\}$$

wird durch die Differentialgleichung

$$y' + 2xy^2 = 0$$

beschrieben, die man durch Differentiation von $y(x) = 1/(a + x^2)$ erhält. Die Differentialgleichung wird darüberhinaus auch von $y = 0$ gelöst; diese Funktion ist eine "Einhüllende" jener Funktionenschar. Ferner sind Funktionen der obigen Form mit $a \leq 0$ lokal ebenfalls Lösungen der Differentialgleichung. Sie haben aber in $I\!R$ Pole und sind daher nicht auf ganz $I\!R$ fortsetzbar. $\Box$

1.1.7 Beispiel. Die Flugbahn beim Wurf eines Gegenstandes ist bekanntlich im idealisierten Modell eine Parabel, die Wurfparabel. Sie lautet

$$y = a(x - x_0)(x - x_1) \ \ \text{mit} \ \ a < 0 \,,$$

wenn x_0 die Abwurfstelle und x_1 die Auftreffstelle in gleicher Höhe bezeichnen. Eine Differentialgleichung, die alle Flugbahnen von der Abwurfstelle x_0 aus beschreibt, erhält man durch zweimalige Differentiation von y nach x und Elimination von a und x_1. Man erhält

$$y' = a(x - x_0) + a(x - x_1) \,,$$
$$y'' = 2a$$

und nach Multiplikation von y' mit $(x - x_0)$ und y'' mit $\frac{1}{2}(x - x_0)^2$ und anschließender Subtraktion von der Ausgangsgleichung

$$y - (x - x_0)y' + \frac{(x - x_0)^2}{2} y'' = 0 \,,$$

eine Differentialgleichung, in der auch die zweite Ableitung auftritt. Neben den obigen Parabeln ist auch $y = 0$ als Grenzfunktion der Funktionenschar eine Lösung der Differentialgleichung, darüberhinaus auch jede Parabel der obigen Form mit $a > 0$, d.h. positiver Krümmung. $\Box$

1.1.8 Beispiel. Die Gleichung

$$y^2 + (x - a)^2 = a^2 \sin^2 \psi, \ \psi \ \text{konstant} \,,$$

beschreibt mit dem Parameter $a \in I\!R$ eine Kurvenschar, nämlich die Schar aller Kreise, deren Mittelpunkte auf der x-Achse liegen und die die Geraden $y = (\tan \psi) \cdot x$ und $y = (-\tan \psi) \cdot x$ berühren.

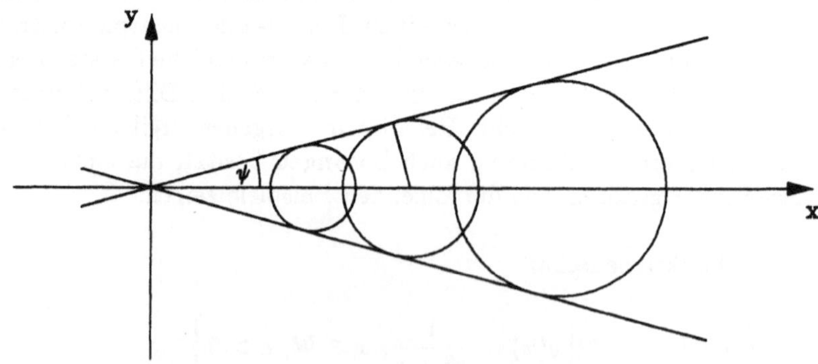

Die Differentiation zur Eliminierung des Parameters a ergibt

$$2yy' + 2(x - a) = 0 \quad \text{oder} \quad a = yy' + x \,.$$

Nach Einsetzen dieses Ausdrucks in die Ausgangsgleichung erhalten wir

$$y^2 + (yy')^2 = (yy' + x)^2 \sin^2 \psi$$

oder

$$y^2(1 + y')^2 - (yy' + x)^2 \sin^2 \psi = 0 \,.$$

Diese Differentialgleichung beschreibt nicht nur die Kurvenschar der obigen Kreise, sondern wird auch von den einhüllenden Geraden $y = (\pm \tan \psi) \cdot x$ erfüllt, wie man leicht verifiziert. $\square$

Wir haben hier einige Beispiele für das Auftreten von Differentialgleichungen angegeben; wir wollen uns nun der Untersuchung ihrer Lösungen im weitesten Sinne, also auch der numerischen Ermittlung, zuwenden.

§2 Klasseneinteilung der Differentialgleichungen, Definition von Anfangs- und Randwertaufgaben

Im ersten Abschnitt haben wir mehrere unterschiedliche Differentialgleichungen kennengelernt. Wir wollen zunächst genauer angeben, was wir allgemein unter einer Differentialgleichung verstehen und einige Begriffe kennenlernen, die die äußere Form einer Differentialgleichung beschreiben.

1.2.1 Definition. *Sei n eine natürliche Zahl und $\tilde{G} \subset I\!\!R^{n+2}$ ein <u>Gebiet</u>, d.h. eine offene und zusammenhängende Teilmenge des $I\!\!R^{n+2}$. Weiterhin sei F eine stetige, reellwertige Funktion auf $\tilde{G}$, also eine Funktion von $n+2$ unabhängigen Variablen.*

Die Aufgabe, ein reelles Intervall I und eine auf I n-mal stetig differenzierbare, reellwertige Funktion y zu finden, so daß für jedes $x \in I$ die Bedingungen

$$(x, y(x), y'(x), \ldots, y^{(n)}(x)) \quad \in \tilde{G}$$

(1) *und*

$$F(x, y(x), y'(x), \ldots, y^{(n)}(x)) = 0$$

erfüllt sind, nennt man <u>Lösen einer gewöhnlichen Differentialgleichung n-ter Ordnung</u>. Der Einfachheit halber werden wir das Argument x von $y, y', \ldots, y^{(n)}$ nicht immer mitführen; wir bezeichnen diese Aufgabe demnach kurz mit

$$(2) \qquad F(x, y, y', \ldots, y^{(n)}) = 0$$

und sprechen von (2) als der Differentialgleichung. Die höchste in ihr auftretende Ableitung gibt die <u>Ordnung</u> der Differentialgleichung an. Gibt es ein Intervall I und eine Funktion y mit (1), so heißt y eine <u>Lösung</u> der Differentialgleichung. Der Zusatz "gewöhnlich" soll besagen, daß die gesuchte Funktion nur von einer Veränderlichen abhängt.

Im Gegensatz dazu spricht man von einer partiellen Differentialgleichung, wenn eine Funktion von mehreren Veränderlichen gesucht ist, die einem (1) ähnlichen funktionalen Zusammenhang genügt, der partielle Ableitungen der gesuchten Funktion enthält.

Ist y eine Lösung der Differentialgleichung (2) auf dem Intervall I, so ist sie auch auf jedem Teilintervall von I Lösung. Ist umgekehrt zunächst y eine Lösung auf dem Intervall J, so heißt jede Lösung der Differentialgleichung, welche auf einem J umfassenden Intervall I definiert ist und auf J mit y übereinstimmt, eine <u>Fortsetzung</u> von y auf I.

Hat F die Form

$$F(x, t_0, t_1, \ldots, t_n) = t_n - f(x, t_0, t_1, \ldots, t_{n-1}) \text{ für jedes } (x, t_0, t_1, \ldots, t_n) \in \tilde{G}$$

mit einer stetigen Funktion f von $n+1$ Variablen, so kann man in trivialer Weise die Differentialgleichung (2) nach $y^{(n)}$ auflösen (der Definitionsbereich G von f ist die Projektion von $\tilde{G} \subset I\!\!R^{n+2}$ auf die ersten $n+1$ Komponenten).

Eine Differentialgleichung der Form

$$y^{(n)} = f(x, y, y', \ldots, y^{(n-1)}) , \quad f : G \longrightarrow I\!\!R \text{ stetig },$$

wobei $G \subset I\!\!R^{n+1}$ ein Gebiet ist, heißt <u>explizit</u>. *Die Gleichung (2) nennt man auch* <u>implizit</u>. *Hängt $F(x, t_0, \ldots, t_n)$ linear von den $n + 1$ Veränderlichen $t_0, t_1, \ldots, t_n$ ab, hat also die Differentialgleichung in $\tilde{G}$ die Gestalt*

$$(3) \qquad F(x, y, y', \ldots, y^{(n)}) = a_n(x)y^{(n)} + a_{n-1}(x)y^{(n-1)} + \ldots + a_0(x)y + b(x) = 0$$

mit stetigen Funktionen $a_0, a_1, \ldots, a_n, b$, so heißt die Differentialgleichung <u>linear</u>.

In diesem Falle hat $\tilde{G}$ die Gestalt $\tilde{G} = J \times \overline{G}$, wobei $J = (a, b) \subset I\!\!R$ ein offenes Intervall und $\overline{G} \subset I\!\!R^{n+1}$ ein Gebiet ist. Gilt zusätzlich $a_n \neq 0$ in J, so kann die Differentialgleichung in eine explizite (lineare) Differentialgleichung umgeformt werden. Ist $b = 0$, d.h. die Nullfunktion, so handelt es sich um eine <u>homogene</u> *(lineare) Differentialgleichung. Sind die Funktionen $a_0, a_1, \ldots, a_n$ konstant, so liegt eine* <u>lineare Differentialgleichung mit konstanten Koeffizienten</u> *vor (b braucht dabei nicht notwendig konstant zu sein).* $\qquad\qquad$ □

1.2.2 Beispiele.

1. Bei der Differentialgleichung

$$y' = ay , \quad a \in I\!\!R$$

handelt es sich um eine explizite, lineare, homogene Differentialgleichung erster Ordnung mit konstanten Koeffizienten.

2. Die Differentialgleichung

$$y' = -a\sqrt{y}$$

ist eine explizite, nichtlineare Differentialgleichung erster Ordnung. $\qquad\qquad$ □

Wenn man die Funktion F und die gesuchte Funktion y als vektorwertige Funktionen auffaßt, erhält man ein System von Differentialgleichungen. Genauer: Sei m eine weitere natürliche Zahl und $\tilde{G} \subset I\!\!R^{m(n+1)+1}$ ein Gebiet. Seien F_i, $i = 1, 2, \ldots, m$, auf $\tilde{G}$ reellwertige stetige Funktionen. Wir setzen $F := (F_1, F_2, \ldots, F_m)$, also $F : \tilde{G} \longrightarrow I\!\!R^m$.

1.2.3 Definition. *Die Aufgabe, ein reelles Intervall I und eine n-mal stetig differenzierbare (vektorwertige) Funktion $y : I \longrightarrow I\!\!R^m$ mit*

$$(x, y(x), y'(x), \ldots, y^{(n)}(x)) \ \in \tilde{G},$$

(4)

$$F(x, y(x), y'(x), \ldots, y^{(n)}(x)) = 0 \ \text{für jedes } x \in I$$

zu finden, nennt man das Lösen eines Systems von m Differentialgleichungen n-ter Ordnung, kurz eines <u>Systems n-ter Ordnung</u>. *Diese Aufgabe beschreiben wir wieder der Kürze halber durch*

$$F(x, y, y', \ldots, y^{(n)}) = 0.$$ $\qquad\qquad$ □

Dabei sollen die Ableitungen von y komponentenweise genommen werden, d.h. gilt

$$y(x) = (y_1(x), y_2(x), \ldots, y_m(x))$$

mit reellwertigen y_i, $i = 1, 2, \ldots, m$, so setzen wir für die j-te Ableitung

$$y^{(j)}(x) := (y_1^{(j)}(x), y_2^{(j)}(x), \ldots, y_m^{(j)}(x)) \,.$$

Die Begriffe explizit, implizit, linear, homogen, inhomogen und Differentialgleichung mit konstanten Koeffizienten übertragen sich wörtlich auf Systeme von Differentialgleichungen.

1.2.4 Aufgabe. Bei den folgenden Differentialgleichungen gebe man an, um welchen Typ es sich jeweils handelt:

$$
\begin{aligned}
a) \quad & y' = -2xy \\
b) \quad & y'^2 = 1 \\
c) \quad & y'' = xy' - e^x y \\
d) \quad & y'' = xy' - e^x y + 1 \\[1em]
e) \quad & y_1'' = y_1' y_2 \\
& y_2'' = y_1 y_2' \\[1em]
f) \quad & y_1' = 99y_1 - 100y_2 \\
& y_2' = 100y_1 + 99y_2
\end{aligned}
$$

$\square$

1.2.5 Umschreibung von Systemen höherer Ordnung auf ein System 1. Ordnung. Wir werden im folgenden nur explizite Differentialgleichungen und Systeme betrachten. Ein System von m Differentialgleichungen n-ter Ordnung läßt sich schreiben als

$$
\begin{aligned}
y_1^{(n)} &= f_1(x, y_1, \ldots, y_m, y_1', \ldots, y_m', \ldots, y_1^{(n-1)}, \ldots, y_m^{(n-1)}) \\
& \vdots \\
y_m^{(n)} &= f_m(x, y_1, \ldots, y_m, y_1', \ldots, y_m', \ldots, y_1^{(n-1)}, \ldots, y_m^{(n-1)}),
\end{aligned}
$$

(5)

kurz als

(6)
$$y^{(n)} = f(x, y, y', \ldots, y^{(n-1)})$$

mit $y = (y_1, y_2, \ldots, y_m)$, $f = (f_1, f_2, \ldots, f_m)$, wobei die Funktionen f_i in einem Gebiet $G \subset {\rm I\!R}^{m \cdot n + 1}$ definiert sind. Jedes System aus m Differentialgleichungen n-ter

Ordnung läßt sich in ein System aus $m \cdot n$ Differentialgleichungen erster Ordnung umformen. Denn setzen wir

$$(7) \qquad \begin{aligned} z_1 &:= y \\ z_2 &:= y' \\ &\ \ \vdots \\ z_n &:= y^{(n-1)}\,, \end{aligned} \qquad \text{genauer} \qquad \begin{aligned} z_{11} &:= y_1 \\ z_{12} &:= y_2 \\ &\ \ \vdots \\ z_{1m} &:= y_m \\ z_{21} &:= y_1' \\ &\ \ \vdots \\ z_{nm} &:= y_m^{(n-1)}\,, \end{aligned}$$

so erhält man mit (6) das System

$$\begin{aligned} z_1' &= z_2 \\ z_2' &= z_3 \\ &\ \ \vdots \\ z_{n-1}' &= z_n \\ z_n' &= f(x, z_1, z_2, \ldots, z_n)\,; \end{aligned}$$

setzen wir also weiterhin

$$g_i(x, z_1, z_2, \ldots, z_n) := z_{i+1}, \ i = 1, 2, \ldots, n-1\,,$$
$$g_n(x, z_1, z_2, \ldots, z_n) := f(x, z_1, z_2, \ldots, z_n)\,,$$

so erhalten wir mit $g := (g_1, g_2, \ldots, g_n)$ und $z := (z_1, z_2, \ldots, z_n) \in I\!\!R^{n \cdot m}$ das Differentialgleichungssystem erster Ordnung

$$(8) \qquad\qquad z' = g(x, z)\,.$$

Kennt man eine Lösung von (8), so ist $y := z_1$ eine Lösung von (6), und ist umgekehrt eine Lösung y von (6) bekannt, so löst z aus (7) die Differentialgleichung (8).

Diese Tatsache berechtigt uns, im folgenden die Untersuchungen auf Differentialgleichungssyteme erster Ordnung zu beschränken. $\qquad\Box$

Ist ein System von n Differentialgleichungen erster Ordnung

$$y' = f(x, y)$$

in einem Gebiet $G \subset I\!\!R^{n+1}$ gegeben, so können dabei folgende Aufgabenstellungen auftreten: Es kann sein, daß man sich für irgendeine Lösung der Differentialgleichung interessiert, daß man die Gesamtheit aller Lösungen bestimmen möchte, oder daß man wissen möchte, ob in einem bestimmten Intervall eine oft noch genauer spezifizierte Lösung der Differentialgleichung existiert.

Besonders häufig kommt es vor, daß man eine oder mehrere Lösungen mit zusätzlichen Eigenschaften benötigt. Diese zusätzlichen Eigenschaften werden meist mit Hilfe von Anfangs- oder Randbedingungen in Form eines Funktionals R beschrieben, das jeder stetigen Funktion y einen Vektor $Ry \in I\!R^n$ zuordnet. Wir beschränken uns in diesem Band auf Fälle vom Typ

$$(9) \qquad Ry = Ay(x_0) \quad \text{oder} \quad Ry = My(\alpha) + Ny(\beta) \, ,$$

wobei die Punkte x_0, α, β mit $\alpha < \beta$ Punkte des Intervalls I und A, M, N reelle $n \times n$-Matrizen sind. Liegt der erste Fall vor und ist $A = E$ die Einheitsmatrix, so erhalten wir eine

1.2.6 Anfangswertaufgabe. *Sei $G \subset I\!R^{n+1}$ ein Gebiet. Gegeben seien $x_0 \in I\!R$ und $y_0 \in I\!R^n$ mit $(x_0, y_0) \in G$ und eine stetige Funktion $f : G \longrightarrow I\!R^n$. Gesucht ist eine Lösung der Differentialgleichung $y' = f(x, y)$ in einem Intervall I mit $x_0 \in I$, so daß gilt*

$$y(x_0) = y_0 \, .$$

Für diese <u>Anfangswertaufgabe</u> schreiben wir kurz

$$(10) \qquad \begin{aligned} y' &= f(x, y) \, , \\ y(x_0) &= y_0 \, . \end{aligned} \qquad\qquad \square$$

Unter diese Problemstellung für ein Differentialgleichungssystem fällt nach 1.2.5 auch die Anfangswertaufgabe einer Differentialgleichung n-ter Ordnung

$$\begin{aligned} y^{(n)} &= f(x, y, \ldots, y^{(n-1)}) \\ y^{(i)}(x_0) &= y_0^i \ \text{für} \ i = 0, 1, \ldots, n-1 \, . \end{aligned}$$

Um die Abhängigkeit von den Anfangswerten anzudeuten, werden wir gelegentlich den Wert $y(x)$ einer Lösung y der Anfangswertaufgabe (10) an der Stelle x mit $y(x; x_0, y_0)$ bezeichnen. Dies ist besonders praktisch, wenn wir mehrere Anfangswertaufgaben mit derselben Differentialgleichung betrachten.

Der Name "Anfangswertaufgabe" soll nicht bedeuten, daß der Punkt x_0 ein Randpunkt des Intervalls I sein muß, obwohl wir in der Regel die Lösung y nur auf einer Seite von x_0 untersuchen werden. Vielmehr erklärt sich der Name daraus, daß in vielen naturwissenschaftlichen Aufgaben der Punkt x_0 ein Zeitpunkt ist, zu dem man gewisse Daten y_0 kennt, und deren zeitliche Veränderung in die Zukunft hinein bestimmt werden soll. Kennt man jedoch eine Lösung y_+ der Anfangswertaufgabe in $I_+ = [x_0, x_+]$ und eine Lösung y_- in $I_- = [x_-, x_0]$, so ist $y : I \longrightarrow I\!R^n$ definiert auf

$$I := I_- \cup I_+ \quad \text{durch}$$

$$y(x) := \begin{cases} y_-(x), & \text{falls } x \in I_- \\ y_+(x), & \text{falls } x \in I_+ \, , \end{cases}$$

ebenfalls eine Lösung der Anfangswertaufgabe.

Enthält das Funktional R eine Forderung in zwei Punkten, wie im zweiten Fall von (9), so erhalten wir eine

1.2.7 Randwertaufgabe. *Sei wieder $G \subset \mathbb{R}^{n+1}$ ein Gebiet und $f : G \longrightarrow \mathbb{R}^n$ stetig. Weiterhin seien $\alpha, \beta \in \mathbb{R}$ mit $\alpha < \beta$ und $d \in \mathbb{R}^n$ und $n \times n$-Matrizen M und N gegeben. Gesucht ist eine Lösung y der Differentialgleichung $y' = f(x,y)$, die im Intervall $I := [\alpha, \beta]$ erklärt ist, und die die* <u>Randwertaufgabe</u>

$$Ry = d \ \text{ mit } \ Ry := My(\alpha) + Ny(\beta)$$

erfüllt. In Kurzform schreiben wir hierfür

$$\begin{aligned} y' &= f(x,y) \\ My(\alpha) + Ny(\beta) &= d \, . \end{aligned} \tag{11}$$

Genauer formuliert sprechen wir von einer Randwertaufgabe, wenn keine der beiden Matrizen M und N die Nullmatrix ist. Früher sprach man außerdem bei Differentialgleichungen zweiter Ordnung

$$y'' = f(x, y, y') \tag{12}$$

von einer <u>Randwertaufgabe erster Art</u>, *wenn an den Endpunkten von I die Bedingungen*

$$y(\alpha) = d_1, \ y(\beta) = d_2$$

gestellt waren. □

Wie wir später sehen werden, existiert bei stetigem f stets eine Lösung der Anfangswertaufgabe; Beispiel 1.1.2 hat jedoch gezeigt, daß diese Lösung nicht eindeutig bestimmt zu sein braucht, d.h. es gibt ein Intervall I mit zwei dort erklärten verschiedenen Lösungen zum gleichen Anfangswert. Jede Lösung dieser Differentialgleichung erfüllt $y(0) - y(1) \geq 0$, so daß beispielsweise die Randwertaufgabe mit $y(0) - y(1) = -1$ nicht lösbar ist. Wir sehen daraus, daß es Randwertaufgaben gibt, die keine einzige Lösung besitzen.

Man bezeichnet eine Problemstellung bei einer Anfangswertaufgabe oder bei einer Randwertaufgabe als <u>sachgemäß</u>, wenn eine Lösung existiert, diese eindeutig bestimmt ist und sich stetig mit Parametern wie Anfangswerten oder Daten für die Funktion f ändert. Letzteres bedeutet, daß kleine Änderungen der der Aufgabe zugrunde liegenden Daten nur kleine Änderungen der Lösung bewirken.

Obwohl in der Praxis auch sehr häufig Randwertaufgaben auftreten, gibt es vergleichsweise viel mehr Literatur, die sich mit der numerischen Lösung von Anfangswertaufgaben befaßt. Dies liegt einerseits daran, daß jede Lösung einer Randwertaufgabe stets Lösung von gewissen Anfangswertaufgaben ist, und andererseits daran, daß man das Auffinden einer Lösung einer Randwertaufgabe (falls eine solche existiert) auf das Auffinden von Lösungen einer Folge von Anfangswertaufgaben zurückführen kann, wie wir später bei den sogenannten Schießverfahren sehen werden.

Die Anfangswertaufgabe (10) mit stetiger Funktion f bedarf zu ihrer Formulierung zweier Gleichungen, und von der Lösung wird man Differenzierbarkeit fordern. Beide Gleichungen kann man jedoch mittels Integration zu einer Gleichung zusammenfassen. Es ist dies die *Volterrasche Integralgleichung*

$$(13) \qquad y(x) = y_0 + \int_{x_0}^{x} f(t, y(t))\, dt,$$

die bereits im Raum der stetigen Funktionen sinnvoll ist.

1.2.8 Satz. *Ist I eine Intervall, in dem eine stetig differenzierbare Lösung y der Anfangswertaufgabe (10) existiert, so löst y auch die Volterrasche Integralgleichung (13). Ist umgekehrt y eine stetige Lösung von (13) in I mit $x_0 \in I$, so ist y stetig differenzierbar und y löst die Anfangswertaufgabe (10).*

BEWEIS: Sei y Lösung von (10) in I. Dann gilt

$$\int_{x_0}^{x} f(t, y(t))\, dt = \int_{x_0}^{x} y'(t)\, dt = y(x) - y(x_0) = y(x) - y_0 \,,$$

d.h. y löst im gleichen Intervall die Volterrasche Integralgleichung (13).

Sei nun umgekehrt y Lösung von (13) in I, wobei $x_0 \in I$ gilt. Da f und y stetig sind, ist auch die Funktion $g(t) := f(t, y(t))$ stetig in I. Integrale von stetigen Funktionen sind differenzierbare Funktionen bezüglich der oberen Grenze, so daß die Funktion y aufgrund der Gleichheit in (13) differenzierbar ist. Differentiation von (13) liefert

$$y'(x) = 0 + f(x, y(x)) \,,$$

und Einsetzen von $x = x_0$ in (13) zeigt schließlich, daß auch die Anfangsbedingung $y(x_0) = y_0$ erfüllt ist. $\qquad\qquad\square$

Statt Anfangswertaufgaben direkt zu behandeln, werden wir die Lösbarkeit der Volterraschen Integralgleichung zeigen. Ihre Untersuchung wird im zweiten Kapitel zu konstruktiven Existenzbeweisen für die Lösungen von Anfangswertaufgaben führen.

§3 Einige elementare Lösungsmethoden

In diesem Paragraphen wollen wir einige Typen von Differentialgleichungen und Systemen zusammenstellen, deren Lösungen sich direkt angeben oder in Form von unbestimmten Integralen darstellen lassen. Diese Differentialgleichungen sind für den Praktiker auch deshalb interessant, weil er sie zum Vergleich heranziehen und an ihnen seine Näherungsmethoden testen kann. Es sei hier bemerkt, daß man nicht bei jeder Differentialgleichung eine Lösung in geschlossener Form angeben kann, wie sich schon an dem Beispiel

$$y' = x^2 + y^2$$

zeigen läßt (Liouville 1841; siehe etwa: Watson, A Treatise on the Theory of Bessel Functions, Cambridge 1952).

Wir betrachten zunächst wieder die Anfangswertaufgabe

$$y' = f(x, y)$$
$$y(x_0) = y_0 \, ,$$

wobei f eine in einem Gebiet G stetige Funktion und $(x_0, y_0) \in G$ ein vorgegebener Punkt ist.

Einige elementar lösbare Differentialgleichungen sind die folgenden Spezialfälle:

1.3.1 Typ $y' = f(x)$.

Eine Lösung gewinnt man durch Integration von x_0 bis x, also

$$y(x) = y_0 + \int\limits_{x_0}^{x} f(t)dt \, ,$$

soweit $(x, y(x)) \in G$ gilt. Alle Lösungen der Differentialgleichung gehen durch Parallelverschiebung entlang der y-Achse auseinander hervor.

1.3.2 Typ $y' = g(y)$.

Gleichungen dieses Typs heißen _autonom_, die Variable x taucht auf der rechten Seite nicht auf. Ist $g(y_0) = 0$, so ist $y(x) = y_0$ eine Lösung.

Gilt jedoch $g(y_0) \neq 0$, so kann man x als Funktion von y bestimmen. Aus der Stetigkeit von g folgt, daß g in einer Umgebung von y_0 von Null verschieden ist, so daß wir wie folgt vorgehen können: Es gilt

$$\frac{dy}{dx} = \frac{1}{\frac{dx}{dy}}$$

und daher

$$\frac{dx}{dy} = \frac{1}{g(y)} \, .$$

Diese Differentialgleichung ist vom Typ 1.3.1. Ihre Lösung ergibt sich durch Integration

$$\int_{y_0}^{y} x'(z)dz = \int_{y_0}^{y} \frac{1}{g(z)}dz \, ,$$

$$x(y) = x(y_0) + \int_{y_0}^{y} \frac{dz}{g(z)} \, .$$

Die Lösung der ursprünglichen Anfangswertaufgabe kann in der impliziten Form $G(y) - G(y_0) = x - x_0$ geschrieben werden, wobei G eine Stammfunktion von $1/g$ bezeichnet.

Konvergiert

$$x(y) = x_0 + \int_{y_0}^{y} \frac{dz}{g(z)}$$

für $y \longrightarrow \infty$ gegen einen endlichen Wert x_1, so ist die Lösung mit dem Anfangswert (x_0, y_0) nicht über x_1 hinaus fortsetzbar.

Unter zusätzlichen Annahmen kann man Lösungen aus beiden Fallunterscheidungen zusammensetzen, vgl. Beispiel 1.1.2.

1.3.3 Typ $y' = f(x) \cdot g(y)$.

Falls $g(y_0) = 0$ ist, erhält man die Lösung $y(x) = y_0$.

Sei $g(y_0) \neq 0$. Dieser Fall wird durch "*Trennung der Variablen*" behandelt:

$$\frac{y'}{g(y)} = f(x)$$

$$\int_{x_0}^{x} \frac{y'(t)}{g(y(t))}dt = \int_{y_0}^{y} \frac{dv}{g(v)} = \int_{x_0}^{x} f(t)dt \, .$$

Bezeichnet F eine Stammfunktion von f und G eine Stammfunktion von $\frac{1}{g}$, so erhalten wir die implizite Gleichung

$$G(y) - G(y_0) = F(x) - F(x_0) \, .$$

Da $G'(y) = 1/g(y)$ in einer Umgebung von y_0 nicht verschwindet, existiert lokal die Umkehrfunktion G^{-1}, so daß man eine Lösung der Anfangswertaufgabe in der Form

$$y(x) = G^{-1}(F(x) - F(x_0) + G(y_0))$$

erhält.

1.3.4 Beispiel. $y' = e^{-y} \cos x$. Integration liefert

$$\int_{y_0}^{y} e^v dv = \int_{x_0}^{x} \cos t \, dt$$

$$e^y = e^{y_0} + \sin x - \sin x_0$$

$$y(x) = \log(\sin x + c) \, , \quad c := e^{y_0} - \sin x_0 \, .$$

Es gilt stets $c > -1$. Falls $c > 1$ ist, läßt sich die Lösung auf der ganzen reellen Achse erklären. Für $c \in (-1, +1]$ exsistiert die Lösung nur in einem Intervall I, das aus den Punkten x mit $\sin x + c > 0$ besteht und x_0 enthält. $\qquad\qquad\square$

1.3.5 Typ $y' + a(x)y = f(x)$.

Dies ist eine lineare Differentialgleichung erster Ordnung. Die Funktionen a und f seien stetig. Wir behandeln zunächst die *homogene Gleichung*:

$$y' + a(x)y = 0 \, .$$

Dies ist eine Differentialgleichung vom Typ 1.3.3. Wir erhalten danach, falls $y_0 \neq 0$ gilt,

$$\int_{y_0}^{y} \frac{dz}{z} = -\int_{x_0}^{x} a(t) dt \, .$$

Bezeichne A eine Stammfunktion von a, also

$$A(x) - A(x_0) = \int_{x_0}^{x} a(t) dt \, ,$$

so folgt

$$\log \frac{y}{y_0} = A(x_0) - A(x)$$

und daher

$$y(x) = c \, e^{-A(x)} \, , \quad c := y_0 \, e^{A(x_0)} \, .$$

Die Lösung läßt sich soweit stetig fortsetzen, wie $A(x)$ stetig ist, also auf das gesamte Definitionsintervall I von a.

Eine elegantere Ableitung dieses Ergebnisses, die man sich auch bei der Behandlung der inhomogenen Gleichung zunutze machen kann, erhält man auf folgende Weise:

Die gegebene Differentialgleichung wird mit dem "Multiplikator" $e^{A(x)}$ multipliziert, so daß sich die linke Seite der Differentialgleichung als Ableitung schreiben läßt

$$\left[e^{A(x)} y(x) \right]' = e^{A(x)} y'(x) + e^{A(x)} a(x) y(x) \, .$$

Die homogene lineare Differentialgleichung nimmt also die Form

$$\left[e^{A(x)} y \right]' = 0$$

an, aus der man mit einer Konstanten c sofort $y(x) = c\, e^{-A(x)}$ erhält.

Aus der Anfangsbedingung $y(x_0) = y_0$ folgt $c = y_0 e^{A(x_0)}$, d.h. wir erhalten die gleiche Lösung wie oben. Ist insbesondere $y_0 = 0$, so verschwindet die Lösung identisch.

Wir wenden uns nun der *inhomogenen Gleichung* zu. Mit dem gerade verwendeten "Trick" folgt

$$\left[e^{A(x)}y\right]' = e^{A(x)}f(x)\,,$$

so daß wir durch Integration die Lösung

$$y(x) = e^{-A(x)}\left(y_0\, e^{A(x_0)} + \int\limits_{x_0}^{x} e^{A(t)}f(t)dt\right)$$

erhalten. Offensichtlich ist die Anfangsbedingung erfüllt.

Mit Hilfe der "Kernfunktion"

$$K(x,t) := e^{A(t)-A(x)} = \exp\left(\int\limits_{x}^{t} a(s)ds\right)$$

läßt sich die Lösung in der Form

$$y(x) = y_0\, e^{A(x_0)-A(x)} + \int\limits_{x_0}^{x} K(x,t)f(t)dt$$

darstellen; dabei ist

$$y_{hom}(x) := y_0\, e^{A(x_0)-A(x)} = y_0\, K(x,x_0)$$

eine Lösung der homogenen Gleichung mit "inhomogenem Anfangswert" $y_{hom}(x_0) = y_0$ und

$$y_{inhom}(x) := \int\limits_{x_0}^{x} K(x,t)f(t)dt$$

eine Lösung der inhomogenen Gleichung mit "homogenem Anfangswert" $y_{inhom}(x_0) = 0$. Jede Lösung einer inhomogenen linearen Gleichung läßt sich als Summe solcher Bestandteile darstellen:

$$y(x) = y_{hom}(x) + y_{inhom}(x)\,.$$

1.3.6 Typ $y' + a(x)y + b(x)y^\rho = 0\ (\rho \neq 0, \rho \neq 1)$.

Dies ist die *Bernoullische Differentialgleichung*. (Für $\rho = 0$ oder $\rho = 1$ liegt eine lineare Differentialgleichung vor).

Für $y_0 = 0$ ist die identisch verschwindende Funktion $y = 0$ eine Lösung der Anfangswertaufgabe.

Sei $y_0 > 0$. In diesem Falle kann man durch y^ρ dividieren und erhält

$$\frac{y'}{y^\rho} + a(x)\, y^{1-\rho} + b(x) = 0 \ .$$

Nach der Substitution $z := y^{1-\rho}$, also $z' = (1-\rho)y^{-\rho}y'$, erhält man die lineare Differentialgleichung

$$z' + (1-\rho)a(x)z + (1-\rho)b(x) = 0 \ ,$$

also eine Differentialgleichung vom Typ 1.3.5. □

Wir werfen noch einen Blick auf einige Typen von Differentialgleichungen höherer Ordnung, und zwar zunächst auf Anfangswertaufgaben

$$y^{(n)} = f(x, y, y', \dots, y^{(n-1)})$$
$$y^{(i)}(x_0) = y_i \ , \quad i = 0, 1, \dots, n-1 \ .$$

1.3.7 Typ $y^{(n)} = f(x)$.

Hier führt n−malige Integration zur Gesamtheit aller Lösungen. Bei jeder Integration gewinnt man einen freien Parameter, mit dem man der Reihe nach die Anfangswerte erfüllen kann.

1.3.8 Typ $y'' = f(y')$.

Durch Substitution $z = y'$ kann diese Aufgabe auf die Integration von $z' = f(z)$ und $y' = z(x)$ zurückgeführt werden.

1.3.9 Typ $y'' = f(y)$.

Es gibt eine Lösung mit verschwindender Ableitung $y' = 0$, falls $f(y_0) = 0$ ist; dann ist nämlich $y(x) := y_0$ eine Lösung der Anfangswertaufgabe .

Aus

$$\left(\frac{1}{2}(y')^2\right)' = y''y' = f(y)y'$$

folgt durch Integration

$$\frac{y'^2}{2} - \frac{y_0'^2}{2} = \int\limits_{x_0}^{x} f(y(t))y'(t)dt = \int\limits_{y_0}^{y} f(s)ds \ ,$$

also eine Differentialgleichung erster Ordnung vom Typ 1.3.3.

1.3.10 Typ $y'' = f(y,y')$.

Auch eine derartige Differentialgleichung kann unter Umständen auf eine Differentialgleichung erster Ordnung zurückgeführt werden. Wenn nämlich die Lösung y in einem Intervall, welches x_0 enthält, eine streng monotone Funktion ist, dann kann man y als unabhängige Variable auffassen und $y' = p(y)$ setzen. Es gilt dann

$$\frac{dp}{dy} = \frac{dp}{dx} \cdot \frac{dx}{dy} = y'' \cdot \frac{1}{p} = \frac{1}{p} f(y,p) \ .$$

Läßt sich diese Differentialgleichung erster Ordnung für p lösen, so ist anschließend die Gleichung

$$\frac{dx}{dy} = \frac{1}{p(y)}$$

zu integrieren. Also gilt

$$x - x_0 = \int_{y_0}^{y} \frac{dt}{p(t)} \ . \qquad\qquad \Box$$

Bei den drei letztgenannten Typen von Gleichungen tritt mehr als ein freier Parameter auf. Man stellt bei diesem Typ von Differentialgleichungen oft Randbedingungen. Die bei den geschilderten Integrationen auftretenden freien Parameter sind dann so zu wählen, daß die Randbedingungen erfüllt sind.

Zum Abschluß behandeln wir noch kurz den Typ eines Systems von linearen homogenen Differentialgleichungen mit konstanten Koeffizienten.

1.3.11 Typ $y' = Ay$, $y = \begin{pmatrix} y_1 \\ \vdots \\ y_n \end{pmatrix}$, $A = (a_{ij})_{i,j=1}^{n}$.

Man kann zunächst analog zum Fall *einer* Differentialgleichung $y' = ay$ Lösungen in der Gestalt

$$y(x) = ce^{\lambda x} \text{ mit } c = \begin{pmatrix} c_1 \\ \vdots \\ c_n \end{pmatrix}$$

suchen. Wenn eine solche Funktion Lösung der Differentialgleichung sein soll, muß gelten

$$y'(x) = \lambda e^{\lambda x} c = \lambda y = Ay = e^{\lambda x} Ac \ ,$$

und daher

$$\lambda c = Ac \ ,$$

d.h. c muß Eigenvektor von A zum Eigenwert λ sein. Durch Berechnung der Eigenwerte von A und der zugehörigen Eigen- und Hauptvektoren läßt sich die Lösungsgesamtheit der Differentialgleichung bestimmen.

1.3.12 Aufgabe. Man bestimme Lösungen der folgenden Differentialgleichungen :

$$a) \quad y' = y^2$$

$$b) \quad y' = \cos^2 y$$

$$c) \quad y' = -2xy$$

$$d) \quad y' = \frac{y^\alpha}{x}, \ x > 0, \ y > 0, \ \alpha > 0$$

$$e) \quad y' + y \sin x = \sin^3 x$$

$$f) \quad y'' = 2yy' \qquad\qquad \Box$$

Läßt sich zu einer Differentialgleichung keine Lösung in geschlossener Form angeben, muß man zu *Näherungsverfahren* übergehen, zu Verfahren also, die beliebig gute Approximationen der "exakten" Lösung zu berechnen gestatten. Methoden zur Lösung dieser Aufgabenstellung werden in späteren Kapiteln eingehend behandelt.

§4 Lösung homogener linearer Differentialgleichungen
mit konstanten Koeffizienten

Eine lineare homogene Differentialgleichung n-ter Ordnung mit konstanten Koeffizienten hat die Gestalt

$$(1) \qquad y^{(n)} + a_{n-1} y^{(n-1)} + \ldots + a_1 y' + a_0 y = 0$$

mit reellen (oder komplexen) Zahlen $a_0, a_1, \ldots, a_{n-1}$, (der Koeffizient von $y^{(n)}$ ist zu 1 normiert).

Man kann mit einfachen Mitteln die Lösungsgesamtheit dieser Differentialgleichung angeben, ohne die später zu entwickelnde Theorie verwenden zu müssen.

Sei $m \in \mathbb{N}_0$. Bezeichne $C^m(I)$ die Menge der m-mal auf dem reellen Intervall I stetig differenzierbaren Funktionen. Für $m \geq 1$ besitzt jedes $y \in C^m(I)$ eine Ableitung $y' \in C^{m-1}(I)$, die wir mit Dy bezeichnen wollen; dabei ist D der Differentialoperator

$$D : C^m(I) \longrightarrow C^{m-1}(I) \, ,$$

definiert durch

$$Dy := y' \, .$$

Wir setzen weiterhin rekursiv

$$D^m := D(D^{m-1})$$

und verstehen unter D^0 die Identität,

$$D^0 y := y \, .$$

Damit können wir die Differentialgleichung (1) als

$$(D^n + a_{n-1} D^{n-1} + \ldots + a_1 D^1 + a_0 D^0) y = 0$$

schreiben oder aber, nach Einführung des _charakteristischen Polynoms_

$$(2) \qquad \psi(t) := t^n + a_{n-1} t^{n-1} + \ldots + a_1 t^1 + a_0 \, ,$$

als

$$\psi(D) y = 0 \, .$$

Nach dem Fundamentalsatz der Algebra zerfällt ψ über $\mathbb{C}$ in Linearfaktoren, d.h. es gilt

$$\psi(t) = (t - t_1)(t - t_2) \ldots (t - t_n)$$

mit komplexen Zahlen $t_1, t_2, \ldots, t_n$, so daß man das Operatorpolynom auch als

$$\psi(D) = (D - t_1)(D - t_2) \ldots (D - t_n)$$

darstellen kann. Man rechnet unter Benutzung der Differentiationsregeln leicht nach, daß die einzelnen Faktoren miteinander vertauschbar sind. (Statt eines jeden Faktors $D - t_j$ müßte man genauer $D - t_j\mathrm{id}$ mit der Identität $\mathrm{id} = D^0$ schreiben.)

Im Falle $n = 1$ erhalten wir die Differentialgleichung

$$\psi(D)y = Dy + a_0\, y = (D + a_0)y = 0\,.$$

Ihre (reelle) Lösungsgesamtheit besteht aus der Funktionenfamilie

$$y(x) = ce^{-a_0 x}\,, \quad c \in I\!R\,.$$

Um dies zu verifizieren, geht man für beliebiges $a_0 \in I\!R$ und stetig differenzierbares y von der Identität

$$(3) \qquad\qquad e^{-a_0 x}D(e^{a_0 x}y(x)) = y'(x) + a_0 y(x) = \psi(D)y(x)$$

aus.

Ist nun y von der obigen Gestalt, so folgt mit (3) sofort

$$\psi(D)y(x) = e^{-a_0 x}D(e^{a_0 x}y(x)) = e^{-a_0 x}Dc = 0\,.$$

Ist andererseits y eine Lösung der Differentialgleichung, so gilt

$$0 = \psi(D)y(x) = e^{-a_0 x}D(e^{a_0 x}y(x))\,,$$

also muß wegen des Nichtverschwindens der Exponentialfunktion

$$D(e^{a_0 x}y(x)) = 0\,, \quad \text{somit} \quad e^{a_0 x}y(x) = c$$

mit einer Konstanten $c \in I\!R$ gelten, also y die angegebene Gestalt haben.

Wir bemerken insbesondere, daß das Verschwinden von y in einem Punkt x das Verschwinden von c und damit das identische Verschwinden der Funktion y nach sich zieht.

Man überlegt sich sofort, daß die Identität (3) auch für komplexes a_0 und für komplexwertige Funktionen $y : I\!R \longrightarrow \mathbb{C}$, $y = u + iv$, gilt, wobei u und v reelle Funktionen sind und $i = \sqrt{-1}$ die imaginäre Einheit bezeichnet; man braucht nur $y' = u' + iv'$ zu setzen. Da die Nullstellen eines (reellen) Polynoms komplex sein können, ist es einfacher, zunächst alle Betrachtungen im Komplexen durchzuführen und dann erst auf reelle Lösungen zu schließen. Durch Verallgemeinern der Identität (3) erhält man dann

1.4.1 Hilfssatz. *Für jedes $m \in I\!N_0$, $a \in \mathbb{C}$ und $y \in C^m(I)$ gilt*

$$(D - a)^m y(x) = e^{ax}D^m(e^{-ax}y(x))\,, \quad x \in I\,.$$

BEWEIS: Für $m = 0$ ist die Aussage trivial, für $m = 1$ oben bereits gezeigt. Sie sei für alle Grade kleiner als m bereits als richtig erkannt. Dann gilt unter Benutzung der Induktionsvoraussetzung

$$(D-a)^m y(x) = (D-a)\left[(D-a)^{m-1} y(x)\right]$$
$$= e^{ax} D(e^{-ax}\left[e^{ax} D^{m-1}(e^{-ax} y(x))\right])$$
$$= e^{ax} D^m(e^{-ax} y(x)),$$

was zu zeigen war. □

Im folgenden soll mit Π die Gesamtheit der _Polynome_, mit Π_m die Menge der _Polynome höchstens m-ten Grades_, mit ∂p für $p \in \Pi$ der (tatsächliche) _Grad_ von p bezeichnet werden. Mit Π_{-1} werde die nur aus dem Nullpolynom bestehende Menge abgekürzt. Die Menge der _komplexen_ Polynome höchstens m-ten Grades bezeichnen wir vorübergehend mit Π_m^C.

Als nächstes wird der Spezialfall

$$\psi(D)y = 0$$

für $\psi(t) = (t - t_1)^n$ betrachtet. Mit Hilfssatz 1.4.1 gilt

$$\psi(D)y = e^{t_1 x} D^n(e^{-t_1 x} y(x)) = 0,$$

so daß man mit den gleichen Argumenten wie vorher erkennt, daß $e^{-t_1 x} y(x)$ eine Funktion ist, deren n-te Ableitung verschwindet. Dieses Produkt ist also ein Polynom p höchstens $(n-1)$-ten Grades. Auflösen nach y liefert

$$y(x) = p(x)e^{t_1 x}, \quad p \in \Pi_{n-1}.$$

Dies stellt die Lösungsgesamtheit der Differentialgleichung in diesem Falle dar.

Mit ähnlichen Überlegungen verifizieren wir den

1.4.2 Satz. _Besitzt das charakteristische Polynom_ ψ _der Differentialgleichung_ $\psi(D)y = 0$ _die Faktorisierung_

$$(4) \qquad \psi(t) = \prod_{j=1}^{k} (t - t_j)^{m_j}, \quad n = \sum_{j=1}^{k} m_j, \quad m_j \in I\!N,$$

wobei $t_1, \ldots, t_k$ _die paarweise verschiedenen Nullstellen von_ ψ _sind, so hat jede Lösung der Differentialgleichung_ $\psi(D)y = 0$ _die Gestalt_

$$(5) \qquad y(x) = p_1(x)e^{t_1 x} + \ldots + p_k(x)e^{t_k x},$$

wobei p_j _ein (komplexes) Polynom mit einem Grad kleiner als_ m_j _für_ $j = 1, 2, \ldots, k$ _ist. Sind an einer Stelle_ x_0 _die Werte_ $y(x_0), \ldots, y^{(n-1)}(x_0) \in C$ _gegeben, so gibt es genau eine Lösung mit diesen Anfangswerten._

Dem Beweis schicken wir die Bemerkung voraus, daß man $e^{cx} p(x)$ mit einem Polynom p leicht elementar integrieren kann. Es gilt nämlich

$$(6) \qquad \int_{x_0}^{x} e^{ct} p(t)dt = e^{cx} q(x) + c_0$$

mit einem Polynom q vom Grade

$$\partial q = \partial p + 1 \;,\quad \text{falls } c = 0$$
$$\partial q = \;\; \partial p \;,\quad\;\; \text{falls } c \neq 0\;.$$

Für $c = 0$ ist die Aussage trivial. Für $c \neq 0$ folgt sie durch partielle Integration und Induktion nach dem Grad von p:

$$\int\limits_{x_0}^{x} e^{ct} p(t)\,dt = \frac{e^{ct}}{c} p(t)\bigg|_{x_0}^{x} - \int\limits_{x_0}^{x} \frac{e^{ct}}{c} p'(t)\,dt \;,$$

und auf das rechts stehende Integral kann man die Induktionsannahme anwenden.

BEWEIS VON SATZ 1.4.2: Zunächst verifizieren wir, daß Funktionen der Gestalt (5) Lösungen der Differentialgleichung sind. Wie wir im vorangegangenen Hilfssatz gesehen haben, gilt

$$(7) \qquad (D - t_j)^{m_j}\,\big[p_j(x)e^{t_j x}\big] = 0 \;,\quad j = 1, 2, \ldots, k\;.$$

Hiermit erhalten wir

$$\psi(D)y(x) = \psi(D) \sum_{j=1}^{k} p_j(x)e^{t_j x} = \sum_{j=1}^{k} \psi(D)\,\big(p_j(x)e^{t_j x}\big) = 0\;,$$

da jeder Summand

$$\psi(D)\,\big(p_j(x)e^{t_j x}\big) = \left[\prod_{i=1}^{k} (D - t_i)^{m_i}\right](p_j(x)e^{t_j x})$$
$$= \left[\prod_{\substack{i=1 \\ i \neq j}}^{k} (D - t_i)^{m_i}\right](D - t_j)^{m_j}\,(p_j(x)e^{t_j x})$$

aufgrund der Vertauschbarkeit der Faktoren $(D - t_i)^{m_i}$ und wegen (7) verschwindet.

Wir zeigen nun, daß jede Lösung der Differentialgleichung durch (5) beschrieben wird. Wir führen den Beweis durch Induktion über n.

Für $n = 1$ haben wir schon gezeigt, daß jede Lösung der Differentialgleichung

$$(D - t_1)y = y' - t_1\, y = 0$$

die Form

$$y(x) = c\, e^{t_1 x}\;,\quad c \in \mathbb{C}$$

besitzt.

Im Induktionsschritt von $n-1$ auf n läßt sich das charakteristische Polynom ψ vom Grade n aufspalten in

$$\psi(t) = \psi_1(t)\,(t - t_1)\,, \quad \psi_1 \in \Pi_{n-1}^C\,.$$

Sei y eine Lösung der Differentialgleichung. Dann gilt

$$0 = \psi(D)y = \psi_1(D)\left[(D - t_1)y\right]\,,$$

d.h. die Funktion

$$(8) \qquad\qquad\qquad z := (D - t_1)y$$

ist Lösung der Differentialgleichung $\psi_1(D)z = 0$ der Ordnung $n - 1$. Nach Induktionsvoraussetzung besitzt z die Gestalt

$$z(x) = \sum_{j=1}^{k} q_j(x)e^{t_j x}\,, \quad x \in I\,,$$

mit Polynomen

$$q_1 \in \Pi_{m_1-2}^C\,,$$
$$q_j \in \Pi_{m_j-1}^C\,, \quad j = 2, 3, \ldots, k\,.$$

Die Gleichung (8) ist bei bekanntem z eine lineare Differentialgleichung erster Ordnung mit konstanten Koeffizienten.

Mit Hilfssatz 1.4.1 erhält man

$$(D - t_1)y(x) = e^{t_1 x}\,D(e^{-t_1 x}y(x)) = z(x)\,,$$

also nach Division mit $e^{t_1 x}$ und Integration

$$e^{-t_1 x}y(x) = c + \sum_{j=1}^{k}\int_{x_0}^{x} q_j(\tilde{x})e^{(t_j - t_1)\tilde{x}}d\tilde{x}\,.$$

Mit Hilfe der vor Beginn des Beweises gemachten Bemerkung kann man die Integrale berechnen und bekommt unter Zusammenfassung der Integrationskonstanten

$$e^{-t_1 x}y(x) = \tilde{c} + \tilde{p}_1(x) + \sum_{j=2}^{k} p_j(x)e^{(t_j - t_1)x}\,.$$

Dabei erfüllen die Polynome $p_j(x)$ für $j = 2, \ldots, k$ und

$$p_1(x) := \tilde{c} + \tilde{p}_1(x)$$

gerade die Relationen

$$\partial p_j \leq m_j - 1\,.$$

Multiplikation mit $e^{t_1 x}$ zeigt, daß y die im Satz behauptete Form hat. Damit ist die Induktion beendet.

Zum Beweis der Eindeutigkeit zeigen wir:

Sind $y^1(x)$ und $y^2(x)$ zwei Lösungen der Differentialgleichung mit gleichen Anfangswerten im Punkte x_0, so hat die Differenz $y := y^1 - y^2$ dort verschwindende Anfangswerte und

$$(9) \qquad y(x_0) = \ldots = y^{(n-1)}(x_0) = 0 \text{ impliziert } y = 0 \, .$$

Da dies, wie oben bemerkt, für Differentialgleichungen erster Ordnung richtig ist, wollen wir wieder Induktion anwenden. Angenommen, die Behauptung sei für Differentialgleichungen bis zur Ordnung $n - 1$ bereits bewiesen, und y sei Lösung von $\psi(D)y = 0$ mit den Anfangswerten (9). Dann folgt aus (8), daß z die Anfangsbedingung $z(x_0) = \ldots = z^{(n-2)}(x_0) = 0$ hat, nach Induktionsvoraussetzung als Lösung von $\psi_1(D)z = 0$ also identisch verschwindet. Damit folgt aber $(D - t_1)y = 0$ mit $y(x_0) = 0$ und wegen der für Differentialgleichungen erster Ordnung bereits gezeigten Eindeutigkeit $y = 0$.

Damit bleibt nur noch die Existenz einer Lösung y mit den vorgegebenen Anfangswerten $y(x_0), y'(x_0), \ldots, y^{(n-1)}(x_0)$ zu zeigen. Diese wird sich ganz allgemein in Satz 2.1.11 von Peano oder in Satz 2.2.6 von Picard-Lindelöf ergeben. Wir wollen hier der Einfachheit halber nur den Fall paarweise verschiedener Nullstellen $t_i \neq t_j$ für $i \neq j$ betrachten. Dann hat jede Lösung der Differentialgleichung

$$\psi(D)y = (D - t_1)(D - t_2) \ldots (D - t_n)y = 0$$

die Gestalt

$$y(x) = \sum_{j=1}^{n} c_j e^{t_j x} \, , \quad c_j \in \mathbb{C} \, .$$

Soll y die gegebenen Anfangswerte besitzen, so muß das folgende Gleichungssystem erfüllt sein:

$$\begin{pmatrix} e^{t_1 x_0} & e^{t_2 x_0} & \ldots & e^{t_n x_0} \\ t_1 e^{t_1 x_0} & t_2 e^{t_2 x_0} & \ldots & t_n e^{t_n x_0} \\ \vdots & \vdots & & \vdots \\ t_1^{n-1} e^{t_1 x_0} & t_2^{n-1} e^{t_2 x_0} & \ldots & t_n^{n-1} e^{t_n x_0} \end{pmatrix} \begin{pmatrix} c_1 \\ c_2 \\ \vdots \\ c_n \end{pmatrix} = \begin{pmatrix} y(x_0) \\ y'(x_0) \\ \vdots \\ y^{(n-1)}(x_0) \end{pmatrix} \, ;$$

die Matrix dieses Gleichungssystems besitzt die *Vandermonde-Determinante*

$$\left(\prod_{j=1}^{n} e^{t_j x_0} \right) \cdot \prod_{i<j}(t_j - t_i) \neq 0 \, ,$$

das Gleichungssystem ist also eindeutig lösbar. $\Box$

Durch Satz 1.4.2 wird die Lösungsgesamtheit einer homogenen linearen Differentialgleichung n-ter Ordnung mit konstanten Koeffizienten vollständig beschrieben.

Das Auffinden dieser Lösungsgesamtheit ist auf die Bestimmung sämtlicher Nullstellen des charakteristischen Polynoms einschließlich ihrer Vielfachheiten zurückgeführt worden. Dies ist Aufgabe der numerischen Mathematik, die eine Vielzahl von Verfahren anbietet.

1.4.3 Aufgabe. Man bestimme die Lösungsgesamtheit der Differentialgleichung

$$y'' + y = 0 \ .$$

Man mache sich klar, daß die Funktionen

$$y_1(x) = \cos x \ \text{ und } \ y_2(x) = \sin x$$

Lösungen der Differentialgleichung sind und in der durch die vorangegangenen Untersuchungen angegebenen Form als Summe von Exponentialfunktionen geschrieben werden können.   □

Wir wollen nun auf die reelle Lösungsmenge von $\psi(D)y = 0$ bei reellem Polynom ψ schließen. Besitzt ein reelles Polynom die komplexe Nullstelle $t_j \in C \setminus I\!R$, so besitzt es bekanntlich auch die konjugiert komplexe Nullstelle $\bar{t}_j$ mit gleicher Vielfachheit. Aus den komplexen Lösungen von $\psi(D)y = 0$ erhält man daher alle reellen Lösungen, wenn die Koeffizienten von $e^{t_j x}$ und $e^{\bar{t}_j x}$ gewissen Einschränkungen genügen.

1.4.4 Satz. *Sei $\psi \in \Pi_n$ ein reelles Polynom. Dann besitzt ψ eine Faktorisierung der Form*

$$\psi(t) = \left(\prod_{j=1}^{l} (t - t_j)^{m_j} (t - \bar{t}_j)^{m_j} \right) \left(\prod_{j=l+1}^{k} (t - t_j)^{m_j} \right)$$

mit den paarweise verschiedenen konjugiert komplexen Nullstellen

$$\left. \begin{array}{l} t_j = \nu_j + i\mu_j \\ \bar{t}_j = \nu_j - i\mu_j \end{array} \right\} \nu_j, \mu_j \in I\!R \ , \quad \mu_j \neq 0 \ , \quad j = 1, \ldots, l \ , \quad i = \sqrt{-1} \ ,$$

und den paarweise verschiedenen reellen Nullstellen $t_{l+1}, \ldots, t_k$ und den Vielfachheiten $m_j, j = 1, 2, \ldots, k$. Weiterhin gilt

$$n = 2 \sum_{j=1}^{l} m_j + \sum_{j=l+1}^{k} m_j \ .$$

Jede reelle Lösung y von $\psi(D)y = 0$ hat die Gestalt

$$y(x) = \sum_{j=1}^{l} (q_j(x) \cos \mu_j x + r_j(x) \sin \mu_j x) e^{\nu_j x} + \sum_{j=l+1}^{k} p_j(x) e^{t_j x}$$

mit Polynomen $q_j, r_j \in \Pi_{m_j-1}, j = 1, 2, \ldots, l$ und $p_j \in \Pi_{m_j-1}, j = l+1, \ldots, k.$

Weiterhin gibt es genau eine (reelle) Lösung der Anfangswertaufgabe

$$\psi(D)y = 0 \ , \quad y^{(j)}(x_0) = y_j \ , \quad j = 0,1,\ldots,n-1 \ ,$$

für beliebige reelle Zahlen y_j.

BEWEIS: Nach Satz 1.4.2 hat jede (komplexe) Lösung von $\psi(D)y = 0$ die Form

$$y(x) = \sum_{j=1}^{l}\left(q_j^*(x)e^{t_j x} + r_j^*(x)e^{\bar{t}_j x}\right) + \sum_{j=l+1}^{k} p_j^*(x)e^{t_j x}$$

mit komplexen Polynomen p_j^*, q_j^* und r_j^*. Für reelles $y(x)$ muß man sicherlich fordern, daß jedes p_j^* ein reelles Polynom ist. Weiterhin genügt es, von jedem Summanden $q_j^*(x)e^{t_j x} + r_j^*(x)e^{\bar{t}_j x}$ einzeln zu fordern, daß er reell ist, und dazu genügt es natürlich, von jedem in einem solchen Summanden auftretenden Term der Form

$$f(x) := a_m x^m e^{t_j x} + c_m x^m e^{\bar{t}_j x} \ , \quad a_m = \alpha + i\beta \ , \quad c_m = \gamma + i\delta \ ,$$

zu fordern, daß er reell ist. Dies bedeutet, daß a_m und c_m so gewählt sein müssen, daß der Imaginärteil von $f(x)$ verschwindet:

$$\begin{aligned}
0 = Im\, f(x) \\
= Im\,\left[(\alpha + i\beta)x^m e^{\nu_j x}(\cos\mu_j x + i\sin\mu_j x) + \right. \\
\left. + (\gamma + i\delta)x^m e^{\nu_j x}(\cos\mu_j x - i\sin\mu_j x)\right] \\
= e^{\nu_j x}x^m\left[(\alpha - \gamma)\sin\mu_j x + (\beta + \delta)\cos\mu_j x\right] \quad \text{für jedes } x \in I\!R \ ,
\end{aligned}$$

und dies ist genau dann der Fall, wenn gilt

$$\alpha = \gamma \quad \text{und} \quad \beta = -\delta \ , \quad \text{also } a_m = \bar{c}_m \ .$$

Insgesamt bedeutet dies

$$q_j^* = \bar{r}_j^* \ , \quad j = 1,2,\ldots,l \ .$$

Die behauptete reelle Darstellung erhält man dann, indem man den noch verbleibenden Anteil, nämlich den Realteil betrachtet.

Für die Existenz und Eindeutigkeit der Anfangswertaufgabe gelten dieselben Überlegungen wie die im Beweis von Satz 1.4.2.　　　　　□

1.4.5 Aufgabe. Man bestimme die Lösungsgesamtheit der folgenden linearen homogenen Differentialgleichungen mit konstanten Koeffizienten:

$$\begin{aligned}
&a)\ y^{(3)} - 7\,y' - 6\,y = 0 \ , \\
&b)\ y^{(4)} - 3\,y^{(3)} + 4\,y' = 0 \ , \\
&c)\ y^{(m)} - y = 0 \ , \quad m \in I\!N \ .
\end{aligned}$$

　　　　　□

1.4.6 Aufgabe. Nach Aufgabe 1.4.3 hat

$$y'' + y = 0$$

die beiden Lösungen

$$\begin{matrix} y_1(x) = \cos x \\ y_2(x) = \sin x \end{matrix} \quad \text{mit den Anfangswerten} \quad \begin{pmatrix} y_1(0) & y_2(0) \\ y_1{}'(0) & y_2{}'(0) \end{pmatrix} = \begin{pmatrix} 1 & 0 \\ 0 & 1 \end{pmatrix}.$$

Man zeige unter alleiniger Benutzung der Eindeutigkeit der Anfangswertaufgabe, d.h. der Anfangsbedingungen und der Differentialgleichung,

a) daß gilt

$$y_1^2(x) + y_2^2(x) = 1 \, ,$$

b) die Additionstheoreme:

$$y_1(x + \alpha) = y_1(x)y_1(\alpha) - y_2(x)y_2(\alpha)$$
$$y_2(x + \alpha) = y_2(x)y_1(\alpha) + y_1(x)y_2(\alpha) \, .$$

<u>Hinweis:</u> Man benutze die Tatsache, daß sich jede Lösung der Differentialgleichung als Linearkombination von $y_1(x)$ und $y_2(x)$ schreiben läßt, daß $y_1{}'(x)$ und $y_2{}'(x)$ selbst wieder Lösungen der Differentialgleichung sind, und daß das gleiche für $y_1(x + \alpha)$ und $y_2(x + \alpha)$ gilt. $\qquad\qquad\square$

Wir wollen uns jetzt noch kurz der Frage zuwenden, wie Randwertaufgaben für die Differentialgleichung $\psi(D)y = 0$ gelöst werden können.

Setzen wir

$$\tilde{y}(x) := \begin{pmatrix} y(x) \\ y'(x) \\ \vdots \\ y^{(n-1)}(x) \end{pmatrix},$$

so ist bei der Randwertaufgabe eine Funktion y gesucht, die

$$\psi(D)y = 0$$
$$M\,\tilde{y}(\alpha) + N\,\tilde{y}(\beta) = d$$

mit den in 1.2.7 eingeführten Matrizen M, N erfüllt. Bezeichnen wir die Koeffizienten der Terme $x^i e^{t_j x}$ in der Darstellung (5) von y der Reihe nach mit $c_1, \ldots, c_n$, so läßt sich $\tilde{y}(x)$ schreiben als

$$\tilde{y}(x) = B(x)c \, , \quad c := \begin{pmatrix} c_1 \\ c_2 \\ \vdots \\ c_n \end{pmatrix},$$

mit einer $n \times n$-Matrix $B(x)$; die Elemente ihrer ersten Zeile sind Funktionen vom Typ $x^i e^{t_j x}$ und in den übrigen Zeilen steht jeweils die Ableitung der vorangegangenen Zeile.

Die Randwertbedingung lautet hiermit

$$[MB(\alpha) + NB(\beta)]\, c = d \ .$$

Dies ist ein lineares Gleichungssystem zur Bestimmung von c, das genau dann eindeutig lösbar ist, wenn $MB(\alpha) + NB(\beta)$ nichtsingulär ist.

Für den Spezialfall der Anfangswertaufgabe ist $N = 0$ und $M = E$. Wie schon im Beweis von Satz 1.4.2 anklang, ist $B(\alpha)$ stets nichtsingulär. Es gibt also stets genau eine Lösung der Anfangswertaufgabe.

1.4.7 Aufgabe. Man zeige, daß die Differentialgleichung

$$\psi(D)y = y^{(n)} + a_{n-1}y^{(n-1)} + \ldots + a_0 y = 0$$

umgeschrieben werden kann in ein System linearer Differentialgleichungen erster Ordnung mit konstanten Koeffizienten

$$y' = A\, y \ ,$$

wobei A eine $n \times n$-Matrix ist, deren Eigenwerte ebenfalls durch $\psi(t) = 0$ festgelegt sind. $\qquad\Box$

§5 Lineare Differenzengleichungen mit konstanten Koeffizienten

Im vorigen Paragraphen zeigte sich, daß man lineare Differentialgleichungen mit konstanten Koeffizienten elementar lösen kann. Geht man zu linearen Differentialgleichungen mit variablen Koeffizienten über, so hat man nur noch in Ausnahmefällen elementare Lösungsmethoden zur Verfügung. In der Regel muß man numerische Näherungsverfahren anwenden. Eine solche Näherungsmethode besteht, wie wir unten an einem Beispiel sehen werden, darin, daß man die Differentialquotienten näherungsweise durch Differenzenquotienten ersetzt. Die dabei entstehenden Gleichungen sind sogenannte Differenzengleichungen. Die linearen Differenzengleichungen mit konstanten Koeffizienten werden in einigen der folgenden Kapitel eine herausragende Rolle spielen und sollen deshalb hier eingehend untersucht werden. Man kommt dabei, ebenso wie bei den linearen Differentialgleichungen, mit elementaren Methoden aus und erhält formal gleiche Ergebnisse.

1.5.1 Beispiel. Zu lösen sei eine Anfangswertaufgabe für eine lineare Differentialgleichung zweiter Ordnung

$$y'' + b(x)y' + c(x)y = g(x) \,,$$

$$y(x_0) = y_0 \,, \ y'(x_0) = y_0' \quad \text{mit } y_0, y_0' \in I\!R$$

mit in $I\!R$ stetigen Koeffizienten b, c und Inhomogenität g.

Für ein $h > 0$ soll die Lösung näherungsweise in den Punkten $x_m := x_0 + mh$, $m = 1, 2, \ldots$ bestimmt werden. Wie oben bereits erwähnt, wollen wir die Differentialquotienten approximieren, z.B. ersetzen wir

$$y'(x_m) \ \text{durch} \ \frac{y(x_{m+1}) - y(x_m)}{h} \,,$$

$$y''(x_m) \ \text{durch} \ \frac{y(x_{m+2}) - 2y(x_{m+1}) + y(x_m)}{h^2} \,, \ m = 0, 1, 2, \ldots \,.$$

Aus der Differentialgleichung ergibt sich so für jede Stelle x_m eine "Differenzengleichung"

$$\frac{u_{m+2} - 2u_{m+1} + u_m}{h^2} + b_m \frac{u_{m+1} - u_m}{h} + c_m u_m = g_m \,;$$

dabei ist u_i als Näherungswert für $y(x_i)$ anzusehen und abkürzend $b_m = b(x_m)$, $c_m = c(x_m)$, $g_m = g(x_m)$ gesetzt.

Später werden wir jedoch effektivere Diskretisierungen von Differentialgleichungen kennenlernen.

Der Wert u_0 ist durch die Anfangsbedingung $u_0 := y_0 = y(x_0)$ festgelegt. Für u_1 erhält man aus der zweiten Anfangsbedingung durch Vorgabe von y_0' z.B. aufgrund der Näherung

$$y_0' \approx \frac{y(x_1) - y(x_0)}{h}$$

einen Wert

$$u_1 := y_0 + hy_0' \,.$$

Nach Multiplikation der Differenzengleichung mit h^2 und Umordnung erhält man

$$u_{m+2} + (hb_m - 2)\,u_{m+1} + (1 - hb_m + h^2 c_m)u_m = h^2 g_m\ ,\quad m = 0, 1, 2, \ldots\ ,$$

woraus mit den Anfangswerten u_0 und u_1 die Werte u_m für $m \geq 2$ rekursiv berechnet werden können.   □

Während bei einer Differentialgleichung die Lösung und die Koeffizienten Funktionen einer in einem Intervall variierenden Variablen (meist x genannt) sind, läuft hier die unabhängige Variable m über die natürlichen Zahlen und Null. Die resultierende Funktion ist also eine Abbildung der Menge $I\!N_0$ in die reellen Zahlen, d.h. eine Zahlenfolge. Ein solches Gleichungssystem zur rekursiven Bestimmung einer Zahlenfolge nennt man auch eine Differenzengleichung. Ihr Name erinnert daran, daß solche Gleichungen ursprünglich aus Gleichungen zwischen Differenzen entstanden sind, wie das obige Beispiel zeigt. Die allgemeine Form einer solchen dreigliedrigen Differenzengleichung ist

$$u_{m+2} + a_{1,m} u_{m+1} + a_{0,m} u_m = f_m\ ,\quad m = 0, 1, 2, \ldots\ .$$

Für unser Beispiel gilt

$$a_{1,m} := hb_m - 2\ ,$$
$$a_{0,m} := 1 - hb_m + h^2 c_m\ ,$$
$$f_m := h^2 g_m\ .$$

Beim Diskretisieren von Differentialgleichungen höherer Ordnung wird man in natürlicher Weise auf Differenzengleichungen höherer "Ordnung" geführt, wobei die Ordnung der Differenzengleichung, wie wir sehen werden, höher sein kann als die der Differentialgleichung. Diese Bemerkung motiviert die folgende

1.5.2 Definition. *Sei $U := \{u : I\!N_0 \rightarrow C\}$ der Raum aller komplexwertigen Zahlenfolgen. Statt $u = (u(0),\ u(1),\ u(2), \ldots)$ werde kurz $(u_0,\ u_1,\ u_2, \ldots) = (u_m)_{m \in I\!N_0}$ geschrieben.*

Bei gegebenen Koeffizienten $a_{j,m} \in C$ und Inhomogenitäten $f_m \in C$ heißt eine Folge von Gleichungen der Form

$$u_{m+n} + a_{n-1,m} u_{m+n-1} + \ldots + a_{0,m} u_m = f_m\ ,\quad m \in I\!N_0\ ,$$

zur Bestimmung einer Folge $(u_m)_{m \in I\!N_0} \in U$ <u>lineare Differenzengleichung der Ordnung n</u>. Wenn alle f_m verschwinden, handelt es sich um eine <u>homogene</u>, sonst um eine <u>inhomogene</u> Differenzengleichung. Hängen die Koeffizienten $a_{j,m}$ nicht von m ab, so spricht man auch von einer Differenzengleichung mit <u>konstanten Koeffizienten</u>. Erfüllt die Folge $u = (u_m)_{m \in I\!N_0}$ die Differenzengleichung, so heißt u Lösung der Differenzengleichung.   □

Wenn wir im folgenden die Angabe der Indexmenge für den Index m gelegentlich weglassen, so ist stets $I\!N_0$ als Indexmenge zu nehmen.

Beispiel 1.5.1 lieferte also eine lineare Differenzengleichung zweiter Ordnung. Ihre Koeffizienten sind konstant, wenn die Funktionen b und c der Differentialgleichung nicht von x abhängen. Über die Lösung einer homogenen Differenzengleichung

$$(1) \qquad u_{m+n} + a_{n-1,m} u_{m+n-1} + \ldots + a_{0,m} u_m = 0 \, , \quad m \in I\!N_0 \, ,$$

lassen sich folgende Aussagen machen.

1.5.3 Satz. *Für die homogene Differenzengleichung n-ter Ordnung gilt:*

1) Bei gegebenen "Anfangswerten" $u_0, u_1, \ldots, u_{n-1} \in \mathbb{C}$ gibt es genau eine Lösungsfolge (u_m).

2) Die Menge aller Lösungsfolgen bildet einen n-dimensionalen Teilraum des Raumes aller komplexen Zahlenfolgen. Eine Basis dieses Teilraumes bilden die n Lösungsfolgen

$$u^{(k)} := (u_j^{(k)})_{j \in I\!N_0} \, , \quad k = 0, 1, \ldots, n-1$$

mit den Anfangswerten $u_j^{(k)} = \delta_{jk}, \; 0 \le j, k \le n - 1$.

3) Ist $a_{0,m} \ne 0$ für jedes $m \in I\!N_0$, so sind auch die Folgen

$$(u_{i+m}^{(0)})_{m \in I\!N_0}, (u_{i+m}^{(1)})_{m \in I\!N_0}, \ldots, (u_{i+m}^{(n-1)})_{m \in I\!N_0}$$

für jedes $i \in I\!N_0$ linear unabhängig.

BEWEIS:

1) Die Existenz und Eindeutigkeit einer Lösungsfolge ergibt sich daraus, daß u_{m+n} in (1) durch die vorangehenden Glieder eindeutig bestimmt ist.

2) Aus der Linearität und Homogenität der Differenzengleichung (1) entnimmt man, daß mit zwei Lösungen auch deren lineare Kombination eine Lösung ist. Daraus folgt, daß die Lösungen einen linearen Raum bilden. Da die ersten n Komponenten von $u^{(j)}$ gerade den Einheitsvektor e^{j+1} des $\mathbb{C}^n$ bilden, sind die n Lösungen $u^{(0)}, u^{(1)}, \ldots, u^{(n-1)}$ linear unabhängig. Die Dimension des Lösungsraumes ist also mindestens n. Ist nun $u = (u_m)$ eine Lösung, so kann man $v := \sum_{j=0}^{n-1} u_j u^{(j)}$ bilden. v ist dann ebenfalls Lösung und muß wegen der in (1) bewiesenen Eindeutigkeit mit u übereinstimmen. Die Lösungen $u^{(0)}, u^{(1)}, \ldots, u^{(n-1)}$ erzeugen also den Lösungsraum, seine Dimension ist daher n.

3) Definiert man zu gegebener Lösung u Vektoren des $\mathbb{C}^n$ durch

$$\vec{u}_m := \begin{pmatrix} u_m \\ u_{m+1} \\ \vdots \\ u_{m+n-1} \end{pmatrix} \, , \quad m \in I\!N_0 \, ,$$

so besteht $\vec{u}_0$ aus den n Anfangswerten, und mit den Matrizen

$$A_m := \begin{pmatrix} 0 & 1 & 0 & & 0 \\ 0 & 0 & 1 & & 0 \\ \vdots & \vdots & & \ddots & \vdots \\ & & & & 0 \\ 0 & 0 & \ldots & 0 & 1 \\ -a_{0,m} & -a_{1,m} & \ldots & -a_{n-2,m} & -a_{n-1,m} \end{pmatrix}$$

gilt

$$(2) \qquad \vec{u}_{m+1} = A_m \vec{u}_m \,, \quad m \in I\!N_0 \,.$$

Durch Entwickeln der Determinante $\det(A_m)$ nach der ersten Spalte von A_m folgt sofort

$$\det(A_m) = (-1)^n a_{0,m} \,.$$

Wegen $a_{0,m} \neq 0$ sind sämtliche Matrizen A_m nichtsingulär. Insbesondere gilt

$$\vec{u}_{i+m}^{(k)} = A_{m+i-1} \, A_{m+i-2} \cdots A_m \vec{u}_m^{(k)} \,, \quad 0 \leq k \leq n-1 \,,$$

d.h. die Vektoren

$$\vec{u}_{i+m}^{(0)} \,, \quad \vec{u}_{i+m}^{(1)} \,, \ldots, \quad \vec{u}_{i+m}^{(n-1)}$$

sind linear unabhängig genau dann, wenn die Vektoren

$$\vec{u}_m^{(0)} \,, \quad \vec{u}_m^{(1)} \,, \ldots, \quad \vec{u}_m^{(n-1)}$$

linear unabhängig sind. Die Aussage des Satzes folgt dann durch Induktion über i. $\Box$

Es sollen nun die Lösungen einer homogenen linearen Differenzengleichung mit konstanten Koeffizienten genauer untersucht werden. In diesem Fall hängen die zugeordneten Matrizen A_m nicht mehr von m ab.

1.5.4 Satz. *Die Gesamtheit aller Lösungen der homogenen Differenzengleichung mit konstanten Koeffizienten*

$$(3) \qquad u_{m+n} + a_{n-1} u_{m+n-1} + \ldots + a_1 u_{m+1} + a_0 u_m = 0 \,, \quad m \in I\!N_0 \,,$$

erhält man (komponentenweise) durch

$$u_m = \sum_{i=1}^{k} p_i(m) \lambda_i^m \,, \quad m \in I\!N_0 \,.$$

Die λ_i sind dabei die Nullstellen des <u>charakteristischen Polynoms</u>

$$\rho(t) = t^n + a_{n-1} t^{n-1} + \ldots + a_1 t + a_0 \,,$$

ihre Vielfachheiten seien m_i, und die p_i sind beliebige (komplexe) Polynome, deren Grad kleiner als m_i ist. In den Koeffizienten dieser Polynome stehen n Parameter zur Verfügung, die durch zusätzliche Forderungen, etwa die Vorgabe von Anfangswerten $u_0, u_1, \ldots, u_{n-1} \in \mathbb{C}$, festgelegt werden können.

BEWEIS: Einen einfachen Beweis für diesen Satz erhält man mit Hilfe der zuvor angegebenen Matrizen A_m, die im Fall einer Differenzengleichung mit konstanten Koeffizienten nicht von m abhängen und daher mit A bezeichnet seien. Mit den bereits eingeführten Bezeichnungen gilt dann

$$A = \begin{pmatrix} 0 & 1 & 0 & \ldots & 0 \\ 0 & 0 & 1 & & \\ & & & \ddots & \vdots \\ \vdots & & \ddots & \ddots & 0 \\ 0 & & \ldots & 0 & 1 \\ -a_0 & -a_1 & -a_2 & \ldots & -a_{n-1} \end{pmatrix},$$

$$\vec{u}_m = A^m \vec{u}_0, \quad m = 0, 1, 2, \ldots,$$

mit $A^0 := E$, der Einheitsmatrix, d.h. die gesuchten Werte u_m können mit Hilfe der Potenzen von A und Anfangswerten $u_0, u_1, \ldots, u_{n-1}$ dargestellt werden. Zur einfachen Berechnung dieser Potenzen kann man die Theorie der Jordanschen Normalformen benutzen und wie folgt argumentieren:

Setzt man

$$\vec{v}_m := T \vec{u}_m, \quad m \in \mathbb{N}_0,$$

mit einer nichtsingulären $n \times n$-Matrix T, so erhält man die Rekursionsformel

$$\vec{v}_m = (TAT^{-1})^m \vec{v}_0.$$

Wie in der Linearen Algebra gezeigt wird, kann die Transformationsmatrix T so gewählt werden, daß $J := TAT^{-1}$ Jordansche Normalform hat, also

$$J = \begin{pmatrix} \boxed{J_1} & & & \\ & \boxed{J_2} & & \\ & & \ddots & \\ & & & \boxed{J_k} \end{pmatrix};$$

außerhalb der Kästchen stehen Nullen, und jedes Kästchen J_i besteht aus einer $m_i \times m_i$-Matrix

$$J_i = \begin{pmatrix} \lambda_i & 1 & & 0 \\ & \lambda_i & 1 & \\ & & \lambda_i & \ddots \\ & & & \ddots & 1 \\ 0 & & & & \lambda_i \end{pmatrix}, \quad i = 1, 2, \ldots, k.$$

Bei einer beliebigen Matrix A können mehrere solcher Kästchen mit dem gleichen Eigenwert λ_i auftreten. Im vorliegenden Falle jedoch sind alle λ_i paarweise verschieden, und jedes zu λ_i gehörende Jordankästchen enthält genau $m_i - 1$ Einsen in der oberen Nebendiagonalen. Bildet man nämlich $A - \lambda E$ und streicht die erste Spalte und die letzte Zeile, so erhält man wegen der speziellen Gestalt von A eine untere Dreiecksmatrix, deren Diagonalelemente alle gleich Eins sind, so daß der Rang von $A - \lambda E$ mindestens $n - 1$ ist. Aus der Gleichheit

$$\text{Rang } (J - \lambda E) = \text{Rang } (TAT^{-1} - \lambda E) = \text{Rang } (A - \lambda E)$$

folgt dann die Behauptung.

Die Potenzen von J kann man bilden, indem man jedes Jordankästchen J_i potenziert. Es gilt

$$J_i^m = \begin{pmatrix} \lambda_i^m & \binom{m}{1}\lambda_i^{m-1} & \binom{m}{2}\lambda_i^{m-2} & \cdots \\ & \lambda_i^m & \binom{m}{1}\lambda_i^{m-1} & \cdots \\ & & \lambda_i^m & \\ 0 & & & \ddots \end{pmatrix} \quad \text{mit } \binom{m}{j} := 0 \ \text{ für } j > m \,.$$

Berechnet man hiermit zunächst

$$\vec{v}_m = J^m \vec{v}_0 \,,$$

anschließend

$$\vec{u}_m = T^{-1} \vec{v}_m$$

und beachtet, daß $\binom{m}{j}$ für $0 \leq j \leq m$ ein Polynom j-ten Grades in der Variablen m ist, so sieht man, daß u_m die im Satz angegebene Form hat. $\square$

1.5.5 Beispiel. Gesucht werde die Lösung (u_m) der homogenen Differenzengleichung

$$u_{m+3} - 4u_{m+2} + 5u_{m+1} - 2u_m = 0 \,, \quad m = 0,1,2,\ldots \,,$$

mit den Anfangswerten

$$(4) \qquad u_0 = 1, \ u_1 = 2, \ u_2 = -1 \,.$$

Es gilt

$$\rho(t) = t^3 - 4t^2 + 5t - 2 = (t-1)^2(t-2) \,.$$

Hieraus ergibt sich die allgemeine Lösung

$$(u_m) = ((a + bm) \cdot 1^m + c2^m)$$

mit Konstanten a, b, c. Wir berechnen zunächst die Basislösung $(u_m^{(0)})$. Für sie gilt das Gleichungssystem

$$u_0^{(0)} = a + 0 \cdot b + c = 1$$

$$u_1^{(0)} = a + 1 \cdot b + 2c = 0$$

$$u_2^{(0)} = a + 2 \cdot b + 4c = 0$$

mit der Lösung $a = 0$, $b = -2$, $c = 1$, also

$$u_m^{(0)} = -2m + 2^m \ .$$

Entsprechend erhalten wir

$$u_m^{(1)} = 2 + 3m - 2^{m+1} \ ,$$

$$u_m^{(2)} = 2^m - m - 1 \ .$$

Daher hat das allgemeine Glied der Lösung der homogenen Differenzengleichung mit den Anfangswerten (4) die Form

$$u_m = u_0 u_m^{(0)} + u_1 u_m^{(1)} + u_2 u_m^{(2)}$$

$$= 5 + 5m - 2^{m+2} \ . \qquad \qquad \square$$

Die Analogie zur Lösungsmenge einer homogenen linearen Differentialgleichung wird deutlich, wenn man $\lambda_i = e^{\alpha_i}$ für $\lambda_i \neq 0$ schreibt; denn dann entspricht λ_i^m gerade dem Term $e^{\alpha_i x}$. Wegen $\rho(0) = a_0$ sind genau dann sämtliche Nullstellen λ_i von Null verschieden, wenn $a_0 \neq 0$ gilt. Ist jedoch $a_0 = 0$, so reduziert sich die Aufgabe auf das Lösen einer Differenzengleichung niedrigerer Ordnung.

1.5.6 Aufgabe. Man bestimme die Lösung der Differenzengleichung

$$u_{m+2} = u_m + u_{m+1} \ , \quad m = 0, 1, 2, \dots \ ,$$

mit den Anfangswerten
$$u_0 = 0 \ , \quad u_1 = 1$$

(Fibonacci-Zahlen). $\qquad \qquad \square$

Im folgenden sollen ebenfalls in elementarer Weise Lösungen der inhomogenen Differenzengleichung bestimmt werden. Beim Beweis benutzen wir gewisse Folgen, die aus einer anderen Folge durch Indexverschiebung hervorgehen.

1.5.7 Definition. *Die Abbildung*

$$E : U \longrightarrow U \ , \quad u \longmapsto Eu \ ,$$

komponentenweise erklärt durch

$$(Eu)_m := u_{m+1} \ , \quad m \in I\!N_0 \ ,$$

heißt <u>Verschiebungsoperator</u>. *Es sei* E^0 *die Identität und* $E^j := E(E^{j-1})$. *Entsprechend definieren wir den* <u>rückwärtigen Verschiebungsoperator</u>

$$E^{-1} : U \longrightarrow U \ , \quad u \longmapsto E^{-1}u \ ,$$

durch

$$(E^{-1}u)_m := \begin{cases} u_{m-1} & \text{für } m \geq 1, \\ 0 & \text{für } m = 0. \end{cases}$$

1.5.8 Bemerkung. Für $u = (u_0, u_1, u_2, \ldots)$ ist

$$\begin{aligned} Eu &= (u_1, u_2, u_3, \ldots), \\ E^{-1}u &= (0, u_0, u_1, u_2, \ldots), \\ EE^{-1}u &= (u_0, u_1, u_2, \ldots) = u, \end{aligned}$$

aber

$$E^{-1}Eu = (0, u_1, u_2, \ldots).$$

Die Operatoren E und E^{-1} sind also nicht vertauschbar, da sie nur auf den "einseitigen" Folgen $(u_0, u_1, u_2, \ldots)$ und nicht auf den "zweiseitigen" Folgen $(\ldots, u_{-1}, u_0, u_1, \ldots)$ definiert sind.

1.5.9 Beispiel. Ist $u = (0, 1, 4, 9, \ldots) = (m^2)$, so ist $Eu = (1, 4, 9, \ldots) = ((m+1)^2)$. Ferner gilt für diese Folge

$$\begin{aligned} (E-1)u &= Eu - u = ((m+1)^2) - (m^2) \\ &= (2m+1), \\ (E-1)^2 u &= (E-1)(2m+1) = (2), \\ (E-1)^3 u &= (0). \end{aligned}$$

1.5.10 Aufgabe.

a) Sei $\lambda \in \mathbb{C}$ und $u = (u_m)$ eine komplexe Zahlenfolge. Man zeige:

Es gilt $(E - \lambda)u = 0$ genau dann, wenn $u = c(\lambda^m)_{m \in \mathbb{N}_0}$ mit einem $c \in \mathbb{C}$ gilt.

b) Seien $\lambda, \mu \in \mathbb{C}$. Dann gilt

$$(E - \mu)(\lambda^m)_{m \in \mathbb{N}_0} = (\lambda - \mu)(\lambda^m)_{m \in \mathbb{N}_0}.$$

1.5.11 Aufgabe.

a) Seien $y : \mathbb{R} \longrightarrow \mathbb{R}$, $x_0 \in \mathbb{R}$ und $h > 0$. Für jedes $x \in \mathbb{R}$ setze man

$$\begin{aligned} \Delta^0(x)y &:= y(x) \\ \Delta^i(x)y &:= \frac{1}{ih}\left[\Delta^{i-1}(x+h)y - \Delta^{i-1}(x)y\right], \quad i = 1, 2, 3, \ldots. \end{aligned}$$

Man zeige, daß dann gilt:

$$\Delta^n(x)y = \frac{1}{n!h^n} \sum_{i=0}^{n} (-1)^{n-i} \binom{n}{i} y(x + ih) \quad \text{für jedes } n \in \mathbb{N}_0.$$

($n!\ \Delta^n (x)y$ kann als Näherung für $y^{(n)}(x)$ angesehen werden, wenn y n-mal stetig differenzierbar ist.)

b) Seien $y_0, y_1, \ldots, y_{n-1} \in I\!R$. Die Anfangswertaufgabe

$$y^{(n)}(x) = 0\ , \quad y^{(i)}(x_0) = y_i\ , \quad i = 0, 1, \ldots, n-1\ ,$$

werde (bis auf den Faktor $n!$) ersetzt durch die Differenzengleichung

$$\Delta^n(x_m)u = 0\ , \quad x_m = x_0 + mh\ , \quad m = 0, 1, 2, \ldots\ ,$$

mit den Anfangswerten

$$i!\ \Delta^i (x_0)u = y_i\ , \quad i = 0, 1, \ldots, n-1\ ,$$

zur Bestimmung einer Folge (u_m). Welche Gestalt hat (u_m)? $\qquad\qquad\Box$

1.5.12 Bemerkung. Mit Hilfe des Operators E und des charakteristischen Polynoms ρ kann man die Differenzengleichung

$$(5) \qquad u_{m+n} + a_{n-1}u_{m+n-1} + \ldots + a_1 u_{m+1} + a_0 u_m = f_m\ , \quad m \in I\!N_0\ ,$$

umschreiben zu

$$(6) \qquad (E^n + a_{n-1}E^{n-1} + \ldots + a_1 E + a_0)(u_m) = (f_m)\ ,$$

kurz

$$(7) \qquad\qquad\qquad\qquad \rho(E)u = f$$

mit $f := (f_m)$. $\qquad\qquad\qquad\qquad\qquad\qquad\qquad\qquad\qquad\qquad\qquad\Box$

Die folgenden Aussagen 1.5.13 und 1.5.14 werden später nicht benötigt; sie sollen nur weitere Anwendungsmöglichkeiten von Differenzengleichungen aufzeigen.

Für die Differenzenrechnung erweisen sich im Raum der Polynome folgende *Basispolynome* als besonders geeignet:

$$(8) \qquad
\begin{aligned}
Q_0(m) &:= 1 \\
Q_1(m) &:= m = \binom{m}{1} \\
&\ \ \vdots \\
Q_j(m) &:= Q_{j-1}(m)\frac{m-j+1}{j} = \binom{m}{j}, \quad j \in I\!N_0\ ,
\end{aligned}$$

mit der Eigenschaft

$$Q_j(i) = \delta_{ij}\ , \quad 0 \le i \le j\ .$$

Das Polynom $Q_j(m) = \frac{m^j}{j!} + \ldots$ hat genau den Grad j und die $N+1$ Polynome $Q_0, Q_1, \ldots, Q_N$ sind offensichtlich über jeder Menge von mindestens $N+1$ verschiedenen Punkten aus $\mathbb{N}_0$ linear unabhängig.

Wegen

$$(E-1)\left(\binom{m}{j}\right) = \left(\binom{m+1}{j} - \binom{m}{j}\right) = \binom{m}{j-1}$$

gilt

$$(E-1)Q_j = Q_{j-1}\,, \quad j \in \mathbb{N}$$

und daher

1.5.13 Hilfssatz. *Für jedes $N \in \mathbb{N}_0$ gilt $(E-1)Q_{N+1} = Q_N$ und $(E-1)^{N+1}Q_j = 0$ für $j = 0, 1, \ldots, N$. Die Folgen $(Q_j(m))$ für $j = 0, 1, \ldots, N$ sind linear unabhängig und bilden eine Basis für die Lösungsmenge der Differenzengleichung*

$$(E-1)^{N+1}u = 0\,. \qquad\qquad \square$$

1.5.14 Bemerkung. Für festes $N \in \mathbb{N}$ heißt

$$u_m := \sum_{j=0}^{m} j^N\,, \quad m \in \mathbb{N}_0$$

eine arithmetische Reihe N-ter Ordnung. Gesucht werde eine Formel zur Berechnung von u_m für beliebiges m. Wegen

$$u_{m+1} - u_m = \sum_{j=0}^{m+1} j^N - \sum_{j=0}^{m} j^N = (m+1)^N$$

ist

$$(9) \qquad\qquad (E-1)(u_m) = ((m+1)^N).$$

Auf der rechten Seite stehen die Werte eines Polynoms N-ten Grades in m. Nach Hilfssatz 1.5.13 folgt also

$$(E-1)^{N+2}(u_m) = (E-1)^{N+1}((m+1)^N) = 0\,.$$

Jede Lösung dieser homogenen Differenzengleichung hat nach Satz 1.5.4 die Gestalt

$$(u_m) = \sum_{j=0}^{N+1} d_j(Q_j(m))$$

mit Konstanten d_j, $j = 0, 1, \ldots, N+1$, die durch die ersten $N+2$ Werte $u_0, u_1, \ldots, u_{N+1}$ festgelegt sind.

Speziell für $N = 2$ erhält man als Formel für die Summen der Quadrate der natürlichen Zahlen

$$u_m = \sum_{j=0}^{m} j^2 = \frac{m(m+1)(2m+1)}{6} \; , \;\; m \in I\!N_0 \; .$$

Dies folgt nämlich mit den Anfangswerten

$$u_0 = 0 \; , \;\; u_1 = 1 \; , \;\; u_2 = 5 \; , \;\; u_3 = 14$$

aus dem Gleichungssystem

$$d_0 + d_1 m + d_2 \frac{m(m-1)}{2} + d_3 \frac{m(m-1)(m-2)}{3!} = u_m \; , \;\; m = 0,1,2,3 \; ,$$

mit der Lösung $d_0 = 0$, $d_1 = 1$, $d_2 = 3$, $d_3 = 2$. $\qquad\qquad\qquad\qquad\Box$

Bei den Untersuchungen numerischer Verfahren von Differentialgleichungen mit Hilfe von Differenzengleichungen wird man häufig auf Differenzengleichungen mit konstanten Koeffizienten geführt, und es ist von Bedeutung, das Verhalten der resultierenden Glieder u_m einer Lösungsfolge für $m \longrightarrow \infty$ zu studieren. Ein Kriterium, das dieses Verhalten zu prüfen erlaubt, gibt der

1.5.15 Satz. *Gegeben sei eine homogene lineare Differenzengleichung* $\rho(E)\,u = 0$. *Dann und nur dann ist jede ihrer Lösungen beschränkt, wenn für jede Nullstelle* λ_i *des zugehörigen charakteristischen Polynoms* ρ *die Ungleichung* $|\lambda_i| \leq 1$ *gilt und jede Nullstelle vom Betrag 1 eine einfache Nullstelle ist ("<u>Wurzelbedingung</u>").*

BEWEIS: Jede Lösung der Differenzengleichung hat nach Satz 1.5.4 die Gestalt

$$(u_m) = \left(\sum_{i=1}^{k} p_i(m)\lambda_i^m \right) \;\; \text{mit} \;\; \partial p_i < m_i \;\; \text{und} \;\; \sum_{i=1}^{k} m_i = n \; ,$$

insbesondere ist für jedes $i \in \{1, 2, \ldots, k\}$ durch

$$(u_m) := (\lambda_i^m)$$

eine Lösung gegeben. Aus der Forderung der Beschränktheit, nämlich der Existenz eines $c \in I\!R$ mit

$$|u_m| = |\lambda_i^m| \leq c \;\; \text{für jedes} \;\; m \in I\!N_0$$

folgt sofort

$$|\lambda_i| \leq 1 \; .$$

Ist die Vielfachheit von λ_i jedoch größer als 1, so ist auch

$$(m\,\lambda_i^m)$$

Lösung, mithin muß

$$|m\,\lambda_i^m| \le c\,,$$

also

$$|\lambda_i^m| \le \frac{c}{m} \quad \text{für jedes } m \in I\!N_0$$

sein. Da die rechte Seite für $m \longrightarrow \infty$ gegen 0 strebt, folgt aus der Beschränktheit jeder Lösung

$$|\lambda_i| < 1\,.$$

Die umgekehrte Richtung ergibt sich unmittelbar. Ist nämlich die Wurzelbedingung erfüllt, so sind die Folgenglieder jeder Lösung der Form

$$\left(\sum_{i=1}^{k} p_i(m)\lambda_i^m\right)_{m\in I\!N_0}$$

gleichmäßig beschränkt. $\qquad\qquad\square$

Zu einer Lösung der *inhomogenen Differenzengleichung* $\rho(E)u = f$ mit konstanten Koeffizienten kann die folgende Betrachtung führen. Im Satz 1.5.3 wurden die Basislösungen $(u_m^{(k)})$ mit den Anfangswerten

$$u_j^{(k)} = \delta_{jk}\,, \quad 0 \le j,k \le n-1\,,$$

konstruiert. Betrachtet man insbesondere $u^{(n-1)} = (u_m^{(n-1)})$ und setzt

$$v = (v_m) := E^{-1}u^{(n-1)}\,,$$

was ja nichts anderes bedeutet, als daß vor $u^{(n-1)}$ noch eine Null gesetzt wird, so erhält man nach den früher in 1.5.8 angegebenen Rechenregeln

$$\begin{aligned}
E\rho(E)v &= E\rho(E)E^{-1}u^{(n-1)}\\
&= \rho(E)EE^{-1}u^{(n-1)}\\
&= \rho(E)u^{(n-1)}\\
&= 0\,,
\end{aligned}$$

und daher $\rho(E)v = (c,0,0,\ldots)$ mit einem $c \in \mathbb{C}\,$.

Aus der ersten Komponente der Differenzengleichung erhält man

$$\begin{aligned}
(\rho(E)v)_0 &= v_n + a_{n-1}v_{n-1} + \ldots + a_0 v_0\\
&= 1 + a_{n-1}\cdot 0 + \ldots + 0\\
&= 1\,.
\end{aligned}$$

Also

$$\rho(E)v = (1,0,0,0,\ldots)\,.$$

Für den speziellen Fall, daß die rechte Seite f aus der nullten Einheitsfolge

$$e^0 := (1, 0, 0, 0, \dots)$$

besteht, ist also die inhomogene Differenzengleichung gelöst worden. Analog gelten für

$$v^{(j)} := E^{-j-1} u^{(n-1)}, \quad j = 1, 2, \dots$$

wegen

$$v_k^{(j)} = \begin{cases} 0 & \text{für } k = 0, 1, \dots, j-1+n, \\ 1 & \text{für } k = j+n \end{cases}$$

für die Komponenten der Folgen $\rho(E) v^{(j)}$ die Beziehungen

$$\left(\rho(E) v^{(j)} \right)_m = \begin{cases} 0 & \text{für } m = 0, 1, \dots, j-1 \\ 1 & \text{für } m = j, \end{cases}$$

und

$$E^{j+1} \rho(E) v^{(j)} = E^{j+1} \rho(E) E^{-j-1} u^{(n-1)}$$
$$= 0,$$

also

$$\rho(E) v^{(j)} = (0, 0, \dots, 0, 1, 0, 0, \dots),$$
$$\uparrow \qquad\qquad \uparrow$$
$$\text{0-te Stelle} \qquad j\text{-te Stelle}$$

d.h.

$$\rho(E) v^{(j)} = e^j := E^{-j} e^0.$$

Da die Folgen $e^0, e^1, e^2, \dots$ offenbar eine Basis des Folgenraumes U bilden, kann man durch Superposition jede beliebige Folge erhalten,

$$f = (f_m) = \sum_{m=0}^{\infty} f_m e^m.$$

Dementsprechend findet man als Lösung von $\rho(E) u = f$ die Folge

$$u = \sum_{j=0}^{\infty} f_j v^{(j)} = \left(\sum_{j=0}^{\infty} f_j E^{-j-1} \right) u^{(n-1)},$$

denn es gilt

$$\rho(E) u = \rho(E) \sum_{j=0}^{\infty} f_j v^{(j)} = \sum_{j=0}^{\infty} f_j \rho(E) v^{(j)} = \sum_{j=0}^{\infty} f_j e^j = f.$$

Es sei bemerkt, daß ρ und das Summenzeichen miteinander vertauschbar sind, da sich wegen

$$(E^{-j-1} u^{(n-1)})_m = 0 \quad \text{für } m \le n+j-1$$

die Summe für jede Komponente u_m auf eine endliche Summe reduziert,

$$u_m = \sum_{j=0}^{\infty} f_j (E^{-j-1} u^{(n-1)})_m = \sum_{j=0}^{m-n} f_j u^{(n-1)}_{m-j-1} \, .$$

Damit ist eine spezielle Lösung der inhomogenen Differenzengleichung konstruiert worden, die dadurch ausgezeichnet ist, daß ihre Anfangswerte $u_0, u_1, \ldots, u_{n-1}$ Null sind. Zusammenfassend gilt für die Differenzengleichung mit konstanten Koeffizienten der

1.5.16 Satz.

1) Die Summe einer Lösung der inhomogenen Differenzengleichung $\rho(E)u = f$ und einer Lösung der homogenen Differenzengleichung $\rho(E)u = 0$ löst die inhomogene Differenzengleichung. Jede Anfangswertaufgabe ist eindeutig lösbar.

2) Ist $u^{(n-1)}$ die Lösung der homogenen Differenzengleichung $\rho(E)u = 0$ mit den Anfangswerten

$$u_j^{(n-1)} = \delta_{j,n-1} \, , \quad j = 0, 1, \ldots, n-1 \, ,$$

und ist u^{hom} die Lösung der homogenen Differenzengleichung mit den Anfangswerten $u_0, u_1, \ldots, u_{n-1}$, so hat die Lösung der inhomogenen Differenzengleichung $\rho(E)u = f$ mit den Anfangswerten $u_0, u_1, \ldots, u_{n-1}$ die Komponenten

$$u_m = u_m^{hom} + \sum_{j=0}^{m-n} f_j u^{(n-1)}_{m-j-1} \, , \quad m \in \mathbb{N}_0 \, ;$$

die leere Summe sei wie üblich als Null definiert. $\qquad\qquad$ □

1.5.17 Beispiel. Gesucht werde die Lösung u der inhomogenen Differenzengleichung

$$u_{m+3} - 4u_{m+2} + 5u_{m+1} - 2u_m = m^2 \, , \quad m \in \mathbb{N}_0 \, ,$$

mit den Anfangswerten

$$u_0 = 1 \, , \quad u_1 = 2 \, , \quad u_2 = -1 \, .$$

Nach Beispiel 1.5.5 ist

$$(u_m^{hom}) = (5 + 5m - 2^{m+2})$$

die Lösung der homogenen Differenzengleichung $\rho(E)u = 0$ mit den gegebenen Anfangswerten, und es war

$$u_m^{(2)} = 2^m - m - 1 \, .$$

Eine spezielle Lösung (u_m^{inhom}) der inhomogenen Differenzengleichung erhalten wir durch

$$u_0^{inhom} = u_1^{inhom} = u_2^{inhom} = 0$$

$$u_m^{inhom} = \sum_{j=0}^{m-3} f_j u^{(2)}_{m-j-1}$$

$$= \sum_{j=0}^{m-3} j^2 (2^{m-j-1} - (m - j)) \, , \quad m \geq 3 \, .$$

Die Lösung unserer Aufgabe wird nach Satz 1.5.16 gegeben durch

$$(u_m) = (u_m^{hom}) + (u_m^{inhom}) \, .$$

Zur Berechnung der Basislösungen wurden drei Gleichungssysteme gelöst. Man benötigt hier jedoch nur (u_m^{hom}) und $(u_m^{(2)})$, braucht also nur zwei Gleichungssysteme zu lösen.

Beachtet man, daß die Inhomogenität die Form $f = (m^2)$ hat, also selbst von einem Differenzenoperator mit konstanten Koeffizienten annulliert wird, so kann man die Gestalt der Lösung noch vereinfachen. Mit $f = (m^2)$ gilt ja

$$(E - 1)^3 f = 0 \, ,$$

so daß u eine Lösung der homogenen Gleichung

$$(E - 1)^3 (E^3 - 4E^2 + 5E - 2)u = 0$$

ist. Zu den bereits angegebenen Wurzeln 1,1,2 kommen also noch die Wurzeln 1,1,1 hinzu. Mit Hilfe der zusätzlichen Anfangswerte

$$(u_3, u_4, u_5) = (-12, -38, -90)$$

erhält man

$$u_m = -2^m + 2 + 2\binom{m}{1} - 3\binom{m}{2} - 3\binom{m}{3} - 2\binom{m}{4} \, . \qquad \square$$

1.5.18 Beispiel. Wir wollen mit der Diskretisierung aus Beispiel 1.5.1 die Anfangswertaufgabe

$$y'' + y = x$$
$$y(0) = y'(0) = 0$$

näherungsweise lösen. Die exakte Lösung ist

$$y(x) = x - \sin x \, .$$

Mit den Beziehungen aus Beispiel 1.5.1 gilt

$$b_m = 0 \, , \quad c_m = 1 \, , \quad g_m = x_m = mh \, , \quad x_0 = 0 \, ,$$

so daß wir die Näherung aus der Differenzengleichung

$$u_{m+2} - 2u_{m+1} + (1 + h^2)u_m = mh^3 \, , \quad m \in I\!N_0$$

mit den Anfangswerten

$$u_0 = 0 \, , \quad u_1 = 0$$

ermitteln können. Wir testen die Näherung für $y(1)$, d.h. wir berechnen bei einer Schrittweite $h > 0$ das Folgenglied u_m mit $mh = 1$. Der exakte Wert ist

$$y(1) = 0.158529\ldots \, .$$

Die Werte für u_m bestimmen wir numerisch aus der Differenzengleichung und erhalten abhängig von der Schrittweite die folgenden Werte:

h	m	u_m	$y(1) - u_m$	$\frac{y(1) - u_m}{h}$
2^{-1}	2	0	0.158 53	0.317 06
2^{-2}	4	0.062 50	0.096 03	0.384 12
2^{-3}	8	0.107 67	0.050 86	0.406 87
2^{-4}	16	0.132 60	0.025 93	0.414 94
2^{-5}	32	0.145 46	0.013 07	0.418 12
2^{-6}	64	0.151 97	0.006 55	0.419 50
2^{-7}	128	0.155 25	0.003 28	0.420 13
2^{-8}	256	0.156 89	0.001 64	0.420 44
2^{-9}	512	0.157 71	0.000 82	0.420 59
2^{-10}	1024	0.158 12	0.000 41	0.420 66

Bei Halbierung der Schrittweite halbiert sich näherungsweise der Fehler, wie man auch aus den letzten Spalten ersehen kann; man spricht auch von einem Verfahren "erster Ordnung". Wir berechnen noch die Nullstellen des charakteristischen Polynoms

$$\rho(t) = t^2 - 2t + (1 + h^2) \, .$$

Sie lauten

$$t_1 = 1 + ih \, , \quad t_2 = 1 - ih \, , \quad i = \sqrt{-1} \, ,$$

d.h. sie sind beide vom Betrag größer als Eins. Dennoch bleibt $u_m^{(h)}$ mit $mh \leq 1$ für $h \to 0$ beschränkt. Da die Koeffizienten der Differenzengleichung von h abhängen, also auch die Nullstellen t_1, t_2, und wir $u_m = u_m(h)$ nur für $m = 0, 1, \dots, 1/h$ berechnen, widerspricht dies nicht Satz 1.5.15! Es gilt nämlich

$$t_{1/2}(h)^{1/h} = (1 \pm ih)^{1/h} \longrightarrow e^{\pm i} \quad \text{für} \quad h \longrightarrow 0 \, . \qquad \square$$

Bisher sind nur komplexe Lösungen der Differenzengleichungen betrachtet worden. Sind jedoch die Koeffizienten $a_0, a_1, \dots, a_{n-1}$ und die Anfangswerte $u_0, u_1, \dots, u_{n-1}$ reell (und auch die Inhomogenität f), so sind auch sämtliche Komponenten u_m der zugehörigen Lösung u trivialerweise reell. Man kann dann formal genauso wie in Satz 1.4.4 die reellen Lösungen erhalten, indem man

$$\lambda_j = e^{t_j} \, , \quad j = 1, \dots, k \, ,$$

setzt (für $a_0 \neq 0$ sind auch sämtliche Nullstellen λ_j von ρ von Null verschieden; für $a_0 = 0$ hat man eine Differenzengleichung niedrigerer Ordnung zu untersuchen). Die völlig analogen Ausführungen seien dem Leser überlassen.

Kapitel 2 Existenz- und Eindeutigkeitsaussagen für Anfangswertaufgaben

§1 Der Existenzsatz von Peano

Ziel dieses Abschnitts ist es zu zeigen, daß die Anfangswertaufgabe

$$\text{(A)} \qquad\qquad y' = f(x, y), \ y(x_0) = y_0$$

bei stetiger Funktion f stets eine Lösung besitzt (Existenzsatz von Peano). Sie ist jedoch im allgemeinen nicht eindeutig, sondern es kann zwei oder mehr Lösungen auf dem gleichen Intervall I geben. Im nächsten Paragraphen werden wir zusätzlich fordern, daß f Lipschitz-stetig in y ist. Man erhält dann zusätzlich zur Lösbarkeit der Anfangswertaufgabe auch ihre Eindeutigkeit (Existenz- und Eindeutigkeitssatz von Picard-Lindelöf).

Zur Vorbereitung auf den Existenzbeweis werden einige bekannte Tatsachen über metrische und lineare Räume zusammengestellt.

2.1.1 Definition. *Sei Y eine Menge. Eine <u>Metrik</u> auf Y ist eine Funktion $d : Y \times Y \longrightarrow \mathbb{R}$, die für alle $x, y, z \in Y$ die folgenden drei Eigenschaften besitzt:*

a) Es gilt $d(x, y) \geq 0$, und es gilt $d(x, y) = 0$ genau dann, wenn $x = y$ gilt.

b) Es gilt $d(x, y) = d(y, x)$ (Symmetrie).

c) Es gilt $d(x, y) \leq d(x, z) + d(z, y)$ (Dreiecksungleichung).

Das Paar (Y, d) heißt <u>metrischer Raum</u>.

Der metrische Raum (Y, d) kann in natürlicher Weise zu einem topologischen Raum gemacht werden. Für $y_0 \in Y$ und $r > 0$ werde mit

$$K_r(y_0) := \{y \in Y \,|\, d(y, y_0) < r\}$$

die <u>offene Kugel</u> um y_0 mit dem Radius r bezeichnet. Für ein Menge $Z \subset Y$ heiße

$$\mathring{Z} := \{y \in Y \,|\, K_r(y) \subset Z \text{ für ein } r > 0\}$$

das <u>Innere</u> von Z. Die Menge Z heißt <u>offen</u> genau dann, wenn $\mathring{Z} = Z$ gilt. Der <u>Abschluß</u> $\overline{Z}$ von Z ist die Menge

$$\overline{Z} := \{y \in Y \,|\, K_r(y) \cap Z \neq \emptyset \text{ für jedes } r > 0\} \,.$$

Z heißt <u>abgeschlossen</u> genau dann, wenn $Z = \overline{Z}$ gilt. Schließlich bezeichne $\partial Z := \overline{Z} \setminus \mathring{Z}$ den <u>Rand</u> von Z.

Die offenen Mengen von Y bilden dann eine Topologie auf Y. $\quad\square$

2.1.2 Beispiele. Die folgenden Paare (Y, d) sind metrische Räume:

1. Sei $Y \subset I\!\!R^n$ und

$$d(x,y) := \sum_{i=1}^{n}(x_i - y_i)^2 \ \text{ für } \ x = \begin{pmatrix} x_1 \\ \vdots \\ x_n \end{pmatrix} , \ y = \begin{pmatrix} y_1 \\ \vdots \\ y_n \end{pmatrix} \in Y .$$

2. Sei $I = [a, b]$ und Y eine Teilmenge der auf I stetigen und reellwertigen Funktionen. Sei

$$d(x,y) := \max_{t \in I} |x(t) - y(t)| \ \text{ für } \ x \ y \in Y .$$ □

2.1.3 Definition. *Sei (Y, d) ein metrischer Raum. Eine Folge $(y_j)_{j \in N}$ von Elementen aus Y heißt <u>konvergent</u> gegen $y \in Y$, geschrieben $y_j \longrightarrow y$, genau dann, wenn $d(y, y_j)$ für $j \longrightarrow \infty$ gegen Null strebt. y heißt dann <u>Limes</u> der Folge. (y_j) heißt <u>Cauchy-Folge</u> genau dann, wenn es zu jedem $\varepsilon > 0$ ein $N = N(\varepsilon)$ gibt mit*

$$d(y_i, y_j) < \varepsilon \ \text{ für jedes } \ i, j \geq N .$$

Ein metrischer Raum (Y, d) heißt <u>vollständig</u> genau dann, wenn zu jeder Cauchy-Folge ein Limes in Y existiert. □

2.1.4 Bemerkung. Jede konvergente Folge ist eine Cauchyfolge; in einem beliebigen metrischen Raum braucht es aber nicht zu jeder Cauchyfolge einen Limes zu geben. Denn ist z.B. $Y = I\!\!R$ und $d(y, z) = |\arctan y - \arctan z|$, so ist $(j)_{j \in N}$ Cauchy-Folge in Y bezüglich dieser Metrik, besitzt jedoch keinen Limes in Y. □

2.1.5 Bezeichnungen. Für eine offene Menge $U \subset I\!\!R^m$ sei $C^k(U, I\!\!R^n)$ die Menge der k-mal auf U stetig differenzierbaren Funktionen mit Werten in $I\!\!R^n$, insbesondere besteht $C(U, I\!\!R^n) := C^0(U, I\!\!R^n)$ aus den stetigen Funktionen. Im Falle $n = 1$ schreiben wir kurz $C^k(U) := C^k(U, I\!\!R)$. Für eine beliebige Menge $V \subset U$ sei

$$C^k(V, I\!\!R^n) := \{f : V \longrightarrow I\!\!R^n \mid \text{ es gibt ein } g \in C^k(U, I\!\!R^n) \text{ mit } g|_V = f\} .$$ □

2.1.6 Definition. *Sei Y ein linearer Raum (über $I\!\!R$ oder $\mathbb{C}$). Eine Funktion $\| \cdot \| : Y \longrightarrow I\!\!R$ heißt <u>Norm</u> auf Y genau dann, wenn für jedes Paar $y, z \in Y$ die folgenden drei Bedingungen erfüllt sind:*

a) $\|y\| = 0$ *genau dann, wenn $y = 0$.*

b) $\|\lambda y\| = |\lambda| \cdot \|y\|$ *für jedes $\lambda \in I\!\!R$ bzw. $\mathbb{C}$*

c) $\|y + z\| \leq \|y\| + \|z\|$ *(Dreiecksungleichung).*

Ist $\| \cdot \|$ eine Norm auf Y, so heißt das Paar $(Y, \| \cdot \|)$ ein <u>normierter Raum</u>. Ist $(Y, \| \cdot \|)$ ein normierter Raum und $\tilde{Y}$ eine Teilmenge von Y, so ist $(\tilde{Y}, d)$ mit der <u>induzierten Metrik</u>

$$d(y, z) := \|y - z\| \ \text{ für } \ y, z \in \tilde{Y}$$

ein metrischer Raum. Ist Y bezüglich der durch $\|\cdot\|$ induzierten Metrik vollständig, so wird $(Y, \|\cdot\|)$ Banachraum genannt.   □

2.1.7 Beispiele.

1. $Y = I\!R^m$. Für $y = (y_1, y_2, \ldots, y_m)^T \in I\!R^m$ sei

$$\|y\| := \sum_{i=1}^{m} |y_i| \qquad (\underline{\text{diskrete } L_1\text{-Norm}})$$

oder

$$\|y\| := (\sum_{i=1}^{m} y_i^2)^{\frac{1}{2}} \qquad (\underline{\text{euklidische Norm}})$$

oder

$$\|y\| := \max_{1 \leq i \leq m} |y_i| \qquad (\underline{\text{Maximumsnorm}}) .$$

Dann ist $(Y, \|\cdot\|)$ ein Banachraum. Für die Maximumsnorm werden wir im folgenden stets $|y|$ schreiben. (Für $m = 1$ liefern diese Normen gerade den Betrag.)

2. Seien $m, n \in I\!N$ und V eine kompakte Teilmenge des $I\!R^m$, sei $Y = C(V, I\!R^n)$ und

$$\|y\|_\infty := \sup_{x \in V} |y(x)| \qquad (\underline{\text{Supremumsnorm}})$$

für $y \in Y$ mit der Maximumsnorm $|\cdot|$ des $I\!R^n$. Dann ist $(Y, \|\cdot\|_\infty)$ ein Banachraum. Er wird bei den Existenzsätzen der folgenden Abschnitte zugrundegelegt.   □

2.1.8 Definition.
Sei I ein reelles kompaktes Intervall und $F \subset C(I, I\!R^n)$. Dann heißt F <u>beschränkt</u> (auf I) genau dann, wenn eine Konstante M existiert mit

$$\|f\|_\infty \leq M \ \text{für jedes } f \in F \ ;$$

dabei sei $\|\cdot\|_\infty$ die in 2.1.7 2. definierte Supremumsnorm auf dem $C(I, I\!R^n)$.

Weiterhin heißt F <u>gleichgradig stetig</u> (auf I) genau dann, wenn es zu jedem $\varepsilon > 0$ ein $\delta = \delta(\varepsilon) > 0$ gibt, so daß für jedes $f \in F$ und jede Wahl von $x, \tilde{x} \in I$ mit $|x - \tilde{x}| < \delta$ die Ungleichung

$$|f(x) - f(\tilde{x})| < \varepsilon$$

gilt. Hier sei $|\cdot|$ die Maximumsnorm des $I\!R^n$.   □

Den folgenden Satz von Arzela-Ascoli und seinen Beweis sowie Verallgemeinerungen findet man z.B. in [Al] und [HS]. Wir formulieren ihn nur in einer auf unsere Situation zugeschnittenen Version.

2.1.9 Satz.
(Arzela-Ascoli) Sei I ein kompaktes reelles Intervall und F eine beschränkte und gleichgradig stetige Teilmenge von $C(I, I\!R^n)$. Dann enthält jede Folge von Elementen aus F eine Teilfolge, die in der Supremumsnorm gegen eine Funktion aus $C(I, I\!R^n)$ konvergiert.

BEWEIS: Sei $F = (y_\nu)_{\nu \in N}$. Sei $\{x_i | i \in I\!N\}$ eine abzählbar dichte Teilmenge von I, z.B. die Menge der rationalen Zahlen in I. Da F beschränkt ist, ist jedes y_ν

beschränkt, $|y_\nu(x)| \leq M$ für jedes $\nu \in I\!\!N$ und $x \in I$. Insbesondere ist die Folge $(y_\nu(x_1))_{\nu \in N}$ eine in $I\!\!R^n$ beschränkte Folge. Es gibt daher eine Teilfolge $(y_\nu^{(1)})$ von (y_ν), die in x_1 konvergiert. Dieser Prozeß wird iteriert: Es gibt eine Teilfolge $(y_\nu^{(2)})$ von $(y_\nu^{(1)})$, die in x_2 konvergiert. Allgemein sei $(y_\nu^{(i)})$ eine Teilfolge von $(y_\nu^{(i-1)})$, die in x_i konvergiert. Dann konvergiert $(y_\nu^{(i)})$ in $x_1, x_2, \ldots, x_i$. Wir betrachten nun die "Diagonalfolge" $(z_\nu)_{\nu \in N} := (y_\nu^{(\nu)})_{\nu \in N}$; sie konvergiert aufgrund obiger Konstruktion in jedem Punkt x_i, $i \in I\!\!N$.

Wir zeigen nun, daß (z_ν) eine Cauchy-Folge in $(C(I, I\!\!R^n), \|\cdot\|_\infty)$ ist. Dazu sei $\varepsilon > 0$ vorgegeben. Wegen der gleichgradigen Stetigkeit von F gibt es ein $\delta > 0$, so daß für alle $x, \tilde{x} \in I$ mit $|x - \tilde{x}| < \delta$ und jedes $\nu \in I\!\!N$ die Abschätzung

$$|z_\nu(x) - z_\nu(\tilde{x})| < \frac{\varepsilon}{3}$$

folgt. Da $\{x_i\}$ dicht in I liegt und I beschränkt ist, gibt es endlich viele Punkte $x_1, x_2, \ldots, x_m$, $m = m(\delta)$, mit der Eigenschaft: Zu jedem $x \in I$ gibt es ein $k \in \{1, 2, \ldots, m\}$ mit $|x - x_k| < \delta$. Da die Diagonalfolge (z_ν) in jedem dieser endlich vielen Punkte konvergiert, gibt es ein $N \in I\!\!N$, so daß für alle $\nu, \mu \geq N$ und jedes $k \in \{1, 2, \ldots, m\}$ die Abschätzung

$$|z_\nu(x_k) - z_\mu(x_k)| < \frac{\varepsilon}{3}$$

gilt. Sei nun $x \in I$ beliebig. Mit $|x - x_k| < \delta$ folgt dann

$$|z_\nu(x) - z_\mu(x)| \leq |z_\nu(x) - z_\nu(x_k)| + |z_\nu(x_k) - z_\mu(x_k)| + |z_\mu(x_k) - z_\mu(x)|$$
$$< \frac{\varepsilon}{3} + \frac{\varepsilon}{3} + \frac{\varepsilon}{3} = \varepsilon$$

für alle $\nu, \mu \geq N$, also

$$\|z_\nu - z_\mu\|_\infty < \varepsilon \quad \text{für alle } \nu, \mu \geq N \, .$$

Da $(C(I, I\!\!R^n), \|\cdot\|_\infty)$ vollständig ist, besitzt (z_ν) einen Limes $y \in C(I, I\!\!R^n)$ (gleichmäßige Konvergenz), womit der Satz beweisen ist. (Entsprechend verläuft der Beweis, wenn man statt I eine kompakte Menge $K \subset I\!\!R^n$ nimmt.) $\Box$

2.1.10 Bemerkung. Nennt man eine Teilmenge $Z \subset Y$ eines Banachraumes $(Y, \|\cdot\|)$ "relativ kompakt", wenn $\overline{Z}$ kompakt ist, also jede offene Überdeckung von $\overline{Z}$ eine endliche Überdeckung von $\overline{Z}$ besitzt, so kann man diesen Satz auch so formulieren: Ist I ein kompaktes Intervall, so ist jede beschränkte und gleichgradig stetige Teilmenge von $C(I, I\!\!R^n)$ relativ kompakt in $C(I, I\!\!R^n)$.

Es gilt auch die Umkehrung: Jede relativ kompakte Teilmenge von $C(I, I\!\!R^n)$ ist gleichgradig stetig und beschränkt. $\Box$

Wir betrachten wieder die Anfangswertaufgabe $y' = f(x, y)$, $y(x_0) = y_0$ für ein System von n Differentialgleichungen. Dabei sei f stetig im Gebiet $G \subseteq I\!\!R^{n+1}$. Es gibt dann positive Zahlen c und d, so daß der Quader

$$Q = \{(x, y) \in I\!\!R \times I\!\!R^n \,\big|\, |x - x_0| \leq c, \ |y - y_0| \leq d\}$$

im Gebiet G enthalten ist. Dann ist f beschränkt auf Q, und es gibt eine Konstante $M > 0$ mit

$$|f(x,y)| \leq M \ \text{ für jedes } \ (x,y) \in Q \,.$$

Weiterhin bezeichne δ die Zahl

$$\delta := \min\left(c, \frac{d}{M}\right) > 0 \,.$$

Diese Größe ist so konstruiert, daß der "Doppelkegel"

$$K := \{(x,y)\,\big|\,|x - x_0| \leq \delta,\ |y - y_0| \leq |x - x_0| \cdot M\}$$

in Q liegt.

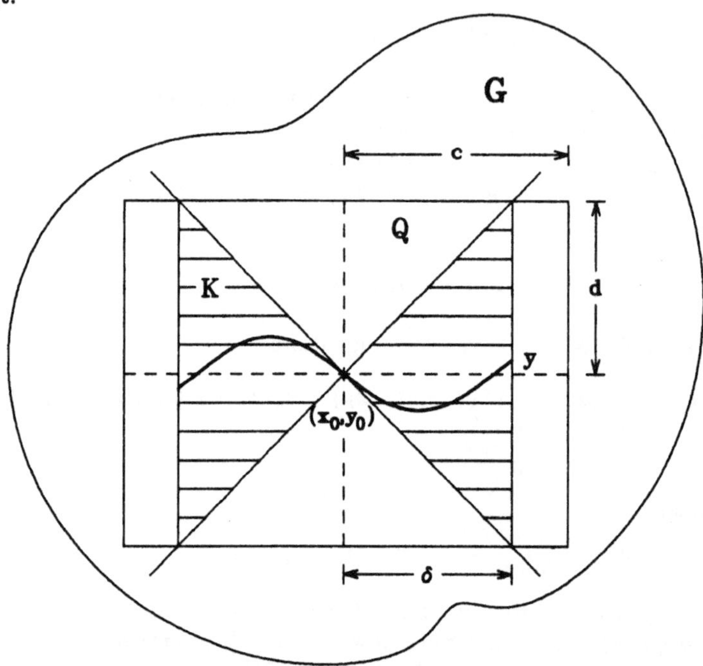

2.1.11 Satz. *(Existenzsatz von Peano) Sei f stetig im Gebiet G und $(x_0, y_0) \in G$. Dann gibt es ein $\delta > 0$, so daß die Anfangswertaufgabe*

$$y' = f(x,y),\ y(x_0) = y_0$$

eine Lösung auf dem Intervall $[x_0 - \delta, x_0 + \delta]$ besitzt.

Bemerkung. Wie der Beweis zeigen wird, kann man das zuvor konstruierte δ benutzen.

BEWEIS: Wir zeigen nur die Existenz einer Lösung der Anfangswertaufgabe im Intervall $I_\delta := [x_0, x_0 + \delta]$. Der Beweis für das Intervall $[x_0 - \delta, x_0]$ verläuft analog. Zu festem $N \in I\!N$ und $h := \delta/N$ betrachten wir im Intervall I_δ die Punkte

$$x_j := x_0 + jh\,,\ \ j = 1, 2, \ldots, N \,.$$

In diesen Punkten werden Näherungswerte mit Hilfe des _Eulerschen Polygonverfahrens_ bestimmt:

$$u_0 := y_0$$
$$u_j := u_{j-1} + hf(x_{j-1}, u_{j-1}) , \quad j = 1, 2, \ldots, N .$$

Wir zeigen zunächst induktiv, daß

$$(x_j, u_j) \in K \quad \text{für} \quad j = 0, 1, \ldots, N$$

gilt: Für $j = 0$ ist dies definitionsgemäß klar. Im Induktionsschritt von $j - 1$ nach j nehmen wir die Gültigkeit von $(x_i, u_i) \in K$ für $i = 0, 1, \ldots, j - 1$ an und zeigen sie für $i = j$. Diese folgt aber aus

$$\begin{aligned}
|u_j - y_0| &= |u_{j-1} - y_0 + hf(x_{j-1}, u_{j-1})| \\
&\leq |u_{j-1} - y_0| + hM \\
&\leq |x_{j-1} - x_0|M + hM \\
&= |x_j - x_0|M
\end{aligned}$$

nach Definition von K. Hiermit ist der Induktionsschritt bewiesen.

Aus dieser diskreten Näherungslösung gewinnen wir eine kontinuierliche Näherungslösung u, indem wir die Punkte (x_j, u_j) durch Geradenstücke verbinden:

$$\begin{aligned}
u(x) :&= u_{j-1} + (x - x_{j-1})f(x_{j-1}, u_{j-1}) \\
&= u_{j-1} + \frac{u_j - u_{j-1}}{x_j - x_{j-1}}(x - x_{j-1}) \quad \text{für} \quad x_{j-1} \leq x \leq x_j , \quad j = 1, 2, \ldots, N .
\end{aligned}$$

Der Graph von u ist ein Polygonzug im $\mathbb{R}^{n+1}$.

Mit der oben festgelegten Schranke M für $\|f\|_\infty$ auf Q gilt dann

$$(1) \qquad |u(x) - u(x^*)| \leq M|x - x^*| \quad \text{für beliebige} \quad x, x^* \in I_\delta .$$

Denn nehmen wir an, es sei $x < x^*$ und x liege im Intervall $[x_{i-1}, x_i)$ und x^* in $(x_j, x_{j+1}]$. Dann gilt $x_{i-1} \leq x_j$. Aus der Definition von u folgt (1) sofort, falls $x_{i-1} = x_j$, die Punkte x und x^* also im gleichen Intervall liegen. Andernfalls erhält man mit Hilfe der Dreiecksungleichung

$$\begin{aligned}
|u(x) - u(x^*)| &\leq |u(x) - u(x_i)| + |u(x_i) - u(x_{i+1})| + \ldots + |u(x_j) - u(x^*)| \\
&\leq M|x - x_i| + M|x_i - x_{i+1}| + \ldots + M|x_j - x^*| \\
&= M|x - x^*| .
\end{aligned}$$

Man beachte, daß die Größe N, durch welche die "Schrittweite" h festgelegt wurde, beim Nachweis von (1) keine Rolle spielte.

Aus

$$\begin{aligned}
|u(x) - y_0| &= |u(x) - u(x_0)| \\
&\leq M|x - x_0| \leq M\delta
\end{aligned}$$

folgt weiter, daß der durch u beschriebene Polygonzug in der oben definierten Menge K verläuft und u daher wegen

$$(2) \qquad |u(x)| \leq |y_0| + M\delta$$

unabhängig von N beschränkt ist.

Die angegebene Konstruktion von u als Polygonzug läßt sich für jedes N durchführen. Die resultierende Funktion werde mit u^N, die einzelnen (x, u)-Werte seien mit (x_j^N, u_j^N) und die zugehörige Schrittweite mit h_N bezeichnet.

Aus den vorangegangenen Überlegungen folgt, daß die Menge

$$F := \{u^1, u^2, \ldots\} \subset C(I_\delta, I\!R^n)$$

wegen (1) gleichgradig stetig und wegen (2) beschränkt ist. Nach Satz 2.1.9 enthält (u^N) eine Teilfolge $(u^\nu)_{\nu \in I\!N'}$ (mit einer geeigneten Indexmenge $I\!N' \subset I\!N$), die in der Supremumsnorm gegen ein $y \in C(I_\delta, I\!R^n)$ strebt, d.h.

$$(3) \qquad \|u^\nu - y\|_\infty \longrightarrow 0 \text{ für } \nu \longrightarrow \infty, \quad \nu \in I\!N'.$$

(Zur Vereinfachung der Schreibweise werde "$\nu \in I\!N'$" im folgenden weggelassen.)

Wir wollen zeigen, daß diese Funktion y die Anfangswertaufgabe löst.

Aus der gleichmäßigen Konvergenz in (3) folgt zunächst die gleichmäßige Konvergenz

$$\sup_{x \in I_\delta} |f(x, u^\nu(x)) - f(x, y(x))| \longrightarrow 0 \text{ für } \nu \longrightarrow \infty$$

und daher auch

$$\sup_{x \in I_\delta} \left| \int_{x_0}^{x} f(t, u^\nu(t))dt - \int_{x_0}^{x} f(t, yt))dt \right| \longrightarrow 0 \text{ für } \nu \longrightarrow \infty.$$

Jede Funktion u^ν ist aufgrund ihrer Konstruktion als stückweise lineare Funktion außer in den Punkten $x_0^\nu, x_1^\nu, \ldots, x_\nu^\nu$ stetig differenzierbar, und für $x \in [x_j^\nu, x_{j+1}^\nu)$ gilt

$$u^\nu(x)' = f(x_j^\nu, u_j^\nu) = f(x, u^\nu(x)) + \left[f(x_j^\nu, u_j^\nu) - f(x, u^\nu(x)) \right]$$
$$= f(x, u^\nu(x)) + \varepsilon_\nu(x)$$

mit

$$\varepsilon_\nu(x) := f(x_j^\nu, u_j^\nu) - f(x, u^\nu(x)).$$

Aus (3) und der gleichmäßigen Stetigkeit von f auf Q folgt

$$\|\varepsilon_\nu\|_\infty \longrightarrow 0 \text{ für } \nu \longrightarrow \infty.$$

Man hat also die Darstellung

$$u^\nu(x) - u^\nu(x_0) = \int_{x_0}^{x} f(t, u^\nu(t))dt + R_\nu(x)$$

mit

$$R_\nu(x) = \int\limits_{x_0}^{x} \varepsilon_\nu(t)dt \ .$$

Wegen $\|R_\nu\|_\infty \longrightarrow 0$ für $\nu \longrightarrow \infty$ und $u^\nu(x_0) = y_0$ folgt mit den obigen Konvergenzbeziehungen

$$y(x) = y_0 + \int\limits_{x_0}^{x} f(t,y(t))dt \ \text{ für jedes } \ x \in I_\delta \ ,$$

d.h. y löst die Volterrasche Integralgleichung. Nach Satz 1.2.8 ist y eine Lösung der Anfangswertaufgabe. $\qquad\square$

2.1.12 Bemerkung. Der Existenzsatz von Peano macht eine Aussage über die Existenz einer Lösung der Anfangswertaufgabe "im Kleinen", d.h. in einer Umgebung des Punktes x_0. Jede Lösung existiert mindestens im Intervall $[x_0 - \delta, x_0 + \delta]$, wobei eine solche Größe δ in Abhängigkeit von x_0, G und f a priori angegeben werden kann.

2.1.13 Aufgabe. Man zeige:

a) Jeder Häufungspunkt der Folge (u^N) (bezüglich der Supremumsnorm) ist eine Lösung der Anfangswertaufgabe.

b) Im allgemeinen kann nicht jede Lösung der Anfangswertaufgabe mit Hilfe des Eulerschen Polygonverfahrens gewonnen werden.

c) Ist die Lösung der Anfangswertaufgabe eindeutig bestimmt, so konvergiert die gesamte Folge (u^N) gegen diese Lösung.

d) Es kann vorkommen, daß die Anfangswertaufgabe unendlich viele Lösungen besitzt, wohingegen die gesamte Folge (u^N) gegen eine bestimmte Lösung konvergiert, also das Aussondern einer Teilfolge nicht nötig ist. $\qquad\square$

2.1.14 Definition. *Sind S und T Teilmengen von $\mathbb{R}^n$, so bezeichnet man mit*

$$\operatorname{dist}(S,T) := \inf_{\substack{s \in S \\ t \in T}} |s - t|$$

die <u>*Distanz*</u> *der Mengen S und T.* $\qquad\square$

Aus dem Existenzsatz von Peano erhalten wir das

2.1.15 Korollar. *Sei V eine Teilmenge des $\mathbb{R}^{n+1}$ mit nichtleerem Inneren $\mathring{V}$ und $f \in C(V, \mathbb{R}^n)$. Sei $\|f\|_\infty \leq M$ auf V und sei K eine kompakte Teilmenge von $\mathring{V}$. Dann gibt es ein $\delta = \delta(\mathring{V}, K, M) > 0$, so daß für jedes $(x_0, y_0) \in K$ der Definitionsbereich einer Lösung der Anfangswertaufgabe $y' = f(x,y)$, $y(x_0) = y_0$ das Intervall $[x_0 - \delta, x_0 + \delta]$ umfaßt.*

BEWEIS: Wir können ohne Einschränkung $M > 0$ annehmen. Sei

$$a := \operatorname{dist}(K, \partial V) \ .$$

Wegen $K \subset \overset{\circ}{V}$ ist $a > 0$. Für jedes $(x_0, y_0) \in K$ und für $\delta := 1/2 \min(a, a/M)$ ist dann der Quader

$$Q_\delta(x_0, y_0) := \{(x, y) \in I\!\!R^{n+1} \mid |x - x_0| \leq \delta, \ |y - y_0| \leq \delta M\}$$

in $\overset{\circ}{V}$ enthalten, und man erhält mit diesem δ die Existenzaussage aus dem Satz 2.1.11 von Peano. $\qquad\qquad\square$

§2 Der Existenz- und Eindeutigkeitssatz von Picard-Lindelöf

Die Anfangswertaufgabe

$$(A) \qquad\qquad y' = f(x,y)\ ,\ \ y(x_0) = y_0$$

mit stetiger Funktion f ist, wie wir sahen, lösbar, jedoch im allgemeinen nicht eindeutig. Eine zusätzliche Bedingung, nämlich die Lipschitz-Stetigkeit von f, gewährleistet auch die Eindeutigkeit der Lösung der Anfangswertaufgabe.

Im folgenden bezeichne $|\cdot|$ wieder die Maximumsnorm des $\mathbb{R}^n$.

2.2.1 Definition. *Die gegebene Funktion $f : G \longrightarrow \mathbb{R}^n$, $(x,y) \longmapsto f(x,y)$, heißt in G <u>Lipschitz-stetig</u> (bezüglich y) genau dann, wenn es eine Konstante L derart gibt, daß für jedes Paar von Elementen (x,y), $(x,z) \in G$ die Abschätzung*

$$|f(x,y) - f(x,z)| \leq L|y - z|$$

gilt. □

2.2.2 Aufgabe. *Sei G konvex bezüglich y, d.h. mit (x,y) und $(x,\tilde{y})$ sei auch $t(x,y) + (1-t)(x,\tilde{y})$ Element von G für jedes $0 < t < 1$. Man zeige: Die Funktion f ist Lipschitz-stetig in G bezüglich y, wenn sie dort nach allen Komponenten von y partiell differenzierbar ist und diese partiellen Ableitungen in G beschränkt sind.* □

2.2.3 Definition. *Seien (Y_1, d_1) und (Y_2, d_2) metrische Räume und F ein Operator, der Y_1 in Y_2 abbilde. Der Operator F heißt <u>kontrahierend</u> genau dann, wenn es eine Konstante k mit $0 \leq k < 1$ gibt, so daß*

$$d_2(Fy, Fz) \leq k\, d_1(y, z)$$

für jedes Paar von Elementen $y, z \in Y_1$ gilt. □

Der Nachweis der Existenz und Eindeutigkeit einer Lösung der Anfangswertaufgabe läßt sich leicht mit folgendem Satz, dem Kontraktionssatz oder Banachschen Fixpunktsatz, führen.

2.2.4 Satz. *(Kontraktionssatz) Sei (Y, d) eine vollständiger metrischer Raum und F ein Operator, der Y in sich abbilde. F sei kontrahierend. Dann gibt es genau einen Fixpunkt von F, d.h. es gibt genau ein $y \in Y$ mit $Fy = y$. Dieser Fixpunkt kann iterativ beliebig genau approximiert werden. Ist nämlich $y_0 \in Y$ beliebig, so konvergiert die Folge $(y_i)_{i \in \mathbb{N}}$ mit $y_i := Fy_{i-1}$, $i = 1, 2, 3, \ldots$ gegen den Fixpunkt y und es gelten mit einer Kontraktionskonstanten k für F die Fehlerabschätzungen:*

$$\text{a)}\ d(y_i, y) \leq \frac{k^i}{1-k} d(y_0, y_1),\ i \in \mathbb{N}\ \text{(a priori Abschätzung)},$$

b) $d(y_i, y) \leq \dfrac{k}{1-k} d(y_i, y_{i-1})$, $i \in I\!N$ (a posteriori Abschätzung). $\Box$

BEWEIS: Wir zeigen zunächst, daß (y_i) eine Cauchy-Folge ist. Sei $i < j$. Dann gilt

$$d(y_i, y_j) \leq d(y_i, y_{i+1}) + d(y_{i+1}, y_{i+2}) + \ldots + d(y_{j-1}, y_j)$$
$$\leq d(y_i, y_{i+1})(1 + k + k^2 + \ldots)$$
$$\leq k^i d(y_0, y_1) \frac{1}{1-k} \,,$$

wie aus

$$d(y_{m+1}, y_{m+2}) = d(F(y_m), F(y_{m+1}))$$
$$\leq k d(y_m, y_{m+1}) \text{ für jedes } m \in I\!N_0$$

und unter Benutzung der geometrischen Reihe folgt. Hieraus folgt, daß es zu jedem $\varepsilon > 0$ ein $N = N(\varepsilon) \in I\!N$ gibt mit

$$d(y_i, y_j) < \varepsilon \text{ für alle } i, j \geq N(\varepsilon) \,,$$

d.h. (y_i) ist eine Cauchy-Folge. Da Y vollständig ist, gibt es ein $y \in Y$ mit $d(y, y_i) \to 0$ für $i \to \infty$. Dann folgt

$$d(y, F(y)) \leq d(y, y_{i+1}) + d(F(y_i), F(y))$$
$$\leq d(y, y_{i+1}) + k d(y_i, y) \longrightarrow 0 \text{ für } i \to \infty \,,$$

also $d(y, F(y)) = 0$, was $y = F(y)$ bedeutet. Es gibt also mindestens einen Fixpunkt von F.

Gäbe es noch einen weiteren Fixpunkt $y^* \in Y$ von F, so folgte

$$d(y, y^*) = d(F(y), F(y^*)) \leq k d(y, y^*) \,,$$

also

$$(1 - k) d(y, y^*) \leq 0 \,,$$

was wegen $k < 1$ nur für $d(y, y^*) = 0$, also $y = y^*$ möglich ist. Dies beweist die Eindeutigkeit des Fixpunktes.

Für jedes $j > i$ gilt nach dem oben Bewiesenen

$$d(y_i, y) \leq d(y_i, y_j) + d(y_j, y)$$
$$\leq \frac{1}{1-k} d(y_i, y_{i+1}) + \underbrace{d(y_j, y)}_{\to 0 \text{ für } j \to \infty} \,,$$

woraus

$$d(y_i, y) \leq \frac{1}{1-k} d(y_i, y_{i+1})$$
$$\leq \frac{k}{1-k} d(y_{i-1}, y_i) \text{ für jedes } i \in I\!N \,,$$

also die Behauptung b) folgt. Behauptung a) ergibt sich dann aus b) durch $(k-1)$-malige Anwendung der Kontraktionseigenschaft. $\qquad\Box$

2.2.5 Aufgabe. Sei $Y \subset C(I, I\!\!R^m)$, wobei I ein reelles Intervall sei, und sei $g \in C(I)$ eine positive stetige Funktion. Man zeige, daß durch

$$d(y, z) := \sup_{t \in I} \left| \frac{y(t) - z(t)}{g(t)} \right|, \quad y, z \in Y$$

eine Metrik auf Y definiert wird. $\qquad\Box$

Wir betrachten wieder die Anfangswertaufgabe (A). Die Funktion f sei im Gebiet $G \subset I\!\!R^{n+1}$ stetig und durch eine Konstante M beschränkt, also

$$|f(x, y)| \leq M \ \text{ für jedes } \ (x, y) \in G \,.$$

(Dies ist keine Einschränkung, da man sich sonst auf ein kleineres G zurückziehen kann.) Man bestimme wie beim Satz von Peano ein $\delta > 0$, so daß der Quader

$$Q := \{(x, y) \in I\!\!R^{n+1} \big| \, |x - x_0| \leq \delta \,, \ |y - y_0| \leq \delta \cdot M\} \subset I\!\!R^{n+1}$$

in G liegt. Ist nun f Lipschitz-stetig bezüglich y in diesem Quader, so ist die Anfangswertaufgabe im Intervall $[x_0 - \delta, x_0 + \delta]$ eindeutig lösbar, wie der folgende Satz besagt.

2.2.6 Satz. *(Existenz- und Eindeutigkeitssatz von Picard-Lindelöf) Die Funktion f sei in G stetig und durch die Konstante M beschränkt, sie sei in dem Quader*

$$Q := \{(x, y) \big| \, |x - x_0| \leq \delta, \ |y - y_0| \leq \delta \cdot M\} \subset G$$

Lipschitz-stetig bezüglich y mit der Lipschitz-Konstanten L. Dann existiert eine Lösung der Anfangswertaufgabe $y' = f(x, y)$, $y(x_0) = y_0$ im Intervall $I := [x_0 - \delta, x_0 + \delta]$ und diese ist dort eindeutig bestimmt.

BEWEIS: Um den Kontraktionssatz anzuwenden, konstruieren wir einen kontrahierenden Operator $F : Y \longrightarrow Y$ auf einem geeigneten vollständigen metrischen Raum (Y, d). Sei

$$Y := \{y \in C(I, I\!\!R^n) \big| \, |y(x) - y_0| \leq \delta \cdot M \ \text{ für jedes } \ x \in I\},$$

d.h. Y besteht aus allen stetigen Funktionen, deren Graph $\{(x, y(x)) \mid x \in I\}$ in Q verläuft. Weiterhin werde

$$F : Y \longrightarrow C(I, I\!\!R^n)$$

für jedes $y \in Y$ punktweise definiert durch

$$(Fy)(x) := y_0 + \int_{x_0}^{x} f(t, y(t))dt \,, \quad x \in I \,.$$

a) Wir zeigen zunächst, daß F die Menge Y in sich abbildet. Sei $y \in Y$. Offensichtlich ist Fy stetig und es gilt

$$|(Fy)(x) - y_0| = |y_0 + \int_{x_0}^{x} f(t, y(t))dt - y_0|$$
$$\leq |x - x_0| \cdot M$$
$$\leq \delta \cdot M \quad \text{für jedes } x \in I \,,$$

d.h. $Fy \in Y$.

b) Wir wollen nun Y mit einer Metrik versehen. Sei $w \in C(I)$ eine feste positive Funktion (Gewichtsfunktion). Setzen wir

$$\|y\| := \sup_{t \in I} \left| \frac{y(t)}{w(t)} \right| \quad \text{für } y \in C(I, I\!\!R^n) \,,$$

so folgt mit Aufgabe 2.2.5 und Beispiel 2.1.7, daß $(C(I, I\!\!R^n), \|\cdot\|)$ ein Banachraum ist und (Y, d) mit der durch $\|\cdot\|$ induzierten Metrik ein vollständiger metrischer Raum ist.

Wir werden nun die bisher beliebige Gewichtsfunktion so wählen, daß F ein kontrahierender Operator ist. Seien $y, z \in Y$. Dann gilt

$$\|Fy - Fz\| = \sup_{x \in I} \left| \frac{1}{w(x)} \int_{x_0}^{x} [f(t, y(t)) - f(t, z(t))]\, dt \right|$$
$$\leq \sup_{x \in I} \left| \frac{1}{w(x)} \int_{x_0}^{x} L|y(t) - z(t)| dt \right|$$
$$= \sup_{x \in I} \left| \frac{L}{w(x)} \int_{x_0}^{x} \left| \frac{y(t) - z(t)}{w(t)} \right| w(t)dt \right|$$
$$\leq \sup_{x \in I} \left| \frac{L}{w(x)} \int_{x_0}^{x} w(t)dt \right| \cdot \|y - z\| \,.$$

Um aus dieser Abschätzung auf die Kontraktionseigenschaft zu schließen, muß man die Gewichtsfunktion w so wählen, daß

$$k := \sup_{x \in I} \left| \frac{L}{w(x)} \int_{x_0}^{x} w(t)dt \right|$$

kleiner als 1 ausfällt. Dies kann man mit einer hinreichend stark monoton wachsenden Funktion w erreichen. Setzt man z.B. (ohne Einschränkung sei L positiv)

$$w(x) := e^{L|x - x_0|} \,,$$

so folgt

$$\left| \int_{x_0}^{x} w(t)dt \right| = \left| \int_{x_0}^{x} e^{L|t-x_0|}dt \right|$$

$$= \frac{1}{L}(e^{L|t-x_0|} - 1)$$

und hiermit

$$k = \sup_{x \in I} \left| \frac{L}{e^{L|x-x_0|}} \cdot \frac{1}{L}(e^{L|x-x_0|} - 1) \right|$$

$$= \sup_{x \in I} |1 - e^{-L|x-x_0|}|$$

$$= 1 - e^{-L\delta} < 1 .$$

Für diese Gewichtsfunktion w ist also durch die vorangehenden Überlegungen gezeigt worden, daß F den vollständigen metrischen Raum Y in sich abbildet und kontrahierend ist. Aus dem Kontraktionssatz 2.2.4 folgt, daß es genau ein $y \in Y$ mit $y = Fy$ gibt. Definitionsgemäß ist diese Gleichung identisch mit der Volterraschen Integralgleichung

$$y(x) = y_0 + \int_{x_0}^{x} f(t, y(t))dt , \quad x \in I .$$

Also ist y nach Satz 1.2.8 eine Lösung der Anfangswertaufgabe und eindeutig bestimmt. $\qquad\qquad \Box$

Die Benutzung einer Gewichtsfunktion w im vorstehenden Beweis war nur nötig, um die Kontraktion von F auf dem ganzen vorher definierten Intervall $I = [x_0 - \delta, x_0 + \delta]$ zu gewährleisten. Mit der "Gewichtsfunktion $w = 1$" erhält man die Kontraktionskonstante

$$k = \sup_{x \in I} \left| \frac{L}{w(x)} \int_{x_0}^{x} w(t)dt \right| = L\delta < 1 ,$$

falls δ eventuell nachträglich noch verkleinert wird.

Es sei noch kurz bemerkt, daß die Voraussetzung der Lipschitz-Stetigkeit von f keine notwendige Voraussetzung für das Vorliegen einer eindeutigen Lösung der Anfangswertaufgabe ist.

2.2.7 Aufgabe. Sei Y ein vollständiger metrischer Raum bezüglich der Metrik d und sei $\varepsilon > 0$. Es seien $F, F_\varepsilon : Y \longrightarrow Y$ Operatoren. F sei kontrahierend mit der Kontraktionszahl $k < 1$. Es gelte

$$d(Fy, F_\varepsilon y) \leq \varepsilon \quad \text{für jedes } y \in Y .$$

Ferner besitze F_ε mindestens einen Fixpunkt y_ε^*. Nach dem Kontraktionssatz hat F genau einen Fixpunkt y^*. Man zeige

$$d(y^*, y_\varepsilon^*) \leq \frac{\varepsilon}{1-k} . \qquad\qquad \Box$$

§3 Fortsetzung von Lösungen:
Das Verhalten der Lösungen im Großen

In den vorigen beiden Paragraphen wurden Existenz- und Eindeutigkeitsaussagen für die Lösung der Anfangswertaufgabe $y' = f(x, y)$, $y(x_0) = y_0$ bei gegebenem Gebiet $G \subset I\!R^{n+1}$, $f \in C(G, I\!R^n)$ und $(x_0, y_0) \in G$ gemacht. Genauer, es wurde ein Existenzintervall $[x_0 - \delta,\ x_0 + \delta]$ für eine Lösung der Anfangswertaufgabe mit einem möglicherweise sehr kleinen $\delta > 0$ konstruiert. Dies ist eine sogenannte "Existenzaussage im Kleinen". Wir wollen nun der Frage nachgehen, ob sich eine Lösung der Differentialgleichung, die auf einem Intervall I existiert, auf ein I umfassendes Intervall J fortsetzen läßt, und ob es maximale Intervalle $J := (x_-, x_+)$ gibt, für die aber keine Fortsetzung auf ein größeres Intervall existiert. Es wird sich herausstellen, daß der Nachweis der Existenz maximaler Intervalle der Form (x_-, x_+) eng mit der Untersuchung verbunden ist, ob die Punkte $(x, y(x))$ des Graphen einer Lösung y sowohl für wachsendes als auch für fallendes x dem Rand des Gebietes "beliebig nahe" kommen.

Dem folgenden Hilfssatz können wir zunächst eine einfache Bedingung dafür entnehmen, daß sich eine Lösung der Differentialgleichung $y' = f(x, y)$, die auf dem offenen oder halboffenen Intervall I existiert, auf den Abschluß des Intervalles fortsetzen läßt.

2.3.1 Hilfssatz. *Sei* $f \in C(G, I\!R^n)$ *und* y *eine Lösung der Differentialgleichung* $y' = f(x, y)$ *auf dem halboffenen Intervall* $I = [\alpha, \beta)$. *Gibt es ein Kompaktum* $K \subset G$, *das den Graphen von* y, *also die Punktmenge* $\{(x, y(x)) | x \in I\}$, *enthält, so existiert* $\lim\limits_{x \to \beta} y(x)$ *und die Funktion* $\tilde{y} : [\alpha, \beta] \longrightarrow I\!R^n$, *definiert durch*

$$\tilde{y}(x) := \begin{cases} y(x) & \text{für } x \in I \\[2mm] \lim\limits_{t \to \beta} y(t), & \text{falls } x = \beta, \end{cases}$$

ist stetig differenzierbar und eine Fortsetzung von y *auf das abgeschlossene Intervall* $[\alpha, \beta]$.

BEWEIS: Die Lösung y genügt auf I der Volterraschen Integralgleichung

$$(1) \qquad y(x) = y(\alpha) + \int_\alpha^x f(t, y(t))\,dt\,, \quad x \in I\,.$$

Da f als stetige Funktion auf dem Kompaktum K (durch eine Konstante M) beschränkt ist, gilt für jede Wahl von $x, \tilde{x} \in I$ die Ungleichung

$$|y(\tilde{x}) - y(x)| \leq \left| \int_x^{\tilde{x}} f(t, y(t))\,dt \right|$$
$$\leq M\,|\tilde{x} - x|\,.$$

Also bildet $(y(x_j))_{j\in N}$ für jede gegen β konvergente Folge $(x_j)_{j\in N}$ mit $x_j < \beta$ eine Cauchyfolge. Also existiert $\tilde{y}(\beta) = \lim_{x\to\beta} y(x)$ und es gilt $(\beta, \tilde{y}(\beta)) \in K \subset G$. Wegen der gerade nachgewiesenen Stetigkeit von y im Punkte β gilt (1) auch für $x = \beta$. Somit genügt $\tilde{y}$ auf dem abgeschlossenen Intervall $[\alpha, \beta]$ der Volterraschen Integralgleichung, ist also insbesondere eine Lösung der Differentialgleichung und folglich eine Fortsetzung von y auf $[\alpha, \beta]$. $\square$

2.3.2 Bemerkung. Einen entsprechenden Beweis kann man für $I = (\alpha, \beta]$ oder $I = (\alpha, \beta)$ führen. Wie der Beweis zeigt, kann man auf die Existenz der Grenzwertes $\lim_{x\to\beta} y(x)$ schließen, wenn $\|f\|_\infty$ endlich ist, ohne daß an G oder die Lösung y weitere Voraussetzungen gestellt werden müssen. $\square$

2.3.3 Definition. *Sei y eine Lösung der Differentialgleichung $y' = f(x, y)$ auf dem Intervall I und $f \in C(G, \mathbb{R}^n)$. Dann heißt I rechtsmaximales Existenzintervall von y, wenn es keine Fortsetzung von y auf ein Intervall J mit folgenden Eigenschaften gibt:*

a) I ist in J enthalten und

b) I und J haben unterschiedliche rechte Randpunkte.

Analog definiert man ein linksmaximales Existenzintervall. Ist I sowohl rechts- als auch linksmaximales Existenzintervall von y, so heißt I <u>maximales Existenzintervall</u> der Lösung y.

Man sagt, "die auf dem Intervall I definierte Lösung y kommt dem Rand von G rechts (bzw. links) beliebig nahe", wenn es zu jedem Kompaktum $K \subset G$ einen Punkt $x_K \in I$ gibt mit $x_K \geq x_0$ (bzw. $x_K \leq x_0$) und $(x_K, y(x_K)) \notin K$, wobei x_0 irgendein Punkt aus I mit $(x_0, y(x_0)) \in K$ ist. $\square$

Im folgenden untersuchen wir bei allen Beweisen nur rechtsmaximale Existenzintervalle und Fortsetzungen nach rechts. Wenn wir eine auf einem Intervall I definierte Lösung der Differentialgleichung $y' = f(x, y)$ nach rechts fortsetzen wollen, können wir ohne Beschränkung der Allgemeinheit davon ausgehen, daß I linksseitig abgeschlossen ist.

2.3.4 Satz. *Sei $f \in C(G, \mathbb{R}^n)$ und y eine Lösung der Differentialgleichung $y' = f(x, y)$. Dann gibt es eine Fortsetzung $\tilde{y}$ von y auf ein maximales Existenzintervall (x_-, x_+), $-\infty \leq x_- < x_+ \leq +\infty$, und $\tilde{y}$ kommt dem Rand von G rechts und links beliebig nahe.*

BEWEIS: Nach den obigen Bemerkungen genügt es, eine Lösung y von $y' = f(x, y)$ auf einem Intervall $I = [\alpha, \beta)$ zu betrachten und nachzuweisen, daß in diesem Fall eine Fortsetzung auf ein rechtsmaximales Intervall $[\alpha, x_+)$ existiert. Wenn I nicht schon rechtsmaximales Existenzintervall ist, hat die Punktmenge $\{(x, y(x))|x \in I\}$ einen positiven Abstand von ∂G, und man kann nach Hilfssatz 2.3.1 das Definitionsintervall durch seinen rechten Randpunkt β abschließen.

Seien nun $G_j \subset G$ für $j = 1, 2, 3, \ldots$ offene Mengen mit folgenden Eigenschaften:

a) der Abschluß $\overline{G}_j$ von G_j ist kompakt in G und es gilt $\overline{G}_j \subset G_{j+1}$ für $j = 1, 2, 3, \ldots$,

b) $\bigcup\limits_{j=1}^{\infty} G_j = G$.

Z.B. kann man

$$G_j := \left\{ (x, y) \in I\!\!R \times I\!\!R^n \,\middle|\, (x, y) \in G,\ |x| < j,\ |y| < j,\ \mathrm{dist}((x, y),\ \partial G) > \frac{1}{j} \right\}$$

nehmen. Sei i so groß, daß der Punkt $(\beta,\ y(\beta))$ in $\overline{G}_i$ enthalten ist. Setzen wir $K := \overline{G}_i$, $D := G_{i+1}$, so ist f wegen der Kompaktheit von $\overline{D} \subset G$ auf D beschränkt, und nach Korollar 2.1.15 existiert ein $\delta > 0$ und eine Lösung $\hat{y}$ der Anfangswertaufgabe

$$\hat{y}' = f(x, \hat{y}),\ \hat{y}(\beta) = y(\beta)$$

im Intervall $[\beta, \beta + \delta]$. Dann ist

$$y^*(x) := \begin{cases} y(x) & \text{für } x \in [\alpha, \beta] \\[2ex] \hat{y}(x) & \text{für } x \in [\beta, \beta + \delta] \end{cases}$$

eine Fortsetzung von y auf $[\alpha, \beta + \delta]$. Da $\overline{G}_i$ beschränkt ist, muß dieser Fortsetzungsprozeß mit dem *gleichen* δ nach endlich vielen, etwa k Wiederholungen zu einem Punkt $\beta_i = \beta + k\delta$ und einer Fortsetzung y_i von y auf $[\alpha, \beta_i]$ mit

$$(\beta_i - \delta,\ y_i(\beta_i - \delta)) \in \overline{G}_i\,,$$

aber

$$(\beta_i, y_i(\beta_i)) \in G_{i+1} \setminus \overline{G}_i$$

führen (o.B.d.A. nehmen wir $(\beta_i, y_i(\beta_i)) \in G_{i+1}$ an; auf jedem Fall gilt $(\beta_i, y_i(\beta_i)) \in G_{j+1}$ für ein hinreichend großes $j \geq i$).

Durch Wiederholung dieses Prozesses können wir eine monoton wachsende Folge $(\beta_i, \beta_{i+1}, \ldots)$ und zugehörige Lösungen $y_i, y_{i+1} \ldots$ konstruieren, für die gilt:

$$(2) \qquad \begin{aligned} &y_j \text{ ist Fortsetzung von } y_{j-1} - \text{ und damit von } y - \text{ auf } [\alpha, \beta_j] \\ &(\beta_j, y_j(\beta_j)) \in G_{j+1} \setminus \overline{G}_j \text{ für } j = i+1, i+2, \ldots\,. \end{aligned}$$

Aufgrund dieser Eigenschaft kann eine Fortsetzung $\tilde{y}$ von y auf $[\alpha, x_+)$ mit $x_+ := \lim\limits_{j \to \infty} \beta_j \in (\beta, \infty]$ durch

$$\tilde{y}(x) = y_j(x)\,,\ \text{ falls } x \in [\alpha, \beta_j]\,,$$

erklärt werden. Offenbar ist $[a, x_+)$ rechtsmaximales Existenzintervall von $\tilde{y}$, da wegen der Eigenschaften der Mengen G_i und der Eigenschaft (2) kein Häufungspunkt der

Folge $(\beta_{i+j},\ \tilde{y}(\beta_{i+j}))_{j\in I\!\!N}$ im Inneren von G liegt. Dies beweist, daß $\tilde{y}$ dem Rand von G rechts beliebig nahe kommt. $\Box$

2.3.5 Bemerkung.

1) Ist y eine Lösung von $y' = f(x,y)$ im Intervall I und I nicht maximales Existenzintervall, so kann y also fortgesetzt werden. Da diese Fortsetzung nicht eindeutig zu sein braucht, ist im allgemeinen auch das maximale Existenzintervall nicht eindeutig bestimmt. $\Box$

2) Bei linearen Differentialgleichungen $y' = g(x) - A(x)y$ (vgl. §4) sind die Funktion g und die Matrix A häufig auf einem kompakten Intervall $I = [\alpha,\beta]$ definiert, so daß der Defintionsbereich $I \times I\!\!R^n$ von $f(x,y) = g(x) - A(x)y$ kein *Gebiet* ist. Man kann jedoch in diesem Fall zunächst von dem Gebiet $G := \mathring{I} \times I\!\!R^n$ ausgehen. Man erhält dann, daß das maximale Existenzintervall jeder Lösung der Differentialgleichung das Intervall $(x_-, x_+) = \mathring{I}$ ist (vgl. Satz 2.4.3); analog zum Beweis von Hilfssatz 2.3.1 kann y auf das Intervall I fortgesetzt werden. $\Box$

2.3.6 Beispiele.

1) Bei linearen Differentialgleichungen

$$y' + a(x)\, y = g(x)$$

mit auf einem Intervall $I \subset I\!\!R$ stetigen Funktionen a und g besteht das maximale Existenzintervall jeder Lösung aus I (siehe Kap.1, §3).

2) Jede Lösung der Differentialgleichung

$$y' = 1 + y^2 \quad (G = I\!\!R^2)$$

hat die Form

$$y(x) = \tan(x - c)\,, \quad c \in I\!\!R\,,$$

so daß jedes maximale Existenzintervall genau die Länge π hat.

Aus Satz 2.1.11 und Satz 2.3.4 folgt das

2.3.7 Korollar. *Ist f stetig in G und $(x_0, y_0) \in G$, dann besitzt die Anfangswertaufgabe $y' = f(x,y)$, $y(x_0) = y_0$ eine Lösung, die auf einem maximalen Existenzintervall definiert ist und dem Rand von G rechts und links beliebig nahe kommt.*

§4 Spezialisierung der Ergebnisse für lineare Differentialgleichungen höherer Ordnung und lineare Differentialgleichungssysteme

Bei linearen Differentialgleichungen kann man über Existenz und Eindeutigkeit hinausgehende Aussagen über die Struktur ihrer Lösungen machen.

2.4.1 Definition. *Sei $I := [\alpha, \beta]$ ein reelles Intervall und $A = (a_{ij})_{i,j=1}^{n}$ eine Matrix, deren Elemente a_{ij} in I reellwertige und stetige Funktionen seien. Mit Hilfe von A wird ein <u>linearer Differentialoperator</u> $\mathcal{L} : C^1(I, I\!\!R^n) \longrightarrow C(I, I\!\!R^n)$ durch*

$$\mathcal{L}y := y' + A(x)\, y$$

definiert. Neben dem <u>linearen homogenen Differentialgleichungssystem</u>

$$\mathcal{L}y = 0$$

betrachten wir auch das <u>lineare inhomogene Differentialgleichungssystem</u>

$$\mathcal{L}y = g\,,$$

wobei $g \in C(I, I\!\!R^n)$ fest vorgegeben ist. $\qquad\Box$

Die in der Differentialgleichung $y' = f(x, y)$ auftretende Funktion f hat hier also die spezielle Gestalt

$$f(x, y) = g(x) - A(x)\, y\,.$$

2.4.2 Aufgabe. Man zeige: Die Funktion

$$f(x, y) := g(x) - A(x)\, y$$

mit in $I = [\alpha, \beta]$ stetiger Funktion g und stetiger $n \times n$-Matrix A ist in $I \times I\!\!R^n$ Lipschitz-stetig bezüglich y. $\qquad\Box$

Zunächst erhalten wir den

2.4.3 Satz. *Sei $(x_0, y_0) \in I \times I\!\!R^n$. Dann besitzt die Anfangswertaufgabe*

$$\mathcal{L}y = g\,, \quad y(x_0) = y_0$$

eine eindeutig bestimmte Lösung und diese existiert im ganzen Intervall I.

BEWEIS: Der Beweis verläuft analog zu dem des Satzes 2.2.6 von Picard-Lindelöf. Im Unterschied zu den dortigen Voraussetzungen ist f auf $I \times I\!\!R^n$ definiert und i.a. nicht beschränkt. Der für jedes $y \in C(I, I\!\!R^n)$ durch

$$F(y)(x) := y_0 + \int_{x_0}^{x} [g(t) - A(t)y(t)]\, dt\,, \quad x \in I\,,$$

erklärte Operator F bildet den Raum $C(I, {I\!\!R}^n)$ in sich ab. Da die Funktion

$$f(x, y) = g(x) - A(x)y$$

Lipschitz-stetig ist bezüglich y (Aufgabe 2.4.2), die Lipschitz-Konstante bezeichnen wir mit L, ist der Operator F bezüglich der gewichteten Supremumsnorm

$$\|z\| := \sup_{x \in I} \left| \frac{z(x)}{w(x)} \right|$$

mit der positiven Gewichtsfunktion

$$w(x) := e^{L|x - x_0|}, \quad x \in I,$$

ein kontrahierender Operator mit der Kontraktionszahl

$$k = 1 - e^{-L\delta} < 1, \quad \delta := \max(\beta - x_0, \ x_0 - \alpha).$$

Nach dem Kontraktionssatz 2.4.3 existiert deshalb genau ein Fixpunkt $y \in C(I, {I\!\!R}^n)$ von F und dieser ist als Lösung der Volterraschen Integralgleichung nach Satz 1.2.9 eine Lösung von $\mathcal{L}y = g$. $\qquad\square$

2.4.4 Satz. *Die Lösungsgesamtheit der homogenen Gleichung $\mathcal{L}y = 0$ bildet einen linearen Raum $V \subset C^1(I, {I\!\!R}^n)$. Die Lösungsgesamtheit $Z \subset C^1(I, {I\!\!R}^n)$ der inhomogenen Gleichung $\mathcal{L}y = g$ ist $Z = \{y_{inhom} + y \mid y \in V\}$, wobei y_{inhom} eine beliebige feste Lösung der inhomogenen Gleichung ist.*

BEWEIS: Wegen der Linearität von $\mathcal{L}$ ist mit zwei Lösungen y und z von $\mathcal{L}y = 0$ für beliebige reelle Zahlen λ, μ auch $\lambda y + \mu z$ eine Lösung. Also bildet die Lösungsgesamtheit der homogenen Gleichung einen linearen Raum.

Sei nun $z \in Z$ beliebig. Dann gilt

$$\begin{aligned}
\mathcal{L}(z - y_{inhom}) &= \mathcal{L}z - \mathcal{L}(y_{inhom}) \\
&= g - g \\
&= 0,
\end{aligned}$$

d.h. $y := z - y_{inhom}$ löst die homogene Gleichung, $z - y_{inhom} \in V$. $\qquad\square$

Es wird sich zeigen, daß der lineare Raum der Lösungen der homogenen Gleichung endlichdimensional ist.

2.4.5 Definition. *Die Funktionen $y^1, y^2, \ldots, y^m \in C(I, {I\!\!R}^n)$ heißen* <u>linear unabhängig</u> *im Intervall I genau dann, wenn aus*

$$\sum_{i=1}^{m} c_i y^i = 0, \ c_1, \ldots, c_m \in {I\!\!R} \text{ oder } {C\!\!\!\!}$$

stets $c_i = 0$ für $i = 1, 2, \ldots, m$ folgt; andernfalls heißen sie <u>linear abhängig</u> auf I. $\Box$

2.4.6 Aufgabe. Man zeige: Sind die Funktionen $y^1, \ldots, y^m$ auf J definiert und linear unabhängig auf $I \subset J$, so sind sie es auch auf J; in einem Teilintervall von I können sie hingegen linear abhängig sein. $\Box$

2.4.7 Beispiel. Es gilt sogar der folgende bemerkenswerte Sachverhalt.

Es seien I_1 und I_2 zwei Intervalle. Sind die Funktionen $y^1, y^2, \ldots, y^m$ sowohl auf I_1 als auch auf I_2 linear abhängig, so folgt daraus nicht, daß diese Funktionen in $I := I_1 \cup I_2$ linear abhängig sind.

Denn sei

$$y^1(x) := \begin{cases} x^2 & \text{für } x \in I_1 := [0,1] \\[2mm] 0 & \text{für } x \in I_2 := [-1,0) \ , \end{cases}$$

$$y^2(x) := y^1(-x) \cdot \text{für } x \in I := [-1,1] \ ,$$

so gilt

$$0 \cdot y^1(x) + 1 \cdot y^2(x) = 0 \ \text{ für } \ x \in I_1 \ ,$$
$$1 \cdot y^1(x) + 0 \cdot y^2(x) = 0 \ \text{ für } \ x \in I_2 \ ,$$

so daß y^1 und y^2 in den einzelnen Teilintervallen linear abhängig sind. Aus $cy^1(x) + dy^2(x) = 0$ auf I folgt jedoch, wenn man $x = -1$ und $x = 1$ einsetzt,

$$0 = cy^1(-1) + dy^2(-1) = d \cdot 1 \ , \ \text{ also } \ d = 0 \ ,$$
$$0 = cy^1(1) + dy^2(1) = c \cdot 1 \ , \quad \text{ also } \ c = 0 \ ,$$

d.h. die lineare Unabhängigkeit von y^1 und y^2 auf I. $\Box$

2.4.8 Satz. *Das homogene Differentialgleichungssystem $\mathcal{L}y = 0$ besitzt genau n linear unabhängige Lösungen.*

BEWEIS:
a) Sei e^j der j-te Einheitsvektor des $I\!R^n$ und x_0 ein beliebiger Punkt aus I. Nach Satz 2.4.3 existiert genau eine Lösung y^j zu jeder Anfangswertaufgabe

$$\mathcal{L}y = 0 \ , \ \ y(x_0) = e^j \ , \ \ j \in \{1, 2, \ldots, n\}$$

im Intervall I. Diese Lösungen sind linear unabhängig in I, da ihre Anfangswerte im Punkte x_0 wegen $(y^1(x_0), \ldots, y^n(x_0)) = E$ linear unabhängig sind. Also gibt es mindestens n linear unabhängige Lösungen der homogenen Gleichung.

b) Sei $y = (y_1, y_2, \ldots, y_n)^T$ eine Lösung von $\mathcal{L}y = 0$. Dann ist der Vektor $y(x_0) \in I\!R^n$ linear kombinierbar aus $y^1(x_0), \ldots, y^n(x_0)$, denn es gilt

$$y(x_0) = \sum_{j=1}^{n} y_j(x_0) e^j = \sum_{j=1}^{n} y_j(x_0) y^j(x_0) \ .$$

Sowohl y als auch

$$\tilde{y}(x) := \sum_{j=1}^{n} y_j(x_0) y^j$$

lösen die Anfangswertaufgabe

$$\mathcal{L}z = 0, \ z(x_0) = y(x_0) \ .$$

Aus der eindeutigen Lösbarkeit der Anfangswertaufgabe (Satz 2.4.3) folgt daher $y = \tilde{y}$. Die Vektoren $y^1, y^2, \ldots, y^n$ bilden also eine Basis des Lösungsraumes. $\qquad\Box$

2.4.9 Definition. *Ein System* $\{y^1, y^2, \ldots, y^n\}$ *von n linear unabhängigen Lösungen der homogenen Gleichung* $\mathcal{L}y = 0$ *heißt* Fundamentalsystem. *Eine aus einem Fundamentalsystem* $\{y^1, y^2, \ldots, y^n\}$ *gebildete Matrix* $Y := (y^1, y^2, \ldots, y^n)$ *heißt* Fundamentalmatrix. $\qquad\Box$

2.4.10 Satz. *Es seien* $z^1, z^2, \ldots, z^n$ *beliebige Lösungen der homogenen Gleichung* $\mathcal{L}y = 0$ *und es werde* $Z := (z^1, z^2, \ldots, z^n)$ *gesetzt. Dann gilt*

$$\det Z(x) = 0 \ \text{für jedes} \ x \in I$$

oder

$$\det Z(x) \neq 0 \ \text{für jedes} \ x \in I \ .$$

BEWEIS: In einem Punkt $x_0 \in I$ gelte $\det Z(x_0) = 0$. Dann gibt es einen Vektor $c \neq 0$ mit $Z(x_0) \, c = 0$, und die Funktion

$$z(x) := Z(x) \, c$$

löst ebenso wie die triviale Lösung $y = 0$ die Anfangswertaufgabe

$$\mathcal{L}y = 0 \, , \ y(x_0) = 0 \ .$$

Aus der eindeutigen Lösbarkeit dieser Aufgabe folgt

$$z(x) = 0 \ \text{für jedes} \ x \in I \ ,$$

und daher

$$\det Z(x) = 0 \ \text{für jedes} \ x \in I \ . \qquad\Box$$

2.4.11 Folgerung. *Sei Y eine Fundamentalmatrix von* $\mathcal{L}y = 0$.

a) *Dann gilt* $\det Y(x) \neq 0$ *für jedes* $x \in I$.

b) *Jede Lösung y von* $\mathcal{L}y = 0$ *hat auf I die Gestalt*

$$y(x) = Y(x) \, c \ \text{mit einem Vektor} \ c \in \mathbb{R}^n \ .$$

c) Sind Y_1 und Y_2 zwei Fundamentalmatrizen von $\mathcal{L}y = 0$, so gilt in I

$$Y_1(x) = Y_2(x)\, C$$

mit einer nichtsingulären konstanten $n \times n$-Matrix C, d.h. zwei Fundamentalsysteme unterscheiden sich um einen konstanten Matrizenfaktor. $\square$

Kennt man eine Fundamentalmatrix von $\mathcal{L}y = 0$, so kann man auf einfache Weise eine Lösung der inhomogenen Gleichung $\mathcal{L}y = g$ gewinnen:

2.4.12 Satz. *Ist Y eine Fundamentalmatrix von $\mathcal{L}y = 0$, so ist*

$$y^*(x) := Y(x) \int_{x_0}^{x} Y^{-1}(t)\, g(t)dt$$

eine Lösung der inhomogenen Gleichung $\mathcal{L}y = g$.

BEWEIS: y^* gewinnt man durch den Ansatz

$$y^*(x) = Y(x)\, c(x)\,,$$

genannt *Variation der Konstanten* c. Soll y^* die inhomogene Gleichung lösen, so muß gelten

$$
\begin{aligned}
g &= \mathcal{L}y^* \\
&= Y'c + Yc' + A\,Y\,c \\
&= (Y' + A\,Y)\,c + Y\,c' \\
&= 0 + Y\,c'\,.
\end{aligned}
$$

Hieraus erhalten wir die Differentialgleichung

$$c'(x) = Y^{-1}(x)\, g(x)\,,$$

deren Lösungen durch Integration bestimmt werden können

$$c(x) = \int_{x_0}^{x} Y^{-1}(t)\, g(t)dt + c_0\,, \quad c_0 \text{ beliebig aus } \mathbb{R}\,.$$

Speziell für $c_0 = 0$ erhält man die im Satz angegebene Lösung der inhomogenen Gleichung. $\square$

Mit diesen Ergebnissen läßt sich bei Kenntnis eines Fundamentalsystems die Lösung einer Anfangswertaufgabe angeben:

2.4.13 Satz. *Sei Y ein Fundamentalsystem von $\mathcal{L}y = 0$ im Intervall I. Die Lösung der Anfangswertaufgabe*

$$\mathcal{L}y = g\,, \quad y(x_0) = y_0$$

wird dann gegeben durch

$$y(x) = Y(x)\left[Y^{-1}(x_0)y_0 + \int_{x_0}^{x} Y^{-1}(t)\,g(t)dt\right].$$ □

Die bisherigen Ergebnisse über lineare Systeme lassen sich auf einfache Weise anwenden, um zu entsprechenden Ergebnissen für die Lösung der linearen inhomogenen Differentialgleichung n-ter Ordnung

$$(1) \qquad Lz := a_n(x)z^{(n)} + a_{n-1}(x)z^{(n-1)} + \ldots + a_0(x)z = h(x)$$

mit auf einem Intervall I stetigen Funktionen $a_0, a_1, \ldots, a_n$ und h zu gelangen. Diese Differentialgleichung läßt sich nämlich, wenn $a_n(x) \neq 0$ für jedes $x \in I$ gilt, umschreiben in das äquivalente System

$$\mathcal{L}y := y' + A(x)\,y = g(x)$$

mit

$$y = \begin{pmatrix} y_1 \\ y_2 \\ \vdots \\ y_n \end{pmatrix} := \begin{pmatrix} z \\ z' \\ \vdots \\ z^{(n-1)} \end{pmatrix}, \quad g(x) := \begin{pmatrix} 0 \\ \vdots \\ 0 \\ \frac{h(x)}{a_n(x)} \end{pmatrix}$$

und

$$A(x) := \begin{pmatrix} 0 & -1 & 0 & \ldots & 0 \\ 0 & 0 & -1 & & 0 \\ & & & \ddots & 0 \\ & & & & -1 \\ \frac{a_0(x)}{a_n(x)} & \frac{a_1(x)}{a_n(x)} & \ldots & & \frac{a_{n-1}(x)}{a_n(x)} \end{pmatrix}$$

Es gilt daher der

2.4.14 Satz.
  a) Die Anfangswertaufgabe

$$Lz = h(x), \quad \begin{pmatrix} z(x_0) \\ z'(x_0) \\ \vdots \\ z^{(n-1)}(x_0) \end{pmatrix} = y_0$$

mit L aus (1) besitzt bei gegebenen Koeffizienten $a_0, \ldots, a_n, h \in C(I)$ mit $a_n \neq 0$ genau eine Lösung z, und diese existiert auf dem ganzen Intervall I.

  b) Die Lösungsgesamtheit der homogenen Gleichung $Lz = 0$ bildet einen n-dimensionalen linearen Raum W.

  c) Ist z_0 irgendeine Lösung der inhomogenen Gleichung $Lz = h$, so kann jede Lösung z von $Lz = h$ in der Form

$$z = z_0 + w \quad \text{mit einem} \quad w \in W$$

dargestellt werden. □

Kapitel 3 Verhalten der Lösung bei Variation der Anfangswertaufgabe, praktische Konsequenzen

§1 Stetige Abhängigkeit der Lösung von Anfangspunkt und Anfangswerten, benachbarte Differentialgleichungen

Im vorigen Paragraphen haben wir die Existenz und Eindeutigkeit von Lösungen der Anfangswertaufgabe

$$y' = f(x,y) \,, \ \ y(x_0) = y_0$$

bei Vorliegen geeigneter Eigenschaften von f nachgewiesen. Existenz erhielten wir schon, wenn f stetig war, und Eindeutigkeit lag auf jeden Fall dann vor, wenn $f(x,y)$ zusätzlich Lipschitz-stetig bezüglich y war. In der Praxis kennt man im Normalfall weder den Anfangswert y_0 genau – er ist häufig ein Meßwert – noch die Gestalt der Differentialgleichung; sie ist oft gemäß dem zugrunde gelegten Modell vereinfacht, enthält aus Messungen stammende Koeffizienten und stellt somit nur eine Näherung dar. Von besonderem Interesse ist es dann zu wissen, daß geringfügige Schwankungen der genannten Größen die Lösungen einer Anfangswertaufgabe nur wenig verändern. Denn nur wenn dieser Sachverhalt vorliegt, ist es sinnvoll, numerisch, d.h. rundungsfehlerbehaftet, ein Problem zu lösen.

3.1.1 Beispiel. Bei zwei Experimenten werden zur Beschreibung eines Zerfalls- oder Wachstumsprozesses aus den Modellgleichungen

$$y' = cy \,, \ \ y(0) = y_0$$

die Konstanten c und y_0 mittels geeigneter Messungen bestimmt. Das eine Experiment liefert Werte c_1 und y_{01}, das andere Werte c_2 und y_{02}. Die Lösungen y_i der Anfangswertaufgaben

$$y_i' = c_i y_i \,, \ \ y_i(0) = y_{0i}$$

sind

$$y_i(x) = y_{0i} e^{c_i x} \,, \ \ i = 1, 2 \,.$$

Aufgrund der unterschiedlichen Meßergebnisse ergibt sich im Punkte $x > 0$ die Abweichung

$$\begin{aligned}
|y_1(x) - y_2(x)| &= |y_{01} e^{c_1 x} - y_{02} e^{c_2 x}| \\
&\leq |y_{01} - y_{02}| e^{c_1 x} + |y_{02}| \cdot |e^{c_1 x} - e^{c_2 x}| \\
&= |y_{01} - y_{02}| e^{c_1 x} + |y_{02}| \cdot |c_1 - c_2| \cdot x \cdot e^{\tilde{c} x} \\
&\qquad\qquad (\tilde{c} \text{ zwischen } c_1 \text{ und } c_2) \\
&\leq (|y_{01} - y_{02}| + |y_{02}| \cdot |c_1 - c_2| \cdot x) e^{L x}
\end{aligned}$$

mit

$$L := \max(c_1, c_2) \,.$$

Man erkennt, daß die Lösungen exponentiell auseinanderlaufen können. □

Wir betrachten im folgenden den allgemeineren Fall, daß zwei Anfangswertaufgaben

$$y' = f(x,y) \,, \quad y(x_0) = y_0$$
$$z' = g(x,z) \,, \quad z(x_0) = z_0$$

mit im Gebiet G stetigen Funktionen f und g gegeben sind und zwei Konstanten ε_1 und ε_2, mit denen gilt

$$|y_0 - z_0| \leq \varepsilon_1$$

und

$$|f(x,y) - g(x,y)| \leq \varepsilon_2 \ \text{ für jedes } \ (x,y) \in G \,.$$

Weiterhin sei $f(x,y)$ Lipschitz-stetig bezüglich y, also

$$|f(x,y) - f(x,z)| \leq L|y - z| \ \text{ für } \ (x,y) \,, \ (x,z) \in G \,.$$

Nach Satz 2.1.11 von Peano existieren Lösungen $\tilde{y}$ und $\tilde{z}$. Diese lassen sich nach Satz 2.3.4 zu Lösungen y und z fortsetzen, die beide gegen den Rand von G streben (aufgrund der Lipschitz-Stetigkeit ist y eindeutig bestimmt). Sei I ein Intervall, in dem beide Lösungen existieren und das x_0 enthält. Uns interessiert dann eine Abschätzung für die Differenz beider Lösungen in I. Es gilt

$$
\begin{aligned}
|y(x) - z(x)| &= \left| y_0 + \int_{x_0}^{x} f(t, y(t))dt - z_0 - \int_{x_0}^{x} g(t, z(t))dt \right| \\[2mm]
&\leq |y_0 - z_0| + \left| \int_{x_0}^{x} [f(t, y(t)) - f(t, z(t))]\, dt \right| + \\[2mm]
&\quad + \left| \int_{x_0}^{x} [f(t, z(t)) - g(t, z(t))]\, dt \right| \\[2mm]
&\leq \varepsilon_1 + \varepsilon_2 |x - x_0| + L \left| \int_{x_0}^{x} |y(t) - z(t)|dt \right| \,.
\end{aligned}
$$

(1)

Setzen wir

$$h(x) := |y(x) - z(x)| \ \text{ für } \ x \in I \,,$$

so läßt sich die gerade entwickelte Ungleichung in der Form

$$(2) \qquad h(x) \leq \varepsilon_1 + \varepsilon_2(x - x_0) + L \int_{x_0}^{x} h(t)dt \ \text{ für } \ x \in I \,, \ \ x \geq x_0 \,,$$

schreiben, also als Ungleichung, in der die gesuchte Funktion h sowohl punktweise als auch unter einem Integral auftritt. Aus solchen Ungleichungen kann man leicht eine Abschätzung für $h(x)$, also $|y(x) - z(x)|$ gewinnen:

3.1.2 Hilfssatz. *(Gronwall) Sind h, w und k auf dem Intervall $J := [a, b]$ stetige nichtnegative Funktionen und gilt auf J die Ungleichung*

$$h(x) \le w(x) + \int_a^x k(t)h(t)dt \,,$$

so genügt h in J der Abschätzung

$$h(x) \le w(x) + \int_a^x \left[exp(\int_t^x k(\tau)d\tau) \right] k(t)w(t)dt \,.$$

BEWEIS: Mit

$$H(x) := \int_a^x k(t)h(t)dt$$

gilt

$$H(a) = 0$$

und

$$H'(x) = k(x)h(x) \,,$$

woraus wir

$$H'(x) = k(x)h(x)$$
$$\le k(x)\left[w(x) + H(x)\right] \,,$$

also die lineare Differentialungleichung

$$H'(x) - k(x)H(x) \le k(x)w(x) \,, \quad H(a) = 0 \,,$$

erhalten, die wir wie zur Lösung einer linearen Differentialgleichung erster Ordnung mit dem integrierenden Faktor

$$e^{-K(x)} \,, \quad \text{wobei} \quad K(x) := \int_a^x k(t)dt \quad \text{ist,}$$

multiplizieren. Es ergibt sich

$$e^{-K(x)}(H'(x) - k(x)H(x)) = \left[e^{-K(x)} H(x) \right]'$$
$$\le e^{-K(x)} k(x)w(x)$$

und durch Integration

$$e^{-K(x)}H(x) - e^{-K(a)}H(a) \leq \int\limits_a^x e^{-K(t)}k(t)w(t)dt$$

Wegen $H(a) = 0$ folgt

$$H(x) \leq \int\limits_a^x e^{K(x)-K(t)}k(t)w(t)dt \, ,$$

und unter Beachtung von

$$h(x) \leq w(x) + H(x)$$

die behauptete Ungleichung. □

3.1.3 Korollar. *Es seien h und w auf $J := [a,b]$ stetige nichtnegative Funktionen und es gelte*

$$h(x) \leq w(x) + c \int\limits_a^x h(t)dt \ \text{ mit } \ c \geq 0 \, .$$

Dann läßt sich h in J abschätzen durch

$$h(x) \leq w(x) + c \int\limits_a^x exp(c(x - t))w(t)dt \, .$$

Speziell folgt

$$h(x) \leq \max_{t \in [\,a,x\,]} w(t) \cdot e^{c(x-a)}$$

$$\leq \max_{t \in J} w(t) \cdot e^{c(x-a)} \, , \quad x \in [a,b] \, . \qquad \text{□}$$

Aus diesem Korollar erhalten wir für die Funktion h von (2) mit $w(x) := \varepsilon_1 + \varepsilon_2|x - x_0|$ und $c := L$ mittels partieller Integration für $x \in I$, $x \geq x_0$ die Abschätzung

$$h(x) \leq (\varepsilon_1 + \varepsilon_2(x - x_0)) + L \int\limits_{x_0}^x e^{L(x-t)}(\varepsilon_1 + \varepsilon_2(t - x_0))dt$$

$$= \varepsilon_1 e^{L(x-x_0)} + \varepsilon_2 \int\limits_{x_0}^x e^{L(x-t)}dt \, ,$$

und daraus oder auch mit dem letzten Teil des Korollars die einfache, aber gröbere Abschätzung

$$h(x) \leq (\varepsilon_1 + \varepsilon_2(x - x_0))e^{L(x-x_0)} \, .$$

Insgesamt ist also

$$|y(x) - z(x)| \leq (\varepsilon_1 + \varepsilon_2(x - x_0))e^{L(x-x_0)} \quad \text{für} \quad x \geq x_0$$

gezeigt. Eine entsprechende Abschätzung erhält man für $x \leq x_0$, indem man z.B. die Transformation $\tilde{x} := 2x_0 - x$, also $\tilde{x} - x_0 = -(x - x_0)$ betrachtet und dann auf die transformierte Ungleichung (1) den Hilfssatz von Gronwall anwendet. Das Ergebnis fassen wir noch einmal zusammen:

3.1.4 Satz. *Seien $f, g \in C(G, I\!R^n)$ und $(x_0, y_0), (x_0, z_0) \in G$. Die Funktion $f(x, y)$ sei Lipschitz-stetig bezüglich y mit der Lipschitz-Konstanten L. Mit $\varepsilon_1, \varepsilon_2 \in I\!R$ gelte ferner*

$$|y_0 - z_0| \leq \varepsilon_1 \quad \text{und}$$
$$|f(x, y) - g(x, y)| \leq \varepsilon_2 \quad \text{für jedes} \quad (x, y) \in G .$$

Sei y bzw. z in dem gemeinsamen Existenzintervall I mit $x_0 \in I$ die Lösung der Anfangswertaufgabe

$$y' = f(x, y) , \quad y(x_0) = y_0$$

bzw.

$$z' = g(x, z) , \quad z(x_0) = z_0 .$$

Dann gilt

$$|y(x) - z(x)| \leq \left(\varepsilon_1 + \varepsilon_2 \int_0^{|x-x_0|} e^{-Lt} dt \right) e^{L|x-x_0|} \quad \text{für} \quad x \in I ,$$

also auch die gröbere, aber einfachere Abschätzung

$$|y(x) - z(x)| \leq (\varepsilon_1 + \varepsilon_2|x - x_0|)e^{L|x-x_0|} \quad \text{für} \quad x \in I . \qquad \square$$

3.1.5 Bemerkung. Die Lösung z braucht dabei nicht eindeutig bestimmt zu sein. Die Abschätzung gilt für jede Lösung z der genannten Anfangswertaufgabe. $\qquad \square$

Man kann den Satz durch Abschwächung der Voraussetzungen noch etwas verschärfen. Beim Beweis wurde nämlich nicht benutzt, daß $|f(x, y) - g(x, y)| \leq \varepsilon_2$ für beliebige $(x, y) \in G$ gilt, sondern nur

$$|f(x, z(x)) - g(x, z(x))| \leq \varepsilon_2 \quad \text{für} \quad x \in I ,$$

also die Gültigkeit der Abschätzung entlang des Graphen einer Lösung z. Daher kann $g(x, z(x))$ durch $z'(x)$ ersetzt werden und man erhält

3.1.6 Satz. *Sei $f \in C(G, I\!R^n)$ für ein Gebiet $G \subset I\!R^{n+1}$ und $f(x, y)$ dort Lipschitz-stetig bezüglich y mit der Lipschitz-Konstanten L. Sei $(x_0, y_0) \in G$.*

Bezeichne $z \in C(J, \mathbb{R}^n)$ eine in einem Intervall J stetige und stückweise stetig differenzierbare Funktion. Es gelte

$$x_0 \in J \quad \text{und} \quad (x, z(x)) \in G \text{ für jedes } x \in J \,.$$

Mit $\varepsilon_1, \varepsilon_2 \in \mathbb{R}$ gelte ferner

$$|y_0 - z(x_0)| \leq \varepsilon_1 \quad \text{und}$$
$$|f(x, z(x)) - z'(x)| \leq \varepsilon_2 \text{ für jedes } x \in J \,, \quad \text{sofern } z'(x) \text{ existiert.}$$

Ist dann $I \subset J$ ein Intervall, das den Punkt x_0 enthält, und liegt die Punktmenge

$$D := \left\{ (x, y) \in \mathbb{R} \times \mathbb{R}^n \,\middle|\, x \in I \,, \ |y - z(x)| \leq (\varepsilon_1 + \varepsilon_2 |x - x_0|) e^{L|x - x_0|} \right\}$$

in G, so existiert eine eindeutige Lösung y der Anfangswertaufgabe

$$y' = f(x, y) \,, \quad y(x_0) = y_0$$

im Intervall I und y genügt der Abschätzung

$$(3) \qquad\qquad |y(x) - z(x)| \leq (\varepsilon_1 + \varepsilon_2 |x - x_0|) e^{L|x - x_0|} \,.$$

BEWEIS: In Satz 3.1.4 verwende man die vom Argument v unabhängige Funktion $g(x, v) := z'(x)$, ferner $z_0 := z(x_0)$ und beachte, daß man in Formel (1) die Integration auch über stückweise stetige Integranden ausführen kann. Dann folgt zunächst, daß in einem Intervall $\tilde{I} \subseteq I$ mit $x_0 \in \tilde{I}$ eine eindeutig bestimmte Lösung y existiert und dort die Abschätzung (3) erfüllt. Wegen $D \subseteq G$ liegen für jedes $x \in I$ alle Punkte (x, v) mit

$$|v - z(x)| \leq (\varepsilon_1 + \varepsilon_2 |x - x_0|) e^{L|x - x_0|}$$

in G. Daher läßt sich y eindeutig auf ganz I fortsetzen; der Graph von y verläuft dann offensichtlich in D, so daß also y der Abschätzung (3) genügt. $\qquad\qquad\square$

Bisher waren wir davon ausgegangen, daß $f(x, y)$ und y_0 in der Praxis nicht genau bekannt sind. Ähnliche Ergebnisse erhält man auch, wenn der Anfangspunkt x_0 nicht genau festliegt. Der Einfachheit halber betrachten wir ein Streifengebiet $G = I \times \mathbb{R}^n$ mit $I := (a, b)$; die bei endlichem Definitionsgebiet notwendigen Änderungen seien dem Leser zur Übung überlassen.

3.1.7 Satz. *Sei $a < b$, $I := (a, b)$, $G := I \times \mathbb{R}^n$ und $f \in C(G, \mathbb{R}^n)$. Die Funktion $f(x, y)$ sei Lipschitz-stetig bezüglich y mit der Lipschitz-Konstanten L und beschränkt durch die Konstante M, d.h.*

$$|f(x, y)| \leq M \text{ für jedes } (x, y) \in G \,.$$

Seien $y_1, y_2 \in \mathbb{R}^n$ und $x_1, x_2 \in I$. Dann existieren Lösungen y bzw. z der Anfangswertaufgaben

$$y' = f(x, y) \,, \quad y(x_1) = y_1$$

bzw.

$$z' = f(x, z), \quad z(x_2) = y_2$$

im Intervall I und es gilt die Abschätzung

$$|y(x) - z(x)| \leq (|y_1 - y_2| + |x_1 - x_2|M)e^{L\delta(x)} \quad \text{für jedes } x \in I$$

mit $\delta(x) := \min(|x - x_1|, |x - x_2|)$.

BEWEIS: Wegen der Beschränktheit von f existieren die Lösungen y und z nach dem Satz 2.2.6 von Picard-Lindelöf auf ganz I und sind dort eindeutig. Ihre Differenz an den Stellen x_1 und x_2 kann unter Benutzung der Volterraschen Integralgleichung abgeschätzt werden durch

$$|y_1 - z(x_1)| \leq |y_1 - y_2| + |y_2 - z(x_1)| \leq |y_1 - y_2| + M|x_1 - x_2|,$$

und ebenso

$$|y(x_2) - y_2| \leq |y(x_2) - y_1| + |y_1 - y_2| \leq |y_1 - y_2| + M|x_1 - x_2|.$$

Ist nun $x \in I$, so läßt sich Satz 3.1.4 sowohl für $x_0 := x_1$ als auch $x_0 := x_2$ anwenden mit $\varepsilon_1 := |y_1 - y_2| + M|x_1 - x_2|$ und $g = f$, also $\varepsilon_2 = 0$. □

Die Annahmen, daß M und L gleichmäßig in dem unbeschränkten Gebiet G gelten, scheinen nicht sehr realistisch zu sein. Man wird vielmehr in der Praxis erst ein beschränktes Teilgebiet so konstruieren, daß $(x, y(x))$ und $(x, z(x))$ für $x \in I$ in ihm liegen, danach M und L bestimmen und wie beschrieben abschätzen.

3.1.8 Beispiel. Gesucht werde eine Näherungslösung der Anfangswertaufgabe

$$y' = x^2 + y^2, \quad y(0) = 0,$$

deren Lösung nicht in geschlossener Form angegeben werden kann. Die rechte Seite $f(x, y) = x^2 + y^2$ der Differentialgleichung ist in jedem beschränkten Gebiet ebenfalls beschränkt. Da offenbar $y' \geq 0$ gilt, wählen wir als Definitionsgebiet von f ein Rechteck R der Form

$$R := [0, \delta] \times [0, \delta M] \subset \mathbb{R}^2 \quad \text{mit zunächst noch nicht festgelegtem } \delta > 0,$$

in dem wir die Anfangswertaufgabe untersuchen wollen. Dabei soll M eine Schranke für f in R sein, d.h. es soll gelten

$$\sup_{(x,y) \in R} |f(x,y)| = \sup_{(x,y) \in R} |x^2 + y^2| = \delta^2 + \delta^2 M^2 \leq M.$$

Diese Ungleichung ist z.B. mit $M = 1$ und $\delta = 1/\sqrt{2}$ erfüllt. Diese Werte von M und δ werden im folgenden verwendet. Wegen

$$|f(x,y) - f(x,z)| = |y^2 - z^2| = |y + z| \cdot |y - z|$$

ist f Lipschitz-stetig mit der Lipschitz-Konstanten

$$L = 2\delta M = \sqrt{2} \leq 1.42$$

in

$$R = \left[0, \frac{1}{\sqrt{2}}\right] \times \left[0, \frac{1}{\sqrt{2}}\right],$$

und somit ergibt sich die eindeutige Existenz einer Lösung in $[0, \delta]$.

Eine Näherungslösung z erhält man beispielsweise aus der Taylorreihe für die exakte Lösung

$$z(x) = y(x_0) + \sum_{i=1}^{m} \frac{y^{(i)}(x_0)}{i!} (x - x_0)^i , \quad m \in I\!N .$$

Mit $x_0 = 0$ und $m = 3$ folgt hier aus der Differentialgleichung und dem Anfangswert

$$y(x_0) = 0$$
$$y'(x_0) = x_0^2 + y^2(x_0) = 0 ,$$

entsprechend für die höheren Ableitungen

$$y''(x_0) = \frac{d}{dx}(x^2 + y^2(x))\Big|_{x=x_0}$$
$$= 2x_0 + 2y(x_0)y'(x_0) = 0,$$
$$y'''(x_0) = 2(1 + y(x_0)y''(x_0) + y'^2(x_0)) = 2 ,$$

so daß sich das asymptotische Verhalten

$$y(x) = \frac{1}{3}x^3 + \mathcal{O}(x^4) \ \text{ für } \ x \longrightarrow 0$$

ergibt. Als Näherungslösung verwenden wir daher

$$z(x) = \frac{1}{3}x^3 .$$

Eine Fehlerabschätzung folgt aus Satz 3.1.6. Mit den dortigen Bezeichnungen gilt im vorliegenden Beispiel

$$\varepsilon_1 = |y_0 - z_0| = 0$$
$$\varepsilon_2 = \max_{0 \leq x \leq \delta} |f(x, z(x)) - z'(x)|$$
$$= \max_{0 \leq x \leq \delta} \left|x^2 + \frac{1}{9}x^6 - x^2\right|$$
$$= \frac{1}{9}\delta^6 = \frac{1}{72} \leq 0.014 ,$$

so daß sich als Fehlerabschätzung

$$\left|y(x) - \frac{1}{3}x^3\right| \leq \frac{1}{72}xe^{\sqrt{2}x} \ \text{ für jedes } \ x \in \left[0, \frac{1}{\sqrt{2}}\right]$$
$$\leq 0.027$$

ergibt. Also verläuft die Lösung sogar in der Punktmenge $R = \left[0, \frac{1}{\sqrt{2}}\right] \times [0, 0.15]$, so daß man mit der hier gültigen Lipschitz-Konstanten $\tilde{L} = 0.3$ die Abschätzung verschärfen kann

$$|y(x) - \frac{1}{3}x^3| \leq \frac{1}{72}xe^{0.3x} \leq 0.0122 \ .\qquad \square$$

3.1.9 Aufgabe. Analog zu Beispiel 3.1.8 bestimme man eine Näherungslösung zur Anfangswertaufgabe

$$y' = 1 + y^4 \ , \quad y(0) = 0$$

in einem geeigneten Intervall $I = [0, \delta]$ und gebe dort eine Fehlerabschätzung an. $\quad\square$

Die bisherigen Ergebnisse über "benachbarte Lösungen" von "benachbarten Anfangswertaufgaben" sollen nun dazu verwendet werden, Existenz- und Stetigkeitsaussagen für solche Anfangswertaufgaben $y' = f(x,y)$, $y(x_0) = y_0$ zu erhalten, bei denen f, Anfangspunkt x_0 und Anfangswert y_0 noch von einem Parameter λ abhängen können.

3.1.10 Definition. *(Parameterabhängige Anfangswertaufgabe) Sei G ein Gebiet im $I\!\!R^{n+1}$ und Λ ein Gebiet im $I\!\!R^m$. Weiterhin seien stetige Funktionen $f : G \times \Lambda \longrightarrow I\!\!R^n$, $x_0 : \Lambda \longrightarrow I\!\!R$ und $y_0 : \Lambda \longrightarrow I\!\!R^n$ mit $(x_0(\lambda), y_0(\lambda)) \in G$ für jedes $\lambda \in \Lambda$ gegeben. Die <u>parameterabhängige Anfangswertaufgabe</u> lautet: Zu jedem festen $\lambda \in \Lambda$ ist eine Lösung $y = y^\lambda \in C^1(I^\lambda, I\!\!R^n)$ auf einem $x_0(\lambda)$ enthaltenden Intervall I^λ gesucht, die die Anfangswertaufgabe*

$$y' = f(x, y, \lambda) \ ,$$
$$y(x_0(\lambda)) = y_0(\lambda)$$

erfüllt. Statt $y^\lambda(x)$ wird auch $y(x, \lambda)$ geschrieben. $\qquad\square$

Mit Hilfe der Transformation

$$\tilde{x}(x) := x - x_0(\lambda)$$
$$\tilde{y}(\tilde{x}) := y(\tilde{x} + x_0(\lambda)) - y_0(\lambda)$$
$$\tilde{f}(\tilde{x}, \tilde{y}, \lambda) := f(\tilde{x} + x_0(\lambda), \tilde{y} + y_0(\lambda), \lambda)$$

geht die parameterabhängige Anfangswertaufgabe in eine Anfangswertaufgabe mit festem Anfangspunkt und Anfangswert über:

$$\tilde{y}' = \tilde{f}(\tilde{x}, \tilde{y}, \lambda)$$
$$\tilde{y}(0) = 0 \ .$$

3.1.11 Beispiel. Die Anfangswertaufgabe

$$y' = x^2 + \lambda y^2 \ , \quad y(0) = 0$$

ist für $\lambda = 0$ elementar lösbar und ist für $\lambda = 1$ mit der in Beispiel 3.1.8 untersuchten Anfangswertaufgabe identisch. Im nächsten Paragraphen werden wir Näherungslösungen hierfür bestimmen.   □

Ist zusätzlich zu den Voraussetzungen in 3.1.10 die Funktion $f(x, y, \lambda)$ Lipschitzstetig bezüglich y, so erhalten wir als Konsequenz des folgenden Satzes, daß die Lösungen y stetig von λ abhängen.

3.1.12 Satz. *Die Funktion $f(x, y, \lambda)$ sei stetig in $G \times \Lambda$ und außerdem Lipschitzstetig bezüglich y auf $G \times \Lambda$ mit der Konstanten L. Es sei $(x_0, y_0, \lambda_0) \in G \times \Lambda$ und z (eindeutig bestimmte) Lösung der Anfangswertaufgabe*

$$y' = f(x, y, \lambda_0)\,, \quad y(x_0) = y_0$$

auf einem Intervall $I = [a, b]$. Dann gibt es ein $d > 0$, so daß die kompakte Umgebung

$$U_{z,d} := \{(\xi, \eta, \lambda) \mid \xi \in I\,, \ |\eta - z(\xi)| \le d\,, \ |\lambda - \lambda_0| \le d\}$$

des Graphen $Z := \{(x, z(x), \lambda_0) \mid x \in I\}$ von z in $G \times \Lambda$ liegt, und für jedes $(\xi, \eta, \lambda) \in U_{z,d}$ die Anfangswertaufgabe

$$y' = f(x, y, \lambda)\,, \quad y(\xi) = \eta$$

eine ebenfalls auf I erklärte (eindeutig bestimmte) Lösung $y(\cdot, \xi, \eta, \lambda)$ besitzt, und y ist in $I \times U_{z,d}$ stetig.

BEWEIS: Da mit I wegen der Stetigkeit von z auch Z kompakt ist, gibt es ein $c > 0$, so daß $U_{z,c}$ in $G \times \Lambda$ liegt; insbesondere gilt dann auch

$$(4) \qquad D := \{(x, v) \mid x \in I\,, \ |v - z(x)| \le c\} \subset G\,,$$

weil D eine Projektion von $U_{z,c}$ ist. Wegen der Stetigkeit von f auf $G \times \Lambda$ und der Kompaktheit von I ist auf dem Intervall $[0, c]$ durch

$$(5) \qquad w(t) := \max_{|\lambda - \lambda_0| \le t} \ \max_{x \in I} |f(x, z(x), \lambda) - f(x, z(x), \lambda_0)|$$

eine stetige, monotone Funktion w mit $w(0) = 0$ erklärt. Es gibt daher ein $d \in (0, c)$ derart, daß

$$(6) \qquad (d + w(d)(b - a))e^{L(b-a)} \le c\,.$$

$U_{z,d}$ erfüllt nun den ersten Teil der Behauptung des Satzes, denn ist $(\xi, \eta, \lambda) \in U_{z,d}$, so gilt

$$|\eta - z(\xi)| \le d\,,$$

$$|f(x, z(x), \lambda) - z'(x)| = |f(x, z(x), \lambda) - f(x, z(x), \lambda_0)| \le w(d)\,,$$

und

$$D_\xi := \left\{ (x,v) \,\middle|\, x \in I, \ |v - z(x)| \leq (d + w(d)|x - \xi|)e^{L|x-\xi|} \right\}$$

liegt, wie ein Vergleich mit (4) zeigt, wegen der Beziehung (6) in D und somit erst recht in G. Damit sind für (ξ, η, λ) mit z und D_ξ die Voraussetzungen von Satz 3.1.6 erfüllt, aus dem deshalb folgt, daß die obige Anfangswertaufgabe eine eindeutig bestimmte Lösung $y(\cdot, \xi, \eta, \lambda)$ auf I besitzt; darüberhinaus besagt er, daß

$$|y(x, \xi, \eta, \lambda) - z(x)| \leq (d + w(d)|x - \xi|)e^{L|x-\xi|} \leq c \ \text{ für alle } \ x \in I$$

gilt, d.h. der Graph von $y(\cdot, \xi, \eta, \lambda)$ in $U_{z,c}$ liegt.

Wir beweisen nun die Stetigkeit von $y(\cdot, \xi, \eta, \lambda)$ in $U_{z,d}$. Es sei (x_1, y_1, λ_1) irgendein Punkt aus $U_{z,d}$ und $\tilde{z}$ bezeichne die demnach auf I existierende Lösung $\tilde{z} := y(\cdot, x_1, y_1, \lambda_1)$. Analog zu z existiert für $\tilde{z}$ ein $\tilde{c} > 0$, so daß $U_{\tilde{z},\tilde{c}} \subset G \times \Lambda$, und entsprechend (5) eine auf $\tilde{z}$ und λ_1 bezogene Funktion $\tilde{w}$ auf $[0, \tilde{c}]$.

Es sei nun $\varepsilon > 0$ vorgegeben mit $\varepsilon < \tilde{c}$. Dann gibt es ein $\delta > 0$, derart daß

$$(\delta + \tilde{w}(\delta)(b - a))e^{L(b-a)} \leq \varepsilon .$$

Jedes $(\xi, \eta, \lambda) \in U_{z,d}$ in der durch $|\xi - x_1| < \delta$, $|\eta - \tilde{z}(\xi)| < \delta$ und $|\lambda - \lambda_1| < \delta$ beschriebenen Umgebung von (x_1, y_1, λ_1) liegt auch in $U_{\tilde{z},\delta}$. Entsprechend der obigen Schlußfolgerung ergibt sich nach Satz 3.1.6 daraus, daß der Graph von $y(\cdot, \xi, \eta, \lambda)$ in $U_{\tilde{z},\varepsilon}$ liegt, d.h.

$$|y(x, \xi, \eta, \lambda) - y(x, x_1, y_1, \lambda_1)| \leq \varepsilon \ \text{ für alle } \ x \in I . \qquad \Box$$

Bei den bisherigen Aussagen über stetige Abhängigkeit der Lösung der Anfangswertaufgabe von Daten oder Parametern wurde stets Lipschitz-Stetigkeit von $f(x, y, \lambda)$ bezüglich y vorausgesetzt. Die stetige Abhängigkeit bleibt erhalten, wenn man statt der Lipschitz-Stetigkeit etwas weniger, nämlich nur die eindeutige Lösbarkeit der Anfangswertaufgabe fordert (die ja aus der Lipschitz-Stetigkeit folgt). Es gehen jedoch bei dieser schwächeren Voraussetzung die quantitativen Aussagen verloren.

Wir formulieren und beweisen der Kürze halber nur eine lokale Version dieses Sachverhaltes.

3.1.13 Satz. *Sei $f \in C(G \times \Lambda, \mathbb{R}^n)$ und M eine Schranke für $\|f\|_\infty$ auf $G \times \Lambda$. Weiterhin seien $(x_0, y_0) \in G$, $\lambda_0 \in \Lambda$. Die Anfangswertaufgabe*

$$(7) \qquad \begin{aligned} y' &= f(x, y, \lambda) \\ y(x_0) &= y_0 \end{aligned}$$

besitze für $\lambda = \lambda_0$ eine eindeutige Lösung $y^* = y^{\lambda_0}$ in einem Intervall I.

Dann gibt es ein $\gamma > 0$, so daß für jedes $\lambda \in \Lambda$ die Anfangswertaufgabe (7) eine Lösung y^λ im Intervall $I_\gamma := [x_0 - \gamma, x_0 + \gamma]$ besitzt, und man hat die gleichmäßige Konvergenz

$$\|y^\lambda - y^*\|_\infty \longrightarrow 0 \ \text{ für } \ \lambda \longrightarrow \lambda_0 \ \text{ auf } I_\gamma .$$

3.1.14 Bemerkung. Obwohl die Anfangswertaufgabe (7) für $\lambda \neq \lambda_0$ nicht eindeutig lösbar zu sein braucht, folgt dennoch die Stetigkeit von y^λ im Punkte $\lambda = \lambda_0$. □

BEWEIS DES SATZES: Sei $\gamma > 0$ so gewählt, daß der Quader

$$Q := \{(x,y) \in I\!R \times I\!R^n \mid x \in I\,,\ |x - x_0| \leq \gamma\,,\ |y - y_0| \leq M \cdot \gamma\}$$

in G enthalten ist. Nach dem Satz 2.1.11 von Peano existiert für jedes $\lambda \in \Lambda$ eine Lösung y^λ der Anfangswertaufgabe (7) im Intervall I_γ. Sei $F := \{y^\lambda \mid \lambda \in \Lambda\}$. Aus der Beschränktheit von f und der für jedes $\lambda \in \Lambda$ gültigen Integralgleichung

$$y^\lambda(x) = y_0 + \int_{x_0}^{x} f(t, y^\lambda(t), \lambda)dt\,,\ \ x \in I_\gamma\,,$$

folgt die Beschränktheit und gleichgradige Stetigkeit von F auf I_γ.

Es soll nun die gleichmäßige Konvergenz der y^λ gegen $y^* = y^{\lambda_0}$ für $\lambda \longrightarrow \lambda_0$ gezeigt werden. Sei $(\lambda_i \in \Lambda)_{i \in I\!N}$ eine gegen λ_0 konvergente Folge. Nach Satz 2.1.9 von Arzela-Ascoli enthält $(\lambda_i)_{i \in I\!N}$ eine Teilfolge $(\tilde{\lambda}_j)_{j \in I\!N}$, für die $y^{\tilde{\lambda}_j}$ gleichmäßig auf I_γ gegen ein $\tilde{y} \in C(I_\gamma, I\!R^n)$ konvergiert. Wie im Beweis des Satzes 2.1.11 von Peano zeigt man, daß $\tilde{y}$ die Integralgleichung

$$\tilde{y}(x) = y_0 + \int_{x_0}^{x} f(t, \tilde{y}(t), \lambda_0)dt\,,\ \ x \in I_\gamma,$$

erfüllt, also dieselbe Anfangswertaufgabe wie y^* löst. Aus der vorausgesetzten eindeutigen Lösbarkeit der Anfangswertaufgabe (7) für $\lambda = \lambda_0$ folgt $\tilde{y} = y^*$. Entsprechend konvergiert jede konvergente Teilfolge von $(y^{\lambda_i})_{i \in I\!N}$ gegen y^* auf I_γ. Also konvergiert jede Folge (y^λ) mit $\lambda \longrightarrow \lambda_0$ gleichmäßig gegen y^*. □

§2 Differenzierbarkeit nach Parametern, Störungsrechnung

3.2.1 Beispiel. Zur Einführung betrachten wir die parameterabhängige Anfangswertaufgabe

$$y' = x^2 + \lambda y^2 \,, \quad y(0, \lambda) = 0 \in I\!\!R$$

aus Beispiel 3.1.11 für reellwertige Funktionen y. Für jedes $\lambda \in I\!\!R$ existiert eine
Lösung $y(\cdot, \lambda)$ dieser Aufgabe in einem offenen Intervall I^λ, welches den Nullpunkt
enthält. Man wird erwarten, daß $y(\cdot, \lambda)$ differenzierbar von λ abhängt, da $x^2 + \lambda y^2$
nach λ (beliebig oft) differenzierbar ist. Um einige praktische Konsequenzen dieser
Differenzierbarkeitsaussage aufzeigen zu können, wollen wir an dieser Stelle zunächst
annehmen, daß $y(x, \lambda)$ hinreichend oft nach seinen Argumenten stetig differenzierbar, insbesondere die Reihenfolge der Differentiationen vertauschbar ist. Unter dieser
Voraussetzung kann man eine Taylorentwicklung von $y(\cdot, \lambda)$ bezüglich λ ansetzen:

$$y(x, \lambda) = y(x, 0) + \lambda \frac{\partial y}{\partial \lambda}(x, 0) + \frac{\lambda^2}{2} \frac{\partial^2 y}{\partial \lambda^2}(x, 0) + \dots \,.$$

Wenn die partiellen Ableitungen

$$y(x, 0), \quad \frac{\partial y}{\partial \lambda}(x, 0), \quad \frac{\partial^2 y}{\partial \lambda^2}(x, 0), \dots$$

bekannt wären, besäße man zumindest den Anfang einer Reihenentwicklung von
$y(x, \lambda)$ nach λ.

Die Funktion $y(x, 0)$ erhält man aus der Anfangswertaufgabe

$$\frac{\partial y}{\partial x}(x, 0) = x^2 \,, \quad y(0, 0) = 0 \,.$$

Diese Aufgabe hat die Lösung

$$y(x, 0) = \frac{1}{3} x^3 \,.$$

Zur Bestimmung von $(\partial y / \partial \lambda)(x, 0)$ wird die Differentialgleichung

$$\frac{\partial y}{\partial x}(x, \lambda) = x^2 + \lambda y^2(x, \lambda)$$

nach λ differenziert. Man erhält

$$\frac{\partial}{\partial \lambda} \frac{\partial y}{\partial x}(x, \lambda) = y^2(x, \lambda) + 2\lambda y(x, \lambda) \frac{\partial y}{\partial \lambda}(x, \lambda) \,.$$

Mit

$$w(x, \lambda) := \frac{\partial y}{\partial \lambda}(x, \lambda) \text{ und } \frac{\partial w}{\partial x} = \frac{\partial}{\partial \lambda} \frac{\partial y}{\partial x}$$

gilt also aufgrund der vorausgesetzten Vertauschbarkeit der Differentiation

$$\frac{\partial}{\partial x} w(x, \lambda) = y^2(x, \lambda) + 2\lambda y(x, \lambda) w(x, \lambda) \,.$$

Für $\lambda = 0$ ergibt sich hieraus mit dem Anfangswert $w(0,0) = (\partial y/\partial\lambda)(0,0)$ die Anfangswertaufgabe

$$\frac{\partial}{\partial x} w(x,0) = y^2(x,0) = (\frac{1}{3}x^3)^2 \,, \quad w(0,0) = 0 \,.$$

Ihre Lösung ist

$$\frac{\partial y}{\partial\lambda}(x,0) = w(x,0) = \frac{1}{63}x^7 \,.$$

Die ersten Glieder der Reihenentwicklung von $y(x,\lambda)$ nach λ lauten also

$$y(x,\lambda) = \frac{1}{3}x^3 + \frac{1}{63}\lambda x^7 + \ldots \,.$$

Für $\lambda = 1$ resultiert hieraus durch Vernachlässigung der weiteren Glieder die Näherungslösung

$$\tilde{y}(x) = \frac{1}{3}x^3 + \frac{1}{63}x^7$$

der in Beispiel 3.1.8 behandelten, nicht in geschlossener Form lösbaren Anfangswertaufgabe

$$y' = x^2 + y^2, \quad y(0) = 0 \,. \qquad\qquad \square$$

3.2.2 Aufgabe. Indem man die Differentialgleichung aus Beispiel 3.2.1 nochmals nach λ differenziere, berechne man $(\partial^2 y/\partial\lambda^2)(x,0)$. Dann ergibt sich die folgende Reihenentwicklung:

$$y(x,\lambda) = \frac{1}{3}x^3 + \frac{1}{63}\lambda x^7 + \frac{2}{11\cdot 189}\lambda^2 x^{11} + \ldots \,. \qquad \square$$

3.2.3 Beispiel. Wie in Beispiel 3.2.1 soll auch im allgemeineren Fall der Anfangswertaufgabe

$$\frac{\partial y}{\partial x}(x,\lambda) = f(x,y(x,\lambda),\lambda) \,, \quad y(x_0,\lambda) = y_0(\lambda) \,, \quad \lambda \in I\!R \,,$$

für reellwertige Funktionen eine Differentialgleichung für $(\partial y/\partial\lambda)(x,\lambda)$ hergeleitet werden. Dann kann man eine Reihenentwicklung der Form

$$y(x,\lambda) = y(x,\lambda_0) + (\lambda - \lambda_0)\frac{\partial y}{\partial\lambda}(x,\lambda_0) + \ldots$$

ansetzen, wenn etwa für $\lambda = \lambda_0$ eine Lösung der Anfangswertaufgabe bekannt ist. Die Funktionen f, y und y_0 mögen dazu die im folgenden verwendeten Differenzierbarkeitseigenschaften besitzen; insbesondere sei die Reihenfolge der Differentiation von $y(x,\lambda)$ nach x und λ vertauschbar.

Setzt man

$$w(x,\lambda) := \frac{\partial y}{\partial\lambda}(x,\lambda) \,,$$

so ergibt sich

$$\frac{\partial w}{\partial x}(x,\lambda) = \frac{\partial}{\partial x}\frac{\partial}{\partial \lambda}y(x,\lambda) = \frac{\partial}{\partial \lambda}\frac{\partial}{\partial x}y(x,\lambda)$$

$$= \frac{\partial}{\partial \lambda}f(x,y(x,\lambda),\lambda) = f_y \cdot \frac{\partial y}{\partial \lambda}(x,\lambda) + f_\lambda$$

$$= f_y \cdot w(x,\lambda) + f_\lambda ,$$

wobei in die partiellen Ableitungen von f jeweils das Argument $(x,y(x,\lambda),\lambda)$ einzusetzen ist. Bei Kenntnis von $y(x,\lambda)$ ist dies eine lineare Differentialgleichung für die gesuchte Funktion $w(x,\lambda)$. Als Anfangswert erhält man

$$w(x_0,\lambda) = \frac{\partial}{\partial \lambda}y(x_0,\lambda) = \frac{\partial}{\partial \lambda}y_0(\lambda) ,$$

also die Ableitung der vorgegebenen Anfangswerte $y_0(\lambda)$. Wenn $y(x,\lambda_0)$ für $\lambda = \lambda_0$ bereits bekannt ist, kann daraus die gesuchte Funktion $(\partial y/\partial \lambda)(x,\lambda_0)$ bestimmt werden. $\qquad\qquad$ $\square$

Zu einer anderen Bestimmungsgleichung für $(\partial y/\partial \lambda)(x,\lambda)$ kommt man, wenn man von der Volterraschen Integralgleichung

$$y(x,\lambda) = y(x_0,\lambda) + \int_{x_0}^{x} f(t,y(t,\lambda),\lambda)dt$$

ausgeht. Faßt man die rechte Seite als Operator auf,

$$F(z,\lambda)(x) := y_0(\lambda) + \int_{x_0}^{x} f(t,z(t),\lambda)dt ,$$

so gilt es, zu jedem λ eine Lösung $y = y(\cdot,\lambda)$ der Gleichung

$$y = F(y,\lambda)$$

zu finden. Handelt es sich um reellwertige Funktionen y und reelle Parameter λ, so erhält man unter geeigneten Differenzierbarkeitsannahmen aus dieser Fixpunktgleichung

$$(1) \qquad \frac{\partial y}{\partial \lambda} = \frac{\partial F}{\partial y}(y,\lambda)\frac{\partial y}{\partial \lambda} + \frac{\partial F}{\partial \lambda}(y,\lambda) ,$$

und diese Gleichung kann eindeutig nach $(\partial y/\partial \lambda)$ aufgelöst werden, wenn $(\partial F/\partial y)(\cdot,\lambda)$ einen gleichmäßig in λ kontrahierenden Operator darstellt.

Es zeigt sich, daß auch im allgemeinen Fall, in dem ein System von Differentialgleichungen vorliegt und λ ein mehrdimensionaler Parameter ist, eine der Formel

(1) entsprechende Gleichung für die Ableitung der Lösung nach dem Parameter hergeleitet werden kann. Die Frage, wann der in der Gleichung auftretende Operator kontrahierend ist, eine solche Gleichung also lösbar ist, wird deshalb im folgenden allgemein in Banachräumen untersucht. Als Ergebnis wird daraus der allgemeine Differenzierbarkeitssatz 3.2.16 für parameterabhängige Anfangswertaufgaben folgen.

3.2.4 Definition. *Seien Y und Z lineare Räume über $\mathbb{R}$. Ein Operator $T : Y \longrightarrow Z$ heißt* <u>*linearer Operator*</u> *von Y nach Z, wenn für beliebige $y, \tilde{y} \in Y$ und beliebige reelle Zahlen λ und μ gilt*

$$T(\lambda y + \mu \tilde{y}) = \lambda T y + \mu T \tilde{y} \ .$$

Sind Y und Z normierte Räume mit den Normen $\|\cdot\|_1$ und $\|\cdot\|_2$, so heißt der lineare Operator T <u>*beschränkt*</u> *(mit der Konstanten K), wenn gilt*

$$\|Ty\|_2 \le K\|y\|_1 \quad \text{für jedes } \ y \in Y \ .$$

Mit $L(Y, Z)$ werde die Menge der beschränkten linearen Operatoren von Y nach Z bezeichnet. □

3.2.5 Aufgabe. Seien $(Y, \|\cdot\|_1)$ und $(Z, \|\cdot\|_2)$ Banachräume. Man zeige, daß durch

$$\|T\| := \sup_{y \neq 0} \frac{\|Ty\|_2}{\|y\|_1}$$

für $T \in L(Y, Z)$ eine Norm auf $L(Y, Z)$ definiert wird (<u>Operatornorm</u>, <u>zugeordnete Norm</u>) und daß $L(Y, Z)$ mit dieser Norm ein Banachraum ist. □

3.2.6 Aufgabe. Man beachte, daß die Beschränktheit eines linearen Operators anders definiert ist als die Beschränktheit einer stetigen Funktion. Eine Funktion $g \in C(I, \mathbb{R})$ heißt beschränkt, wenn es eine Konstante M gibt, so daß

$$|g(x)| \le M \quad \text{für jedes } \ x \in I$$

gilt. Man zeige: Seien $(Y, \|\cdot\|_1)$ und $(Z, \|\cdot\|_2)$ normierte Räume und $T : Y \longrightarrow Z$ ein linearer Operator. Es gebe eine Konstante M mit

$$\|Ty\|_2 \le M \quad \text{für jedes } \ y \in Y \ .$$

Dann ist $T = 0$ (Nulloperator). □

3.2.7 Hilfssatz. *Sei Y ein Banachraum mit der Norm $\|\cdot\|$. Weiterhin sei $A : Y \longrightarrow Y$ ein linearer beschränkter Operator mit $k := \|A\| < 1$. Dann besitzt die ebenfalls lineare Abbildung $T := \text{id} - A \in L(Y, Y)$ mit der identischen Abbildung id, also*

$$Ty := y - Ay \quad \text{für jedes } \ y \in Y \ ,$$

eine beschränkte lineare Inverse T^{-1} mit der Schranke $1/(1-k)$.

BEWEIS: Zum Nachweis der Existenz von T^{-1} wird gezeigt, daß zu jedem $z \in Y$ genau ein $y \in Y$ mit $Ty = z$ existiert (dann ist $y = T^{-1}z$). Zu lösen ist also die Gleichung $y - Ay = z$ oder äquivalent

$$y = Ay + z\,.$$

Sei $F : Y \longrightarrow Y$ der durch $Fw := Aw + z$ für $w \in Y$ definierte Operator.

Für beliebige $v, w \in Y$ gilt

$$\begin{aligned}
\|Fv - Fw\| &= \|Av - Aw\| \\
&= \|A(v - w)\| \\
&\leq k\|v - w\|\,,
\end{aligned}$$

so daß F eine kontrahierende Abbildung des Banachraumes Y in sich ist. Nach dem Kontraktionssatz 2.2.4 existiert genau ein $y \in Y$ mit $Fy = y$, also $y = Ay + z$. Dies beweist die Existenz von T^{-1}. Die Inverse eines linearen Operators ist aber auch linear.

Schließlich werde die Schranke von T^{-1} berechnet:

Aus $z = Ty = y - Ay$ folgt

$$\begin{aligned}
\|y\| &= \|z + Ay\| \\
&\leq \|z\| + \|Ay\| \\
&\leq \|z\| + k\|y\|\,,
\end{aligned}$$

also

$$(1 - k)\|y\| \leq \|z\|\,,$$

so daß sich aus

$$\|y\| = \|T^{-1}z\| \leq \frac{1}{1 - k}\|z\|$$

die behauptete Schranke von T^{-1} ablesen läßt.   □

3.2.8 Bemerkung. Man beachte die Analogie im Ansatz von

$$Fw := Aw + z\,,$$

d.h. des im vorstehenden Beweis genannten Operators, zur rechten Seite der Formel (1) in Beispiel 3.2.3.   □

3.2.9 Definition. *(Die Landauschen Symbole o und $\mathcal{O}$) Seien X ein metrischer Raum mit der Metrik d, ferner $x_0 \in X$ und g und h reelle Funktionen auf X. Die Gleichung*

$$g = o(h) \quad \text{für} \quad x \longrightarrow x_0$$

bedeutet, daß es zu jedem $\varepsilon > 0$ ein $\delta > 0$ gibt mit

$$|g(x)| \le \varepsilon |h(x)| \quad \text{für jedes } x \text{ mit } d(x, x_0) \le \delta \ .$$

Die Gleichung

$$g = O(h) \quad \text{für} \quad x \longrightarrow x_0$$

besagt, daß es eine Konstante K und ein $\delta > 0$ gibt mit

$$|g(x)| \le K|h(x)| \quad \text{für jedes } x \text{ mit } d(x, x_0) \le \delta \ . \qquad \square$$

3.2.10 Definition. *Seien $(X, \|\cdot\|_1)$ und $(Z, \|\cdot\|_2)$ Banachräume und sei Y eine offene Teilmenge von X. Ein Operator $F : Y \longrightarrow Z$ heißt <u>stetig</u> im Punkte $y_0 \in Y$ genau dann, wenn es zu jedem $\varepsilon > 0$ ein $\delta > 0$ gibt, so daß*

$$\|Fy_0 - Fy\|_2 < \varepsilon$$

für jedes $y \in Y$ mit $\|y_0 - y\|_1 < \delta$ gilt.

F heißt stetig genau dann, wenn F für jedes $y_0 \in Y$ stetig ist.

Der Operator F heißt <u>differenzierbar</u> im Punkte $y_0 \in Y$ genau dann, wenn es einen beschränkten linearen Operator $T \in L(X, Z)$ mit

$$\|Fy - Fy_0 - T(y - y_0)\|_2 = o(\|y - y_0\|_1) \quad \text{für} \quad \|y - y_0\|_1 \longrightarrow 0 \ , \quad y \in Y \ ,$$

gibt. T heißt <u>Fréchet-Ableitung</u> von F in y_0. Es wird $DF(y_0) := T$ gesetzt. Der Operator F heißt differenzierbar in Y genau dann, wenn F in jedem $y \in Y$ differenzierbar ist. F heißt stetig differenzierbar in Y genau dann, wenn die Abbildung $DF : Y \longrightarrow L(X, Z)$, $y \mapsto DF(y)$ stetig ist. Entsprechend heißt F zweimal stetig differenzierbar, wenn DF stetig differenzierbar ist, usw. $\qquad \square$

Wenn F stetig differenzierbar ist, so ist F auch stetig, denn für jedes $y \in Y$ und jedes $\varepsilon > 0$ gibt es ein $\delta > 0$ mit

$$\begin{aligned}
\|F\tilde{y} - Fy\|_2 &\le \|F\tilde{y} - Fy - DF(y)(\tilde{y} - y)\|_2 + \|DF(y)(\tilde{y} - y)\|_2 \\
&\le \varepsilon \|\tilde{y} - y\|_1 + \|DF(y)\| \cdot \|\tilde{y} - y\|_1 \\
&= (\varepsilon + \|DF(y)\|)\|\tilde{y} - y\|
\end{aligned}$$

für jedes $\tilde{y} \in Y$ mit $\|\tilde{y} - y\|_1 < \delta$. Dies impliziert die Stetigkeit.

3.2.11 Aufgabe. Seien $(X, \|\cdot\|_1)$ und $(Z, \|\cdot\|_2)$ Banachräume und $F : X \longrightarrow Z$ ein linearer Operator. Man zeige

a) F ist genau dann stetig, wenn F stetig in 0 ist.

b) F ist genau dann beschränkt, wenn F stetig ist. $\qquad \square$

3.2.12 Aufgabe. Seien $(X_1, \|\cdot\|_1)$, $(X_2, \|\cdot\|_2)$ und $(Z, \|\cdot\|)$ Banachräume und $Y_i \subseteq X_i$ offen, $i = 1, 2$. Sei $F : Y_1 \times Y_2 \longrightarrow Z$ stetig differenzierbar. Ihre Ableitung im Punkte $(y_1, y_2) \in Y_1 \times Y_2$ sei $T := DF(y_1, y_2)$. Man zeige:

Für jeden Punkt $(y_1, y_2) \in Y_1 \times Y_2$ sind dann die Abbildungen $F_1 : Y_1 \longrightarrow Z$ und $F_2 : Y_2 \longrightarrow Z$, die durch

$$F_1 u := F(u, y_2) \ \text{für jedes} \ u \in Y_1 \,,$$
$$F_2 v := F(y_1, v) \ \text{für jedes} \ v \in Y_2 \,,$$

definiert sind, in Y_1 bzw. Y_2 stetig differenzierbar mit den Ableitungen $T_1 := DF_1(y_1)$ bzw. $T_2 := DF_2(y_2)$ und für jedes $x = (x_1, x_2) \in X_1 \times X_2$ gilt

$$Tx = T_1 x_1 + T_2 x_2 \,. \qquad\qquad \square$$

Dieser Sachverhalt verallgemeinert den aus der reellen Analysis bekannten Begriff der partiellen Ableitung auf Fréchet-Ableitungen. Zur Beschreibung der partiellen Ableitungen bedienen wir uns der folgenden

3.2.13 Konvention. Mit den Bezeichungen von Aufgabe 3.2.12 wird $D_1 F(y_1, y_2) := T_1$ und $D_2 F(y_1, y_2) := T_2$ gesetzt; die Indizes sollen an "Ableitung nach dem ersten bzw. zweiten Argument" erinnern. $\qquad\qquad \square$

Entsprechend gilt auch die _Kettenregel_: Sind X, Y und Z Banachräume und sind $f : X \longrightarrow Y$ und $g : Y \longrightarrow Z$ stetig differenzierbar, so ist auch $g \circ f : X \longrightarrow Z$ stetig differenzierbar und es gilt

$$D(f \circ g)(x) = Dg(f(x)) \circ Df(x) \ \text{für jedes} \ x \in X \,.$$

Die Aussage über die differenzierbare Abhängigkeit des Fixpunktes von Parametern enthält dann der folgende

3.2.14 Satz. _Seien $(X, \| \cdot \|)$ und $(\Sigma, \| \cdot \|_1)$ Banachräume, $U \subset X$ offen, $Y \subset U$ abgeschlossen und $\Lambda \subset \Sigma$ offen. Sei $F : U \times \Lambda \longrightarrow X$ eine m-mal stetig differenzierbare Abbildung für ein $m \in I\!N_0$ (für $m = 0$ bedeute dies stetig) mit den folgenden Eigenschaften:_
1) Es gelte $F(Y, \lambda) \subset Y$ für jedes $\lambda \in \Lambda$, d.h. $F(\cdot, \lambda)$ ist für jedes $\lambda \in \Lambda$ eine Abbildung von Y in sich.
2) $F(\cdot, \lambda)$ sei (gleichmäßig in Λ) kontrahierend in Y, d.h. es gibt ein $k < 1$ mit

$$\|F(y, \lambda) - F(z, \lambda)\| \leq k \|y - z\| \ \text{für alle} \ y, z \in Y, \ \lambda \in \Lambda \,.$$

Sei $y(\lambda) \in Y$ der nach dem Kontraktionssatz 2.2.4 für jedes $\lambda \in \Lambda$ existierende und eindeutig bestimmte Fixpunkt der Gleichung $y = F(y, \lambda)$.
Im Falle $m = 0$ ist dann $y : \Lambda \longrightarrow Y$ stetig und im Falle $m > 0$ ist y m-mal stetig differenzierbar. In letzterem Falle bedeutet dies insbesondere, daß es zu jedem $\lambda \in \Lambda$ eine beschränkte lineare Abbildung $w(\lambda) = Dy(\lambda) : \Sigma \longrightarrow X$ gibt mit

$$\|y(\tilde\lambda) - y(\lambda) - w(\lambda)(\tilde\lambda - \lambda)\| = o(\|\tilde\lambda - \lambda\|_1) \,.$$

Weiterhin erfüllt $w(\lambda)$ die Operatorgleichung

$$(2) \qquad w(\lambda) = D_1 F(y(\lambda), \lambda) w(\lambda) + D_2 F(y(\lambda), \lambda) .$$

BEWEIS: Wir betrachten zuerst den Fall $m = 0$, d.h. wir müssen die Stetigkeit von y beweisen.

Sei $\lambda \in \Lambda$ beliebig. Für jedes $\tilde{\lambda} \in \Lambda$ gilt wegen der Fixpunktgleichungen

$$y(\lambda) = F(y(\lambda), \lambda) \text{ und } y(\tilde{\lambda}) = F(y(\tilde{\lambda}), \tilde{\lambda})$$

die Abschätzung

$$\begin{aligned}
\|y(\tilde{\lambda}) - y(\lambda)\| &= \|F(y(\tilde{\lambda}), \tilde{\lambda}) - F(y(\lambda), \lambda)\| \\
&\leq \|F(y(\tilde{\lambda}), \tilde{\lambda}) - F(y(\lambda), \tilde{\lambda})\| + \|F(y(\lambda), \tilde{\lambda} - F(y(\lambda), \lambda)\| \\
&\leq k\|y(\tilde{\lambda}) - y(\lambda)\| + \|F(y(\lambda), \tilde{\lambda}) - F(y(\lambda), \lambda)\| ,
\end{aligned}$$

also

$$(3) \qquad \|y(\tilde{\lambda}) - y(\lambda)\| \leq \frac{1}{1-k} \|F(y(\lambda), \tilde{\lambda}) - F(y(\lambda), \lambda)\| .$$

Für festes λ folgt damit aus der Stetigkeit von F die Stetigkeit von y im Punkte λ. Da λ beliebig war, ist y stetig in Λ.

Sei nun $m = 1$. Zum Nachweis der Differenzierbarkeit von y in jedem Punkt $\lambda \in \Lambda$ werde die Operatorgleichung

$$(4) \qquad w(\lambda) = D_1 F(y(\lambda), \lambda) w(\lambda) + D_2 F(y(\lambda), \lambda)$$

für $w(\lambda) \in L(\Sigma, X)$ betrachtet (man erhält sie durch formales Differenzieren der Fixpunktgleichung

$$y(\lambda) = F(y(\lambda), \lambda)$$

nach λ). Der Operator $D_1 F(\cdot, \lambda)$ ordnet bei festem $\lambda \in \Lambda$ jedem $y \in Y$ ein $D_1 F(y, \lambda) \in L(X, X)$ zu und der Operator $D_2 F(y, \cdot)$ ordnet bei festem $y \in Y$ jedem $\lambda \in \Lambda$ ein $D_2 F(y, \lambda) \in L(\Sigma, X)$ zu. Daß (4) eine Operatorgleichung ist bedeutet: Zu jedem $\sigma \in \Sigma$ gibt es genau ein $x = x_\sigma \in X$ mit

$$(5) \qquad x = D_1 F(y(\lambda), \lambda) x + D_2 F(y(\lambda), \lambda) \sigma$$

und es gilt

$$x = w(\lambda) \sigma .$$

Um Hilfssatz 3.2.7 anwenden zu können, zeigen wir zunächst, daß der lineare Operator $D_1 F(y, \lambda)$ für jedes feste $y \in Y$, $\lambda \in \Lambda$ die obige Konstante $k < 1$ zur Schranke hat.

Dazu sei $\varepsilon > 0$ vorgegeben. Da $F(\cdot, \lambda)$ stetig differenzierbar ist, gibt es ein $\delta > 0$ mit

$$\|F(\tilde{y}, \lambda) - F(y, \lambda) - D_1 F(y, \lambda)(\tilde{y} - y)\| \leq \varepsilon \|\tilde{y} - y\| \text{ für jedes } \tilde{y} \in Z \text{ mit } \|\tilde{y} - y\| \leq \delta .$$

Hieraus folgt

$$\|D_1 F(y, \lambda)(\tilde{y} - y)\| \leq \|F(\tilde{y}, \lambda) - F(y, \lambda)\| + \varepsilon\|\tilde{y} - y\|$$
$$\leq k\|\tilde{y} - y\| + \varepsilon\|\tilde{y} - y\|$$
$$\leq (k + \varepsilon)\|\tilde{y} - y\| \text{ für jedes } \tilde{y} \in Z \text{ mit } \|\tilde{y} - y\| \leq \delta ,$$

und daher in der Operatornorm

$$\|D_1 F(y, \lambda)\| := \sup_{\substack{z \in Z \\ \|z\|=1}} \|D_1 F(y, \lambda)z\| \leq k + \varepsilon .$$

Dies gilt für jedes $\varepsilon > 0$, also

$$\|D_1 F(y, \lambda)\| \leq k .$$

Somit erfüllt der Operator $A := D_1 F(y, \lambda) \in L(X, X)$ die Voraussetzungen des Hilfs-satzes 3.2.7. Also gilt $(\text{id} - A)^{-1} \in L(X, X)$ (mit der Schranke $1/(1 - \|A\|)$), und es gibt genau eine Lösung $x \in X$ der Gleichung (5), nämlich

$$x = (\text{id} - A)^{-1} D_2 F(y(\lambda), \lambda)\sigma ;$$

die gesuchte Abbildung $w(\lambda)$ ist dann folglich

$$w(\lambda) = (\text{id} - D_1 F(y(\lambda), \lambda))^{-1} D_2 F(y(\lambda), \lambda) \text{ für jedes } \lambda \in \Lambda .$$

Zu zeigen bleibt, daß $w(\lambda)$ die Fréchet-Ableitung des Fixpunktes y im Punkte λ ist. Sei $\tilde{\lambda} \in \Lambda$. Mit

$$z := y(\tilde{\lambda}) - y(\lambda) \quad , \quad t := \tilde{\lambda} - \lambda$$

gilt dann

$$\|z - w(\lambda)t\| = \|y(\tilde{\lambda}) - y(\lambda) - w(\lambda)(\tilde{\lambda} - \lambda)\|$$
$$= \|F(y(\tilde{\lambda}), \tilde{\lambda}) - F(y(\lambda), \lambda) - \{D_1 F(y(\lambda), \lambda)w(\lambda) + D_2 F(y(\lambda), \lambda)\}t\|$$
$$\leq \|F(y(\tilde{\lambda}), \tilde{\lambda}) - F(y(\lambda), \lambda) - (D_1 F(y(\lambda), \lambda)z + D_2 F(y(\lambda), \lambda)t)\| +$$
$$+ \|D_1 F(y(\lambda), \lambda)(z - w(\lambda)t)\|$$
$$\leq o(\|z\| + \|t\|_1) + k\|z - w(\lambda)t\| ,$$

und hieraus folgt

$$\|z - w(\lambda)t\| = o(\|z\| + \|t\|_1) .$$

Da sich aus der Differenzierbarkeit von F die Relation

$$\|F(y, \tilde{\lambda}) - F(y, \lambda) - D_2 F(y, \lambda)(\tilde{\lambda} - \lambda)\| = o(\|\tilde{\lambda} - \lambda\|_1)$$

und daraus durch Anwendung der umgekehrten Dreiecksungleichung

$$\|F(y(\lambda), \tilde{\lambda}) - F(y(\lambda), \lambda)\| \leq \|D_2 F(y(\lambda), \lambda)(\tilde{\lambda} - \lambda)\| + o(\|\tilde{\lambda} - \lambda\|_1)$$
$$= O(\|\tilde{\lambda} - \lambda\|_1) + o(\|\tilde{\lambda} - \lambda\|)$$
$$= O(\|\tilde{\lambda} - \lambda\|_1) = O(\|t\|_1)$$

für $\|t\|_1 \longrightarrow 0$ ergibt, folgt aus (3) die Beziehung

$$\|z\| = \|y(\tilde{\lambda}) - y(\lambda)\| = \mathcal{O}(\|t\|_1)$$

und insgesamt

$$\|z - w(\lambda)t\| = o(\mathcal{O}(\|t\|_1)) = o(\|t\|_1) \,,$$

also insgesamt die behauptete stetige Differenzierbarkeit von y für $m = 1$.

Die Behauptung des Satzes für $m > 1$ folgt durch Induktion. Nach Induktionsvoraussetzung ist y $(m - 1)$-mal stetig differenzierbar. Weiterhin erfüllt $Dy(\lambda)$, wie gerade gezeigt, die Gleichung

$$Dy(\lambda) = D_1 F(y(\lambda), \lambda) Dy(\lambda) + D_2 F(y(\lambda), \lambda) \,,$$

also eine (neue) Fixpunktgleichung mit $(m - 1)$-mal stetig differenzierbaren Funktionen. Erneute Anwendung der Induktionsvoraussetzung ergibt, daß Dy $(m - 1)$-mal, also y m-mal stetig differenzierbar ist. □

Dieser Satz ermöglicht einen einfachen Beweis des Satzes über implizite Funktionen.

Satz 3.2.15. *(über implizite Funktionen) Seien X, Y, Z Banachräume, $U \subset X$ und $V \subset Y$ offene Mengen, $F : U \times V \longrightarrow Z$ stetig differenzierbar. Sei $(x_0, y_0) \in U \times V$ mit $F(x_0, y_0) = 0$, und $D_2 F(x_0, y_0)$ besitze eine beschränkte Inverse. Dann gibt es eine offene Umgebung $U_1 \times V_1 \subset U \times V$ von (x_0, y_0) und eine stetig differenzierbare Funktion $f : U_1 \longrightarrow V_1$ mit $f(x_0) = y_0$ und der Eigenschaft: Es gilt $F(x, y) = 0$ für $(x, y) \in U_1 \times V_1$ genau dann, wenn $y = f(x)$ gilt.*

BEWEIS: Sei $\varphi(x, \cdot) : V \longrightarrow Y$ definiert durch

$$\varphi(x, y) := y - (D_2 F(x_0, y_0))^{-1} F(x, y) \text{ für alle } (x, y) \in U \times V \,.$$

Die Nullstellen von $F(x, \cdot)$ entsprechen dann genau den Fixpunkten von $\varphi(x, \cdot)$. Es gilt

$$\varphi(x_0, y_0) = y_0 \,,$$

und φ ist stetig differenzierbar in $U \times V$. Weiterhin gilt

$$\begin{aligned}
D_2 \varphi(x_0, y_0) &= \mathrm{id} - (D_2 F(x_0, y_0))^{-1} D_2 F(x_0, y_0) \\
&= \mathrm{id} - \mathrm{id} \\
&= 0 \,.
\end{aligned}$$

Aus Stetigkeitsgründen gibt es daher eine offene Umgebung $U_1 \times V_1 \subset U \times V$ von (x_0, y_0) und ein $k < 1$ mit

$$\|D_2 \varphi(x, y)\| \leq k < 1 \text{ für alle } (x, y) \in U_1 \times V_1 \,.$$

Aus

$$\|\varphi(x, y) - \varphi(x, y_0) - D_2 \varphi(x, y_0)(y - y_0)\| = o(\|y - y_0\|)$$

folgt, daß $U_1 \times V_1$ so klein gewählt werden kann, daß $\varphi : U_1 \times V_1 \longrightarrow V_1$ gilt. Somit besteht der Rest des Beweises in einer Anwendung von Satz 3.2.14. $\Box$

Nach diesen Betrachtungen in Banachräumen soll die konkrete Aufgabe

$$(6) \qquad \frac{\partial y}{\partial x}(x, \lambda) = f(x, y(x, \lambda), \lambda) \,, \quad y(x_0, \lambda) = y_0(\lambda)$$

behandelt werden, wobei nun y, f und λ mehrdimensional seien. Zur Herleitung der differenzierbaren Abhängigkeit der Lösung $y(x, \lambda)$ vom Parameter λ wird die folgende Bezeichnung eingeführt: Ist $g \in C^1(I\!\!R^m, I\!\!R^n)$, $u \mapsto g(u)$, $g = (g_1, g_2, \ldots, g_n)^T$, so sei

$$\frac{\partial g}{\partial u} := \begin{pmatrix} \dfrac{\partial g_1}{\partial u_1} & \cdots & \dfrac{\partial g_1}{\partial u_m} \\ \vdots & & \vdots \\ \dfrac{\partial g_n}{\partial u_1} & \cdots & \dfrac{\partial g_n}{\partial u_m} \end{pmatrix}$$

die Jacobi-Matrix (Frechét-Ableitung) von g. Es gilt dann

$$\left| g(\tilde{u}) - g(u) - \frac{\partial g}{\partial u}(u)(\tilde{u} - u) \right| = o(|\tilde{u} - u|).$$

3.2.16 Satz. *Es seien $G \subset I\!\!R^{n+1}$ ein Gebiet, $x_0 \in I\!\!R$ und $\lambda_0 \in I\!\!R^m$. Ferner seien δ, δ_1 positive reelle Zahlen und*

$$I := \{x \in I\!\!R \mid |x - x_0| \leq \delta\} \,,$$
$$\Lambda := \{\lambda \in I\!\!R^m \mid |\lambda - \lambda_0| < \delta_1\} \,.$$

Es seien $f \in C^m(G \times \Lambda, I\!\!R^n)$ und $y_0 \in C^m(\Lambda, I\!\!R^m)$ mit $(x_0, y_0(\lambda)) \in G$ für jedes $\lambda \in \Lambda$; die Funktion f sei auf $G \times \Lambda$ durch die Konstante M beschränkt und ε_0 sei eine obere Schranke für $|y_0(\lambda) - y_0(\lambda_0)|$ auf Λ.

Ferner sei das Kompaktum

$$K := \{(x, y) \in I\!\!R \times I\!\!R^n \mid x \in I, \ |y - y_0(\lambda_0)| \leq \varepsilon_0 + M|x - x_0|\}$$

in G enthalten.

Dann gibt es zu jedem $\lambda \in \Lambda$ genau eine Lösung $y(\cdot, \lambda) \in C^m(I, I\!\!R^n)$ der Anfangswertaufgabe

$$\frac{\partial}{\partial x} y(x, \lambda) = f(x, y(x, \lambda), \lambda) \,, \quad y(x_0, \lambda) = y_0(\lambda) \,.$$

Die Lösung y ist m-mal stetig differenzierbar in Λ und die Jacobi-Matrix $w := (\partial y / \partial \lambda)$ erfüllt mit einer linearen Differentialgleichung die Anfangswertaufgabe

$$\frac{\partial}{\partial x} w(x, \lambda) = \frac{\partial f}{\partial y}(x, y(x, \lambda), \lambda) w(x, \lambda) + \frac{\partial f}{\partial \lambda}(x, y(x, \lambda), \lambda) \,,$$
$$w(x_0, \lambda) = \frac{dy_0(\lambda)}{ds} \,.$$

3.2.17 Bemerkungen.

1) Die Differenzierbarkeit der Funktion $f(x, y, \lambda)$ nach x wird nicht benutzt.

2) Die Voraussetzung, daß K in G enthalten ist, kann unter den vorhergehenden Voraussetzungen stets durch Wahl von δ und δ_1 erreicht werden.

3) Die Anfangswertaufgabe für w entspricht offenbar im Spezialfall $n = m = 1$ der in Beispiel 3.3.2 abgeleiteten Anfangswertaufgabe für $w(x, \lambda) = (\partial y / \partial \lambda)(x, \lambda)$.

4) Ist die Lösung $y(\cdot, \lambda_0)$ bekannt, so liefert der Satz eine Anfangswertaufgabe für die Funktion $w(\cdot, \lambda_0) = (\partial y / \partial \lambda)(\cdot, \lambda_0)$, die wie in den Beispielen 3.2.1 und 3.2.3 für den Ansatz eines Potenzreihenabschnittes als Näherungslösung $y(\cdot, \lambda)$ verwendet werden kann.

BEWEIS: Um Satz 3.2.14 anwenden zu können, werden im folgenden die dort aufgeführten Voraussetzungen für den hier vorliegenden Fall nachgewiesen.

Sei $X := C(I, I\!R^n)$ mit der Supremumsnorm $\| \cdot \|$ und $\Sigma := I\!R^m$ mit der Maximumsnorm $| \cdot |$ versehen. Geht man von der Integralgleichung

$$y(x, \lambda) = y_0(\lambda) + \int\limits_{x_0}^{x} f(t, y(t, \lambda), \lambda)dt$$

für die Anfangswertaufgabe (6) aus und definiert mit

$$Y := \{ z \in C(I, I\!R^n) \mid (x, z(x)) \in K \text{ für jedes } x \in I \} \subset X$$

den Operator $F : Y \times \Lambda \longrightarrow Y$ durch

$$F(z, \lambda)(x) := y_0(\lambda) + \int\limits_{x_0}^{x} f(t, z(t), \lambda)dt , \quad x \in I ,$$

so ist also zu jedem $\lambda \in \Lambda$ die Lösung $y = y(\cdot, \lambda) \in Y$ als Fixpunkt der Gleichung

$$z = F(z, \lambda)$$

zugeordnet. Offensichtlich ist Y abgeschlossen in Z und F auf $Y \times \Lambda$ stetig.

Als nächstes sollen die Fréchet-Ableitungen $D_1 F(y, \lambda)$ und $D_2 F(y, \lambda)$ berechnet werden. Sie lassen sich wegen der Konvexität von K aus den folgenden Taylorentwicklungen ablesen:

$$F(\tilde{y}, \lambda)(x) - F(y, \lambda)(x) = \int\limits_{x_0}^{x} [f(t, \tilde{y}(t), \lambda) - f(t, y(t), \lambda)]\, dt$$

$$= \int\limits_{x_0}^{x} \left[\frac{\partial f}{\partial y}(t, y(t), \lambda)(\tilde{y}(t) - y(t)) + R_1(t) \right] dt$$

und

$$F(y,\tilde{\lambda})(x) - F(y,\lambda)(x) = y_0(\tilde{\lambda}) - y_0(\lambda) + \int\limits_{x_0}^{x} \left[f(t,y(t),\tilde{\lambda}) - f(t,y(t),\lambda) \right] dt$$

$$= \frac{dy_0}{d\lambda}(\lambda)(\tilde{\lambda} - \lambda) + R_2 + \int\limits_{x_0}^{x} \left[\frac{\partial f}{\partial \lambda}(t,y(t),\lambda)(\tilde{\lambda} - \lambda) + R_3(t) \right] dt.$$

Wegen

$$\|R_1\| = o(\|\tilde{y} - y\|) \, ,$$
$$|R_2| = o(|\tilde{\lambda} - \lambda|) \, ,$$
$$\|R_3\| = o(|\tilde{\lambda} - \lambda|)$$

sind

$$T_1 := D_1 F(y,\lambda) \quad \text{und} \quad T_2 := D_2 F(y,\lambda) \quad \text{mit}$$

$$(T_1\overline{y})(x) := \int\limits_{x_0}^{x} \frac{\partial f}{\partial y}(t,y(t),\lambda)\overline{y}(t)dt \, , \quad \overline{y} \in C(I,I\!R^n)$$

und

$$(T_2\overline{\lambda})(x) := \frac{dy_0}{d\lambda}(\lambda)\overline{\lambda} + \int\limits_{x_0}^{x} \frac{\partial f}{\partial \lambda}(t,y(t),\lambda)\overline{\lambda} \, dt \, , \quad \overline{\lambda} \in I\!R^m \, ,$$

die Fréchet-Ableitungen von F.

Da K kompakt und konvex ist und f im Kompaktum $K \times \Lambda$ differenzierbar ist, ist $f(x,y,\lambda)$ Lipschitz-stetig bezüglich y in $K \times \Lambda$ mit einer Konstanten L, z.B. mit

$$L := \max_{1 \leq i \leq n} \sum_{j=1}^{n} \max_{(x,y,\lambda) \in K \times \Lambda} \left| \frac{\partial f_i}{\partial y_j}(x,y,\lambda) \right|$$

(vgl. Aufgabe 2.2.2). Wie im Beweis des Satzes 2.2.6 von Picard-Lindelöf kann man in X zu einer gewichteten Supremumsnorm übergehen, so daß in dieser Norm $F(y,\lambda)$ gleichmäßig in Λ bezüglich $y \in Y$ kontrahierend ist mit einer Kontraktionszahl $k < 1$.

Hiermit sind nun die Voraussetzungen von Satz 3.2.14 verifiziert. Es gibt also genau eine Lösung $y(\cdot,\lambda) \in C^1(I,I\!R^n)$ der gegebenen Anfangswertaufgabe und diese ist stetig differenzierbar in Λ. Ferner erfüllt $w(x,\lambda) = (\partial y/\partial \lambda)(x,\lambda)$ die Gleichung

$$w(x,\lambda) = \frac{dy_0(\lambda)}{d\lambda} + \int\limits_{x_0}^{x} \left[\frac{\partial f}{\partial y}(t,y(t,\lambda),\lambda)w(t,\lambda) + \frac{\partial f}{\partial \lambda}(t,y(t,\lambda),\lambda) \right] dt \, .$$

Dies ist offensichtlich die Integralgleichung der im Satz genannten Anfangswertaufgabe und der Satz für $m = 1$ bewiesen. Der Fall $m > 1$ ergibt sich wieder durch Induktion. $\qquad\qquad\qquad\qquad\qquad\qquad\qquad\qquad\qquad\qquad\qquad\qquad\quad$ □

3.2.18 Beispiel. Die in diesem Paragraphen entwickelte Theorie soll auf die vom Parameter $\lambda \in I\!R$ abhängige Anfangswertaufgabe

$$\begin{aligned} z'' - \lambda f(z, z') + z &= 0 \\ z(0) = K, \quad z'(0) &= 0 \end{aligned} \tag{7}$$

mit vorgegebenem $K > 0$ angewendet werden. Im Falle

$$f(z, z') := (1 - z^2)z' \tag{8}$$

ist diese Aufgabe von *Van der Pol* bei der Untersuchung von elektrischen Schaltungen, die eine Röhre enthalten, betrachtet worden. Die Differentialgleichung ist daher unter dem Namen *Van der Pol'sche Gleichung* bekannt geworden.

Um sich ein ungefähres Bild vom zu erwartenden Verhalten der Lösungen der Gleichung

$$z'' + z = \lambda(1 - z^2)z' \tag{9}$$

machen zu können, lohnt ein Vergleich mit der für konstantes $c \in I\!R$ leicht zu integierenden Differentialgleichung

$$z'' + z = c\, z'$$

zweiter Ordnung mit konstanten Koeffizienten. Ist $c = 0$, so gilt

$$z(x) = a\cos x + b\sin x\,, \quad a, b \in I\!R\,.$$

Für $0 < c < 2$ ergibt sich eine sich aufschaukelnde Schwingung, für $-2 < c < 0$ dagegen eine gedämpfte Schwingung. Also wird das Verhalten der Lösungen von (9) vom jeweiligen Vorzeichen von $\lambda(1 - z^2)$ geprägt werden: Eine kleine, sich aufschaukelnde Schwingung bei $\lambda > 0$ würde gedämpft, sobald $|z| > 1$ gilt und umgekehrt. Gerade dieser Vorzeichenwechsel macht die Van der Pol'sche Gleichung zu einem interessanten Untersuchungsobjekt. Bei den folgenden Untersuchungen hätte man direkt von der Differentialgleichung zweiter Ordnung ausgehen können; wir wandeln sie jedoch in ein System um, um die Differenzierbarkeitssätze direkt anwenden zu können.

Die Anfangswertaufgabe hat nach Umwandlung in ein System erster Ordnung die Gestalt

$$\begin{aligned} y_1' &= f_1(y_1, y_2, \lambda) \\ y_2' &= f_2(y_1, y_2, \lambda) \\ y_1(0) = K, \quad y_2(0) &= 0 \end{aligned} \tag{10}$$

mit

$$\begin{aligned} f_1(y_1, y_2, \lambda) &:= y_2 \\ f_2(y_1, y_2, \lambda) &:= \lambda f(y_1, y_2) - y_1 \end{aligned} \tag{11}$$

zur Bestimmung der Komponenten $y_1 = y_1(x, \lambda)$ und $y_2 = y_2(x, \lambda)$.

Für $\lambda = 0$ hat die Aufgabe die Lösung

$$(12) \qquad y_1(x,0) = K\cos x \ , \quad y_2(x,0) = -K\sin x \ .$$

Nach Satz 3.2.15 ergibt sich für

$$w := \frac{\partial(y_1,y_2)}{\partial\lambda} = \begin{pmatrix} \frac{\partial y_1}{\partial\lambda} \\[2mm] \frac{\partial y_2}{\partial\lambda} \end{pmatrix}$$

die Anfangswertaufgabe

$$\frac{\partial}{\partial x} w(x,\lambda) = \frac{\partial(f_1,f_2)}{\partial(y_1,y_2)}(y_1(x,\lambda),y_2(x,\lambda),\lambda)w(x,\lambda)+$$

$$(13) \qquad\qquad + \frac{\partial(f_1,f_2)}{\partial\lambda}(y_1(x,\lambda),y_2(x,\lambda),\lambda)$$

$$w(0,0) = \begin{pmatrix} 0 \\ 0 \end{pmatrix} \ .$$

Mit ihrer Lösung läßt sich die Lösung der ursprünglichen Anfangswertaufgabe in der Form

$$\begin{pmatrix} y_1(x,\lambda) \\ y_2(x,\lambda) \end{pmatrix} = \begin{pmatrix} y_1(x,0) \\ y_2(x,0) \end{pmatrix} + \lambda \begin{pmatrix} \frac{\partial y_1}{\partial\lambda}(x,0) \\[2mm] \frac{\partial y_2}{\partial\lambda}(x,0) \end{pmatrix} + \mathcal{O}(\lambda^2)$$

entwickeln. Nach Weglassen der Argumente hat die Differentialgleichung aus (13) die Gestalt

$$\frac{\partial w}{\partial x} = \begin{pmatrix} \frac{\partial f_1}{\partial y_1} & \frac{\partial f_1}{\partial y_2} \\[2mm] \frac{\partial f_2}{\partial y_1} & \frac{\partial f_2}{\partial y_2} \end{pmatrix} w + \begin{pmatrix} \frac{\partial f_1}{\partial\lambda} \\[2mm] \frac{\partial f_2}{\partial\lambda} \end{pmatrix} \ .$$

Also ist unter Berücksichtigung der speziellen Gestalt (11) von f_1 und f_2 die Anfangswertaufgabe

$$\frac{\partial}{\partial x}\begin{pmatrix} w_1 \\ w_2 \end{pmatrix} = \begin{pmatrix} 0 & 1 \\ -2\lambda y_1 y_2 - 1 & \lambda(1 - y_1^2) \end{pmatrix}\begin{pmatrix} w_1 \\ w_2 \end{pmatrix} + \begin{pmatrix} 0 \\ (1 - y_1^2)y_2 \end{pmatrix} ,$$

$$w_1(0,0) = 0 \ , \quad w_2(0,0) = 0$$

zu lösen. Hieraus läßt sich offenbar eine Anfangswertaufgabe zweiter Ordnung für w_1 herleiten:

$$w_1'' = (-2\lambda y_1 y_2 - 1)w_1 + \lambda(1 - y_1^2)w_1' + (1 - y_1^2)y_2$$

$$w_1(0,\lambda) = 0 \ , \quad w_1'(0,\lambda) = 0 \ ,$$

also für $\lambda = 0$ unter Berücksichtigung von (12) die Aufgabe

$$(14) \qquad \begin{aligned} w_1'' + w_1 &= -(1 - K^2\cos^2 x)K\sin x \\ w_1(0) &= 0 \ , \quad w_1'(0) = 0 \ . \end{aligned}$$

Jede Lösung einer Differentialgleichung der Form

$$z'' + z = \psi(x)$$

hat (vgl. Kap.2, §4) die Gestalt

$$z(x) = c\cos x + d\sin x + \int_{x_0}^{x} \sin(x - t)\psi(t)dt\,,$$

so daß (14) die Lösung

$$
\begin{aligned}
(15)\qquad w_1(x) &= 0 - \int_0^x \sin(x - t)(1 - K^2\cos^2 t)K\sin t\,dt \\
&= \frac{K}{2}\left(\frac{K^2}{2} - 1\right)(\sin x - x\cos x) + \frac{K^3}{8}\left(x\cos x - \frac{1}{2}\sin 2x\cos x\right)
\end{aligned}
$$

besitzt. Also gilt

$$(16)\qquad \begin{pmatrix} y_1(x,\lambda) \\ y_2(x,\lambda) \end{pmatrix} = \begin{pmatrix} K\cos x \\ -K\sin x \end{pmatrix} + \lambda\begin{pmatrix} w_1(x) \\ w_1'(x) \end{pmatrix} + \mathcal{O}(\lambda^2)\,.$$

In Beispiel 3.3.3 werden wir die Van der Pol'sche Gleichung noch einmal aufgreifen, um die Periodizitätseigenschaften ihrer Lösungen für $\lambda \neq 0$ zu untersuchen. Wir wollen noch kurz das ungefähre asymptotische Verhalten der Lösungen der Van der Pol'schen Gleichung (9) erwähnen. Nach (15) und (16) haben die Lösungen in erster Näherung die Gestalt

$$z(x) = K\cos x + \lambda\left[\frac{K}{2}\left(1 - \frac{K^2}{4}\right)x\cos x + p(x,K)\right],\quad \lambda > 0\,,$$

mit einer 2π-periodischen Funktion p für jedes K. Ist der Koeffizient

$$c(K) := \lambda\frac{K}{2}\left(1 - \frac{K^2}{4}\right)$$

von $x\cos x$ positiv, also $K < 2$, so ergibt sich in der Phasenebene (der (z, z')-Ebene) für die Phasenkurve

$$\{(z(x), z'(x)) \mid x \text{ strebt von } 0 \text{ nach } \infty\}$$

das folgende Diagramm

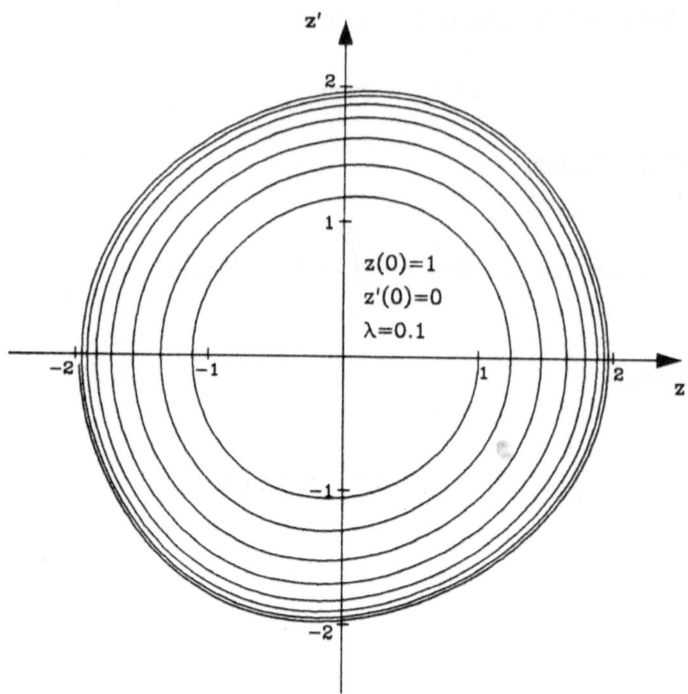

also eine für wachsende x nach außen wachsende Spirale, während sich für $c(K) < 0$, also $K > 2$, eine nach innen drehende Spirale ergibt:

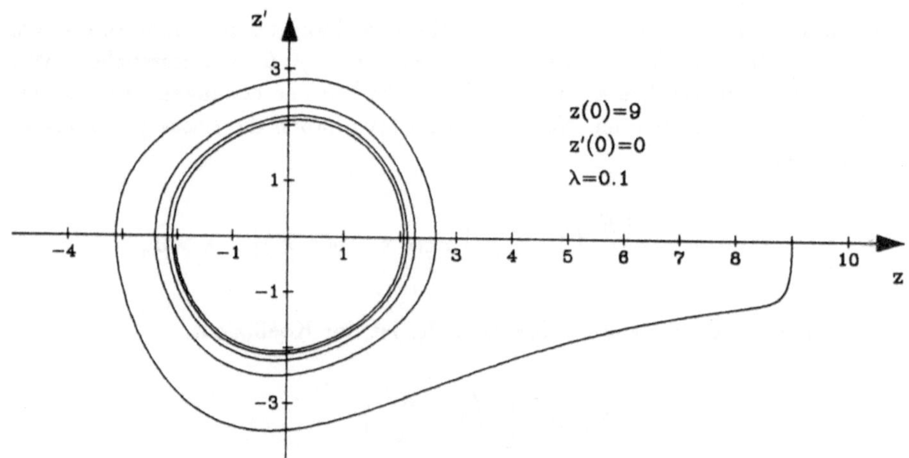

Da die Lösungen mit verschiedenen Anfangswerten sich wegen der Eindeutigkeit nicht schneiden können, sieht man, daß die Lösungen beschränkt bleiben. Der Term $x\cos x$ kann also nicht zu beliebig starkem Wachstum führen, sondern wird durch andere Terme für großes x kompensiert. Diese Betrachtungen deuten an, daß jede mit beliebigem K beginnende Lösung asymptotisch zu einer etwa 2π-periodischen Lösung mit der Amplitude 2 wird.   □

Häufig ist eine nicht elementar oder nicht leicht analytisch lösbare Aufgabe

$$(17) \qquad y' = g(x,y) \,, \quad y(x_0) = y_0$$

gegeben. Dann kann der Versuch unternommen werden, g so zu zerlegen, daß g im wesentlichen durch eine Funktion g_0 beschrieben wird, $g = g_0 + h$, und für die Anfangswertaufgabe

$$(18) \qquad y' = g_0(x,y) \,, \quad y(x_0) = y_0$$

leicht eine Lösung gefunden werden kann. In der Ausgangsgleichung

$$(19) \qquad y' = g_0(x,y) + h(x,y)$$

drückt dann der Term h eine Störung der Differentialgleichung (2) und damit auch ihrer Lösung aus. Unter Einführung eines Parameters λ in der Form

$$(20) \qquad y' = g_0(x,y) + \lambda h(x,y)$$

werden beide Differentialgleichungen durch die Fallunterscheidung $\lambda = 0$ bzw. $\lambda = 1$ erfaßt. Nach den Differenzierbarkeitsbetrachtungen im vorangehenden Abschnitt kann deshalb unter Ausnutzung höherer Differenzierbarkeit versucht werden, eine Lösung von (17) durch eine Reihenentwicklung der Lösung von (20) nach dem Parameter λ an der Stelle $\lambda = 0$ zu gewinnen, d.h. durch die elementare Lösung von (18) als Anfangsglied und eine Reihenentwicklung der Störung nach dem Parameter λ. Für $\lambda = 1$ liefern Abschnitte dieser Reihenentwicklung Näherungen der eigentlich gewünschten Lösung.

3.2.19 Bemerkung. Ist eine Funktion $g : \Lambda \longrightarrow I\!\!R^n$ beliebig oft differenzierbar, so folgt bekanntlich i.a. nicht, daß sie auch (reell) analytisch ist, also um jeden Punkt in eine konvergente Potenzreihe entwickelbar ist. Ersetzt man jedoch in Satz 3.2.16 die m-malige Differenzierbarkeit von f durch die Bedingung, daß f für jedes x bezüglich y und λ in eine konvergente Potenzreihe entwickelt werden kann, so ist auch die Lösung y der Anfangswertaufgabe $y' = f(x,y,\lambda)$, $y(x_0) = y_0$ für jedes x bezüglich λ in eine konvergente Potenzreihe entwickelbar, d.h. es gilt

$$y(x,\lambda) = y(x,\lambda_0) + \sum_{|i|=1}^{\infty} c_i(x)(\lambda - \lambda_0)^i$$

mit geeigneten Funktionen $c_i \in C(I, I\!\!R^n)$; hierbei ist i gegebenenfalls als Multiindex $i = (i_1, \ldots, i_m)$ mit $|i| = i_1 + \ldots + i_m$ und

$$(\lambda - \lambda_0)^i = (\lambda_1 - \lambda_{01})^{i_1}(\lambda_2 - \lambda_{02})^{i_2} \cdot \ldots \cdot (\lambda_m - \lambda_{0m})^{i_m}$$

zu interpretieren. $\qquad\qquad\qquad\qquad\qquad\qquad\qquad\qquad\qquad\qquad\qquad\qquad\quad$ □

3.2.20 Beispiel. Wir wollen noch einmal die Differentialgleichung

$$z'' - \lambda \, f(z,z') + z = 0$$

mit den Anfangswerten

$$z(0) = K , \quad z'(0) = 0 \quad (K > 0)$$

betrachten, insbesondere mit

$$f(v,w) = (1 - v^2)\, w ,$$

Gemäß Bemerkung 3.2.19 und Formel (12) machen wir den Ansatz

$$z(x) = K \cos x + \varphi(x, \lambda)$$

mit der "Störung"

$$\varphi(x, \lambda) = \lambda\, a(x) + \lambda^2\, b(x) + \dots .$$

Folglich gilt

$$z'(x) = -K \sin x + \psi(x, \lambda)$$

mit

$$\psi(x, \lambda) = \lambda\, a'(x) + \lambda^2\, b'(x) + \dots .$$

Man beachte, daß die Funktionen $a, b, \dots$ auch vom Anfangswert K abhängen. Setzt man diese Reihen unter Berücksichtigung der Taylorentwicklung

$$f(v,w) = f(K \cos x, -K \sin x) + \varphi \frac{\partial f}{\partial v} + \psi \frac{\partial f}{\partial w} + O(\varphi^2 + \psi^2)$$

in die Differentialgleichung ein, so erhält man

$$\begin{aligned}
z'' + z &= -K \cos x + \lambda\, a''(x) + \lambda^2\, b''(x) + \dots + \\
&\quad + K \cos x + \lambda\, a(x) + \lambda^2\, b(x) + \dots \\
&= \lambda f(z, z') \\
&= \lambda \left[f(K \cos x, -K \sin x) + (\lambda\, a(x) + \lambda^2\, b(x) + \dots) \frac{\partial f}{\partial v} + \right. \\
&\quad \left. + (\lambda\, a'(x) + \lambda^2\, b'(x) + \dots) \frac{\partial f}{\partial w} + \dots \right]
\end{aligned}$$

Der Vergleich der Koeffizienten von λ und λ^2 liefert die Differentialgleichungen

$$a''(x) + a(x) = f(K \cos x, -K \sin x) ,$$
$$b''(x) + b(x) = a(x) \frac{\partial f}{\partial v} + a'(x) \frac{\partial f}{\partial w}$$

mit den Anfangswerten

$$a(0) = a'(0) = b(0) = b'(0) = 0 .$$

Die erste dieser Anfangswertaufgaben ist uns aus Beispiel 3.2.18 bekannt. Ähnliche Differentialgleichungen entstehen, wenn man höhere Potenzen von λ berücksichtigt. Als Lösungen erhält man

$$a(x) = \int_{x_0}^{x} \sin(x - t) f(K \cos t, -K \sin t) dt$$

$$b(x) = \int_{x_0}^{x} \sin(x - t)(a(t)\frac{\partial f}{\partial v} + a'(t)\frac{\partial f}{\partial w}) dt \ .$$

Es soll jetzt untersucht werden, ob die Van der Pol'sche Differentialgleichung periodische Lösungen besitzt und welche Periode T diese gegebenenfalls haben. Offensichtlich existieren für $\lambda = 0$ für jeden Wert von K die periodischen Lösungen

$$z(x) = K \cos x$$

mit der Periode $T = 2\pi$. Man kann vermuten, daß für kleine Werte von λ eine Periode von näherungsweise 2π resultiert, falls überhaupt periodische Lösungen existieren. Dies erklärt den Ansatz

$$T = 2\pi + \tau \ , \quad \tau = \tau_1\lambda + \tau_2\lambda^2 + \ldots \ ,$$

wobei T und τ von λ abhängen. Weiterhin bezeichne

$$K = K(\lambda) = K_0 + K_1\lambda + K_2\lambda^2 + \ldots$$

den Anfangswert von z, für den sich eine periodische Lösung ergibt. Wegen $z(0) = K(\lambda)$ und $z'(0) = 0$ für jedes λ muß eine periodische Lösung die Bedingungen

$$z(2\pi + \tau) = K(\lambda)$$
$$z'(2\pi + \tau) = 0$$

(21)

erfüllen. Setzt man in die erste Bedingung die Reihenentwicklungen von z und K ein und berücksichtigt nur Glieder erster Ordnung in λ, so erhält man

$$K_1 \cos \tau + a(2\pi + \tau) = K_1 \ .$$

Der Grenzübergang $\lambda \longrightarrow 0$ hat $\tau \longrightarrow 0$ zur Folge und daher die Bedingung

(22)
$$a(2\pi) = 0 \ .$$

Nur solche Werte kommen bei periodischen Lösungen für $K(\lambda)$ in Frage, für die $a(2\pi) = 0$ gilt. Entsprechendes Vorgehen bei der zweiten Bedingung (21) liefert

$$-K(\lambda)\sin(\tau_1\lambda + \ldots) + \lambda\, a'(2\pi + \tau) + \ldots = 0$$

und hieraus

$$\tau_1 = \frac{a'(2\pi)}{K_0} \ ,$$

also den führenden Koeffizienten in einer Reihenentwicklung von τ.

Wir berechnen jetzt $a(2\pi)$ und $a'(2\pi)$ für die spezielle Funktion

$$f(v,w) = (1 - v^2)w \ .$$

Für kleine λ gilt dann in erster Näherung

$$a(2\pi) = \int_0^{2\pi} \sin(2\pi - t)(1 - K_0^2 \cos^2 t)(-K_0 \sin t)dt$$

$$= K_0 \int_0^{2\pi} \sin^2(1 - K_0^2 \cos^2 t)dt$$

$$= \pi K_0 \left(1 - \frac{K_0^2}{4}\right) \ ,$$

woraus für K wegen (22) die Bedingungsgleichung

$$K_0 \left(1 - \frac{K_0^2}{4}\right) = 0$$

folgt. Von der trivialen Lösung $K_0 = 0$ abgesehen bedeutet dies, daß für kleine $\lambda \neq 0$ nur für $K_0 = 2$ periodische Lösungen zu erwarten sind.

Weiterhin gilt

$$a'(2\pi) = \int_0^{2\pi} \cos(2\pi - t)(1 - K_0^2 \cos^2 t)(-K_0 \sin t)dt$$

$$= -K_0 \int_0^{2\pi} \cos t(1 - K_0^2 \cos^2 t) \sin t dt$$

$$= 0 \ .$$

Hieraus folgt

$$\tau_1 = 0 \ , \quad \tau = \tau^2 \, \lambda^2 + \dots \ ,$$

die Reihenentwicklung von τ beginnt mit einem quadratischen Glied. Gleichung (13) lautet jetzt

$$-K(\lambda)\sin(\tau_2 \, \lambda^2 + \dots) + \lambda \, a'(2\pi + \tau) + \lambda^2 \, b'(2\pi + \tau) + \dots = 0 \ ,$$

also

$$\tau_2 = \frac{b'(2\pi)}{K_0} \ .$$

Im Falle $K_0 = 2$ gilt

$$a(x) = \sin^3 x$$

und daher

$$b'(2\pi) = \int\limits_0^{2\pi} \cos t \left[\sin^4 t \cdot 8\cos t + 3\sin^2 t \cos t(1 - 4\cos^2 t)\right] dt = \frac{\pi}{4}\,,$$

so daß man insgesamt die folgende Entwicklung für die Periode T bekommt

$$T = 2\pi + \frac{\pi}{8}\lambda^2 + \mathcal{O}(\lambda^3)\,. \qquad \square$$

§3 Vergleichs- und Monotonieaussagen

Hat man zwei Differentialgleichungen zu untersuchen

$$y' = f(x,y) \ \text{ und } \ z' = g(x,y) \,,$$

für die f und g in dem gleichen Gebiet $G \subset I\!\!R^2$ erklärt und dort Lipschitz-stetig sind, und gilt

$$f(x,y) \leq g(x,y) \ \text{ für jedes } \ (x,y) \in G \,,$$

so liegt es nahe, daß die beiden im gleichen Punkt $(x_0, y_0) \in G$ beginnenden Lösungen $y(x)$ bzw. $z(x)$ für $x \geq x_0$ die Ungleichung

$$y(x) \leq z(x)$$

punktweise erfüllen, denn "die Ableitung von $y(x)$ ist kleiner als die von $z(x)$". So einfach ist die Argumentation zwar nicht, aber die Aussage ist dennoch richtig.

Vergleicht man etwa (siehe Beispiel 3.3.9) die beiden Anfangswertaufgaben

$$y' = x^2 \ , \ y(0) = 0$$
$$\text{und}$$
$$z' = x^2 + z^2 \ , \ z(0) = 0 \,,$$

so gilt $y(x) = \frac{1}{3}x^3$ und man erhält

$$z(x) \geq \frac{1}{3}x^3 \ .$$

Dies kann auch aus dem folgenden Satz entnommen werden.

3.3.1 Satz. *Seien f und g im Gebiet $G \subset I\!\!R^2$ stetige und bezüglich ihres zweiten Argumentes Lipschitz-stetige Funktionen. Seien (x_0, y_0), $(x_0, z_0) \in G$. Es gelte*

$$y_0 \leq z_0$$
$$\text{und}$$
$$f(x,y) \leq g(x,y) \ \text{ für jedes } \ (x,y) \in G \,.$$

Die eindeutig bestimmten Lösungen der Anfangswertaufgaben

$$y' = f(x,y) \, , \ y(x_0) = y_0 \,,$$
$$z' = g(x,y) \, , \ z(x_0) = z_0 \,,$$

erfüllen dann in einem gemeinsamen Definitionsintervall I für $x \geq x_0$ die Ungleichung

$$y(x) \leq z(x) \ .$$

Ist $y_0 \geq z_0$, so gilt $z(x) \leq y(x)$ für $x \leq x_0$.

BEWEIS: Wir betrachten nur den Fall $x \geq x_0$.

Zunächst werde angenommen, daß

$$(1) \qquad y_0 < z_0 \quad \text{und} \quad f(x, y) < g(x, y)$$

für jedes $(x, y) \in G$ gilt. Aus Stetigkeitsgründen gilt daher in einer Rechtsumgebung $U(x_0)$ von x_0 auch punktweise

$$y(x) < z(x) \ .$$

Wäre die Behauptung falsch, so müßte ein $\tilde{x} \in I$, $\tilde{x} > x_0$, existieren mit

$$y(\tilde{x}) = z(\tilde{x}) \ ,$$

aber

$$y(x) < z(x) \quad \text{für jedes} \quad x \in [x_0, \tilde{x}) \ .$$

Dann gilt wegen (1) einerseits

$$0 < g(\tilde{x}, y(\tilde{x})) - f(\tilde{x}, y(\tilde{x}))$$
$$= z'(\tilde{x}) - y'(\tilde{x}) \qquad \text{und dies ist andererseits}$$
$$= \lim_{\substack{x \to \tilde{x} \\ x < \tilde{x}}} \underbrace{\frac{1}{x - \tilde{x}}}_{<0} \left[\underbrace{z(x) - y(x)}_{>0} - \underbrace{(z(\tilde{x}) - y(\tilde{x}))}_{=0} \right] \leq 0 \ .$$

Das ist ein Widerspruch.

Sei jetzt auch Gleichheit in (1) zugelassen. Wir betrachten die Schar von Anfangswertaufgaben

$$z' = g(x, z) + \varepsilon \ , \quad z(x_0) = z_0 + \varepsilon \ , \quad 0 < \varepsilon \leq \varepsilon_0 \ ,$$

deren Lösungen mit z_ε bezeichnet seien; alle Anfangspunkte liegen im Gebiet G, wenn ε_0 hinreichend klein gewählt wird. Aus dem gerade Bewiesenen folgt

$$y(x) < z_\varepsilon(x) \ , \quad x \geq x_0 \ , \quad 0 < \varepsilon \leq \varepsilon_0 \ ,$$

soweit die Lösungen gemeinsam definiert sind. Indem man z.B. ein geeignetes achsenparalleles Rechteck so in das Gebiet G legt, daß alle Anfangspunkte in seinem Inneren liegen, erschließt man die Existenz eines allen Lösungen gemeinsamen Existenzintervalles $J = [x_0, x_1]$. Aus der Lipschitz-Stetigkeit von g folgt nach dem Satz 3.1.12, daß die Lösungen z_ε stetig von ε abhängen, genauer gilt gleichmäßig

$$z(x) = \lim_{\varepsilon \to 0} z_\varepsilon(x) \quad \text{bezüglich} \quad x \in J \ .$$

Hiermit folgt die Aussage des Satzes für das Intervall J. Die Aussage für das Intervall I erhält man dann, indem man die maximalen Fortsetzungen von z_ε nach rechts betrachtet und gegebenenfalls ε_0 weiter verkleinert. □

3.3.2 Aufgabe. Wenn man in Satz 3.3.1 die Voraussetzung wegläßt, daß f und g Lipschitz-stetig sein sollen, wird die Aussage des Satzes falsch. Man belege dies durch ein Beispiel.   ☐

3.3.3 Bemerkung. Es sei darauf hingewiesen, daß die Aussage des Satzes nur für den Fall $G \subset I\!R^2$ richtig ist, d.h. wenn f und g reellwertige Funktionen sind. Um für Systeme von Differentialgleichungen ähnliche Aussagen machen zu können, kann man sich zweckmäßigerweise des Formalismus der "Halbordnung" bedienen, wie er auch bei der Einschließung von Lösungen linearer Gleichungssysteme nützlich ist.   ☐

3.3.4 Definition. *Sei Y eine Menge. Eine Relation "$\leq$" heißt* <u>Halbordnung</u> *auf Y genau dann, wenn*

1) $y \leq y$ für jedes $y \in Y$.

2) Sind $v, w, y \in Y$ und gilt $v \leq w$ und $w \leq y$, so folgt $v \leq y$.

3) Sind $w, y \in Y$ und gilt $w \leq y$ und $y \leq w$, so folgt $y = w$.

(Man beachte, daß nicht für jedes Paar von Elementen $w, y \in Y$ eine der beiden Relationen $w \leq y$ oder $y \leq w$ gelten muß. Es kann "unvergleichbare" Elemente geben).   ☐

3.3.5 Beispiele.
1) Sei $Y := I\!R^n$. Für zwei Elemente $w = (w_1, \ldots, w_n)$, $y = (y_1, \ldots, y_n) \in Y$ werde $w \leq y$ gesetzt genau dann, wenn $w_i \leq y_i$ mit der in $I\!R$ üblichen kleiner-gleich-Relation für jedes $i = 1, 2, \ldots, n$ gilt. Hierdurch wird eine Halbordnung auf dem $I\!R^n$ definiert. In diesem Falle bilden z.B. je zwei verschiedene Einheitsvektoren $e^i = (0, \ldots, 0, 1, 0, \ldots, 0)$ unvergleichbare Elemente.

2) Sei $Y := C(I\!R^m, I\!R^n)$. Sind $f, g \in Y$, so sei $f \leq g$ genau dann, wenn

$$f(v) \leq g(v) \quad \text{für jedes } v \in I\!R^m$$

gilt; das letzte "$\leq$"-Zeichen kennzeichnet dabei die im ersten Beispiel angegebene Halbordnung. Hierdurch wird eine Halbordnung auf $C(I\!R^m, I\!R^n)$ definiert.   ☐

3.3.6 Definition. *Sei Y eine Menge mit einer Halbordnung "$\leq$" und sei F ein Operator von Y in sich. Der Operator F heißt* <u>monoton</u>, *falls aus $y \leq z$ für $y, z \in Y$ stets $Fy \leq Fz$ folgt. Ist Y sogar metrischer Raum, so heißt die Halbordnung "$\leq$"* <u>verträglich</u> *mit der zugrunde liegenden Metrik, wenn für jede konvergente Folge $(y_j)_{j \in I\!N}$ mit $y_j \in Y$ und Limes $y \in Y$ aus der Anordnung*

$$y_1 \leq y_2 \leq y_3 \leq \ldots \quad \text{bzw.} \quad \ldots \leq y_3 \leq y_2 \leq y_1$$

folgt

$$y_j \leq y \quad \text{bzw.} \quad y \leq y_j \quad \text{für jedes } j \in I\!N \, .$$ ☐

3.3.7 Satz. *Sei Y ein vollständiger metrischer Raum mit Halbordnung "$\leq$". Die Halbordnung sei verträglich mit der Metrik. Sei F ein monotoner kontrahierender Operator von Y in sich, y^* der Fixpunkt von F, und seien y_0, z_0 Elemente aus Y mit*

$$y_0 \leq F y_0 \quad \text{und} \quad F z_0 \leq z_0 .$$

Bildet man die Folgenglieder

$$y_{j+1} := F y_j \quad \text{und} \quad z_{j+1} = F z_j , \quad j = 0, 1, 2, \ldots,$$

so konvergieren beide Folgen $(y_j)_{j \in \mathbb{N}}$ und $(z_j)_{j \in \mathbb{N}}$ gegen den Fixpunkt y^* und es gelten die Einschließungen

$$y_j \leq y^* \leq z_j \quad \text{für jedes} \quad j \in \mathbb{N} .$$

BEWEIS: Da F kontrahierend ist und Y ein vollständiger metrischer Raum ist, konvergieren beide Folgen (y_j) und (z_j) gegen den eindeutig bestimmten Fixpunkt y^* von F (siehe Kontraktionssatz 2.2.4). Wegen der Monotonie von F folgt aus $y_0 \leq F y_0 = y_1$ sofort $y_1 = F y_0 \leq F y_1 = y_2$ und daher induktiv $y_j \leq y_{j+1}$ für jedes $j \in \mathbb{N}$. Aus der Verträglichkeit der Halbordnung mit der Metrik folgt $y_j \leq y^*$ für jedes $j \in \mathbb{N}$. Entsprechend folgt die Aussage für die Folge (z_j). □

3.3.8 Aufgabe. Mit den Bezeichnungen von Satz 3.3.7 sei $Y := C(I, \mathbb{R}^n)$, I ein Intervall, mit der in Beispiel 2) in 3.3.5 angegebenen Halbordnung "$\leq$". Y sei mit der Supremumsnorm $\| \cdot \|_\infty$ auf I versehen, also ein Banachraum. Die Metrik sei durch $d(y, z) := \| y - z \|_\infty$ gegeben.

a) Man zeige, daß die Halbordnung "$\leq$" mit der Metrik verträglich ist.

b) Ist die Anfangswertaufgabe

$$y' = f(x, y) , \quad y(x_0) = y_0$$

mit in $G := \mathbb{R}^{n+1}$ stetig differenzierbarer Funktion f gegeben und ist $I := [x_0, \infty)$, so sei $F : Y \longrightarrow Y$ der durch

$$(Fy)(x) := y_0 + \int_{x_0}^{x} f(t, y(t)) dt , \quad x \geq x_0$$

definierte Operator. Für die partiellen Ableitungen gelte

$$\frac{\partial f_i}{\partial y_j} \geq 0 , \quad 1 \leq i, j \leq n .$$

Man zeige, daß der Operator F monoton ist. □

3.3.9 Beispiel. (vgl. Beispiel 3.2.1) Wir betrachten die beiden Anfangswertaufgaben

$$y' = x^2 , \quad y(0) = 0 \quad \text{und}$$
$$z' = x^2 + z^2 , \quad z(0) = 0 .$$

Sie erfüllen die Voraussetzungen von Satz 3.3.1, so daß man sofort

$$y(x) = \frac{1}{3}x^3 \le z(x) , \quad x \ge 0$$

erhält, soweit z existiert.

Der durch

$$(Fv)(x) := 0 + \int_0^x (t^2 + v(t)^2)dt$$

definierte Operator ist nach Aufgabe 3.3.8 monoton, wenn man nur nichtnegative Funktionen v zuläßt. Setzt man

$$y_0(x) := \frac{1}{3}x^3 ,$$

so folgt mit

$$y_1(x) :=(Fy_0)(x) = \int_0^x \left(t^2 + \frac{t^6}{9} \right) dt$$
$$=\frac{1}{3}x^3 + \frac{1}{63}x^7$$

die Relation

$$y_0 \le Fy_0 = y_1 ,$$

und daher mit Satz 3.3.7 die Abschätzung

$$\frac{1}{3}x^3 + \frac{1}{63}x^7 \le z(x) ,$$

die man analog verbessern kann. $\square$

Kapitel 4 Ein- und Mehrschrittverfahren bei Anfangswertaufgaben

§1 Eine Einführung in Einschrittverfahren

In diesem und dem folgenden Kapitel sollen numerische Verfahren zur (näherungs-weisen) Lösung der Anfangswertaufgabe

$$\text{(A)} \qquad y' = f(x,y) , \;\; y(x_0) = y_0$$

für ein System von n Differentialgleichungen erster Ordnung behandelt werden. Dabei sei wie früher die Funktion f in einem Gebiet $G \subset I\!\!R^{n+1}$ erklärt, und es sei $(x_0, y_0) \in G$. Voraussetzung für den sinnvollen Einsatz numerischer Verfahren ist, daß die Anfangswertaufgabe eine auf einem Intervall I eindeutig bestimmte Lösung besitzt. Deshalb werden wir von f mehr als nur Stetigkeit auf G voraussetzen. Darüber hinaus wird man fragen, mit welcher "Konvergenzordnung" die Näherungslösungen gegen die exakte Lösung y streben. Um die bei diesen Untersuchungen benutzten Differenzierbarkeitseigenschaften von y zu gewährleitsten, wird f als hinreichend oft differenzierbar vorausgesetzt.

Eine naheliegende, einfache Methode zur Bestimmung einer Näherungslösung u für die exakte Lösung y der Anfangswertaufgabe (A) entsteht, wenn die in der Differentialgleichung $y' = f(x,y)$ auftretenden Differentialquotienten durch Differenzenquotienten mit der Schrittweite $h > 0$ ersetzt werden:

$$\frac{y(x+h) - y(x)}{h} = f(x, y(x)) .$$

Mit

$$x_{j+1} := x_j + h , \qquad j = 0, 1, 2, \dots ,$$

resultiert hieraus das *Eulersche Polygonverfahren*

$$\text{(1)} \qquad \left. \begin{array}{l} u_0 := y_0 \\ x_{j+1} := x_j + h \\ u_{j+1} := u_j + h f(x_j, u_j) \end{array} \right\} \quad j = 0, 1, \dots .$$

Dieses Verfahren läßt sich anwenden, solange der Punkt (x_j, u_j) zu G gehört. Die so gewonnene Folge von Punkten kann man linear verbinden und erhält einen Polygonzug u als Näherungsfunktion für y. Betrachtet man eine Folge (u^ν) so konstruierter Polygonzüge, für die die Schrittweite h_ν eine Nullfolge durchläuft, so konvergieren die u^ν auf jedem kompakten Teilintervall des Definitionsintervalls von y gleichmäßig gegen y, wie im Beweis des Satzes 2.1.11 von Peano und des zugehörigen Fortsetzungssatzes 2.3.4 gezeigt wurde.

Das Eulersche Polygonverfahren läßt sich gut geometrisch deuten. Im Punkte (x_j, u_j) bestimmt $f(x_j, u_j)$ den Anstieg der Tangente

$$g(x) := u_j + (x - x_j) f(x_j, u_j) ,$$

die zur Differentialgleichungslösung gehört. Entlang dieser Tangente wird bis zur Stelle $x = x_{j+1}$ der Polygonzug fortgesetzt und der Wert $g(x_{j+1})$ als Näherungswert u_{j+1} für $y(x_{j+1})$ im Punkte x_{j+1} verwendet.

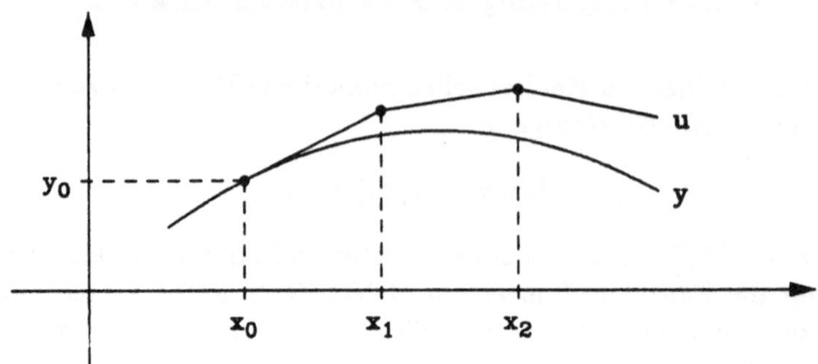

Die Interpolation der berechneten (diskreten) Punkte (x_j, u_j), $j = 0, 1, \ldots$, durch einen Polygonzug ist willkürlich und durch die Einfachheit der Berechnung nahegelegt. Statt dessen kann man andere Interpolierende wählen, etwa Polynome höheren Grades oder allgemeiner Splines; neben u_j und u_{j+1} kennt man die Ableitungen, denn es soll gelten

$$u'_j := f(x_j, u_j) \quad \text{und} \quad u'_{j+1} := f(x_{j+1}, u_{j+1}) \, ,$$

so daß sich z.B. stückweise Hermite-Interpolation anbietet.

Wir wollen vorerst jedoch von der Art der verwendeten Interpolation absehen und uns auf die Berechnung der diskreten Näherungswerte u_j, $j = 0, 1, 2, \ldots$, konzentrieren. Hinzu kommt, daß häufig bei einer Anfangswertaufgabe nur ein Näherungswert für die exakte Lösung an einer festen Stelle $b \neq x_0$ gesucht wird, so daß bei entsprechender Wahl der Schrittweite ($h = (b - x_0)/m$, $m \in I\!N$) die Interpolation über ein ganzes Intervall überflüssig ist. Um eine vorgebbare Genauigkeit zu erreichen, wird man die Schrittweite h hinreichend klein wählen müssen.

4.1.1 Definition. *Bezeichne y die Lösung der Anfangswertaufgabe (A); sie existiere im Intervall $I = [a, b]$ mit $a := x_0$ und einem $b > a$. Unter einem <u>Gitter</u> (auf I) verstehen wir im folgenden eine Punktmenge der Gestalt*

$$I_h := \{x_0, x_1, \ldots, x_m\} \quad \text{mit} \quad a = x_0 < x_1 < \ldots < x_m \leq b \, ;$$

solche Gitter sind i.a. <u>nicht äquidistant</u> und bestehen aus den einzelnen Schrittweiten $h_j := x_{j+1} - x_j$, $j = 0, 1, \ldots, m - 1$, die im Schrittweitenvektor $h := (h_0, h_1, \ldots, h_{m-1}) \in I\!R^m_+$ zusammengefaßt seien. Soll ausdrücklich ein <u>äquidistantes</u> Gitter verwendet werden, so wird der Einfachheit halber der Buchstabe h für die einzelnen gleichen Schrittweiten $h = x_{j+1} - x_j$, $j = 0, 1, \ldots, m - 1$ verwendet; Mißverständnisse mit dem obigen Schrittweitenvektor sind nicht zu befürchten, da der Schrittweitenvektor nur als Index benutzt, aber nicht mit ihm gerechnet wird. Bei einem nichtäquidistanten Gitter werde stets $x_m = b$ vorausgesetzt (was durch Hinzufügung eines weiteren Punktes stets erreicht werden kann), bei einem äquidistanten Gitter werde zu gegebener Schrittweite $h > 0$ mit m die größte ganze Zahl bezeichnet, *die $a + mh \leq b$ erfüllt, $m = \lfloor \frac{b-a}{h} \rfloor$. Jedes solche Gitter wird mit I_h bezeichnet und zusätzlich wird $I_h' := I_h \setminus \{x_m\}$ gesetzt.* □

Im vorangegangenen Beispiel, dem Eulerschen Polygonverfahren, wurde ein äquidistantes Gitter mit der Schrittweite h, also $x_{j+1} = x_j + h$, verwendet und von x_0 ausgehend schrittweise $u_1, u_2, \ldots$ berechnet. Bei den nun folgenden sogenannten Einschrittverfahren gehen wir zunächst davon aus, daß das Gitter I_h festgelegt ist, auf dem wir eine Näherungslösung berechnen wollen. In der Praxis ist man jedoch gezwungen, während der Rechnung die Schrittweite variabel zu halten und nach jedem Schritt zu prüfen, ob im nächsten Schritt mit einer kleineren oder größeren Schrittweite weitergerechnet werden soll; es wird also auch das Gitter I_h erst im Verlauf der Rechnung festgelegt. Deshalb wird in einem späteren Paragraphen auf die Steuerung der Schrittweite eingegangen.

4.1.2 Definition. *Unter einem numerischen Verfahren zur Approximation der Lösung $y \in C^1(I, \mathbb{R}^n)$ der Anfangswertaufgabe (A) wird ein Verfahren verstanden, das*

1) ein Gitter I_h bestimmt und

2) eine Gitterfunktion $u_h : I_h \longrightarrow \mathbb{R}^n$ berechnet mit $(x, u_h(x)) \in G$ für jedes $x \in I_h$.

Häufig wird kurz u statt u_h geschrieben und die Abkürzung $u_j = u(x_j) = u_h(x_j)$ für $x_j \in I_h$ verwendet. Gitterfunktionen werden stets durch die Buchstaben u, v und w, die Lösungen des kontinuierlichen Problems ("exakte Lösungen") mit y und z bezeichnet. □

Ein weiteres Verfahren zur numerischen Lösung einer Anfangswertaufgabe ist das *verbesserte Eulersche Polygonverfahren*:

$$(2) \qquad \left. \begin{aligned} u_0 &:= y_0 \\ x_{j+1} &:= x_j + h \quad (h = h_j) \\ u_{j+1} &:= u_j + hf\left(x_j + \frac{h}{2}, u_j + \frac{h}{2}f(x_j, u_j)\right) \end{aligned} \right\} \quad j = 0, 1, \ldots, m-1 \,.$$

Es läßt sich zur Programmierung wie auch zur geometrischen Interpretation unverschachtelt so schreiben:

$$u_0 := y_0$$

$$\left. \begin{aligned} x_{j+1} &:= x_j + h \\ \tilde{x}_j &:= x_j + \frac{h}{2} \\ \tilde{u}_j &:= u_j + \frac{h}{2}f(x_j, u_j) \\ u_{j+1} &:= u_j + hf(\tilde{x}_j, \tilde{u}_j) \end{aligned} \right\} \quad j = 0, 1, \ldots, m-1 \,.$$

Die Berechnung von $\tilde{u}_j$ entspricht, ausgehend von (x_j, u_j), einem Schritt des Eulerschen Polygonverfahrens mit der Schrittweite $h/2$. Mit der in $(\tilde{x}_j, \tilde{u}_j)$ gegebenen Richtung $f(\tilde{x}_j, \tilde{u}_j)$ berechnet sich dann von (x_j, u_j) ausgehend u_{j+1} endgültig, d.h. man verwendet eine "mittlere" Richtung, die i.a. zwischen den in x_j und x_{j+1} erhaltenen Richtungen liegt.

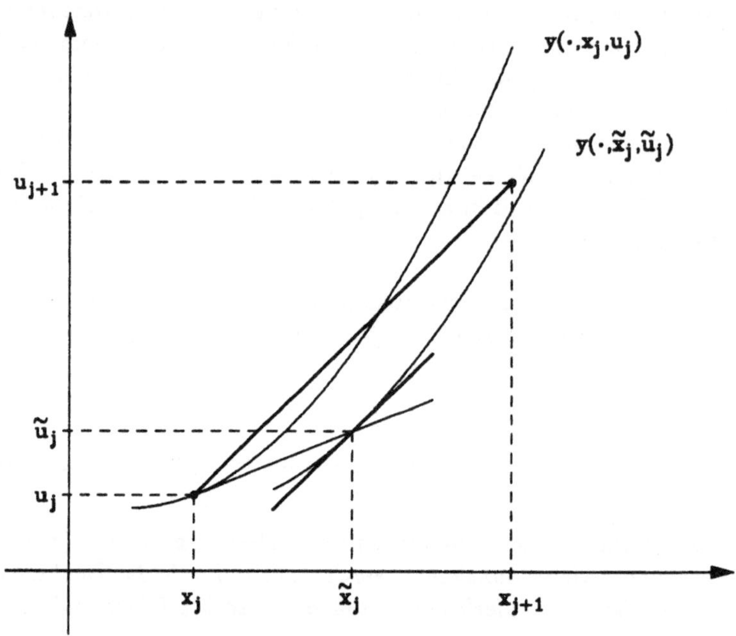

Das Eulersche Polygonverfahren und das verbesserte Eulersche Polygonverfahren sind sogenannte Einschrittverfahren, d.h. sie gestatten die Berechnung von u_{j+1} unter alleiniger Benutzung von x_j und u_j, ohne also auf vorher berechnete Werte $u_{j-1}, u_{j-2}, \ldots$, zurückzugreifen. Im Gegensatz hierzu stehen Mehrschrittverfahren, die auch die vorher berechneten Werte zur Bestimmung von u_{j+1} heranziehen. Als Beispiel sei hier nur ein Verfahren von Adams-Bashforth zitiert, bei dem nach der Formel

$$(3) \qquad \left. \begin{aligned} x_{j+1} &:= x_j + h \\ u_{j+1} &:= u_j + h\left(\frac{23}{12}f(x_j, u_j) - \frac{4}{3}f(x_{j-1}, u_{j-1}) + \right.\\ &\qquad\qquad \left.+\frac{5}{12}f(x_{j-2}, u_{j-2})\right) \end{aligned} \right\} \quad j = 2, 3, 4, \ldots$$

gerechnet wird; dabei müssen zum Start zusätzlich zu u_0 noch die Werte u_1 und u_2 bekannt sein. Man kann sie in einer "Anlaufrechnung" z.B. mit einem geeigneten Einschrittverfahren aus u_0 ermitteln. Auf die Enstehung dieser und anderer Formeln gehen wir später ein.

Wir wollen jetzt festlegen, was man unter einem konvergenten Verfahren versteht.

4.1.3 Definition. *Ein numerisches Verfahren, das zu jedem Gitter I_h eine Gitter-funktion $u_h \in C_h := \{u : I_h \longrightarrow I\!\!R^n\}$ berechnet, heißt konvergent für die Anfangs-wertaufgabe (A) auf dem Intervall $I = [a, b]$ genau dann, wenn für den <u>globalen Fehler</u> ε_h, definiert durch $\varepsilon_h(x) := y(x) - u_h(x)$ für $x \in I_h$, die Beziehung*

$$\|\varepsilon_h\|_h := \max_{x \in I_h} |u_h(x) - y(x)| \longrightarrow 0 \quad \text{für} \quad h \longrightarrow 0$$

gilt. Dabei bedeutet "$h \longrightarrow 0$", daß für jede beliebige Folge von Gittern I_h die ma-ximale Schrittweite $h := |I_h| := \max_{0 \leq j \leq m-1} h_j$ gegen Null strebt (Doppeldeutigkeit von h!).

Das Verfahren hat die <u>(Konvergenz-)Ordnung</u> $p > 0$ genau dann, wenn

$$\|\varepsilon_h\|_h = \mathcal{O}(h^p)$$

gilt. (Liefert das Verfahren für ein $x \in I_h$ keinen Wert $u_h(x)$, so werde $\|\varepsilon_h\|_h := \infty$ gesetzt.) $\qquad\qquad\square$

An einer einfachen Anfangswertaufgabe mit bekannter Lösung wollen wir untersu-chen, mit welcher Konvergenzordnung bei den Eulerschen Polygonverfahren zu rech-nen ist. Die Lösung der Anfangswertaufgabe

$$(4) \qquad\qquad y' = \lambda y, \qquad y(x_0) = y_0 \in I\!\!R^1$$

mit $\lambda \in I\!\!R$ ist

$$y(x) = e^{\lambda(x-x_0)} y_0 \, .$$

Das Eulersche Polygonverfahren liefert für $h > 0$ die Werte

$$\begin{aligned} u_0 &= y_0 \\ u_{j+1} &= u_j + h\lambda u_j = (1 + h\lambda)u_j \end{aligned}$$

und daher (induktiv)

$$(5) \qquad\qquad u_j = (1 + h\lambda)^j y_0 \, .$$

Wegen

$$1 + h\lambda = e^{h\lambda} + \mathcal{O}(h^2)$$

gilt

$$\begin{aligned} u_j &= (e^{h\lambda} + \mathcal{O}(h^2))^j y_0 \\ &= (e^{jh\lambda} + \mathcal{O}(jh^2)) y_0 \, , \end{aligned}$$

wie man dem binomischen Satz entnimmt. Folglich gilt

$$\begin{aligned} \|\varepsilon_h\|_h :&= \max_{0 \leq j \leq m} |u_j - y(x_0 + jh)| \\ &= \max_{0 \leq j \leq m} |(e^{jh\lambda} + \mathcal{O}(jh^2))y_0 - e^{jh\lambda}y_0| \\ &= \max_{0 \leq j \leq m} |\mathcal{O}(jh^2)y_0| \\ &= \mathcal{O}(h) \, , \end{aligned}$$

da $0 \leq jh \leq b - a$ ist. Also ist das Eulersche Polygonverfahren zur Lösung der Anfangswertaufgabe (4) konvergent und es hat die Ordnung 1, wobei wir uns zunächst nur auf äquidistante Gitter beschränkt haben. Wir werden im nächsten Abschnitt feststellen, daß diese Aussage für das Eulersche Polygonverfahren unter sehr allgemeinen Voraussetzungen zutrifft.

Beim verbesserten Eulerschen Polygonverfahren erhalten wir

$$u_0 = y_0$$

$$u_{j+1} = u_j + h\lambda \left(u_j + \frac{h}{2}\lambda u_j \right)$$

$$= \left(1 + h\lambda + \frac{(h\lambda)^2}{2} \right) u_j$$

und daher

$$u_j = \left(1 + h\lambda + \frac{(h\lambda)^2}{2} \right)^j y_0 , \quad j = 0, 1, \ldots, m .$$

In Analogie zum vorhergehenden Beispiel impliziert

$$1 + h\lambda + \frac{(h\lambda)^2}{2} = e^{h\lambda} + O(h^3)$$

die Darstellung

$$u_j = (e^{h\lambda} + O(h^3))^j y_0$$

$$= (e^{jh\lambda} + O(jh^3)) y_0$$

und schließlich für die Konvergenzordnung

$$\|\varepsilon_h\|_h = \max_{0 \leq j \leq m} \left| (e^{jh\lambda} + O(jh^3)) y_0 - e^{jh\lambda} y_0 \right|$$

$$= O(h^2) .$$

Das verbesserte Eulersche Polygonverfahren hat also für die Anfangswertaufgabe (4) die Ordnung 2.

Im nächsten Paragraphen wird allgemein die Konvergenz von Einschrittverfahren für die Anfangswertaufgabe (A) untersucht.

4.1.4 Definition (Einschrittverfahren). *Ein Einschrittverfahren zur Bestimmung einer Näherungslösung u auf einem Gitter I_h hat die Form*

$$(6) \qquad \left. \begin{aligned} u_0 &:= u_{h,0} \\ x_{j+1} &:= x_j + h_j \\ u_{j+1} &:= u_j + h_j \varphi(x_j, u_j, h_j) \end{aligned} \right\} \quad j = 0, 1, \ldots, m - 1 .$$

Dabei heißt $\varphi(\cdot, \cdot, h) : G \longrightarrow I\!\!R^n$ Verfahrensfunktion des zur Differentialgleichung $y' = f(x, y)$ bei der Schrittweite h gehörenden numerischen Verfahrens. Die Vorgabe *des Anfangswertes $u_{h,0}$ ist Bestandteil des Verfahrens, er kann von h abhängen. Im Normalfall wird man $u_{h,0} := y_0$ setzen.* □

Beim Eulerschen Polygonverfahren gilt

$$\varphi(x, u, h) = f(x, u)$$

und beim verbesserten Eulerschen Polygonverfahren

$$\varphi(x, u, h) = f\left(x + \frac{h}{2}, u + \frac{h}{2}f(x, u)\right) .$$

Diese Verfahren werden _explizite Einschrittverfahren_ genannt, weil sie eine explizite Bestimmungsgleichung für u_{j+1} enthalten.

Wir stellen weiterhin zwei _implizite Einschrittverfahren_ vor: Das _rückwärts orientierte Eulersche Polygonverfahren_

$$(7) \qquad \left.\begin{aligned} u_0 &:= y_0 \\ x_{j+1} &:= x_j + h_j \\ u_{j+1} &:= u_j + h_j f(x_{j+1}, u_{j+1}) \end{aligned}\right\} \quad j = 0, 1, \ldots, m-1 ,$$

und das _Trapezverfahren_

$$(8) \qquad \left.\begin{aligned} u_0 &:= y_0 \\ x_{j+1} &:= x_j + h_j \\ u_{j+1} &:= u_j + \frac{h_j}{2}\left[f(x_j, u_j) + f(x_{j+1}, u_{j+1})\right] \end{aligned}\right\} \quad j = 0, 1, \ldots, m-1 .$$

Hierbei muß in jedem Schritt eine implizite Gleichung gelöst werden.

4.1.5 Bemerkung. Sei $f(x, y)$ Lipschitz-stetig bezüglich y mit der Konstanten L, wobei (der Einfachheit halber) $f : \mathbb{R}^{n+1} \longrightarrow \mathbb{R}^n$ gelte. Dann lassen sich das rückwärts orientierte Eulersche Polygonverfahren und das Trapezverfahren für hinreichend kleine Schrittweiten h als Einschrittverfahren auffassen, d.h. durch die implizite Form wird eine Verfahrensfunktion $\varphi(x, u, h)$ definiert, die Lipschitz-stetig bezüglich u ist.

BEWEIS: Wir führen den Beweis nur für das rückwärts orientierte Eulersche Polygonverfahren; der Beweis für das Trapezverfahren verläuft analog.

Ein Schritt des rückwärts orientierten Eulerschen Polygonverfahrens mit der Schrittweite h beginnend im Punkt x hat die Gestalt

$$u(x + h) = u(x) + hf(x + h, u(x + h)) .$$

Mit der Abkürzung $u = u(x)$ ist dann ein Fixpunkt $v = v(x, u, h)$ der Abbildung

$$T_u : \mathbb{R}^n \longrightarrow \mathbb{R}^n , \quad T_u v := u + hf(x + h, v) ,$$

gesucht. Aus

$$|T_u v - T_u w| = h|f(x+h,v) - f(x+h,w)|$$
$$\leq hL|v-w|$$

folgt die Kontraktion von T_u, falls $k := hL < 1$ gilt (mit der Lipschitz-Konstanten L von f). Dann ist der Kontraktionssatz 2.2.4 auf T_u anwendbar; es gibt also genau ein $v = v(x,u,h)$ mit $v = T_u v$. Dann ist

$$\varphi(x,u,h) := f(x+h, v(x,u,h))$$

die gesuchte Verfahrensfunktion für das rückwärts orientierte Eulersche Polygonverfahren.

Die Lipschitz-Stetigkeit von $\varphi(x,u,h)$ bezüglich u kann für $k = hL < 1$ folgendermaßen geschlossen werden: Seien $u, \tilde{u} \in I\!R^n$ und $v := v(x,u,h)$ und $\tilde{v} := v(x,\tilde{u},h)$ die eindeutigen Fixpunkte von T_u bzw. $T_{\tilde{u}}$, also

$$v = T_u v \quad \text{und} \quad \tilde{v} = T_{\tilde{u}}\tilde{v} .$$

Dann folgt

$$|v - \tilde{v}| = |T_u v - T_{\tilde{u}}\tilde{v}|$$
$$\leq |u - \tilde{u}| + h|f(x+h,v) - f(x+h,\tilde{v})|$$
$$\leq |u - \tilde{u}| + hL|v - \tilde{v}|$$

und daher

$$|v(x,u,h) - v(x,\tilde{u},h)| \leq \frac{1}{1-k}|u - \tilde{u}| ,$$

also die Lipschitz-Stetigkeit von $v(x,u,h)$ bezüglich u mit der Konstanten $K = \frac{1}{1-k}$. Hiermit ergibt sich

$$|\varphi(x,u,h) - \varphi(x,\tilde{u},h)| = |f(x+h, v(x,u,h)) - f(x+h, v(x,\tilde{u},h))|$$
$$\leq L|v(x,u,h) - v(x,\tilde{u},h)|$$
$$\leq KL|u - \tilde{u}| . \qquad \square$$

Im dritten Paragraphen werden wir diesen Sachverhalt noch einmal aufgreifen und allgemeiner zeigen, daß die Verfahrensfunktion so oft differenzierbar bezüglich u ist, wie f differenzierbar ist.

4.1.6 Aufgabe. Man zeige, daß die Verfahrensfunktionen für das rückwärts orientierte Eulersche Polygonverfahren und für das Trapezverfahren im Falle

$$f(x,y) := \lambda y$$

die Gestalt

$$\varphi(x,u,h) = \frac{\lambda}{1 - h\lambda} u$$

bzw.

$$\varphi(x,u,h) = \frac{\lambda}{1 - \frac{h\lambda}{2}} u$$

haben und die Verfahren (zunächst für äquidistante Gitter) die Ordnung 1 bzw. 2 besitzen. $\qquad \square$

§2 Konvergenz von Einschrittverfahren

Im vorangehenden Paragraphen wurden einige Diskretisierungsverfahren zur Lösung der Anfangswertaufgabe

$$\text{(A)} \qquad\qquad y' = f(x,y) , \quad y(x_0) = y_0$$

intuitiv entwickelt. Sie enthielten eine Schrittweite h, durch deren Größe man die Genauigkeit der Näherung steuern konnte. Insbesondere wurde an Beispielen gezeigt, daß für $h \to 0$ die ermittelten Näherungswerte gegen die Werte der exakten Lösung streben, wobei von Rundungsfehlern abgesehen wurde. Es zeigte sich ferner, daß die Konvergenz wie "$h^p \to 0$" mit verschiedenen Exponenten p erfolgen kann, was zur Definition der Ordnung der Konvergenz führte.

In diesem Paragraphen soll die allgemeine Theorie der Einschrittverfahren entwikkelt werden. Es wird sich zeigen, von welchen Bedingungen die Konvergenz und die Ordnung der Konvergenz beeinflußt werden. Es besteht die Möglichkeit, Verfahren auf ihre Konvergenz im Großen zu testen, indem man ihr Verhalten in einem einzigen Schritt analysiert. Außerdem können auch Rundungsfehler berücksichtigt werden, wenn die Verfahren "stabil" sind. Schließlich müssen die Differentialgleichung und die Anfangswerte für $h \to 0$ in gewisser Weise approximiert werden (Konsistenz). Es wird dann aus Stabilität und Konsistenz auf Konvergenz geschlossen – eine Schlußweise, der wir noch an anderer Stelle begegnen werden und die ein leitendes Prinzip bei der theoretischen Durchdringung der numerischen Prozesse bei Differentialgleichungen darstellt.

4.2.1 Definition. *Sei y die Lösung der Anfangswertaufgabe (A) im Intervall I. Seien x und $x + h$ zwei Punkte aus I. Ist dann φ die Verfahrensfunktion eines Einschrittverfahrens*

$$u(x + h) = u(x) + h\varphi(x, u(x), h) ,$$

so heißt

$$\text{(1)} \qquad\qquad r(x, y(x), h) := \frac{y(x + h) - y(x)}{h} - \varphi(x, y(x), h)$$

lokaler Verfahrensfehler des Einschrittverfahrens an der Stelle $(x, y(x))$ (bezüglich der Anfangswertaufgabe (A)). $\qquad\qquad\qquad\qquad\qquad\qquad\qquad\qquad\qquad\square$

Die Größe $r(x, y(x), h)$ gibt die durch h dividierte Abweichung der numerischen Näherungslösung von der "exakten" Lösung y bei Ausführung eines Schrittes des Einschrittverfahrens ausgehend vom "Anfangspunkt" $(x, y(x))$, d.h. in $x + h$, an. Im folgenden wird erörtert, wie mit Hilfe dieses lokalen Verfahrensfehlers eine Abschätzung für den eigentlich interessierenden globalen Fehler gewonnen werden kann. Insbesondere kommt es darauf an, Bedingungen zu ermitteln, unter denen dieser Fehler für $h \to 0$ gegen Null strebt.

4.2.2 Hilfssatz. *Sei u_h eine mit einem Einschrittverfahren auf dem Gitter I_h bestimmte Näherungslösung für die Lösung y der Anfangswertaufgabe (A). Die zugehörige Verfahrensfunktion $\varphi(x, u, h)$ sei Lipschitz-stetig bezüglich u mit der Konstanten L. Dann gilt für die Norm $\varepsilon_j := |\varepsilon_h(x_j)|$ des globalen Fehlers $\varepsilon_h = y - u_h$ an der Stelle $x_j \in I_h$, $j = 0, 1, \ldots, m$, die Abschätzung*

$$\varepsilon_{j+1} \leq \varepsilon_0 + L \sum_{i=0}^{j} h_i \varepsilon_i + |\sum_{i=0}^{j} h_i r(x_i, y(x_i), h_i)|, \quad j = 0, 1, \ldots, m-1.$$

BEWEIS: Definitionsgemäß gilt

$$y(x_{j+1}) = y(x_j) + h_j \varphi(x_j, y(x_j), h_j) + h_j r(x_j, y(x_j), h_j),$$
$$u(x_{j+1}) = u(x_j) + h_j \varphi(x_j, u(x_j), h_j)$$

und daher

$$(2) \quad \varepsilon(x_{j+1}) = \varepsilon(x_j) + h_j \left[\varphi(x_j, y(x_j), h_j) - \varphi(x_j, u(x_j), h_j) \right] + h_j r(x_j, y(x_j), h_j).$$

Ein Induktionsbeweis ergibt

$$\varepsilon(x_{j+1}) = \varepsilon(x_0) + \sum_{i=0}^{j} h_i \left[\varphi(x_i, y(x_i), h_i) - \varphi(x_i, u(x_i), h_i) \right] + \sum_{i=0}^{j} h_i r(x_i, y(x_i), h_i),$$

woraus unter Verwendung der Lipschitz-Stetigkeit von φ die behauptete Abschätzung folgt. $\qquad\qquad\Box$

4.2.3 Hilfssatz. *(diskretes Gronwall-Lemma) Seien ε_j und η_j, $j = 0, 1, \ldots, m$ nichtnegative Zahlen mit $\eta_0 \leq \eta_1 \leq \ldots \leq \eta_m$. Mit $\delta \geq 0$, $h = (h_0, h_1, \ldots, h_{m-1}) \in \mathbb{R}^m_+$, $x_{j+1} = x_j + h_j$ gelte die Abschätzung*

$$\varepsilon_0 \leq \eta_0 \quad \text{und} \quad \varepsilon_{j+1} \leq \delta \sum_{i=0}^{j} h_i \varepsilon_i + \eta_{j+1}, \quad j = 0, 1, \ldots, m-1.$$

Dann gilt auch

$$\varepsilon_j \leq \eta_j e^{\delta(x_j - x_0)}, \quad j = 0, 1, \ldots, m.$$

BEWEIS: Für $\delta = 0$ ist die Aussage richtig, so daß wir $\delta > 0$ voraussetzen können. Für $j = 0$ ist die Abschätzung wegen $\varepsilon_0 \leq \eta_0$ trivialerweise richtig. Im Induktionsschritt "$j \rightarrow j + 1$" gilt dann

$$\varepsilon_{j+1} \leq \delta \sum_{i=0}^{j} h_i \varepsilon_i + \eta_{j+1}$$

$$\leq \delta \sum_{i=0}^{j} h_i \eta_i e^{\delta(x_i - x_0)} + \eta_{j+1}$$

$$= \eta_{j+1} \left(\delta \sum_{i=0}^{j} h_i e^{\delta(x_i - x_0)} + 1 \right)$$

$$\leq \eta_{j+1} e^{\delta(x_{j+1} - x_0)}$$

wegen

$$\sum_{i=0}^{j} h_i e^{\delta(x_i - x_0)} \leq \int_{x_0}^{x_{j+1}} e^{\delta(t-x_0)} dt$$

$$= \frac{1}{\delta}\left(e^{\delta(x_{j+1}-x_0)} - 1\right). \qquad \square$$

Unter den Voraussetzungen von Hilfssatz 4.2.2 erhält man mit

$$\eta_j := \varepsilon_0 + \sum_{i=0}^{j-1} h_i |r(x_i, y(x_i), h_i)|$$

und mit $\delta := L$ aus der Abschätzung

$$\varepsilon_0 \leq \eta_0 , \quad \varepsilon_{j+1} \leq \delta \sum_{i=0}^{j} h_i \varepsilon_i + \eta_{j+1}$$

mit Hilfe des diskreten Gronwall-Lemmas die Abschätzung

$$(3) \qquad \varepsilon_j = |\varepsilon_h(x_j)| \leq \eta_j e^{L(x_j - x_0)} .$$

Der Exponentialterm ist durch $e^{L(b-a)}$ beschränkt. Um auf die Konvergenz des globalen Fehlers gegen Null für $h \to 0$ schließen zu können, genügt es also zu fordern, daß η_m für $h \to 0$ gegen Null strebt. Die Größe η_m besteht aber nur noch aus lokalen Fehlern, nämlich dem Fehler ε_0 in den Startwerten und einer gewichteten Summe aus lokalen Diskretisierungsfehlern. Man wird jedoch erwarten, daß diese Terme für $h \to 0$ klein werden, wenn die gewählte Diskretisierung mit der Anfangswertaufgabe in sinnvollem Zusammenhang steht. Hierfür hat man den Begriff der <u>Konsistenz</u> geprägt.

4.2.4 Definition. *Sei y die Lösung der Anfangswertaufgabe (A) auf dem kompakten Intervall $I = [a, b]$. Dann kann y auf ein offenes Intervall J fortgesetzt werden, das I umfaßt. Für hinreichend kleine h gilt dann $x + h \in J$ für jedes $x \in I$.*

Das Einschrittverfahren mit der Verfahrensfunktion $\varphi(\cdot, \cdot, h)$ heißt <u>konsistent</u> mit der Anfangswertaufgabe (A) genau dann, wenn

1) die Startwerte konsistent sind, d.h.

$$|u_{h,0} - y_0| \longrightarrow 0 \quad \text{für} \quad h \longrightarrow 0 , \quad \text{und}$$

2) der lokale Verfahrensfehler konsistent ist, d.h.

$$\sup_{x \in I} |r(x, y(x), h)| \longrightarrow 0 \quad \text{für} \quad h \longrightarrow 0 .$$

Das Verfahren besitzt die <u>Konsistenzordnung</u> $p > 0$ genau dann, wenn

1) die Startwerte die Konsistenzordnung p besitzen, d.h. es gibt eine Konstante K_0 mit

$$|u_{h,0} - y_0| \leq K_0 h^p \quad \text{für} \quad h \longrightarrow 0, \quad \text{und}$$

2) der lokale Verfahrensfehler die Konsistenzordnung p besitzt, d.h. es gibt eine Konstante K_1 mit

$$\sup_{x \in I} |r(x, y(x), h)| \leq K_1 h^p \quad \text{für} \quad h \longrightarrow 0. \qquad \square$$

Hiermit erhalten wir direkt

4.2.5 Satz. *Ist ein Einschrittverfahren, dessen Verfahrensfunktion $\varphi(x, u, h)$ Lipschitz-stetig bezüglich u ist, konsistent mit der Anfangswertaufgabe (A), so ist es konvergent, d.h. es gilt*

$$(4) \qquad \max_{x \in I_h} |y(x) - u_h(x)| \longrightarrow 0 \quad \text{für} \quad h \longrightarrow 0,$$

wobei u_h die Näherungslösung und y die exakte Lösung bezeichnen. Weiterhin konvergieren die ersten Differenzenquotienten, d.h. es gilt

$$(5) \qquad \max_{0 \leq j \leq m-1} \left| \frac{y(x_j + h_j) - y(x_j)}{h_j} - \frac{u_h(x_j + h_j) - u_h(x_j)}{h_j} \right| \longrightarrow 0 \quad \text{für} \quad h \longrightarrow 0.$$

Hat das Verfahren die Konsistenzordnung $p > 0$, so ist das Verfahren konvergent mit der Ordnung p, d.h. die Ordnung der Konvergenz in (4) ist p. Diese Ordnung überträgt sich auch auf die Konvergenz der Differenzenquotienten.

BEWEIS: Aus (3) folgt für den globalen Fehler $\varepsilon_h = y - u_h$ die Abschätzung

$$|\varepsilon_h(x_j)| \leq e^{(x_j - x_0)L} \left[|\varepsilon_h(x_0)| + \sum_{i=0}^{j-1} h_i |r(x_i, y(x_i), h_i)| \right], \quad j = 0, 1, \ldots, m,$$

woraus sich die Konvergenz und Konvergenzordnung der Näherungen u_h gegen y sofort ergeben.

In (2) wurde schon gezeigt

$$\frac{\varepsilon_h(x_{j+1}) - \varepsilon_h(x_j)}{h_j} = [\varphi(x_j, y(x_j), h_j) - \varphi(x_j, u_h(x_j), h_j)] + r(x_j, y(x_j), h_j).$$

Die linke Seite ist gerade die im Satz angegebene Differenz der Differenzenquotienten. Mit Hilfe der Lipschitz-Stetigkeit von φ ergibt sich also die Abschätzung

$$\max_{0 \le j \le m-1} \left| \frac{y(x_j + h_j) - y(x_j)}{h_j} - \frac{u_h(x + h_j) - u_h(x_j)}{h_j} \right|$$

$$\le L \max_{x \in I_h} |u_h(x) - y(x)| + \max_{x \in I_h'} |r(x, y(x), h)| \,,$$

woraus aufgrund der Konvergenz der Näherungslösungen gegen die exakte Lösung und der Konsistenz bzw. Konsistenzordnung des Verfahrens die noch fehlenden Behauptungen folgen. $\qquad\Box$

4.2.6 Beispiele.

1. Das Eulersche Verfahren besitzt die Ordnung 1. Es gilt nämlich mittels Taylorentwicklung

$$\begin{aligned}
r(x, y(x), h) &= \frac{y(x + h) - y(x)}{h} - f(x, y(x)) \\
&= \frac{1}{h} \left(hy'(x) + \frac{h^2}{2} y''(x) + \dots \right) - y'(x) \\
&= \frac{h}{2} y''(x) + \mathcal{O}(h^2) \\
&= \mathcal{O}(h)
\end{aligned}$$

Diese Relation gilt gleichmäßig in I (hierbei haben wir f als hinreichend oft differenzierbar vorausgesetzt). Dies beweist die Konsistenzordnung 1 des Eulerschen Verfahrens (wenn man auch die Startwerte konsistent mit der Ordnung 1 wählt) und damit nach Satz 4.2.5 die Konvergenzordnung 1.

2. Das verbesserte Eulersche Polygonverfahren hat die Ordnung 2. Denn mit der Taylorentwicklung von $\varphi(x, y, h)$ bezüglich h um den Punkt $h = 0$, also mit

$$\begin{aligned}
\varphi(x, y, h) &= f \left(x + \frac{h}{2}, y + \frac{h}{2} f(x, y) \right) \\
&= f(x, y) + \frac{h}{2} f_x + \frac{h}{2} f f_y + \\
&\quad + \frac{h^2}{2} \left(\frac{1}{4} f_{xx} + \frac{1}{2} f f_{xy} + \frac{1}{4} f^2 f_{yy} \right) + \mathcal{O}(h^3) \,,
\end{aligned}$$

und mit der Taylorentwicklung

$$\begin{aligned}
y(x + h) &= y(x) + hf + \frac{h^2}{2} Df + \frac{h^3}{6} D^2 f + \mathcal{O}(h^4) \\
&= y(x) + hf + \frac{h^2}{2} (f_x + f f_y) + \\
&\quad + \frac{h^3}{6} \left[f_{xx} + 2 f f_{xy} + f^2 f_{yy} + (f_x + f f_y) f_y \right] + \mathcal{O}(h^4)
\end{aligned}$$

folgt für den lokalen Fehler

$$r(x, y(x), h) = \frac{1}{h}(y(x + h) - y(x)) - \varphi(x, y(x), h)$$

$$= h^2 \left[\left(\frac{1}{6} - \frac{1}{8} \right) (f_{xx} + 2f f_{xy} + f^2 f_{yy}) + \right.$$

$$\left. + \frac{1}{6}(f_x + f f_y) f_y \right] + \mathcal{O}(h^3)$$

$$= \mathcal{O}(h^2)$$

Hieraus ergibt sich die Ordnung 2. Man erkennt, daß die Ordnung in Ausnahmefällen
– etwa für $f(x, y) = \text{const}$ – höher sein kann. Im allgemeinen wird der Koeffizient von
h^2 jedoch nicht verschwinden. $\qquad \Box$

Bei der praktischen Durchführung eines Verfahrens auf Rechenanlagen hat man
es stets mit den Einflüssen von Rundungsfehlern zu tun. Diese sollten natürlich das
Ergebnis nicht stark verfälschen.

Eine kurze Rundungsfehleranalyse des relativen Fehler bei der Berechnung von
$u + h\varphi$ in Gleitkommaarithmetik ergibt

$$gl(\varphi) = \varphi \cdot (1 + \varepsilon_1)$$

mit $|\varepsilon_1| \leq C\varepsilon$, wobei ε die relative Rechengenauigkeit des Rechners angibt und die
Konstante C sich aus den zur Bestimmung von φ benötigten Rechenoperationen er-
gibt. Entsprechend erhält man

$$gl(h\varphi) = h\varphi(1 + \varepsilon_1)(1 + \varepsilon_2)$$

$$gl(u + h\varphi) = (u + h\varphi(1 + \varepsilon_1)(1 + \varepsilon_2))(1 + \varepsilon_3)$$

mit Größen $|\varepsilon_2| \leq \varepsilon$, $|\varepsilon_3| \leq \varepsilon$. Dies führt unter Vernachlässigung quadratischer Terme
in den relativen Fehlern zu

$$gl(u + h\varphi) \approx (u + h\varphi)(1 + \varepsilon_3) + h\varphi(\varepsilon_1 + \varepsilon_2) \, ,$$

und dies bedeutet, daß für hinreichend kleine h der relative Fehler in der Berechnung
von $u + h\varphi$ aus der zuletzt ausgeführten Addition stammt.

Dementsprechend betrachten wir jetzt den Einfluß von Rundungsfehlern (oder allgemeiner Störungen). Anstelle der Lösung u_h des Verfahrens

$$u_h(x_{j+1}) = u_h(x_j) + h_j\varphi(x_j, u_h(x_j), h_j) \, , \quad u_h(x_0) = u_{h,0} \, , \quad j = 0, 1, \ldots, m - 1$$

erhält man in der Praxis eine Funktion v_h als Lösung von

$$v_h(x_{j+1}) = v_h(x_j) + h_j\varphi(x_j, v_h(x_j), h_j) + h_j s_h(x_{j+1}) \, , \quad v_h(x_0) = u_{h,0} + s_h(x_0)$$

mit einem nicht genauer bekannten Rundungsfehler $h_j s_h(x_{j+1})$. Für die Differenz

$$w_h(x) := v_h(x) - u_h(x) , \quad x \in I_h ,$$

gilt dann

$$
\begin{aligned}
w_h(x_0) &= s_h(x_0) \\
(6) \qquad w_h(x_{j+1}) &= w_h(x_j) + h_j \left[\varphi(x_j, v_h(x_j), h_j) - \varphi(x_j, u_h(x_j), h_j)\right] + \\
&\quad + h_j s_h(x_{j+1}) , \quad j = 0, 1, \ldots, m-1 ,
\end{aligned}
$$

woraus sich induktiv

$$w_h(x_{j+1}) = s_h(x_0) + \sum_{i=0}^{j} h_i \left[\varphi(x_i, v_h(x_i), h_i) - \varphi(x_i, u_h(x_i), h_i)\right] + \sum_{i=0}^{j} h_i s_h(x_{i+1})$$

ergibt.

Setzen wir $\varepsilon_j := |w_h(x_j)|$ und $\eta_j := |s_h(x_0)| + \sum_{i=0}^{j-1} h_i |s_h(x_{i+1})|$, und ist L eine Lipschitz-Konstante für $\varphi(x, u, h)$ bezüglich u, so gilt

$$\varepsilon_{j+1} \leq L \sum_{i=0}^{j} h_i \varepsilon_i + \eta_{j+1}$$

und mit Hilfssatz 4.2.3 folgt hieraus

$$(7) \qquad |w_h(x_j)| \leq \left[|s_h(x_0)| + \sum_{i=0}^{j-1} h_i |s_h(x_{i+1})|\right] e^{L(x_j - x_0)} ,$$

d.h. man erhält Konvergenz, wenn

$$|s_h(x_0)| + \sum_{i=0}^{m-1} h_i |s_h(x_{i+1})| \longrightarrow 0 \quad \text{für} \quad h \longrightarrow 0$$

gilt. Diesen Sachverhalt beschreibt man mit dem Begriff der (asymptotischen) Stabilität; dabei weist der Zusatz "asymptotisch" auf das Vorliegen der Stabilität für $h \to 0$ hin.

4.2.7 Definition. *Ein Einschrittverfahren mit der Verfahrensfunktion φ heißt* <u>*asymptotisch stabil*</u> *genau dann, wenn es ein $H > 0$ und zu jedem $\varepsilon > 0$ ein $\delta > 0$ gibt, so daß für jedes Gitter I_h mit $h = |I_h| \leq H$ aus*

$$(8) \qquad v_h(x_{j+1}) = v_h(x_j) + h_j \varphi(x_j, v_h(x_j), h_j) + h_j s_h(x_{j+1}) ,$$

$$v_h(x_0) := u_{h,0} + s_h(x_0) , \quad j = 0, 1, \ldots, m-1 ,$$

wobei $s_h \in C_h$ eine beliebige "Störung" mit

$$|s_h(x_0)| + \sum_{i=0}^{m-1} h_i |s_h(x_{i+1})| < \delta$$

ist, die Abschätzung

$$\|v_h - u_h\|_h = \max_{x \in I_h} |v_h(x) - u_h(x)| < \varepsilon$$

folgt; dabei sei u_h die Lösung des "ungestörten" Einschrittverfahrens.   ☐

Wir haben also soeben das folgende Ergebnis bewiesen:

4.2.8 Satz. *Ist die Verfahrensfunktion $\varphi(x, u, h)$ eines Einschrittverfahrens Lipschitz-stetig bezüglich u, so ist das Einschrittverfahren asymptotisch stabil.*   ☐

Setzt man neben der Konsistenz eines Einschrittverfahrens anders als in Satz 4.2.5 statt der Lischitz-Stetigkeit der Verfahrensfunktion nur voraus, daß das Verfahren asymptotisch stabil ist, so folgt dennoch die Konvergenz des Verfahrens:

4.2.9 Satz. *Ist ein Einschrittverfahren konsistent mit der Anfangswertaufgabe (A) und asymptotisch stabil, so ist es konvergent. Aus der Konsistenzordnung p des Verfahrens folgt dann auch die Konvergenzordnung p des Verfahrens.*

BEWEIS: Es bezeichne y die Lösung von (A) und u_h die (exakte) numerische Lösung des Einschrittverfahrens. Nach Definition des lokalen Verfahrensfehlers gilt

$$y(x_{j+1}) = y(x_j) + h_j \varphi(x_j, y(x_j), h_j) + h_j r(x_j, y(x_j), h_j) , \quad j = 0, 1, \ldots, m-1.$$

Die Größen $s_h(x_0) := y_0 - u_{h,0}$ und $s_h(x_{j+1}) := r(x_j, y(x_j), h_j) , \quad j = 0, 1, \ldots, m-1$ erfüllen aufgrund der Konsistenz die Bedingung

$$|s_h(x_0)| + \sum_{i=0}^{m-1} h_i |s_h(x_{i+1})| = |y_0 - u_{h,0}| + \sum_{i=0}^{m-1} h_i |r(x_i, y(x_i), h_i)|$$

$$\leq |y_0 - u_{h,0}| + (b-a) \cdot \sup_{0 \leq j \leq m-1} |r(x_j, y(x_j), h_j)|$$

$$\longrightarrow 0 \quad \text{für} \quad h \longrightarrow 0 ;$$

somit folgt aus der asymptotischen Stabilität 4.2.7 mit $v_h(x) := y(x)$ die Konvergenz

$$\|\varepsilon_h\|_h = \max_{x \in I_h} |y(x) - u_h(x)| \longrightarrow 0 \quad \text{für} \quad h \longrightarrow 0 .$$

Hieraus folgt auch die Aussage über die Konvergenzordnung.   ☐

4.2.10 Bemerkung. Den Begriff der (asymptotischen) Stabilität kann man äquivalent mit Hilfe einer <u>Defektfunktion</u> F_h definieren. Die Funktion $F_h : C_h \longrightarrow C_h$ sei (mit der Verfahrensfunktion φ eines Einschrittverfahrens und dem Anfangswert $u_{h,0}$) für $u_h \in C_h$ folgendermaßen komponentenweise erklärt:

$$F_h(u_h)_0 := u_h(x_0) - u_{h,0} \; ,$$

$$F_h(u_h)_{j+1} := \frac{1}{h_j}\left[u_h(x_{j+1}) - u_h(x_j)\right] - \varphi(x_j, u_h(x_j), h_j) \; , \quad j = 0, 1, \ldots, m-1 \; ;$$

dabei haben wir $F_h(u_h)_j := F_h(u_h)(x_j)$ gesetzt. Die Lösung u_h des Einschrittverfahrens ist charakterisiert durch

$$F_h(u_h) = 0 \; .$$

Die gestörte Lösung v_h aus (8) erfüllt

$$F_h(v_h) = s_h \; .$$

Die asymptotische Stabilität besagt dann, daß es ein $H > 0$ und zu jedem $\varepsilon > 0$ ein $\delta > 0$ gibt, so daß für jedes Gitter I_h mit $h = |I_h| \leq H$ und jede Störung $s_h \in C_h$ mit

$$\|s_h\|_h^* := |s_h(x_0)| + \sum_{i=0}^{m-1} h_i |s_h(x_{i+1})| < \delta$$

die Abschätzung

$$\|v_h - u_h\|_h < \varepsilon$$

folgt. Bei Lipschitz-stetiger Verfahrensfunktion φ ist in (11) die Abschätzung

$$\begin{aligned}\|v_h - u_h\|_h &\leq e^{L(b-a)}\|s_h\|_h^* \\ &= e^{L(b-a)}\|F_h(v_h) - F_h(u_h)\|_h^*\end{aligned}$$

nachgewiesen worden. (Man macht sich sofort klar, daß letztere Abschätzung für beliebiges $u_h \in C_h$ gilt, also nicht von $F(u_h) = 0$ abhängt.) Besteht also für beliebige $u_h, v_h \in C_h$ eine solche <u>Stabilitätsrelation</u>

$$\|v_h - u_h\| \leq K \cdot \|F_h(v_h) - F_h(u_h)\|_h^* \; , \quad K > 0 \; ,$$

so folgt hieraus die asymptotische Stabilität des Einschrittverfahrens mit $\delta := \varepsilon/(2K)$.

□

Wir wollen kurz den Einfluß von Rundungsfehlern auf die numerische Lösung bei *äquidistanten Gittern* diskutieren. Statt des Verfahrens

$$u(x + h) = u(x) + h\varphi(x, u(x), h) \; , \quad x \in I_h' \; , \quad u(x_0) = u_{h,0}$$

hat man das "Verfahren"

$$v(x + h) = v(x) + h\varphi(x, v(x), h) + h s_h(x + h) \; , \quad x \in I_h' \; , \quad v(x_0) = u_{h,0} + s_h(x_0)$$

zu betrachten. Wenn v im betrachteten Intervall nicht stark variiert, hängt $hs_h(x+h)$ für kleine h im wesentlichen von der bei der Rechnung verwendeten Stellenzahl ab, wie oben ausgeführt wurde, und kann näherungsweise als unabhängig von h angenommen werden, z.B. $|hs_h(x+h)| \leq C$. Aus (7) folgt für die Abweichung $w_h(x) = v_h(x) - u_h(x)$ die Abschätzung

$$|w_h(x_j)| \leq \left[|s_h(x_0)| + \sum_{i=0}^{j-1} h_i |s_h(x_{i+1})| \right] e^{L(x_j - x_0)}$$

$$\leq [|s_h(x_0)| + jC]\, e^{L(x_j - x_0)} , \quad j = 0, 1, \ldots, m .$$

also

$$\text{(9)} \qquad \|w_h\|_h \leq [|s_h(x_0)| + mC]\, e^{L(b-a)} .$$

Bei relativ großen Schrittweiten h kommen die Rundungsfehler noch nicht wesentlich zum Tragen und es ist $\|w_h\|_h$ relativ klein, d.h. der Wert $v_h(x)$ wird durch die Konvergenzordnung des Verfahrens geprägt sein. Bei ziemlich kleinen Schrittweiten h macht sich der in der Abschätzung (9) auftretende Faktor m stark bemerkbar, d.h. man hat bei fester Stellenzahl in der Rechnung Divergenz proportional zu $1/h$. Die folgende Skizze bei äquidistanter Schrittweite verdeutlicht dies noch einmal:

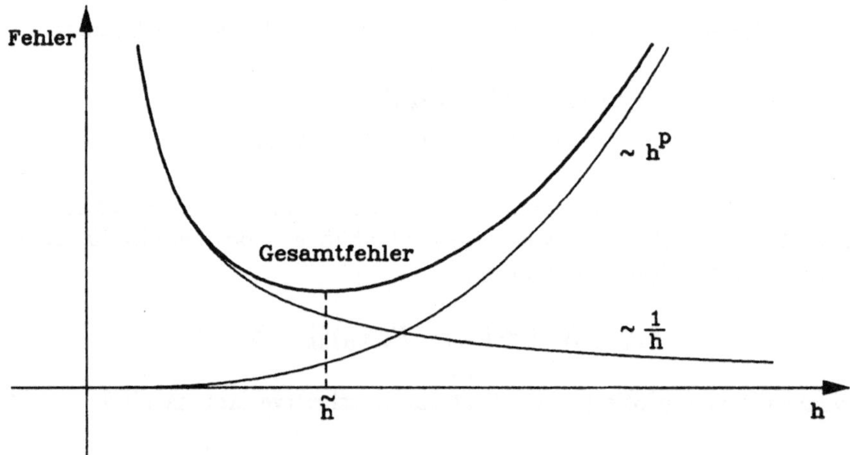

Die ideale Schrittweite $\tilde{h}$ wäre die, bei der der Gesamtfehler minimal ist.

Weil man aus den gerade genannten Gründen keine beliebig kleinen Schrittweiten verwenden kann, ist man an Verfahren hoher Ordnung interessiert, an Verfahren also, die schon bei verhältnismäßig großen Schrittweiten und bei Berücksichtigung der Rundungsfehler einen relativ kleinen globalen Verfahrensfehler liefern.

4.2.11 Beispiele. Wir nehmen zum Test eine Anfangswertaufgabe, deren Lösung bekannt ist, so daß sich das Verhalten des globalen Fehlers genau studieren läßt, z.B.

$$y' = y^2 , \qquad y(0) = 1 .$$

Ihre Lösung ist

$$y(x) = \frac{1}{1-x} .$$

Mit Hilfe des Eulerschen und verbesserten Eulerschen Polygonverfahrens sollen Näherungswerte für $y(0.5) = 2$ bestimmt werden.

Bei einer Rechenanlage mit siebenstelliger Genauigkeit ergeben sich beim Eulerschen Polygonverfahren die folgenden Werte:

h	$u_h(0.5)$	$\epsilon_h(0.5)$	$-_2log|\epsilon_h(0.5)|$
2^{-1}	1.5000000	0.5000000	1.00
2^{-2}	1.6406250	0.3593750	1.48
2^{-3}	1.7661791	0.2338209	2.10
2^{-4}	1.8610973	0.1389027	2.85
2^{-5}	1.9230299	0.0769701	3.70
2^{-6}	1.9592342	0.0407658	4.62
2^{-7}	1.9789448	0.0210552	5.57
2^{-8}	1.9892082	0.0107918	6.53
2^{-9}	1.9943447	0.0056553	7.47
2^{-10}	1.9967499	0.0032501	8.27
2^{-11}	1.9974918	0.0025082	8.64
2^{-12}	1.9970770	0.0029230	8.42
2^{-13}	1.9951077	0.0048923	7.68
2^{-14}	1.9907713	0.0092287	6.76
2^{-15}	1.9818449	0.0181551	5.78
2^{-16}	1.9641066	0.0358934	4.80
2^{-17}	1.9294796	0.0705204	3.38
2^{-18}	1.8637753	0.1362247	2.88

Für das verbesserte Eulersche Polygonverfahren ergibt sich die folgende Tabelle:

h	$u_h(0.5)$	$\epsilon_h(0.5)$	$-_2log\|\epsilon_h(0.5)\|$
2^{-1}	1.7812500	0.2187500	2.19
2^{-2}	1.9039450	0.0960550	3.38
2^{-3}	1.9665384	0.0334616	4.90
2^{-4}	1.9900579	0.0099421	6.65
2^{-5}	1.9972801	0.0027199	8.52
2^{-6}	1.9992599	0.0007401	10.40
2^{-7}	1.9997568	0.0002432	12.01
2^{-8}	1.9998140	0.0001860	12.39
2^{-9}	1.9997053	0.0002947	11.73
2^{-10}	1.9994392	0.0005608	10.80
2^{-11}	1.9988308	0.0011692	9.74
2^{-12}	1.9977293	0.0022707	8.78
2^{-13}	1.9954462	0.0045538	7.78
2^{-14}	1.9909296	0.0090704	6.78
2^{-15}	1.9819279	0.0180721	5.79
2^{-16}	1.9641476	0.0358524	4.80
2^{-17}	1.9294949	0.0705051	3.83
2^{-18}	1.8637800	0.1362200	2.88

Trägt man $-_2\log|\varepsilon_h(0.5)|$ gegen $-_2\log h$ auf, so erhält man das folgende Diagramm:

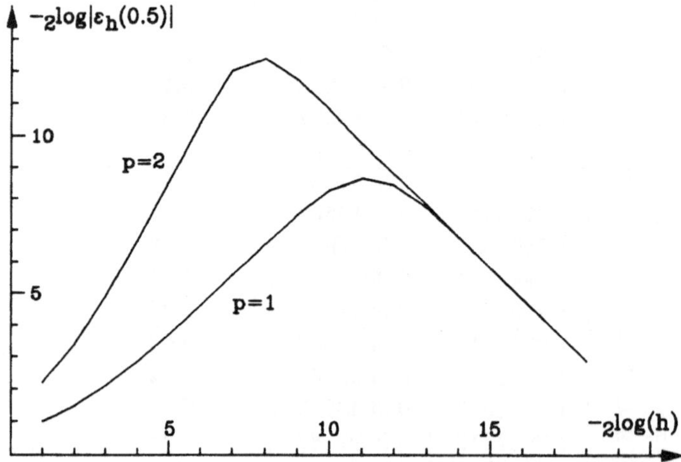

Die Steigung im linken Teil dieser Kurven gibt die Konvergenzordnung an; sie beträgt dort knapp 1, was die Konvergenzordnung $p = 1$ des Eulerschen Polygonverfahrens bestätigt bzw. knapp 2, was die Konvergenzordnung $p = 2$ des verbesserten Eulerschen Verfahrens widerspiegelt. Im rechten Teil ist die "Steigung" -1, weil hier die Rundungsfehler mehr und mehr überwiegen, deren größter Anteil durch die Addition in $u_{j+1} = u_j + hf_j$ verursacht wird. Beide Ergebnisse unterstreichen die Aussage von Satz 4.2.5 und (9). $\square$

Beim Eulerschen Polygonverfahren liegt beim vorigen Beispiel die "optimale Schrittweite" bei ca. 2^{-12}, beim verbesserten Eulerschen Polygonverfahren bei ca. 2^{-8}. Aufgrund seiner höheren Konvergenzordnung ergibt sich trotzdem beim verbesserten Eulerschen Polygonverfahren ein kleinerer absoluter Fehler. Man erreicht also eine höhere Genauigkeit bei Verfahren höherer Ordnung, ehe die Rundungsfehler zum dominanten Term des Gesamtfehlers werden und die Genauigkeit zerstört wird. Dies ist ein wesentlicher Grund, weshalb man an Verfahren hoher Konvergenzordnung interessiert ist. Empirisch könnte man geradezu das Umschlagen der Konvergenzordnung als Anzeige dafür nehmen, daß die "optimale Schrittweite" unterschritten wird.

§3 Taylor-Verfahren und Runge-Kutta-Verfahren

In diesem Abschnitt werden wir einige sehr effektive Einschrittverfahren zur Lösung
der Anfangswertaufgabe

$$(A) \qquad\qquad y' = f(x,y) \,, \quad y(x_0) = y_0$$

kennenlernen, wobei $f : G \longrightarrow I\!\!R^n$ eine hinreichend oft differenzierbare Funktion sei.
Dann können aus der Differentialgleichung gegenbenenfalls neben y' weitere Ableitungen von y gewonnen werden. Bezeichnet man mit D den Operator der Differentiation
nach der unabhängigen Variablen x, also

$$D := \frac{d}{dx} \,, \qquad D^{i+1} := D(D^i) \,,$$

so erhält man

$$y^{(i+1)}(x) = D^{i+1}y(x) = D^i y'(x) = D^i f(x, y(x))$$

(totale Ableitungen von f nach x). Z.B. gilt

$$\begin{aligned}
y^{(2)}(x) &= Df(x, y(x)) \\
&= f_x + \sum_{j=1}^{n} f_{y_j} \cdot y_j'(x) \\
&= f_x + f_y f \,,
\end{aligned}$$

wobei zuletzt bei den partiellen Ableitungen das Argument $(x, y(x))$ weggelassen worden ist und f_y die $n \times n$-Matrix der partiellen Ableitungen von f nach y ist:

$$f_y := \begin{pmatrix} \frac{\partial f_1}{\partial y_1} & \cdots & \frac{\partial f_1}{\partial y_n} \\ \vdots & & \vdots \\ \frac{\partial f_n}{\partial y_1} & \cdots & \frac{\partial f_n}{\partial y_n} \end{pmatrix} \,.$$

Gilt $f \in C^p(G, I\!\!R^n)$ für ein $p \in I\!\!N$, so ist die Lösung y der Anfangswertaufgabe
$(p+1)$-mal stetig differenzierbar und besitzt die Taylorentwicklung

$$(1) \qquad\qquad y(x + h) = y(x) + hy'(x) + \ldots + \frac{h^p}{p!} y^{(p)}(x) + R_h(x)$$

mit

$$R_h(x) = \frac{1}{p!} \int_0^h (h - \xi)^p y^{(p+1)}(x + \xi)d\xi \,.$$

Durch Streichen dieses Restgliedes entsteht aus dieser Taylorentwicklung das folgende
Verfahren.

4.3.1 Definition. *(Taylor-Verfahren) Das sogenannte Taylor-Verfahren hat die Form*

$$
\left.
\begin{aligned}
u_0 &:= u_{h,0} \\
x_{j+1} &:= x_j + h \\
u_{j+1} &:= u_j + h\varphi_p(x_j, u_j, h)
\end{aligned}
\right\}
\quad j = 0, 1, \ldots, m-1, \quad (h = h_j),
$$

mit

$$
\varphi_p(x, u, h) := f(x, u) + \frac{h}{2!} Df(x, u) + \ldots + \frac{h^{p-1}}{p!} D^{p-1} f(x, u). \qquad \square
$$

Der Einfachheit halber werde der Fall einer skalaren Differentialgleichung, also $n = 1$, betrachtet; es ist

$$
\begin{aligned}
y^{(3)}(x) &= D^2 f(x, y(x)) \\
&= D\left[f_x + f_y f\right] \\
&= f_{xx} + f_{xy} f + (f_{yx} + f_{yy} f)f + f_y(f_x + f_y f) \\
&= f_y F + G
\end{aligned}
$$

mit

$$
(2) \qquad
\begin{aligned}
F &:= f_x + f_y f \\
G &:= f_{xx} + 2f_{xy} f + f_{yy} f^2.
\end{aligned}
$$

Also besitzt die Verfahrensfunktion φ_p des Taylor-Verfahrens mit $p \geq 3$ trivialerweise die Taylorentwicklung

$$
(3) \qquad \varphi_p(x, u, h) = f + \frac{h}{2} F + \frac{h^2}{6}(f_y F + G) + \mathcal{O}(h^3).
$$

Wie wir eben bei der Berechnung von $D^i f(x, y(x))$ gesehen haben, erhält man im allgemeinen schon für kleine Werte von i recht viele additive Terme, was die Brauchbarkeit des Taylor-Verfahrens sehr einschränkt. Jedoch hat man zumindest theoretisch in den Taylor-Verfahren Einschrittverfahren beliebig hoher Ordnung zur Verfügung, wie der folgende Satz aussagt.

4.3.2 Satz. *Sei $f \in C^p(G, I\!R^n)$ für ein $p \in I\!N$, und die Anfangswerte $u_{h,0}$ mögen mit der Ordnung p gegen y_0 streben. Dann ist das Taylor-Verfahren 4.3.1 ein konvergentes Einschrittverfahren der Ordnung p.*

BEWEIS: Ist y die Lösung der Anfangswertaufgabe (A), so besitzt das Taylor-Verfahren den lokalen Verfahrensfehler

$$
\begin{aligned}
r_p(x, y(x), h) &= \frac{y(x+h) - y(x)}{h} - \varphi_p(x, y(x), h) \\
&= \frac{1}{h} \frac{1}{p!} \int_0^h (h - \xi)^p y^{(p+1)}(x + \xi)\, d\xi \\
&= \frac{h^p}{p!} \int_0^1 (1 - t)^p y^{(p+1)}(x + th)\, dt.
\end{aligned}
$$

Folglich gibt es eine Konstante K mit

$$\sup_{x \in I} |r_p(x, y(x), h)| \leq K h^p \, ,$$

da $y^{(p+1)}$ wegen $f \in C^p$ in $I = [a, b+h]$ für hinreichend kleine h beschränkt ist. Konvergieren auch die Anfangswerte mit der Ordnung p, so besitzt das Taylor-Verfahren folglich die Konsistenzordnung p. Wegen $f \in C^p$ ist jede Ableitung $D^i f$, $i = 0, 1, \ldots, p-1$, Lipschitz-stetig mit einer Konstanten L_i (dies folgt zunächst in konvexen Mengen, aber auch in beliebigen Kompakta, die in G enthalten sind), so daß die Verfahrensfunktion des Taylor-Verfahrens ebenfalls Lipschitz-stetig ist mit der Lipschitz-Konstanten

$$L := L_0 + \frac{b-a}{2} L_1 + \ldots + \frac{(b-a)^{p-1}}{p!} L_{p-1} \, .$$

Nach Satz 4.2.5 ist das Verfahren dann konvergent und die Konvergenzordnung beträgt p. $\qquad\Box$

Bei den im folgenden betrachteten Runge-Kutta-Verfahren versucht man, die Differentiation der Funktion f zu umgehen und einen Abschnitt der Taylorreihe durch wiederholtes Einsetzen von Linearkombinationen von Werten der Funktion f in f selbst zu erzeugen.

Im folgenden bezeichnen wir zwecks Vereinfachung mit h die jeweils im Intervall $[x_j, x_{j+1}]$ verwendete Schrittweite.

4.3.3 Definition. *(Explizite Runge-Kutta-Verfahren) Sei $s \in I\!N$. Ein explizites s-stufiges Runge-Kutta-Verfahren hat die Gestalt*

$$\left.\begin{aligned} u_0 &:= u_{h,0} \\ x_{j+1} &:= x_j + h \\ u_{j+1} &:= u_j + h\varphi(x_j, u_j, h) \end{aligned}\right\} \quad j = 0, 1, \ldots, m-1, \ (h = h_j) \, ,$$

wobei die Verfahrensfunktion mit Hilfe der sukzessiven Berechnung der Größen

$$\begin{aligned} v_1(x, u) &:= f(x, u) \\ v_2(x, u) &:= f(x + c_2 h, u + h a_{21} v_1(x, u)) \\ &\ \ \vdots \\ v_s(x, u) &:= f(x + c_s h, u + h \sum_{i=0}^{s-1} a_{si} v_i(x, u)) \end{aligned}$$

durch

$$\varphi(x, u, h) := \sum_{i=1}^{s} b_i v_i(x, u)$$

definiert ist. (Die v_j hängen auch noch von h ab.) Dabei sind die a_{ki}, b_i und c_i geeignet gewählte reelle Zahlen, die das Verfahren vollständig festlegen. Zur Beschreibung eines Runge-Kutta-Verfahrens ordnet man sie gewöhnlich nach dem folgenden Schema an:

$$
\begin{array}{c|ccccc}
0 & & & & & \\
c_2 & a_{21} & & & & \\
c_3 & a_{31} & a_{32} & & & \\
\vdots & \vdots & & & & \\
c_s & a_{s1} & a_{s2} & \cdots & a_{s,s-1} & \\
\hline
 & b_1 & b_2 & \cdots & b_{s-1} & b_s
\end{array}
\qquad \square
$$

4.3.4 Beispiele.

Durch Festlegung der in 4.3.3 genannten Koeffizienten erhält man folgende gebräuchliche Verfahren; in Klammern ist ihre Konvergenzordnung p angegeben:

1) *Eulersches Polygonverfahren* $(p = 1)$

$$
\begin{array}{c|c}
0 & \\
\hline
 & 1
\end{array}
$$

2) *Verbessertes Eulersches Polygonverfahren* $(p = 2)$

$$
\begin{array}{c|cc}
0 & & \\
\frac{1}{2} & \frac{1}{2} & \\
\hline
 & 0 & 1
\end{array}
$$

3) *Euler-Cauchy-Verfahren* $(p = 2)$

$$
\begin{array}{c|cc}
0 & & \\
1 & 1 & \\
\hline
 & \frac{1}{2} & \frac{1}{2}
\end{array}
$$

4) *Verfahren von Heun* $(p = 3)$

$$
\begin{array}{c|ccc}
0 & & & \\
\frac{1}{3} & \frac{1}{3} & & \\
\frac{2}{3} & 0 & \frac{2}{3} & \\
\hline
 & \frac{1}{4} & 0 & \frac{3}{4}
\end{array}
$$

5) _Verfahren von Kutta_ ($p = 3$)

$$
\begin{array}{c|ccc}
0 & & & \\[4pt]
\frac{1}{2} & \frac{1}{2} & & \\[4pt]
1 & -1 & +2 & \\[4pt]
\hline
& \frac{1}{6} & \frac{4}{6} & \frac{1}{6}
\end{array}
$$

6) _Klassisches Verfahren von Runge-Kutta_ ($p = 4$)

$$
\begin{array}{c|cccc}
0 & & & & \\[4pt]
\frac{1}{2} & \frac{1}{2} & & & \\[4pt]
\frac{1}{2} & 0 & \frac{1}{2} & & \\[4pt]
1 & 0 & 0 & 1 & \\[4pt]
\hline
& \frac{1}{6} & \frac{2}{6} & \frac{2}{6} & \frac{1}{6}
\end{array}
$$

7) _3/8-Formel_ ($p = 4$)

$$
\begin{array}{c|cccc}
0 & & & & \\[4pt]
\frac{1}{3} & \frac{1}{3} & & & \\[4pt]
\frac{2}{3} & -\frac{1}{3} & 1 & & \\[4pt]
1 & 1 & -1 & 1 & \\[4pt]
\hline
& \frac{1}{8} & \frac{3}{8} & \frac{3}{8} & \frac{1}{8}
\end{array}
$$

$\square$

4.3.5 Bemerkung. Ist y die Lösung der Anfangswertaufgabe (A) und fordert man von dem Runge-Kutta-Verfahren, daß die Größen $v_i(x, y(x))$ die Ableitungen $y'(x + c_i h)$ mindestens von zweiter Ordnung approximieren, also

$$(4) \qquad v_i(x, y(x)) = y'(x + c_i h) + O(h^2) \,, \quad i = 2, 3, \ldots, s \,,$$

so gilt

$$(5) \qquad c_i = a_{i1} + a_{i2} + \ldots + a_{i,i-1} \,, \quad i = 2, 3, \ldots, s \,.$$

Denn mittels Taylorentwicklung folgt

$$
v_i(x, y(x)) = f\Big(x + c_i h, y(x) + h \sum_{j=1}^{i-1} a_{ij} v_j(x, y(x)) \Big)
$$

$$
= f(x, y(x)) + h\Big[c_i f_x + f_y \sum_{j=1}^{i-1} a_{ij} v_j(x, y(x)) \Big] + O(h^2)
$$

und

$$(6) \qquad \begin{aligned} y'(x + c_i h) &= y'(x) + c_i h y''(x) + \mathcal{O}(h^2) \\ &= f(x, y(x)) + h\left[c_i f_x + c_i f_y y'(x)\right] + \mathcal{O}(h^2) \,, \end{aligned}$$

so daß sich aus der Forderung (4) die Relationen

$$\sum_{j=1}^{i-1} a_{ij} v_j(x, y(x)) = c_i y'(x) \,, \qquad i = 2, 3, \ldots, s$$

ergeben. Verwendet man nochmals (4) und die Taylorentwicklung (6), so erhält man die behauptete Beziehung (5).

Die Bedingung (5) erhält man schon recht einfach, wenn man die spezielle Anfangswertaufgabe

$$y' = y + 1 - x \,, \qquad y(0) = 0$$

mit der Lösung $y(x) = x$ in die Verfahrensformel einsetzt und (4) fordert.

Die Relation (4) ist bei allen "vernünftigen" Runge-Kutta-Verfahren erfüllt, jedoch nicht bei jedem, auch wenn es eine hohe Konsistenzordnung besitzt. In dem Schema braucht man ja nur eine Zeile für v_{s+1} hinzuzufügen, deren Koeffizienten (4) nicht erfüllen und den Koeffizienten $b_{s+1} := 0$ wählen, die Information v_{s+1} also gar nicht benutzen. $\qquad\square$

4.3.6 Aufgabe. Man zeige: Wendet man das explizite Runge-Kutta-Verfahren 4.3.3 auf die Anfangswertaufgabe

$$y' = \lambda y \,, \qquad y(x_0) = y_0$$

an, so gilt

$$h v_i(x_j, u_j) = P_i(t) u_j \,, \qquad i = 1, 2, \ldots, s, \quad t := h\lambda,$$

mit Polynomen P_i höchstens vom Grade i. $\qquad\square$

4.3.7 Bemerkung. Die bislang aufgeführten Beispiele lassen vermuten, daß es zu jeder natürlichen Zahl s ein s-stufiges explizites Runge-Kutta-Verfahren der Ordnung s gibt. Diese Vermutung ist falsch, wie von Butcher gezeigt worden ist (J.C. Butcher: On the attainable order of Runge-Kutta-methods, Math. Comp. 19, 408-417 (1965) und The Non-Existence of Ten Stage Eigth Order Explicit Runge-Kutta Methods, BIT 25, 521-540 (1985)). Bezeichnet $p^*(s)$ die maximal erreichbare Ordnung eines s-stufigen expliziten Runge-Kutta-Verfahrens, so gilt

s	1	2	3	4	5	6	7	8	9	10	11	$s \geq 10$
$p^*(s)$	1	2	3	4	4	5	6	6	7	7	8	$p^*(s) \leq s - 3$.

$\qquad\square$

4.3.8 Aufgabe. Man bestimme die Menge aller zweistufigen expliziten Runge-Kutta-Verfahren der Ordnung 2.   ☐

Zusätzlich zu den expliziten Runge-Kutta-Verfahren kann man auch implizite Runge-Kutta-Verfahren betrachten. Bei letzteren ist zwar stets ein implizites Gleichungssystem zu lösen, sie besitzen jedoch bessere Stabilitätseigenschaften als explizite Runge-Kutta-Verfahren, wie später gezeigt wird.

4.3.9 Definition. *(Implizite Runge-Kutta-Verfahren) Sei $s \in I\!N$. Ein implizites s-stufiges Runge-Kutta-Verfahren hat die Gestalt*

$$
\left.
\begin{aligned}
u_0 &:= u_{h,0} \\
x_{j+1} &:= x_j + h \quad (h = h_j) \\
u_{j+1} &:= u_j + h\varphi(x_j, u_j, h)
\end{aligned}
\right\} \quad j = 0, 1, \ldots, m-1 \, , \, ,
$$

wobei die Verfahrensfunktion mit Hilfe von

$$
\begin{aligned}
v_1(x, u) &:= f\left(x + c_1 h, u + h \sum_{i=1}^{s} a_{1i} v_i(x, u) \right) \\[6pt]
v_2(x, u) &:= f\left(x + c_2 h, u + h \sum_{i=1}^{s} a_{2i} v_i(x, u) \right) \\
&\vdots \\
v_s(x, u) &:= f\left(x + c_s h, u + h \sum_{i=1}^{s} a_{si} v_i(x, u) \right)
\end{aligned}
$$

(7)

durch

$$
\varphi(x, u, h) := \sum_{i=1}^{s} b_i v_i(x, u)
$$

definiert ist (die v_j hängen auch noch von h ab). Das zugeordnete Koeffizientenschema hat die Form

$$
\begin{array}{c|ccc}
c_1 & a_{11} & \cdots & a_{1s} \\
c_2 & a_{21} & \cdots & a_{2s} \\
\vdots & \vdots & & \vdots \\
c_s & a_{s1} & \cdots & a_{ss} \\
\hline
 & b_1 & \cdots & b_s
\end{array} \, .
$$

     ☐

Die Gleichungen (7) stellen ein implizites Gleichungssystem zur Bestimmung von $v_1, v_2, \ldots, v_s$ dar. Es hat für genügend kleine Schrittweiten h bei Lipschitz-stetigem f stets genau eine Lösung, wie man mit Hilfe des Kontraktionssatzes 2.2.4 ganz einfach beweist:

4.3.10 Hilfssatz. *Sei $f \in C(G, I\!R^n)$ Lipschitz-stetig mit der Konstanten L. Dann hat das Gleichungssystem (7) zur Bestimmung der Größen $v_1, v_2, \ldots, v_s$ für das implizite Runge-Kutta-Verfahren eine eindeutig bestimmte Lösung, wenn die Schrittweite h der Bedingung*

$$
(8) \qquad hL \max_{1 \leq k \leq s} \sum_{i=1}^{s} |a_{ki}| < 1
$$

genügt.   □

Bei den expliziten Runge-Kutta-Verfahren trat keine Bedingung für die Lösbarkeit des Systems auf, da die $v_1, \ldots, v_s$ stets der Reihe nach bestimmt werden konnten.

Die Konvergenzeigenschaften von Runge-Kutta-Verfahren können aus den Ergebnissen des vorigen Paragraphen über Einschrittverfahren geschlossen werden:

4.3.11 Satz. *Ist $f(x, y) \in C(G, I\!R^n)$ Lipschitz-stetig bezüglich y mit der Konstanten L, so ist die Verfahrensfunktion $\varphi(x, u, h)$ des Runge-Kutta-Verfahrens Lipschitz-stetig bezüglich u, wenn h die Bedingung (8) erfüllt. Sind die freien Parameter a_{ki}, b_i, c_i des Runge-Kutta-Verfahrens weiterhin so gewählt, daß der lokale Fehler die Konsistenzordnung p besitzt, so ist das Runge-Kutta-Verfahren konvergent mit der Ordnung p.*

BEWEIS: Zum Nachweis der Lipschitz-Stetigkeit von φ genügt es zu zeigen, daß jedes $v_k(x, u)$ Lipschitz-stetig bezüglich u ist.

Seien $u, \tilde{u} \in I\!R^n$. Wenn h die Bedingung (8) erfüllt, also eindeutige Lösungen $v_k := v_k(x, u)$, $\tilde{v}_k := v_k(x, \tilde{u})$ des Gleichungssystems (7) existieren, folgt

$$
|v_k(x, u) - v_k(x, \tilde{u})| = \left| f\left(x + c_k h, u + h \sum_{i=1}^{s} a_{ki} v_i\right) - f\left(x + c_k h, \tilde{u} + h \sum_{i=1}^{s} a_{ki} \tilde{v}_i\right) \right|
$$

$$
\leq L \left(|u - \tilde{u}| + h \sum_{i=1}^{s} |a_{ki}| \, |v_i - \tilde{v}_i| \right), \quad k = 1, 2, \ldots, s,
$$

und durch Maximumbildung (zunächst rechts, dann auch links)

$$
\max_k |v_k - \tilde{v}_k| \leq L|u - \tilde{u}| + hL \left(\max_k \sum_{i=1}^{s} |a_{ki}| \right) \left(\max_k |v_k - \tilde{v}_k| \right).
$$

Gilt $hLA < 1$, wobei

$$
A = \max_k \sum_{i=1}^{s} |a_{ki}|
$$

die Zeilensummennorm von (a_{ki}) ist, so folgt hieraus

$$
|v_k(x, u) - v_k(x, \tilde{u})| \leq \frac{L}{1 - hLA} |u - \tilde{u}|, \quad k = 1, 2, \ldots, s,
$$

also die Lipschitz-Stetigkeit eines jeden $v_k(x,u)$. Die Konvergenzaussage folgt dann aus Satz 4.2.5. $\qquad\qquad\square$

Bei festem (x,u) sind die $v_1,\ldots,v_s$ Funktionen von h. Ist f l-mal stetig differenzierbar, so überträgt sich diese Eigenschaft nach dem Satz 3.2.15 über implizite Funktionen auf $v_1,\ldots,v_s$. Dies ist der Inhalt der folgenden

4.3.12 Bemerkung. Sei $l \in I\!N$ und $f \in C^l(G, I\!R^n)$. Es sei h gemäß (8) gewählt und $w_i(h) := v_i(x,u)$, $i = 1,\ldots,s$ die Lösung des Gleichungssystems (7) in Abhängigkeit von h bei festem $(x,u) \in G$. Dann besitzt $w_i(h)$ eine Entwicklung der Form

$$w_i(h) = \sum_{k=0}^{l} c_{ik}h^k + O(h^{l+1}), \qquad i = 1, 2, \ldots, s,$$

mit Vektoren $c_{ik} \in I\!R^n$. $\qquad\qquad\square$

4.3.13 Beispiel. Da die Ermittlung von Runge-Kutta-Formeln höherer Ordnung recht mühsam ist, sollen hier nur *sämtliche zweistufigen impliziten Runge-Kutta-Formeln* hergeleitet werden, wobei wir uns auf skalare Differentialgleichungen beschränken. Für eine allgemeine Theorie mit Hilfe sogenannter "Elementarer Differentiale" sei auf Arbeiten von Butcher verwiesen.

Das Gleichungssystem (7) hat dann die Gestalt

$$(9) \qquad \begin{aligned} v_1 &= f(x + c_1 h, u + ha_{11}v_1 + ha_{12}v_2) \\ v_2 &= f(x + c_2 h, u + ha_{21}v_1 + ha_{22}v_2). \end{aligned}$$

Nach Bemerkung 4.3.12 besitzen v_1 und v_2 bei festem (x,u) und hinreichend kleinem h Entwicklungen nach Potenzen von h:

$$(10) \qquad \begin{aligned} v_1 &= A_1 + B_1 h + C_1 h^2 + D_1 h^3 + O(h^4) \\ v_2 &= A_2 + B_2 h + C_2 h^2 + D_2 h^3 + O(h^4). \end{aligned}$$

Bezeichnet φ_4 die Verfahrensfunktion des Taylor-Verfahrens 4.3.1 der Ordnung $p = 4$, so ergibt sich unter Benutzung der früher eingeführten Bezeichnungen

$$\begin{aligned} y^{(4)}(x) &= D^3 f(x, y(x)) \\ &= D(f_y F + G) \\ &= D f_y F + f_y DF + DG \\ &= [(f_{yx} + f_{yy}f)F] + [f_y(f_y F + G)] + [H + (2f_{xy} + 2f_{yy}f)F] \\ &= (3f_{xy} + 3f_{yy}f + f_y^2)F + f_y G + H \end{aligned}$$

die Taylorentwicklung

$$(11) \qquad \begin{aligned} \varphi_4(x, u, h) &= f + \frac{h}{2}F + \frac{h^2}{6}(f_y F + G) + \\ &\quad + \frac{h^3}{24}\left[(3f_{xy} + 3f_{yy}f + f_y^2)F + f_y G + H\right] + O(h^4), \end{aligned}$$

indem man die Entwicklung (3) um ein Glied fortführt und zur Abkürzung

$$F := f_x + f_y f$$
$$G := f_{xx} + 2f_{xy}f + f_{yy}f^2$$
$$H := f_{xxx} + 3f_{xxy}f + 3f_{xyy}f^2 + f_{yyy}f^3$$

setzt. Taylorentwicklung von (9) bezüglich h um $h = 0$ ergibt

$$v_i = f + h\left[c_i f_x + (a_{i1}v_1 + a_{i2}v_2)f_y\right] + \frac{h^2}{2}\left[c_i^2 f_{xx} + 2c_i(a_{i1}v_1 + a_{i2}v_2)f_{xy} + \right.$$
$$\left. + (a_{i1}v_1 + a_{i2}v_2)^2 f_{yy}\right] + \frac{h^3}{6}\left[c_i^3 f_{xxx} + 3c_i^2(a_{i1}v_1 + a_{i2}v_2)f_{xxy} + \right.$$
$$\left. + 3c_i(a_{i1}v_1 + a_{i2}v_2)^2 f_{xyy} + (a_{i1}v_1 + a_{i2}v_2)^3 f_{yyy}\right] + O(h^4) \quad i = 1,2\,.$$

Setzt man hierin v_i aus (10) ein, so erhält man

$$A_i + B_i h + C_i h^2 + D_i h^3 = f + h\left[C_i f_x + (a_{i1}(A_1 + B_1 h + C_1 h^2) + a_{i2}(A_2 + \right.$$
$$\left. + B_2 h + C_2 h^2))f_y\right] +$$
$$+ \frac{h^2}{2}\left[c_i^2 f_{xx} + 2c_i(a_{i1}(A_1 + B_1 h) + a_{i2}(A_2 + B_2 h))f_{xy} + \right.$$
$$\left. + (a_{i1}(A_1 + B_1 h) + a_{i2}(A_2 + B_2 h))^2 f_{yy}\right] +$$
$$+ \frac{h^3}{6}\left[c_i^3 f_{xxx} + 3c_i^2(a_{i1}A_1 + a_{i2}A_2)f_{xxy} + \right.$$
$$\left. + 3c_i(a_{i1}A_1 + a_{i2}A_2)^2 f_{xyy} + (a_{i1}A_1 + a_{i2}A_2)^3 f_{yyy}\right] +$$
$$+ O(h^4)\,, \quad i = 1,2\,,$$

wobei Terme mit vierten und höheren Potenzen von h im $O(h^4)$-Term zusammengefaßt wurden. Koeffizientenvergleich von Potenzen von h ergibt die folgenden Gleichungen:

$$A_i = f,$$
$$B_i = c_i f_x + (a_{i1}A_1 + a_{i2}A_2)f_y$$
$$C_i = (a_{i1}B_1 + a_{i2}B_2)f_y + \frac{1}{2}c_i^2 f_{xx} + c_i(a_{i1}A_1 + a_{i2}A_2)f_{xy} +$$
$$+ \frac{1}{2}(a_{i1}A_1 + a_{i2}A_2)^2 f_{yy}$$
$$D_i = (a_{i1}C_1 + a_{i2}C_2)f_y + c_i(a_{i1}B_1 + a_{i2}B_2)f_{xy} + (a_{i1}A_1 +$$
$$+ a_{i2}A_2)(a_{i1}B_1 + a_{i2}B_2)f_{yy} + \frac{1}{6}c_i^3 f_{xxx} +$$
$$+ \frac{1}{2}c_i^2(a_{i1}A_1 + a_{i2}A_2)f_{xxy} + \frac{1}{2}c_i(a_{i1}A_1 + a_{i2}A_2)^2 f_{xyy} +$$
$$+ \frac{1}{6}(a_{i1}A_1 + a_{i2}A_2)^3 f_{yyy}\,, \quad i = 1,2\,.$$

Dieses ist ein Gleichungssystem für A_i, B_i, C_i, D_i, das man offensichtlich sukzessiv lösen kann (das zugehörige Schema hat Dreiecksgestalt). Unter Benutzung von

$$c_i = \sum_{j=1}^{2} a_{ij}\,, \quad i = 1,2\,,$$

(siehe (5)) lautet die Lösung

$$A_i = f$$
$$B_i = c_i f_x + (a_{i1} + a_{i2})ff_y = c_i F$$
$$C_i = (a_{i1}c_1 + a_{i2}c_2)Ff_y + \frac{1}{2}c_i^2 G$$
$$D_i = [a_{i1}(a_{11}c_1 + a_{12}c_2)Ff_y + a_{i2}(a_{21}c_1 + a_{22}c_2)Ff_y]\,f_y +$$
$$+ \left(a_{i1}\frac{1}{2}c_1^2 G + a_{i2}\frac{1}{2}c_2^2 G\right) f_y + c_i(a_{i1}c_1 F + a_{i2}c_2 F)f_{xy} +$$
$$+ (a_{i1}f + a_{i2}f)(a_{i1}c_1 F + a_{i2}c_2 F)f_{yy} + \frac{1}{6}c_i^3 f_{xxx} +$$
$$+ \frac{1}{2}c_i^2(a_{i1}f + a_{i2}ff_{xxy}) + \frac{1}{2}c_i(a_{i1}f + a_{i2}f)^2 f_{xyy} +$$
$$+ \frac{1}{6}(a_{i1}f + a_{i2}f)^3 f_{yyy}$$
$$= [a_{i1}(a_{11}c_1 + a_{12}c_2) + a_{i2}(a_{21}c_1 + a_{22}c_2)]\,Ff_y^2 +$$
$$+ \frac{1}{2}(a_{i1}c_1^2 + a_{i2}c_2^2)Gf_y +$$
$$+ c_i(a_{i1}c_1 + a_{i2}c_2)F(f_{xy} + ff_{yy}) + \frac{1}{6}c_i^3 H\,.$$

Mit diesen gerade berechneten Entwicklungskoeffizienten ergibt sich als Verfahrensfunktion

$$\varphi(x, u, h) = b_1 v_1 + b_2 v_2$$
$$\text{(12)} \qquad = b_1 A_1 + b_2 A_2 + h(b_1 B_1 + b_2 B_2) +$$
$$+ h^2(b_1 C_1 + b_2 C_2) + h^3(b_1 D_1 + b_2 D_2) + \mathcal{O}(h^4)\,.$$

Ein Koeffizientenvergleich mit der Taylorentwicklung (11) von φ_4 führt zusammen mit den schon benutzten Gleichungen

$$\text{(13)} \qquad c_1 = a_{11} + a_{12}$$
$$\text{(14)} \qquad c_2 = a_{21} + a_{22}$$

zu der weiteren Gleichung

$$\text{(15)} \qquad b_1 + b_2 = 1$$

zur Bestimmung eines impliziten zweistufigen Runge-Kutta-Verfahrens der Ordnung 1. Soll das Verfahren die Ordnung 2 besitzen, so muß zusätzlich die Gleichung

$$\text{(16)} \qquad b_1 c_1 + b_2 c_2 = \frac{1}{2}$$

erfüllt sein; zur Erzielung der Ordnung 3 müssen ferner zusätzlich die Gleichungen

$$(17) \qquad b_1(a_{11}c_1 + a_{12}c_2) + b_2(a_{21}c_1 + a_{22}c_2) = \frac{1}{6}$$

$$(18) \qquad b_1c_1^2 + b_2c_2^2 = \frac{1}{3}$$

und für ein Verfahren vierter Ordnung die Gleichungen

$$(19) \qquad b_1c_1(a_{11}c_1 + a_{12}c_2) + b_2c_2(a_{21}c_1 + a_{22}c_2) = \frac{1}{8}$$

$$(20) \qquad (b_1a_{11} + b_2a_{21})(a_{11}c_1 + a_{12}c_2) + (b_1a_{12} + b_2a_{22})(a_{21}c_1 + a_{22}c_2) = \frac{1}{24}$$

$$(21) \qquad b_1(a_{11}c_1^2 + a_{12}c_2^2) + b_2(a_{21}c_1^2 + a_{22}c_2^2) = \frac{1}{12}$$

$$(22) \qquad b_1c_1^3 + b_2c_2^3 = \frac{1}{4}$$

bestehen. Dies sind 10 Gleichungen für 8 Unbekannte. Normalerweise besteht in einem solchen Fall keine Hoffnung, eine Lösung zu finden. Hier jedoch erhält man aus den Gleichungen (15), (16), (18) und (22), indem man z.B. zunächst b_1, dann b_2 eliminiert, die Lösungen

$$b_1 = b_2 = \frac{1}{2}, \quad c_1 = \frac{1}{2} \pm \frac{1}{\sqrt{12}}, \quad c_2 = \frac{1}{2} \mp \frac{1}{\sqrt{12}},$$

wobei jeweils die oberen oder die unteren Vorzeichen zu nehmen sind. Aus den vier Gleichungen (13), (14), (17) und (21) ergibt sich dann

$$a_{11} = a_{22} = \frac{1}{4}, \quad a_{12} = c_1 - \frac{1}{4}, \quad a_{21} = c_2 - \frac{1}{4},$$

und mit diesen Werten sind auch die restlichen zwei Gleichungen erfüllt. Hiermit erhält man das Runge-Kutta-Verfahren

$$
\begin{array}{c|cc}
\frac{1}{2} - \frac{1}{\sqrt{12}} & \frac{1}{4} & \frac{1}{4} - \frac{1}{\sqrt{12}} \\
\frac{1}{2} + \frac{1}{\sqrt{12}} & \frac{1}{4} + \frac{1}{\sqrt{12}} & \frac{1}{4} \\
\hline
& \frac{1}{2} & \frac{1}{2}
\end{array}
$$

Aus Symmetriegründen führen beide Lösungen zu dem gleichen Verfahren.

Insgesamt ist dies das eindeutige zweistufige implizite Runge-Kutta-Verfahren vierter Ordnung. $\qquad\square$

4.3.14 Aufgabe. Man bestimme das eindeutige einstufige implizite Runge-Kutta-Verfahren der Ordnung 2. $\qquad\square$

4.3.15 Bemerkung. Die in Aufgabe 4.3.14 und Beispiel 4.3.13 gemachten Aussagen über die größtmögliche Ordnung von ein- und zweistufigen impliziten Runge-Kutta-Verfahren lassen sich auf s-stufige Verfahren verallgemeinern: Es gibt genau ein s-stufiges implizites Runge-Kutta-Verfahren der Ordnung 2s. (Einen Beweis findet man z.B. in [G1].) Man spricht auch vom _Gauß-Verfahren_ der Ordnung 2s.

Durch gewisse Zusatzforderungen an die im Gauß-Verfahren völlig freien Koeffizienten a_{ji}, b_i, c_i wie z.B.

$$(23) \qquad c_1 = 0 \ , \quad a_{11} = a_{12} = \ldots = a_{1s} = 0 \quad \text{(erste Zeile)}$$

oder

$$(24) \qquad c_s = 1 \ , \quad a_{1s} = a_{2s} = \ldots = a_{ss} = 0 \quad \text{(letzte Spalte)}$$

erhält man Verfahren niedrigerer Ordnung: Fordert man nur (23) *oder* nur (24) und wählt die anderen Koeffizienten so, daß sich größtmögliche Konsistenzordnung ergibt, so erhält man die _Radau-Verfahren_ der Ordnung $2s - 1$, fordert man (23) *und* (24) und größtmögliche Konsistenzordnung, so ergeben sich die _Lobatto-Verfahren_ der Ordnung $2s - 2$. Die Namen der drei Verfahren stammen daher, daß sich bei von y unabhängiger Funktion $f(x, y)$ reine Integrationsformeln gleichen Namens ergeben. ☐

4.3.16 Bemerkung.

Wendet man das implizite Runge-Kutta-Verfahren 4.3.9 auf die Anfangswertaufgabe

$$y' = \lambda y \ , \qquad y(x_0) = y_0$$

an, so gilt

$$hv_i(x_j, u_j) = R_i(t)u_j \ , \quad i = 1, 2, \ldots, s \ , \quad t := h\lambda \ ,$$

mit rationalen Funktionen R_i, deren Zähler- und Nennergrad höchstens s beträgt. Folglich gilt

$$u_{j+1} = R(t)u_j \ ,$$

wobei Nenner- und Zählergrad der rationalen Funktion R jeweils höchstens s ist.

BEWEIS: Mit $f(x, y) := \lambda y$ erhält man

$$hv_1 = h\lambda \left(u_j + \sum_{i=1}^{s} a_{1i}hv_i \right)$$

$$\vdots$$

$$hv_s = h\lambda \left(u_j + \sum_{i=1}^{s} a_{si}hv_i \right) \ .$$

Dieses Gleichungssystem läßt sich auf die Form

$$hv = t(u + A \, hv)$$

bringen, wenn man setzt

$$v := \begin{pmatrix} v_1 \\ \vdots \\ v_s \end{pmatrix} \ , \quad u := \begin{pmatrix} u_j \\ \vdots \\ u_j \end{pmatrix} \ , \quad A := (a_{ij}) \ , \quad t = h\lambda \ .$$

Mit der $s \times s$-Einheitsmatrix E gilt dann

$$(E - tA)hv = tu \ .$$

Für hinreichend kleine h und damit auch t ist $E - tA$ invertierbar, so daß man

$$hv = (E - tA)^{-1}tu$$

erhält. Mit Hilfe der Cramerschen Regel ergibt sich, daß die Elemente von $(E-tA)^{-1}$ rationale Funktionen sind, deren Nenner die Determinante der $s \times s$-Matrix $E-tA$ ist und deren Zähler jeweils Determinanten von $(s-1) \times (s-1)$-reihigen Untermatrizen von $E - tA$ sind. Also gilt

$$(E - tA)^{-1} = \left(\frac{P_{ij}(t)}{P(t)} \right)_{i,j=1,\ldots,n}$$

mit $\partial P \leq s$ und $\partial P_{ij} \leq s - 1$. Hieraus folgen die Behauptungen. $\square$

§4 Spezielle Mehrschrittverfahren, insbesondere Adams-Verfahren

In den vorangegangenen Paragraphen wurden Einschrittverfahren zur Lösung der Anfangswertaufgabe

$$\text{(A)} \qquad\qquad y' = f(x,y)\,,\ \ y(x_0) = y_0\,,$$

vorgestellt. Sie gehen sämtlich davon aus, daß man den numerischen Wert u_j im Punkt x_j als Näherung für den exakten Wert $y(x_j)$ kennt und daraus als nächste Größe u_{j+1} bestimmt; die gegebenen oder zuvor bestimmten Größen $u_{j-1}, u_{j-2}, \ldots$, werden nicht noch einmal explizit zur Bestimmung von u_{j+1} herangezogen, sondern es wird nur "einen Schritt" weit, nämlich auf u_j zurückgegriffen.

Es liegt nahe, auch die in den – häufig mit erheblichem Aufwand berechneten – Werten $u_{j-1}, u_{j-2}, \ldots$ steckende Information über den (ungefähren) Gesamtverlauf der Lösung bei der Berechnung von u_{j+1} zu verwenden. Das gleiche geschieht im kontinuierlichen Fall, wenn die Lösung y durch die Integralgleichung

$$y(x) = y(\tilde{x}) + \int\limits_{\tilde{x}}^{x} f(t, y(t))dt$$

in einer vom gesamten Funktionsverlauf zwischen x und $\tilde{x}$ abhängigen Form dargestellt wird. Die Entwicklung der in diesem Abschnitt zu beschreibenden speziellen Mehrschrittverfahren geht von der Diskretisierung der Integralgleichung

$$\text{(1)} \qquad\qquad y(x_{j+k}) = y(x_{j+q}) + \int\limits_{x_{j+q}}^{x_{j+k}} f(t, y(t))dt$$

aus, wobei $k \in I\!N$ und $q \in I\!N_0$ mit $0 \leq q < k$ gelte. Im nächsten Paragraphen werden allgemeine Mehrschrittverfahren behandelt. Ab jetzt werde angenommen, daß die Werte $u_0, u_1, \ldots, u_{j+k-2}, u_{j+k-1}$ bereits bekannt sind. Dazu muß man sich die "Startwerte" $u_0, u_1, \ldots, u_{k-1}$ mit Hilfe eines besonderen Startverfahrens beschaffen, z.B. mit einem Einschrittverfahren oder mit Mehrschrittverfahren des nun zu besprechenden Typs, indem man die Größe k mit $k = 1$ beginnend allmählich erhöht. Wird das Integral in (1) durch eine Integrationsformel mit den zunächst noch äquidistanten Stützstellen $x_j, x_{j+1}, \ldots, x_{j+k}$ ersetzt,

$$\int\limits_{x_{j+q}}^{x_{j+k}} f(t, y(x(t)))dt \approx h \cdot \sum_{i=0}^{k} b_i\, f(x_{j+i}, u_{j+i})\,,$$

so gelangt man zu speziellen linearen k-Schritt-Verfahren; sie werden im nächsten Paragraphen verallgemeinert.

4.4.1 Definition. *(Spezielle lineare Mehrschrittverfahren) Ein Verfahren der Form*

$$\text{(2)} \qquad\qquad u_{j+k} = u_{j+q} + h \sum_{i=0}^{k} b_i\, f_{j+i}\,,\ \ x_{j+k} \in I_h := \{x_0, x_1, \ldots, x_m\}\,,$$

mit $k \geq 1$, $0 \leq q < k$, $f_{j+i} := f(x_{j+i}, u_{j+i})$, *das zu bekannten Werten*
$u_0, u_1, \ldots, u_{k-1}$ *bei äquidistanten mit der Schrittweite* h *verteilten Stützstellen*
$x_0, x_1, \ldots, x_m$ *in* $I := [a, b]$ *die Werte* $u_k, u_{k+1}, \ldots, u_m$ *zu berechnen gestattet, heißt*
(spezielles) lineares k-*Schritt-Verfahren mit äquidistanter Schrittweite. Gilt* $b_k = 0$, *so*
heißt das <u>*Verfahren explizit*</u>, *im Falle* $b_k \neq 0$ *liegt ein* <u>*implizites Verfahren*</u> *vor, denn*
der gesuchte Wert u_{j+k} *tritt auch in der rechten Seite von (2) auf.* □

Eine große Klasse von Mehrschrittverfahren erhält man mit Hilfe von Integrationsformeln, die auf Interpolationsformeln basieren: Man ersetzt in der Integralgleichung
(1) die Funktion $f(t, y(t))$ durch ein Polynom $p_j(t)$ vom Grade κ, das die Punkte

$$(x_{j+i}, f_{j+i}) \begin{cases} \text{für } i = 0, 1, \ldots, k-1 \ (\text{expliziter Fall})\,, \kappa = k-1\,, \quad \text{oder} \\ \text{für } i = 0, 1, \ldots, k \quad\;\; (\text{impliziter Fall})\,, \kappa = k \end{cases}$$

interpoliert, und setzt

$$u_{j+k} = u_{j+q} + \int\limits_{x_{j+q}}^{x_{j+k}} p_j(t)\, dt\,.$$

Mit Hilfe der Lagrangeschen Basispolynome

$$\omega_{ij}(t) := \prod_{\substack{\nu=0 \\ \nu \neq i}}^{\kappa} \frac{t - x_{j+\nu}}{x_{j+i} - x_{j+\nu}} \quad \text{für } 0 \leq j \leq m-k\,, \ 0 \leq i \leq \kappa\,,$$

erhalten wir

$$p_j(t) = \sum_{i=0}^{\kappa} f_{j+i}\omega_{ij}(t)$$

und daher

$$u_{j+k} = u_{j+q} + \sum_{i=0}^{\kappa} f_{j+i} \int\limits_{x_{j+q}}^{x_{j+k}} \omega_{ij}(t)dt$$

$$= u_{j+q} + h \sum_{i=0}^{\kappa} b_i f_{j+i}$$

mit

$$b_i := \frac{1}{h} \int\limits_{x_{j+q}}^{x_{j+k}} \omega_{ij}(t)dt\,, \quad i = 0, 1, \ldots, \kappa\,;$$

man macht sich sofort klar, daß die Koeffizienten b_i wegen der Äquidistanz der Gitterpunkte nicht von j und h abhängen.

Wie bei Einschrittverfahren wird man auch bei solchen Mehrschrittverfahren zu
einem lokalen Verfahrensfehler geführt:

4.4.2 Definition. *Sei* $u_{j+k} = u_{j+q} + h \sum_{i=0}^{k} b_i f_{j+i}$ *ein lineares k-Schrittverfahren.*
Dann heißt

$$(3) \qquad r(x, y(x), h) := \frac{y(x + kh) - y(x + qh)}{h} - \sum_{i=0}^{k} b_i f(x + ih, y(x + ih)) ,$$

$$x \in I = [a, b] ,$$

lokaler Verfahrensfehler *(an der Stelle $(x, y(x))$); hierbei ist y die Lösung der Anfangs-*
wertaufgabe (A) im Intervall $[a, b + kh]$, auf das y für hinreichend kleines h fortgesetzt
sei. $\qquad\qquad\qquad\qquad\qquad\qquad\qquad\qquad\qquad\qquad\qquad\qquad\qquad\qquad$ $\square$

4.4.3 Bemerkung. Bei einem Einschrittverfahren

$$u_{j+1} = u_j + h\varphi(x_j, u_j, h)$$

gibt der lokale Verfahrensfehler

$$r(x, y(x), h) = \frac{y(x + h) - y(x)}{h} - \varphi(x, y(x), h)$$
$$= \frac{y(x + h) - u(x + h)}{h}$$

den durch h dividierten Fehler nach Durchführung eines Schrittes an; hierbei ist
$u(x + h)$ die Näherung nach einem Schritt mit dem Startwert $u(x) = y(x)$ bei Verwendung obigen Einschrittverfahrens,

$$u(x + h) = y(x) + h\varphi(x, y(x), h) .$$

Ein entsprechendes Ergebnis erhält man offenbar für ein *explizites* Mehrschrittverfahren (2), nämlich

$$r(x, y(x), h) = \frac{y(x + kh) - u(x + kh)}{h} , \quad \text{falls } b_k = 0 ,$$

wenn $u(x + kh)$ die berechnete Näherung mit den Startwerten $u(x + ih) := y(x + ih)$,
$i = 0, 1, \ldots, k - 1$ bedeutet. Im *impliziten* Fall erhält man jedoch

$$r(x, y(x), h) = \frac{y(x + kh) - u(x + kh)}{h} - b_k \left[f(x + kh, y(x + kh)) - \right.$$
$$\left. - f(x + kh, u(x + kh)) \right] ,$$

also (unter vernünftigen Voraussetzungen) für kleine h nur eine (recht gute) Näherung
für den normierten lokalen Fehler. Der Unterschied zu Einschrittverfahren rührt daher, daß wir das Einschrittverfahren stets als explizites Verfahren, also in seiner
aufgelösten Form betrachtet haben (siehe Bemerkung 4.1.5 und Satz 4.3.11). Bei
den Mehrschrittverfahren hat es sich eingebürgert, die Implizitheit des Verfahrens

mitzuführen (insbesondere im Hinblick auf die sogenannten Prädiktor-Korrektor-Verfahren), so daß wir das Mehrschrittverfahren (2) später in der Form

$$u_{j+k} = u_{j+q} + h\varphi(x_j, u_j, x_{j+1}, u_{j+1}, \ldots, x_{j+k}, u_{j+k}, h)$$

mit

$$\varphi(t_0, v_0, t_1, v_1, \ldots, t_k, v_k, h) := \sum_{i=0}^{k} b_i f(t_i, v_i)$$

schreiben werden. Die "Lösung" der impliziten Gleichungen ist dann in dem späteren Stabilitätssatz 4.5.12 enthalten. $\qquad\qquad\qquad\qquad\qquad\qquad\qquad\qquad\qquad$ □

Wie beim Einschrittverfahren kann man Konsistenz und Konvergenz definieren, wir stellen jedoch die ausführliche Definition bis zum nächsten Abschnitt zurück.

4.4.4 Satz. *Sei* $f \in C^{k+1}(G, \mathbb{R}^n)$ *und* $\kappa = k - 1$ *im expliziten Fall und* $\kappa = k$ *im impliziten Fall. Dann besitzt das durch Polynominterpolation entstandene k-Schrittverfahren die Konsistenzordnung* $\kappa + 1$. *Im Falle* k *gerade,* $q = 0$, $\kappa = k$ *beträgt die Konsistenzordnung sogar* $\kappa + 2 = k + 2$.

BEWEIS: Für das Interpolationspolynom $p(t)$ von $y'(t) = f(t, y(t))$ in $t_i := x + ih$, $i = 0, 1, \ldots, \kappa$, besitzt man eine geschlossene Form für den Interpolationsfehler:

$$p(t) - f(t, y(t)) = p(t) - y'(t)$$
$$= \left[\prod_{i=0}^{\kappa}(t - t_i)\right] \Delta^{\kappa+1}(t_0, \ldots, t_\kappa, t)y' \, ;$$

der hierin auftretende Differenzenquotient ist stetig in t, da y' mindestens $(k+1)$-mal stetig differenzierbar ist, vgl. [WS]. Folglich gilt nach Definition der Verfahrensfunktion

$$r(x, y(x), h) = \frac{1}{h}\int_{x+qh}^{x+kh} y'(t)dt - \frac{1}{h}\int_{x+qh}^{x+kh} p(t)dt$$
$$= -\frac{1}{h}\int_{x+qh}^{x+kh}\left[\prod_{i=0}^{\kappa}(t - t_i)\right]\Delta^{\kappa+1}(t_0, \ldots, t_\kappa, t)y'dt$$

und daher

$$|r(x, y(x), h)| \leq \frac{(k-q)h}{h}\left[\prod_{i=0}^{\kappa}(\kappa h)\right] \cdot \frac{1}{(\kappa+1)!}\|y^{(\kappa+2)}\|_{\infty,[x,x+kh]}$$

$$\leq ch^{\kappa+1} \cdot \|y^{(\kappa+2)}\|_{\infty,J}$$

$$= O(h^{\kappa+1}) \text{ gleichmäßig für } x \in I \, ,$$

wobei J ein I rechts echt umfassendes kompaktes Intervall ist, in das y fortgesetzt ist. Dies beweist die Konsistenzordnung $\kappa + 1$.

Die erwähnte in Spezialfällen um 1 erhöhte Konsistenzordnung wird sich in Satz 4.6.6 auf einfache Weise mit Hilfe von Symmetriebetrachtungen ergeben.   □

Zur Berechnung der in den Mehrschrittverfahren auftretenden Koeffizienten b_i setzen wir das Polynom p in der Newtonschen Form an:

$$(4) \qquad \begin{aligned} p(x) = &f_{j+\kappa} + (x - x_{j+\kappa}) \, \Delta^1 \, (x_{j+\kappa}, x_{j+\kappa-1})f + \ldots + \\ &+ (x - x_{j+\kappa}) \ldots (x - x_{j+1}) \, \Delta^\kappa \, (x_{j+\kappa}, \ldots, x_j)f \; ; \end{aligned}$$

dabei sei

$$\kappa := k - 1 \quad \text{im expliziten Fall}$$
$$\text{und}$$
$$\kappa := k \qquad \text{im impliziten Fall}$$

und $\Delta^i(x_{r+i}, \ldots, x_r)f$ der i-te Differenzenquotient der Funktion f über den Stützstellen $x_r, \ldots, x_{r+i}$. Er berechnet sich (vgl. etwa [WS]) aus den Rekursionsformeln

$$\Delta^0(x_r)f := f_r \; , \quad r \in I\!N_0$$
$$\Delta^{i+1}(x_{r+i+1}, \ldots, x_r)f = \frac{\Delta^i(x_{r+i}, \ldots, x_r)f - \Delta^i(x_{r+i+1}, \ldots, x_{r+1})f}{x_r - x_{r+i+1}} \; ,$$
$$i = 0, 1, 2, \ldots \; .$$

Aufgrund der bisher vorausgesetzten Äquidistanz der Stützstellen läßt sich der i-te Differenzenquotient mit Hilfe der absteigenden Differenzen

$$\nabla^0 f_r := f_r \; , \quad \nabla^{i+1} f_r := \nabla^i f_r - \nabla^i f_{r-1}$$

auch in der Form

$$\Delta^i(x_{r+i}, \ldots, x_r)f = \frac{1}{i! \, h^i} \, \nabla^i f_{r+i}$$

schreiben, so daß das Polynom $p(x)$ nach der Substitution

$$t := \frac{1}{h}(x - x_{j+\kappa})$$

in das Polynom

$$\begin{aligned} p^*(t) :&= p(th + x_{j+\kappa}) \\ &= f_{j+\kappa} + th \cdot \frac{\nabla^1 f_{j+\kappa}}{h} + \ldots + t(t+1) \ldots (t + \kappa - 1)h^\kappa \frac{\nabla^\kappa f_{j+\kappa}}{\kappa! \, h^\kappa} \\ &= \sum_{i=0}^{\kappa} \binom{t + i - 1}{i} \cdot \nabla^i f_{j+\kappa} \end{aligned}$$

übergeht. Hiermit folgt

$$u_{j+k} = u_{j+q} + \int_{x_{j+q}}^{x_{j+k}} p(x)\,dx$$

$$= u_{j+q} + h \cdot \int_{q-\kappa}^{k-\kappa} p^*(t)\,dt$$

$$= u_{j+q} + h \cdot \sum_{i=0}^{\kappa} \nabla^i f_{j+\kappa} \int_{q-\kappa}^{k-\kappa} \binom{t+i-1}{i}\,dt$$

$$= u_{j+q} + h \cdot \sum_{i=0}^{\kappa} b_i^* \, \nabla^i f_{j+\kappa}$$

mit

$$b_i^* := \int_{q-\kappa}^{k-\kappa} \binom{t+i-1}{i}\,dt\,, \quad 0 \le i \le \kappa\,.$$

Natürlich hängen die b_i^* auch von κ und q ab.

Kennt man die Koeffizienten b_i^*, so kann man die Koeffizienten b_i durch Einsetzen von

$$\nabla^i f_{j+\kappa} = \sum_{r=0}^{i} (-1)^r \binom{i}{r} f_{j+\kappa-r}$$

und Auflösen der absteigenden Differenzen offenbar als

$$b_{\kappa-r} = (-1)^i \sum_{i=r}^{\kappa} \binom{i}{r} b_i^*\,, \quad 0 \le i \le \kappa\,,$$

erhalten. Ganz analog kann man die b_i^* mit Hilfe der Koeffizienten b_i ausdrücken.

4.4.5 Aufgabe. Man stelle die Koeffizienten b_i^* durch die als bekannt angenommenen Koeffizienten b_i dar. $\Box$

Also fehlt nur noch die Berechnung der Koeffizienten b_i^*, um das Verfahren (2) anwenden zu können. Sie sind als Integrale geschrieben, deren Integranden man wegen

$$\binom{t+i-1}{i} = \frac{t+i-1}{i} \cdot \frac{t+i-2}{i-1} \cdots \cdot \frac{t}{1} = (-1)^i \binom{-t}{i}$$

als Koeffizienten der binomischen Entwicklung von $(1-z)^{-t}$ nach Potenzen von z deuten kann. Dies macht verständlich, daß sich diese Integrale als Koeffizienten einer Potenzreihenentwicklung darstellen lassen (*erzeugende Funktion*):

4.4.6 Hilfssatz. *Seien $a < b \le 1$ und $0 < R < 1$. Dann läßt sich die Funktion*

$$g(z; a, b) := -\left.\frac{(1-z)^{-t}}{\log(1-z)}\right|_{t=a}^{t=b}$$

in eine für $|z| \le R$ gleichmäßig konvergente Potenzreihe

$$g(z; a, b) = \sum_{i=0}^{\infty} b_i^*(a, b) z^i$$

mit den Koeffizienten

$$b_i^*(a, b) = \int_a^b \binom{t+i-1}{i}\, dt = (-1)^i \int_a^b \binom{-t}{i}\, dt$$

entwickeln.

Die Koeffizienten der mittels Polynominterpolation gewonnenen speziellen Mehrschrittverfahren lassen sich also durch Potenzreihenentwicklung von $g(z; a, b)$ gewinnen. Im Einklang mit unseren vorangegangenen Überlegungen ist dabei $b = k - \kappa$ (d.h. 1 oder 0) und $a = q - \kappa$ zu setzen.

BEWEIS: Sei K eine natürliche Zahl mit $-K \le a$. Für jedes $t \le 1$ ist

$$(5) \qquad e^{-t\log(1-z)} = (1-z)^{-t} = \sum_{i=0}^{\infty} \binom{-t}{i}(-1)^i z^i = \sum_{i=0}^{\infty} \binom{t+i-1}{i} z^i$$

eine für $|z| < 1$ konvergente Potenzreihe. Für $-K \le t \le 1$ gilt nämlich

$$\left|\frac{t+j-1}{j}\right| = \left|1 + \frac{t-1}{j}\right| \le \begin{cases} 1 \ \ \text{für} \ \begin{cases} t \in [0,1] \ \ , j \ge 1 \\ t \in [-K, 0), \ j \ge K+1 \end{cases} \\ K \ \text{für} \ t \in [-K, 0), \ 1 \le j < K+1 . \end{cases}$$

Deshalb hat man für die Binomialkoeffizienten die sehr grobe, gleichmäßig gültige Schranke

$$\left|\binom{t+j-1}{j}\right| = \left|\frac{t+j-1}{j} \cdot \frac{t+j-2}{j-1} \cdot \ldots \cdot \frac{t+1}{2} \cdot \frac{t}{1}\right| \le K^K .$$

Also ist (5) eine in $|z| \le R < 1$ gleichmäßig konvergente Potenzreihe, da die geometrische Reihe

$$\sum_{i=0}^{\infty} K^K \cdot R^i$$

für jedes $t \in [a, b]$ eine Majorante ist. Daher darf gliedweise integriert werden und es gilt

$$g(z; a, b) = -\frac{(1-z)^{-t}}{\log(1-z)}\bigg|_{t=a}^{t=b}$$

$$= \int_a^b (1-z)^{-t}\, dt = \int_a^b \sum_{i=0}^{\infty} \binom{t+i-1}{i} z^i\, dt$$

$$= \sum_{i=0}^{\infty} z^i \int_a^b \binom{t+i-1}{i} z^i\, dt = \sum_{i=0}^{\infty} b_i^*(a,b) z^i . \qquad \square$$

Die obigen Mehrschrittverfahren (2) nennt man für $q = k - 1$ _Adams-Verfahren_. Handelt es sich weiterhin um ein explizites Verfahren, also $\kappa = k - 1$, so spricht man von einem _Adams-Bashforth-Verfahren_, im impliziten Fall $\kappa = k$ dagegen von einem _Adams-Moulton-Verfahren_.

4.4.7 Bemerkung. Mit den Bezeichnungen von Hilfssatz 4.4.6 hat das Adams-Moulton-Verfahren ($q = k - 1, \kappa = k$) wegen $a = q - \kappa = -1$ und $b = k - \kappa = 0$ die erzeugende Funktion

$$g(z; a, b) = -\frac{(1-z)^{-t}}{\log(1-z)}\bigg|_{t=a}^{t=b} = \frac{-z}{\log(1-z)} .$$

Da

$$\frac{\log(1-z)}{-z} = 1 + \frac{1}{2}z + \frac{1}{3}z^2 + \frac{1}{4}z^3 + \ldots = \sum_{\nu=0}^{\infty} \frac{z^\nu}{\nu+1}$$

ist, kann man

$$g(z, -1, 0) = \sum_{i=0}^{\infty} b_i^* z^i$$

durch Koeffizientenvergleich aus

$$1 = g(z, -1, 0) \cdot \frac{\log(1-z)}{-z}$$

$$= (b_0^* + b_1^* z + b_2^* z^2 + \ldots)\left(1 + \frac{1}{2}z + \frac{1}{3}z^2 + \frac{1}{4}z^3 + \ldots\right)$$

erhalten. Daraus folgt die Rekursionsformel

$$b_0^* = 1$$

$$b_i^* = -\sum_{\nu=0}^{i-1} \frac{b_\nu^*}{i+1-\nu} , \quad i = 1, 2, 3, \ldots .$$

Für $q = k - 2$ erhält man im expliziten Fall $\kappa = k - 1$ die _Nyström-Verfahren_ und im impliziten Fall $\kappa = k$ die _Milne-Simpson-Verfahren_. $\square$

4.4.8 Aufgabe. Die Koeffizienten der Adams-Bashforth-, Adams-Moulton-, Nyström- und Milne-Simpson-Verfahren seien der Reihe nach mit $b_i^{AB}, b_i^{AM}, b_i^N$, und b_i^{MS} bezeichnet. Man zeige, daß für sie die folgenden Rekursionsformeln gelten:

$$b_i^{MS} = 2\,b_i^{AM} - b_{i-1}^{AM} \quad \text{mit} \quad b_{-1}^{AM} = 0$$
$$b_i^{AB} = b_i^{AM} + b_{i-1}^{AB} \quad \text{mit} \quad b_0^{AB} = 1$$
$$b_i^N = b_i^{AM} + b_i^{AB}$$

$\square$

Die ersten fünf Koeffizienten eines jeden dieser Verfahren kann man der folgenden Tabelle entnehmen.

i	0	1	2	3	4
Adams-Bashforth	1	$\frac{1}{2}$	$\frac{5}{12}$	$\frac{3}{8}$	$\frac{251}{720}$
Adams-Moulton	1	$-\frac{1}{2}$	$-\frac{1}{12}$	$-\frac{1}{24}$	$-\frac{19}{720}$
Nyström	2	0	$\frac{1}{3}$	$\frac{1}{3}$	$\frac{29}{90}$
Milne-Simpson	2	-2	$\frac{1}{3}$	0	$-\frac{1}{90}$

Im allgemeinen kombiniert man bei der numerischen Integration einer Differentialgleichung ein Paar von zusammengehörigen Verfahren, d.h. bei gleichem q die Verfahren mit $\kappa = k - 1$ und $\kappa = k$. Erstere bezeichnet man als _Prädiktor-Verfahren_, letztere als _Korrektor-Verfahren_. Da Korrektor-Verfahren implizite Verfahren zur Bestimmung von u_{j+k} sind, bestimmt man mit einem (expliziten) Prädiktor-Verfahren einen Wert $u_{j+k}^{(0)}$, der als Startwert zur iterativen Berechnung von $u_{j+k}^{(1)}, u_{j+k}^{(2)}, \ldots$ mit Hilfe des Korrektor-Verfahrens dient. Man verwendet dann einen Wert $u_{j+k}^{(\ell)}$ mit geeignetem ℓ als endgültigen Wert u_{j+k}. Werden die Koeffizienten des Prädiktor-Verfahrens mit b_i^* und des Korrektor-Verfahrens mit b_i bezeichnet, so besitzt ein derartiges _Prädiktor-Korrektor-Verfahren_ folgendes Schema

$$(\text{P}) \qquad u_{j+k}^{(0)} = u_{j+q} + h \sum_{i=0}^{k-1} b_i^* f_{j+i}$$

$$v = u_{j+q} + h \sum_{i=0}^{k-1} b_i f_{j+i}$$

$$(\text{EC}) \qquad u_{j+k}^{(r)} = v + h b_k f(x_{j+k}, u_{j+k}^{(r-1)}), \quad r = 1, 2, \ldots, \ell$$

$$u_{j+k} = u_{j+k}^{(\ell)}$$

(E) $$f_{j+k} = f(x_{j+k}, u_{j+k})\,.$$

Anschließend wird j um 1 erhöht und die Rechnung wiederholt, sofern nicht das Ende des vorgesehenen Integrationsintervalls erreicht ist.

Die beim Prädiktor-Korrektor-Verfahren auszuführenden Operationen kennzeichnet man häufig formelmäßig durch $P(EC)^{\ell}E$; hierbei steht P für Prädiktor, C für Korrektor (engl. Corrector) und E für Funktionsauswertung (Evaluation). Der Index ℓ zeigt ℓ-malige Ausführung an.

Die Prädiktor-Korrektor-Verfahren werden im siebten Paragraphen ausführlicher besprochen. Weiterhin folgt aus der allgemeinen Theorie des nächsten Abschnitts die Konvergenz der hier vorgestellten Verfahren.

Im allgemeinen ist es nicht vernünftig, die Näherungslösung u_h im gesamten Integrationsintervall mit konstanter Schrittweite zu berechnen. Dort, wo beispielsweise die Lösung nicht stark variiert, wird man schon bei relativ großer Schrittweite eine brauchbare Näherung erhalten. Später werden Kriterien angegeben, aus denen man entnehmen kann, ob ein Wechsel der Schrittweite beim nächsten Schritt geboten ist. Sind die Punkte $x_{j+k-1}, x_{j+k-2}, \ldots, x_j$ mit einer Schrittweite h bestimmt und soll nun der Wert u_{j+k} im Punkte $\tilde{x}_{j+k} = x_{j+k-1} + \tilde{h}$ mit $\tilde{h} > 0$, jedoch $\tilde{h} \neq h$, berechnet werden, so werden jetzt, wenn man weiterhin die für konstante Schrittweite entwickelten Formeln verwenden will, Funktionswerte $\tilde{f}_{j+i}$ in den Punkten $\tilde{x}_{j+i} := \tilde{x}_{j+k} - (k-i)\tilde{h}$ benötigt. Meist gewinnt man diese Werte, indem man das zu den Punkten (x_{j+i}, f_{j+i}), $i = 0, 1, \ldots, k - 1$, gehörende Interpolationspolynom p an den Stellen $\tilde{x}_{j+i}$ auswertet und $\tilde{f}_{j+i} := p(\tilde{x}_{j+i})$ setzt. Wird die Schrittweite häufig geändert, empfiehlt es sich, das Verfahren in der sogenannten _Nordsieck-Form_ durchzuführen. Man verwendet in dieser Variante der Mehrschrittverfahren zur Speicherung des Polynoms p die Koeffizienten der Taylorentwicklung von p im Punkte x_{j+k-1}. Vor einer allzu häufigen und allzu starken Änderung der Schrittweite sei jedoch gewarnt; hier sind noch nicht alle Fragen der Stabilität bei Schrittweitenänderungen befriedigend beantwortet worden.

Um den geschilderten Interpolationsprozeß bei Schrittweitenänderungen zu umgehen, hat man andererseits Formeln mit variabler Schrittweite entwickelt, die jetzt behandelt werden sollen.

Im folgenden seien also die Punkte $x_j, x_{j+1}, \ldots, x_{j+k}$ nicht notwendig äquidistant verteilt. Geht man wieder von der Newtonschen Form (4) des Interpolationspolynoms aus,

$$p(x) = f_{j+\kappa} + (x - x_{j+\kappa})\,\Delta^1\,(x_{j+\kappa}, x_{j+\kappa-1})f + \ldots +$$
$$+ (x - x_{j+\kappa})\ldots(x - x_{j+1})\,\Delta^\kappa\,(x_{j+\kappa}, \ldots, x_j)f\,,$$

so erhält man analog zum früheren Vorgehen aus der Integralgleichung

$$y(x_{j+k}) = y(x_{j+q}) + \int\limits_{x_{j+q}}^{x_{j+k}} f(t, y(t))dt$$

die Formel

(6) $$u_{j+k} = u_{j+q} + \sum_{\nu=0}^{\kappa} c_\nu\,\Delta^\nu\,f_{j+\kappa}\,,$$

wobei zur Abkürzung

$$\Delta^\nu f_{j+\kappa} := \Delta^\nu(x_{j+\kappa}, \ldots, x_{j+\kappa-\nu})\, f$$

und

$$c_\nu := \int_{x_{j+q}}^{x_{j+k}} (x - x_{j+\kappa}) \ldots (x - x_{j+\kappa-\nu+1})\, dx$$

gesetzt wurde. (Zur Darstellung des Polynoms p hätte man auch die Darstellung

$$p(x) = f_j + (x - x_j)\Delta^1(x_j, x_{j+1})f + \ldots + (x - x_j)\ldots(x - x_{j+\kappa-1})\Delta^\kappa(x_j, \ldots, x_{j+\kappa})f$$

verwenden können; die oben gewählte Darstellung hat jedoch Vorteile bezüglich des Rechenaufwandes und bei der Schrittweitensteuerung.) Man kann die Koeffizienten c_ν leicht rekursiv berechnen. Es handelt sich ja um ein Integral über ein Polynom ν-ten Grades mit einer recht einfachen Gestalt:

Zur Vereinfachung der Schreibweise seien folgende Bezeichnungen vereinbart:

$$p_0(x) = 1$$
$$p_\nu(x) = (x - x_{j+\kappa})\ldots(x - x_{j+\kappa+1-\nu}) \quad \text{für} \ \nu > 0$$

sowie

$$c_{\nu\mu} := \int_a^b p_\nu(x) \cdot (b - x)^\mu dx\,, \quad b = x_{j+k}\,, \quad a = x_{j+q}\,, \quad \mu \in \mathbb{N}_0\,.$$

Dann hat man offenbar die Beziehung

$$c_{\nu+1,\mu} = \int_a^b p_\nu(x) \cdot (x - b + b - x_{j+\kappa-\nu}) \cdot (b - x)^\mu dx$$

und die daraus folgende Rekursionsformel

$$c_{\nu+1,\mu} = (b - x_{j+\kappa-\nu}) \cdot c_{\nu,\mu} - c_{\nu,\mu+1}\,.$$

Diese Rekursionsformel zusammen mit den Anfangswerten

$$c_{0\mu} = \int_a^b (b - x)^\mu dx = \frac{(b - a)^{\mu+1}}{\mu + 1}$$

gestattet dann die Aufstellung eines Dreieckschemas

$$
\begin{array}{cccccc}
c_{00} & c_{01} & c_{02} & c_{03} & \cdots \\
c_{10} & c_{11} & c_{12} & \cdots \\
c_{20} & c_{21} & \cdots \\
c_{30} & \cdots \\
\cdots
\end{array}
$$

aus dem man die gesuchten Koeffizienten $c_\nu := c_{\nu 0}$ entnehmen kann.

Von unseren früher ermittelten Werten für äquidistante h unterscheiden sich diese Koeffizienten um die dort im Nenner stehende Fakultät, sie ist jetzt im Nenner der Differenzenquotienten verborgen.

4.4.9 Beispiel. (Adams-Moulton) mit $q = k - 1$, $h = 1$, $b = 0$, $a = -1$, $\kappa = k$ erhält man

$$c_{00} = \;\; 1 \quad c_{01} = \;\; \tfrac{1}{2} \quad c_{02} = \;\; \tfrac{1}{3} \quad c_{03} = \tfrac{1}{4}$$

$$c_{10} = -\tfrac{1}{2} \quad c_{11} = -\tfrac{1}{3} \quad c_{12} = -\tfrac{1}{4}$$

$$c_{20} = -\tfrac{1}{6} \quad c_{21} = -\tfrac{1}{12}$$

$$c_{30} = -\tfrac{1}{4}$$

$$\text{mit} \quad \begin{aligned} b - x_{j+\kappa} \;\; &= 0 \\ b - x_{j+\kappa-1} &= 1 \\ b - x_{j+\kappa-2} &= 2 \end{aligned}$$

$\qquad\qquad\qquad\qquad\qquad\qquad\qquad\qquad\qquad\qquad\qquad\qquad\quad \Box$

Zusammenfassend soll noch einmal das vollständige Prädiktor-Korrektor-Verfahren mit variabler Schrittweite geschildert werden, wobei wir uns aus Gründen, die später klarer werden, auf den Fall $q = k - 1$, also auf Adams-Verfahren beschränken.

4.4.10 Adams-Verfahren mit variabler Schrittweite. *Das Adams-Verfahren mit variabler Schrittweite bestimmt die Punkte (x_j, u_j) nach folgendem Schema:*

$$(P) \qquad u_{j+k}^{(0)} = u_{j+k-1} + \sum_{\nu=0}^{k-1} c_\nu \, \Delta^\nu \, (x_{j+k-1}, \ldots, x_{j+k-1-\nu})f$$

$$(EC)^\ell \qquad \left. \begin{aligned} f_{j+k}^{(r-1)} &= f\!\left(x_{j+k}, u_{j+k}^{(r-1)}\right), \\ u_{j+k}^{(r)} &= u_{j+k}^{(0)} + c_k \, \Delta^k \, (x_{j+k}, \ldots, x_j)f^{(r-1)}, \end{aligned} \right\} \; r = 1, 2, \ldots, \ell$$

$$u_{j+k} = u_{j+k}^{(\ell)}$$

$$(E) \qquad f_{j+k} = f(x_{j+k}, u_{j+k}) \, ;$$

dabei bedeutet $\Delta^k(\ldots)f^{(r-1)}$, daß man bei der Berechnung des k-ten Differenzenquotienten statt des noch unbekannten Wertes f_{j+k} den schon bekannten Wert $f_{j+k}^{(r-1)}$ verwendet. Die Anzahl ℓ der Iterationen sollte so gewählt sein, daß die Iteration fast "steht", in der Praxis jedoch den Wert 3 nicht überschreiten. Andernfalls wäre dies ein Hinweis auf zu große Schrittweite.

Die Koeffizienten $c_\nu = c_{\nu 0}$ bestimmen sich rekursiv mit $b = x_{j+k}$, $a = x_{j+k-1}$ aus

$$c_{0\mu} = \frac{(b-a)^{\mu+1}}{\mu+1} \, , \quad \mu = 0, 1, \ldots, k$$

$$c_{\nu+1,\mu} = (b - x_{j+k-1-\nu})c_{\nu,\mu} - c_{\nu,\mu+1} \, , \quad \nu = 0, 1, \ldots, k-1 \, ; \; \mu = 0, 1, \ldots, k-\nu-1 \, .$$

Man kennt dann schließlich die Größen

$$\Delta^\nu f_{j+k-1}, \quad \nu = 0, 1, \ldots, k-1, \quad \text{und} \quad f_{j+k}$$

und benötigt im nächsten Schritt die Größen

$$\Delta^\nu f_{j+k}, \quad \nu = 0, 1, \ldots, k-1,$$

die man der Reihe nach aus der Rekursionsformel berechnet:

$$\Delta^0 f_{j+k} = f_{j+k}$$

$$\Delta^\nu f_{j+k} = \frac{1}{x_{j+k} - x_{j+k-\nu}} \left(\Delta^{\nu-1} f_{j+k} - \Delta^{\nu-1} f_{j+k-1} \right), \quad \nu = 1, 2, \ldots, k-1.$$

Für eine ausführliche Diskussion sei auf [SG] verwiesen. $\square$

Bei diesem Verfahren handelt es sich wiederum um ein $P(EC)^\ell E$-Verfahren. Man beachte, daß beim Prädiktor zur Integration das Polynom

$$p_{k-1}(x) = f_{j+k-1} + (x - x_{j+k-1}) \Delta^1 f_{j+k-1} + \ldots + (x - x_{j+k-1}) \ldots (x - x_{j+1}) \Delta^{k-1} f_{j+k-1}$$

benutzt wird, wohingegen der Korrektor auf der Integration des Polynoms

$$p_k(x) = p_{k-1}(x) + (x - x_{j+k-1}) \ldots (x - x_j) \Delta^k (x_{j+k}, \ldots, x_j) f$$

basiert, wie man 4.4.10 entnehmen kann.

Für $\ell \geq 1$ beträgt die Ordnung dieses Verfahrens $k + 1$, wie wir im siebten Paragraphen beweisen werden.

Das betrachtete Verfahren mit variabler Schrittweite impliziert zwar einen nicht unerheblichen Rechenaufwand, da nach jedem Schritt die Koeffizienten neu berechnet werden müssen; es zahlt sich jedoch insbesondere dann aus, wenn ein Differentialgleichungssystem mit vielen Gleichungen integriert werden soll.

§5 Konsistenz, Stabilität und Konvergenz bei Mehrschrittverfahren

Es wird weiterhin die Anfangswertaufgabe

$$(A) \qquad\qquad y' = f(x,y)\,, \quad y(x_0) = y_0$$

betrachtet, wobei $f \in C(G, I\!\!R^n)$ zumindest Lipschitz-stetig bzgl. y sei oder, wenn es
in weitergehenden Analysen benötigt wird, als hinreichend oft differenzierbar vorausgesetzt wird.

Im vorigen Abschnitt wurden spezielle lineare Mehrschrittverfahren der Form

$$u_{j+k} = u_{j+q} + h \sum_{\nu=0}^{k} b_\nu f_{j+\nu}$$

eingeführt, die durch Diskretisierung des Integrals in der Volterraschen Integralgleichung entstanden. Diese Gleichung läßt sich umformen zu

$$\frac{u_{j+k} - u_{j+q}}{(k-q)h} = \frac{1}{k-q} \sum_{\nu=0}^{k} b_\nu f_{j+\nu} \,.$$

Dabei kann der links stehende Differenzenquotient als Approximation für die Ableitung $y'(x_{j+k})$ angesehen werden. Es liegt nahe, auch an dieser Stelle einen Ansatz
mit einer Approximation höherer Ordnung zu versuchen, etwa eine Linearkombination
von mehr als zwei Werten von u, in der Hoffnung, ohne Steigerung des Rechenaufwandes, allein durch Benutzen bereits vorhandener Werte, eine bessere Näherung für
die Lösung der Anfangswertaufgabe zu bekommen. So gelangt man also mit Approximationen der Gestalt

$$\frac{1}{h} \sum_{\nu=0}^{k} a_\nu u_{j+\nu} \ \text{ für } \ y'(x_{j+k})$$

zu den allgemeinen linearen Mehrschrittverfahren. Es wird sich zeigen, daß dieser
Übergang zu Approximationen höherer Ordnung nicht unproblematisch ist: Es genügt
nicht, daß die Ableitung gut approximiert wird, sondern die Koeffizienten a_ν müssen
zusätzliche Bedingungen erfüllen, damit ein unkontrollierbares Aufschaukeln zufällig
auftretender Rundungsfehler und ihrer Folgefehler vermieden wird (numerische Instabilität). Bevor wir diese Fragen genauer untersuchen, sollen in Analogie zu den
Einschrittverfahren die Mehrschrittverfahren allgemein definiert werden. Die Begriffe
Konsistenz, lokaler Verfahrensfehler, globaler Fehler, Konvergenz etc. bilden wir analog zu den entsprechenden Begriffen bei Einschrittverfahren, jedoch beschränken wir
uns auf äquidistante Gitter.

4.5.1 Definition. *Sei I_h das in $[a,b]$ enthaltene äquidistante Gitter $\{a, a+h, \ldots, a+$
$mh\}$ der Schrittweite h, mit $m = \lfloor \frac{b-a}{h} \rfloor$ werde die größte natürliche Zahl bezeichnet,
die $a + mh \leq b$ erfüllt. In Verallgemeinerung der Definition von I_h' bei den Einschrittverfahren bezeichne I_h' bei den hier zu betrachtenden Mehrschrittverfahren (mit k
Schritten) dasjenige Gitter, welches aus I_h durch Fortlassung der letzten k Punkte entsteht, $I_h' = \{a, a+h, \ldots, a+(m-k)h\}$. Wir setzen wieder $x_j = a+jh$, $j = 0, 1, \ldots, m$.*

Mit $C_h := C(I_h, \mathbb{R}^n)$ werde die Menge der Gitterfunktionen auf I_h mit Werten in $\mathbb{R}^n$ bezeichnet. Es sei $\| \cdot \|_h$ die auf C_h durch

$$\|v\|_h := \max_{x \in I_h} |v(x)|$$

definierte Norm. $\square$

4.5.2 Definition. *(Allgemeines Mehrschrittverfahren)* Ein Mehrschrittverfahren (mit k Schritten) oder auch k-Schrittverfahren zur Bestimmung einer Näherungslösung $u = u_h$ für die Lösung y der Anfangswertaufgabe (A) auf dem äquidistanten Gitter I_h wird festgelegt durch

$$u_\nu = u_{h,\nu} , \quad \nu = 0, 1, \ldots, k - 1 \;\; \text{(Vorgabe der } \underline{Startwerte}) ,$$

und eine Differenzengleichung

$$(1) \qquad \sum_{\nu=0}^{k} a_\nu u_{j+\nu} = h\varphi(x_j, u_j, \ldots, x_{j+k}, u_{j+k}, h) , \quad x_j \in I_h' , \quad (x_{j+\nu}, u_{j+\nu}) \in G .$$

Dabei heißt $\varphi : G^{k+1} \times [0, H] \longrightarrow \mathbb{R}^n$ Verfahrensfunktion des Mehrschrittverfahrens; sie sei stets stetig in G^{k+1} und bezüglich h in einem geeignet festgelegten Intervall $[0, H]$. Außerdem machen wir über die Verfahrensfunktion die Annahme, daß

$$\varphi = 0 \;\; \text{für} \;\; f = 0$$

gilt, was z.B. bei den folgenden linearen Mehrschrittverfahren erfüllt ist. $\square$

Die Werte $u_{h,\nu}$, $\nu = 0, 1, \ldots, k - 1$, sind vor Anwendung des eigentlichen Verfahrens zu bestimmende Startwerte. Ihre Festlegung ist jedoch Bestandteil eines (vollständigen) Verfahrens und es wird später davon ausgegangen, daß sie bei einer Verkleinerung von h die Werte $y(x_0 + \nu h)$ genügend gut approximieren. Formal muß das Verfahren abgebrochen werden, sobald ein (x_j, u_j) nicht mehr im Gebiet G liegt. Ohne Einschränkung der Allgemeinheit kann in allen Fällen die Normierung

$$a_k = 1$$

vorausgesetzt werden. Bei den sog. *linearen Mehrschrittverfahren* hat die Verfahrensfunktion φ eine besonders einfache Gestalt:

4.5.3 Definition. *Ist die Verfahrensfunktion des Mehrschrittverfahrens eine lineare Kombination der Werte von f in den angegebenen Punkten,*

$$\varphi(x_j, u_j, \ldots, x_{j+k}, u_{j+k}, h) = \sum_{\nu=0}^{k} b_\nu f(x_{j+\nu}, u_{j+\nu}) ,$$

so handelt es sich um ein <u>lineares Mehrschrittverfahren</u> (k-Schrittverfahren). Das Polynom

$$\rho(\varsigma) := \sum_{\nu=0}^{k} a_\nu \varsigma^\nu ,$$

dessen Koeffizienten die im Verfahren (1) angesetzte Linearkombination zur Approximation von $h \cdot y'(x_{j+k})$ beschreiben, heißt (erstes) <u>charakteristisches Polynom</u>.

Bei einem linearen Mehrschrittverfahren heißt ferner

$$\sigma(\varsigma) := \sum_{\nu=0}^{k} b_\nu \varsigma^\nu$$

<u>zweites charakteristisches Polynom</u>. Man kennzeichnet das Mehrschrittverfahren deshalb auch kurz mit (ρ, φ) bzw. (ρ, σ). □

4.5.4 Bemerkung. Bei der Behandlung von Ein- und Mehrschrittverfahren hat es sich in der Literatur eingebürgert, daß man die Implizitheit eines Mehrschrittverfahrens, also die tatsächliche Abhängigkeit der Verfahrensfunktion $\varphi(t_0, v_0, t_1, v_1, \ldots, t_k, v_k, h)$ von v_k andeutet (vgl. Bemerkung 4.4.3), bei den Einschrittverfahren jedoch nicht. Z.B. schreibt man das implizite Verfahren

$$u_{j+1} = u_j + \frac{h}{2}\left[f(x_j, u_j) + f(x_{j+1}, u_{j+1})\right]$$

als Einschrittverfahren in der nach u_{j+1} aufgelösten Form als

$$u_{j+1} = u_j + h\,\tilde{\varphi}(x_j, u_j, h)$$

und als Mehrschrittverfahren in der Form

$$u_{j+1} = u_j + h\,\varphi(x_j, u_j, x_{j+1}, u_{j+1}, h) .$$

Mißverständnisse sind jedoch nicht zu befürchten. □

Ähnlich wie bei den Einschrittverfahren und den speziellen Mehrschrittverfahren legt man auch jetzt einen "lokalen Verfahrensfehler" fest. Dieser stimmt bei expliziten Verfahren und bei exakten Startwerten mit dem normierten Fehler nach einem Schritt überein, bei impliziten Verfahren jedoch nur näherungsweise (vgl. Bemerkungen 4.4.3 und 4.5.7).

4.5.5 Definition. *Sei y die Lösung der Anfangswertaufgabe (A) im kompakten Intervall I und φ die Verfahrensfunktion eines k-Schrittverfahrens. Da I ein kompaktes Intervall ist, kann die Lösung auf ein offenes Intervall J fortgesetzt werden, das I umfaßt und in dem dann für hinreichend kleine h (eben $h < H$) für jedes $x \in I$ der Punkt $x + kh$ enthalten ist. Dann heißt*

$$(2) \quad r(x, y(x), h) := \frac{1}{h} \sum_{\nu=0}^{k} a_\nu y(x + \nu h) - \varphi(x, y(x), \ldots, x + kh, y(x + kh), h) , \quad x \in I ,$$

lokaler Verfahrensfehler des Mehrschrittverfahrens (an der Stelle x bezüglich der Lösung y). Das Verfahren heißt *konsistent* (mit der Anfangswertaufgabe (A)), wenn

$$(3)\quad\begin{array}{ll}(i) & |u_{h,\nu} - y(x_\nu)| \longrightarrow 0\,, \quad \nu = 0, 1, \ldots, k-1\,, \quad \text{und}\\[2mm] (ii) & \sup_{x\in I} |r(x, y(x), h)| \longrightarrow 0\end{array}$$

für $h \longrightarrow 0$ gilt. Das Verfahren (ρ, φ) besitzt die Konsistenzordnung $p > 0$ für die Lösung y der Anfangswertaufgabe (A), wenn eine Konstante K existiert, so daß die Abschätzungen

$$(4)\quad\begin{array}{ll}(i) & |u_{h,\nu} - y(x_\nu)| \leq K\,h^p \quad \text{für}\quad \nu = 0, 1, \ldots, k-1 \quad \text{und}\\[2mm] (ii) & \sup_{x\in I} |r(x, y(x), h)| \leq K\,h^p \quad \text{für}\quad h \longrightarrow 0\end{array}$$

gelten.

Bezeichnet u_h die auf I_h gefundene Näherungslösung, so heißt $\varepsilon_h(x) := u_h(x) - y(x)$ *globaler Verfahrensfehler* (an der Stelle $x \in I_h$). $\qquad\qquad\qquad\qquad\qquad\qquad$ $\square$

Man macht sich sofort elementar klar, daß die k Bedingungen $|u_{h,\nu} - y(x_\nu)| \longrightarrow 0$ für $h \longrightarrow 0$ in (3i) durch $|u_{h,\nu} - y_0| \longrightarrow 0$ für $h \longrightarrow 0$ ersetzt werden können. Dann sind jedoch nicht mehr die entsprechenden, aber schärferen Bedingungen (4i) erfüllt.

Natürlich sucht man Verfahren, für die der globale Fehler mit $h \longrightarrow 0$ gegen Null strebt, wenn man von Rundungsfehlern absieht. Dies führt zu folgender

4.5.6 Definition. *Ein Mehrschrittverfahren mit der Verfahrensfunktion φ, das zu jedem $h \in (0, H]$ eine Gitterfunktion $u_h : I_h \longrightarrow \mathbb{R}^n$ berechnet (einschließlich der Startwerte), heißt* konvergent *für die Anfangswertaufgabe (A) auf dem Intervall I, wenn*

$$\|\varepsilon_h\|_h = \|u_h - y\|_h$$

für $h \longrightarrow 0$ gegen Null strebt.

Das Verfahren hat die *Konvergenzordnung* $p > 0$, wenn

$$\|\varepsilon_h\|_h = O(h^p)$$

gilt. (Liefert das Verfahren für ein $x \in I_h$ keinen Wert $u_h(x)$, so werde $\|\varepsilon_h\|_h := \infty$ gesetzt.) $\qquad\qquad\qquad\qquad\qquad\qquad$ $\square$

4.5.7 Bemerkung. Sei $u(x + kh)$ der Wert der mit Hilfe eines *expliziten* Mehrschrittverfahrens gewonnenen Näherungslösung im Punkte $x + kh$ bei Verwendung der Startwerte $u(x + \nu h) := y(x + \nu h)\,, \quad \nu = 0, 1, \ldots, k-1$. Dann gilt

$$r(x, y(x), h) = \frac{1}{h}\left[y(x + kh) + \sum_{\nu=0}^{k-1} a_\nu y(x + \nu h)\right] - \varphi(\ldots, y(x + (k-1)h), h)$$

und

$$0 = \frac{1}{h}\left[u(x+kh) + \sum_{\nu=0}^{k-1} a_\nu y(x+\nu h)\right] - \varphi(\dots, y(x+(k-1)h), h) ,$$

und folglich in diesem expliziten Falle

$$r(x, y(x), h) = \frac{1}{h}\left[y(x+kh) - u(x+kh)\right] ,$$

d.h. hier besteht der lokale Verfahrensfehler wie bei den expliziten speziellen Mehrschrittverfahren aus der mit h dividierten Differenz aus exaktem Wert und Näherungswert bei Verwendung exakter Startwerte (mit h normierter lokaler Fehler).   □

4.5.8 Satz. *Ein Mehrschrittverfahren (ρ, φ) mit Startwerten $u_{h,\nu}$, $\nu = 0, 1, \dots, k-1$ ist genau dann mit der Anfangswertaufgabe (A) konsistent, wenn für die Lösung $y \in C^1(I, I\!\!R^n)$ der Anfangswertaufgabe die folgenden drei Konsistenzbedingungen erfüllt sind:*

a) $u_{h,\nu} \longrightarrow y_0$ für $h \longrightarrow 0$, $\nu = 0, 1, \dots, k-1$,

b) $\rho(1)y(x) = 0$ für jedes $x \in I$

c) $\varphi(x, y(x), \dots, x+kh, y(x+kh), h) - \rho'(1)f(x, y(x)) \longrightarrow 0$ für $h \longrightarrow 0$ gleichmäßig in I.   □

BEWEIS: Es wird zunächst gezeigt, daß aus der Konsistenz die Konsistenzbedingungen folgen. Offenbar ist a) definitionsgemäß erfüllt. Gleichmäßig in I gilt

$$\sum_{\nu=0}^{k} a_\nu y(x+\nu h) = \sum_{\nu=0}^{k} a_\nu (y(x) + \nu h y'(x) + o(h))$$
$$= \rho(1)y(x) + h\rho'(1)y'(x) + o(h)$$

und daher

$$|r(x, y(x), h)| = \frac{1}{h}\left|\sum_{\nu=0}^{k} a_\nu y(x+\nu h) - h\varphi(x, y(x), \dots, x+kh, y(x+kh), h)\right|$$
$$= \frac{1}{h}\left|\rho(1)y(x) + h\rho'(1)f(x, y(x)) - h\varphi(\dots, h) + o(h)\right|$$
$$= \left|\frac{\rho(1)y(x)}{h} + [\rho'(1)f(x, y(x)) - \varphi(\dots, h)] + o(1)\right| .$$

Wegen der vorausgesetzten Konsistenz strebt $r(x, y(x), h)$ für $h \longrightarrow 0$ gegen Null. Nach Definition ist φ in $G^{k+1} \times [0, H]$ stetig:

$$\varphi(x, y(x), \dots, x+kh, y(x+kh), h) \longrightarrow \varphi(x, y(x), \dots, x, y(x), 0)$$

für $h \longrightarrow 0$. Deshalb gilt nach der Dreiecksungleichung

$$\left| \frac{\rho(1)y(x)}{h} \right| \leq |\rho'(1)f(x,y(x)) - \varphi(\ldots,h)| + o(1) + |r(x,y(x),h)| \,,$$

und die rechte Seite ist für $h \longrightarrow 0$ beschränkt. Also muß

$$\rho(1) \cdot y(x) = 0$$

gelten. Berücksichtigt man dies, so erhält man

$$|\rho'(1)f(x,y(x)) - \varphi(\ldots,h)| \leq |r(x,y(x),h)| + o(1) \longrightarrow 0$$

und damit Bedingung c).

Zum Beweis der Umkehrung genügt es, da a) vorausgesetzt ist, zu zeigen, daß $r(x,y(x),h) \longrightarrow 0$ aus b) und c) folgt. Es gilt gleichmäßig in I

$$|r(x,y(x),h)| \leq \frac{1}{h}|\rho(1)y(x)| + |\,[\rho'(1)y'(x) - \varphi(\ldots,h)]\,| + o(1)$$
$$= 0 + |\rho'(1)f(x,y(x)) - \varphi(\ldots,h)| + o(1) = o(1) \,,$$

womit die Konsistenz bewiesen ist. $\qquad\qquad\Box$

4.5.9 Folgerung. *Ein lineares Mehrschrittverfahren* (ρ,σ) *ist genau dann für jede Anfangswertaufgabe mit* $f \in C(G, I\!R^n)$ *konsistent, wenn die Konsistenzbedingungen*

$$|u_{h,\nu} - y(x_\nu)| \longrightarrow 0 \text{ für } h \longrightarrow 0 \,, \quad \nu = 0,1,\ldots,k-1 \,,$$

$$\rho(1) = 0 \text{ und } \rho'(1) = \sigma(1)$$

erfüllt sind.

BEWEIS: Mit den Bezeichnungen des vorigen Satzes 4.5.8 gilt

$$\varphi(x,y(x),\ldots,x+kh,y(x+kh),h) = \sum_{\nu=0}^{k} b_\nu f(x+\nu h, y(x+\nu h))$$

$$\longrightarrow f(x,y(x)) \sum_{\nu=0}^{k} b_\nu = f(x,y(x)) \cdot \sigma(1)$$

für $h \longrightarrow 0$. Aus dieser Relation folgt mit Satz 4.5.8 die Aussage. $\qquad\Box$

Die Bedingung $\rho'(1) = \sigma(1)$ kann man als eine Normierungsbedingung ansehen. Denn ρ und σ dienen zur Konstruktion von Näherungen für die Ableitung $y' \cdot$ const, es mußte nur noch dafür gesorgt werden, daß die Konstante auf beiden Seiten der Differenzengleichung übereinstimmt.

Die nächsten Begriffe werden benutzt, um die bei der praktischen Berechnung einer Näherung der Differentialgleichungslösung mit Hilfe eines Mehrschrittverfahrens auftretenden Rundungsfehler und ihre Fortpflanzung abzuschätzen. Wie auch sonst bei der Behandlung von Rundungsfehlern üblich, führt man sie in die Bestimmungsgleichungen für die u_j als zusätzliche kleine Störgrößen ein. Dadurch wird das Verfahren abgeändert und man möchte wissen, wie stark eine solche Abänderung des Verfahrens die berechneten Werte $\tilde{u}_j$ verändert. So kommt der Begriff "Stabilität" ins Spiel.

4.5.10 Definition. *Es sei (ρ, φ) ein k-Schrittverfahren, und die Abbildung der Gitterfunktionen $F_h : C_h \longrightarrow C_h$, definiert durch*

$$(F_h(v))_\nu := v_\nu - u_{h,\nu} \quad \text{für} \quad \nu = 0, 1, \ldots, k-1 \quad \text{für die Startwerte},$$

$$(F_h(v))_{j+k} := \frac{1}{h} \sum_{\nu=0}^{k} a_\nu v_{j+\nu} - \varphi(x_j, v_j, \ldots, x_{j+k}, v_{j+k}, h) \quad \text{für} \quad j = 0, 1, \ldots, m-k,$$

werde die ihm zugeordnete <u>Defektfunktion</u> genannt. Das Mehrschrittverfahren heißt <u>stabil</u>, wenn es positive Konstanten H und K gibt, so daß für jedes $h \in (0, H]$ und für jedes Paar $v, w \in C_h$ die <u>Stabilitätsungleichung</u>

$$(5) \qquad \|v - w\|_h \leq K \|F_h(v) - F_h(w)\|_h$$

gilt. □

Die Lösung u_h des Mehrschrittverfahrens ist durch

$$F_h(u_h) = 0$$

charakterisiert und das Verfahren selbst kann durch diese implizite Gleichung beschrieben werden. Diese Darstellung macht ersichtlich, daß die Bedingung (5) , die eine gleichgradige Lipschitz-Stetigkeit der Inversen der F_h bedeutet, ein "stabiles" Verhalten des Mehrschrittverfahrens kennzeichnet. Wenn v das numerische Ergebnis des Mehrschrittverfahrens ist, so beschreibt $F_h(v)$ gerade die durch die Rundungen der endlichstelligen Numerik entstandenen Abweichungen in den Bestimmungsgleichungen im Vergleich zu $F_h(u_h) = 0$.

4.5.11 Definition. *Die Verfahrensfunktion φ eines Mehrschrittverfahrens heißt Lipschitz-stetig, wenn Konstanten L und $H > 0$ existieren mit*

$$|\varphi(t_0, v_0, \ldots, t_k, v_k, h) - \varphi(t_0, w_0, \ldots, t_k, w_k, h)| \leq L \max_{0 \leq \nu \leq k} |v_\nu - w_\nu|$$

für beliebige $(t_\nu, v_\nu), (t_\nu, w_\nu) \in G$ und $h \in [0, H]$. □

4.5.12 Satz. *Das Mehrschrittverfahren (ρ, φ) ist für jede Lipschitz-stetige Verfahrensfunktion φ und beliebigen Startwerten genau dann stabil, wenn das charakteristische Polynom ρ die <u>Wurzelbedingung</u> erfüllt: Die Nullstellen von*

$$\rho(\xi) = \sum_{\nu=0}^{k} a_\nu \xi^\nu$$

haben höchstens den Betrag 1 und diejenigen vom Betrag 1 (die unimodularen Wurzeln) sind einfache Nullstellen.

Bemerkung: In dem Paragraphen über lineare Differenzengleichungen zeigte sich, daß die Wurzelbedingung gerade dafür notwendig und hinreichend ist, daß die Lösungen der homogenen Differenzengleichung mit dem charakteristischen Polynom ρ mit beliebigen Startwerten beschränkt bleiben.

BEWEIS: Wir beweisen zunächst, daß bei festem ρ aus der Stabilität eines jeden Verfahrens (ρ, φ) bei beliebigem Lipschitz-stetigen φ die Wurzelbedingung für ρ folgt. Es genügt insbesondere, $f = 0$, also $\varphi(\cdot, \cdot, h) = 0$ zu betrachten. Damit gelingt nämlich die Zurückführung auf lineare Differenzengleichungen. In diesem Falle hat die Defektfunktion F_h für $v \in C_h$ die Gestalt

$$(F_h(v))_\nu = v_\nu - u_{h,\nu} \ , \quad \nu = 0, 1, \ldots, k-1 \ ,$$

$$(F_h(v))_{j+k} = \frac{1}{h} \sum_{\nu=0}^{k} a_\nu v_{j+\nu} \ , \quad j = 0, 1, \ldots, m-k \ ,$$

bei beliebigen Startwerten $u_\nu = u_{h,\nu}$, $\nu = 0, 1, \ldots, k-1$.

Da das Verfahren stabil ist, gibt es eine Konstante K mit

$$\|v - w\|_h \leq K \, \|F_h(v) - F_h(w)\|_h$$
$$= K \, \|F_h(v - w)\|_h \ ,$$

wobei die letzte Gleichung hier wegen der Linearität von F_h gilt. Insbesondere gilt daher

$$\|u\|_h \leq K \, \|F_h(u)\|_h$$

für die Lösung von $F_h(u) = 0$, also

$$\|u\|_h \leq K \max_{0 \leq \nu \leq k-1} |u_{h,\nu}| \ .$$

Also besitzt jede Lösung der Differenzengleichung $F_h(u) = 0$ für beliebiges h eine nur von den Startwerten abhängige Schranke. Nach Satz 1.5.15 ist dies genau dann der Fall, wenn das zugehörige charakteristische Polynom ρ die Wurzelbedingung erfüllt.

Nun wird gezeigt, daß die Wurzelbedingung die Stabilität impliziert. Seien $v, w \in C_h$ und F_h die dem Mehrschrittverfahren (ρ, φ) zugeordnete Defektfunktion. Dann gilt definitionsgemäß

$$(F_h(v) - F_h(w))_\nu = v_\nu - w_\nu \ , \quad \nu = 0, 1, \ldots, k-1$$

$$(F_h(v) - F_h(w))_{j+k} = \frac{1}{h} \sum_{\nu=0}^{k} a_\nu (v_{j+\nu} - w_{j+\nu}) - [\varphi(x_j, v_j, \ldots, x_{j+k}, v_{j+k}, h) -$$
$$-\varphi(x_j, w_j, \ldots, x_{j+k}, w_{j+k}, h)] \ , \quad j = 0, 1, \ldots, m-k \ .$$

Mit den Abkürzungen

$$\delta_\mu := v_\mu - w_\mu\,, \quad \mu = 0, 1, \ldots, m$$
$$d_\mu := (F_h(v) - F_h(w))_\mu\,, \quad \mu = 0, 1, \ldots, m$$
$$d := \max_{0 \le \mu \le m} |d_\mu| = \|F_h(v) - f_h(w)\|_h$$
$$\eta_\mu := d_{\mu+k} + \varphi(x_\mu, v_\mu, \ldots, v_{\mu+k}, h) - \varphi(x_\mu, w_\mu, \ldots, w_{\mu+k}, h)$$
$$= \frac{1}{h} \sum_{\nu=0}^{k} a_\nu \delta_{\mu+\nu}\,, \quad \mu = 0, 1, \ldots, m - k$$

gilt dann

$$\sum_{\nu=0}^{k} a_\nu \delta_{j+\nu} = h\,\eta_j\,, \quad j = 0, 1, \ldots, m - k\,.$$

Dies ist eine inhomogene Differenzengleichung k-ter Ordnung mit dem charakteristischen Polynom ρ. Nach Satz 1.5.16 hat δ_{j+k} die Darstellung

$$\delta_{j+k} = \sum_{\nu=0}^{k-1} \delta_\nu u_{j+k}^{(\nu)} + \sum_{\mu=0}^{j} h\,\eta_\mu u_{j+k-\mu-1}^{(k-1)}\,,$$

wobei $(u_j^{(\kappa)})$ Lösungen der homogenen Gleichung

$$\sum_{\nu=0}^{k} a_\nu u_{j+\nu}^{(\kappa)} = 0\,, \quad u_\nu^{(\kappa)} = \delta_{\nu\kappa}\,, \quad 0 \le \nu, \kappa \le k - 1$$

sind ($\delta_{\nu\kappa}$ sei das Kronecker-Symbol). Da ρ die Wurzelbedingung erfüllt, sind nach Satz 1.5.15 sämtliche Glieder dieser Basislösungen durch eine Konstante M beschränkt,

$$|u_j^{(\kappa)}| \le M\,, \quad \kappa = 0, 1, \ldots, k - 1\,, \quad j = 0, 1, \ldots\,.$$

Unter Ausnutzung der Lipschitz-Stetigkeit von φ mit dem Koeffizienten L erhält man

$$|\eta_\mu| \le |d_{\mu+k}| + L \max_{0 \le \nu \le k} |\delta_{\mu+\nu}|$$

und hiermit aus der Darstellung von δ_{j+k} mit Hilfe der Basislösungen und Beachtung von $|\delta_\nu| = |d_\nu| \le d$ für $0 \le \nu < k$ die Abschätzung

$$|\delta_{j+k}| \le M \sum_{\nu=0}^{k-1} |\delta_\nu| + hM \sum_{\mu=0}^{j} \left(|d_{\mu+k}| + L \max_{0 \le \nu \le k} |\delta_{\mu+\nu}|\right)$$

$$\le M(k + (j+1)h)d + hM\,L \sum_{\mu=0}^{j} \max_{0 \le \nu \le k} |\delta_{\mu+\nu}|$$

$$\le \frac{C}{2} d + \frac{hD}{2} \sum_{\mu=0}^{j} \varepsilon_\mu$$

mit

$$C := 2\,M(k + b - a) \;\; (\text{wegen } k \geq 1 \text{ und } j \leq m - k \text{ gilt } (j+1)h \leq b - a)\,,$$

$$D := 2\,M\,L\,,$$

$$\varepsilon_\mu := \max_{0 \leq \nu \leq k} |\delta_{\mu+\nu}|\,, \quad \mu = 0, 1, \ldots, m - k\,.$$

Da die rechte Seite dieser Abschätzung monoton in j ist, folgt

$$\varepsilon_j \leq \frac{C}{2}d + \frac{hD}{2} \sum_{\mu=0}^{j} \varepsilon_\mu\,, \quad j = 0, 1, \ldots, m - k\,.$$

Diese impliziten Ungleichungen gehen für hinreichend kleine h, z.B. $hD \leq 1$ in die expliziten Ungleichungen

$$\varepsilon_j \leq Cd + D \sum_{\mu=0}^{j-1} h\varepsilon_\mu\,, \quad j = 0, 1, \ldots, m - k\,,$$

über, indem man nach ε_j auflöst. Aus Hilfssatz 4.2.3 (diskretes Gronwall-Lemma) folgt

$$\varepsilon_j \leq C\, e^{D(x_j - a)} d\,, \quad j = 0, 1, \ldots, m - k\,,$$

also nach Definition von ε und d eine Stabilitätsungleichung

$$\|v - w\|_h \leq C\, e^{D(b - a)} \|F_h(v) - F_h(w)\|_h\,.$$

Dies beweist, daß die Stabilität des Verfahrens aus der Wurzelbedingung folgt. $\square$

Das Ergebnis läßt sich, wie der Beweis zeigt, auch so formulieren :

4.5.13 Folgerung. *Das Verfahren (ρ, φ) bei Lipschitz-stetiger Verfahrensfunktion φ ist genau dann stabil, wenn das Verfahren $(\rho, 0)$ stabil ist.* $\square$

Es soll zum Abschluß dieses Abschnittes gezeigt werden, daß Konsistenz und Stabilität eines Mehrschrittverfahrens die Konvergenz der Näherungen implizieren. Dieser Zusammenhang tritt in vielen Prozessen der numerischen Mathematik auf und kann beinahe in jedem Falle als charakteristisch dafür angesehen werden, daß man die Definition von Konsistenz und Stabilität richtig gewählt hat.

4.5.14 Satz. *Die Anfangswertaufgabe (A) besitze im kompakten Intervall I die Lösung y. Sei (ρ, φ) ein stabiles Mehrschrittverfahren. Ist dann das Verfahren konsistent, bzw. beträgt die Konsistenzordnung p, so ist das Verfahren konvergent und die Konvergenzordnung ist gleich der Konsistenzordnung.*

BEWEIS: Setzt man y in das Verfahren ein, so entsteht definitionsgemäß der lokale Verfahrensfehler

$$(F_h(y))_\nu = y(x_\nu) - u_{h,\nu}\,, \quad \nu = 0, 1, \ldots, k - 1\,,$$

$$(F_h(y))_{j+k} = r(x_j, y(x_j), h)\,, \quad j = 0, 1, \ldots, m - k\,.$$

Die Näherungen hingegen erfüllen $F_h(u_h) = 0$, so daß also

$$F_h(y) - F_h(u_h) = F_h(y) = \begin{pmatrix} y(x_o) - u_{h,o} \\ \vdots \\ y(x_{k-1}) - u_{h,k-1} \\ r(x_0, y(x_0), h) \\ \vdots \\ r(x_{m-k}, y(x_{m-k}), h) \end{pmatrix}$$

folgt. Mit der Stabilität und andererseits der Konsistenz erhält man schließlich

$$\begin{aligned} \|y - u_h\|_h &\leq K \|F_h(y) - F_h(u_h)\|_h \\ &= K \|F_h(h)\|_h \\ &= O(h^p) \,, \end{aligned}$$

sobald $\|y - u_h\| \leq \delta$ gilt. Dies impliziert die Konvergenz und die oben genannte Konvergenzordnung. $\quad\Box$

§6 Allgemeine lineare Mehrschrittverfahren

Bereits im vierten Paragraphen war, ausgehend von der Interpolation der Werte $f(x_j, u_j)$, das Konzept der linearen Mehrschrittverfahren eingeführt worden. Man kann nun allgemein beliebige lineare Kombinationen der u_j und $f(x_j, u_j)$ betrachten, praktisch also das erste und zweite charakteristische Polynom (ρ und σ) vorgeben und nach Bedingungen an die Koeffizienten fragen, die eine gewisse Konsistenzordnung p gewährleisten. Man kann außerdem versuchen, bei vorgegebenen Graden von ρ und σ, d.h. fester Anzahl von Koeffizienten, eine möglichst große Konsistenzordnung zu erhalten. Man wird aber auch Stabilität der so konstruierten Verfahren fordern. Dabei wird sich zeigen, daß die Stabilität zu einer Schranke für die Konsistenzordnung führt, die für größere Grade unter der erreichbaren Konsistenzordnung liegt (Satz 4.6.10).

Wie bisher betrachten wir weiterhin die Anfangswertaufgabe

$$(A) \qquad\qquad y' = f(x, y)\,, \quad y(x_0) = y_0\,.$$

Bei linearen Mehrschrittverfahren

$$\sum_{\nu=0}^{k} a_\nu u_{j+\nu} = h \sum_{\nu=0}^{k} b_\nu f_{j+\nu}$$

hat der Verfahrensfehler definitionsgemäß die Form

$$r(x, y(x), h) = \frac{1}{h} \sum_{\nu=0}^{k} (a_\nu y(x_\nu) - h b_\nu f(x_\nu, y(x_\nu)))\ \text{ mit }\ x_\nu = x + \nu h\,.$$

Zunächst wird ein Kriterium zur Bestimmung der Konsistenzordnung eines Verfahrens angegeben. Zu diesem Zweck wird der Operator

$$L_n(g, h) := \frac{1}{h} \sum_{\nu=0}^{k} (a_\nu g(\nu h) - h b_\nu g'(\nu h))\,, \quad g \in C^1(J, \mathbb{R}^n)\,, \quad J := [0, b-a]\,,$$

definiert, der angewandt auf $g(t) := y(x + t)$, die Lösung der Differentialgleichung $y' = f(x, y)$ an der Stelle $x + t$, gerade den lokalen Verfahrensfehler liefert.

4.6.1 Satz. *Sei (ρ, σ) ein lineares Mehrschrittverfahren für die Anfangswertaufgabe (A). Dann sind die folgenden Aussagen paarweise äquivalent.*
   a) Der lokale Verfahrensfehler besitzt für jedes $f \in C^p(G, \mathbb{R}^n)$ die Ordnung p.
   b) Es gilt
$$L_1(t^\kappa, 1) = 0\ \text{ für }\ \kappa = 0, 1, \ldots, p\,.$$

   c) $\xi = 0$ ist $(p+1)$-fache Nullstelle von

$$\rho(e^\xi) - \xi\sigma(e^\xi)\,.$$

d) $\varsigma = 1$ *ist p-fache Nullstelle von*

$$\frac{\rho(\varsigma)}{\log \varsigma} - \sigma(\varsigma) \, .$$

e) Die Konsistenzordnung für die spezielle Anfangswertaufgabe $y' = y$, $y(0) = 1$ *beträgt p.*

f) Der lokale Verfahrensfehler hat die Ordnung p bei den speziellen $p + 1$ *Anfangswertaufgaben, deren Lösungen die Polynome* $1, x, \ldots, x^p$ *sind (z.B.* $y' = \kappa x^{\kappa-1}$, $y(0) = 0$ *für* $\kappa = 1, 2, \ldots, p$ *und* $y' = 0$, $y(0) = 1$*).*

BEWEIS:

i) a $\Longleftrightarrow$ b:

Wegen $f \in C^p$ gilt $y \in C^{p+1}$. Mit den Taylorentwicklungen

$$y(x + \nu h) = \sum_{\kappa=0}^{p} \frac{y^{(\kappa)}(x)}{\kappa!} \nu^\kappa h^\kappa + \mathcal{O}(h^{p+1}) \, ,$$

$$y'(x + \nu h) = \sum_{\kappa=1}^{p} \frac{y^{(\kappa)}(x)}{\kappa!} \kappa \nu^{\kappa-1} h^{\kappa-1} + \mathcal{O}(h^p)$$

folgt nach Einsetzen und durch Umformen

$$hr(x, y(x), h) = \sum_{\nu=0}^{k} [a_\nu y(x + \nu h) - h b_\nu y'(x + \nu h)]$$

$$= \rho(1)y(x) + \sum_{\kappa=1}^{p} \frac{y^{(\kappa)}(x)h^\kappa}{\kappa!} \sum_{\nu=0}^{k} (a_\nu \nu^\kappa - b_\nu \kappa \nu^{\kappa-1}) + \mathcal{O}(h^{p+1}) \, ,$$

$$(1) \quad r(x, y(x), h) = L_n(y(x + \cdot), h) = \frac{1}{h} \sum_{\kappa=0}^{p} h^\kappa \frac{y^{(\kappa)}(x)}{\kappa!} L_1(t^\kappa, 1) + \mathcal{O}(h^p) \, .$$

Ist also b) erfüllt, bleibt nur der $\mathcal{O}$-Term übrig und r hat die Ordnung p. Soll für jedes Anfangswertproblem (A) mit hinreichend glatter rechter Seite der lokale Verfahrensfehler die Ordnung p haben, müssen die Koeffizienten von h^κ verschwinden. Da es Fälle mit $y^{(\kappa)}(x) \neq 0$ gibt, muß b) gelten.

Dies beweist die Äquivalenz von a) mit b).

ii) b $\Longleftrightarrow$ c $\Longleftrightarrow$ d.

Aus der soeben abgeleiteten Formel für $L_n(y(x + \cdot), h)$ folgt speziell für $n = 1$, $y(x) = e^x$ und $x = 0$ also einerseits

$$(2) \quad L_1(e^t, h) = \frac{1}{h} \sum_{\kappa=0}^{p} \frac{h^\kappa}{\kappa!} L(t^\kappa, 1) + \mathcal{O}(h^p)$$

und andererseits definitionsgemäß

$$(3) \qquad L_1(e^t, h) = \frac{1}{h} \sum_{\nu=0}^{k} (a_\nu e^{\nu h} - h b_\nu e^{\nu h}) = \frac{1}{h} \rho(e^h) - \sigma(e^h) \, .$$

Vergleich von (2) und (3) liefert dann die Äquivalenz von b) mit c) und nach der in einer Umgebung von $\xi = 0$ eineindeutigen Transformation $\varsigma = e^\xi$ mit $\frac{d\varsigma}{d\xi}\big|_{\xi=0} \neq 0$ auch die Äquivalenz mit d). (Man beachte, daß für $\varsigma = 1$ wegen $0 = L_1(t^0, 1) = \rho(1)$ Zähler und Nenner von $\rho(\varsigma)/\log \varsigma$ je eine einfache Nullstelle haben, der Quotient also analytisch ist.)

iii) Trivialerweise folgt e) aus a). Umgekehrt folgt aus e), da die genannte Anfangswertaufgabe die Lösung $y = e^x$ hat, unter Benutzung von (2) und (3) die Aussage c). Eine entsprechende Argumentation ergibt die Implikationen a) $\Rightarrow$ f) $\Rightarrow$ b). $\Box$

4.6.2 Beispiel. $k = 2$. Wir suchen zwei Polynome (ρ, σ) vom Grade 2, die zu möglichst hoher Konsistenzordnung führen.

Die Bedingungen $L_1(t^\kappa, 1) = 0$ für $\kappa \leq p$ für die Ordnung p des durch (ρ, σ) bestimmten Verfahrens liefern die Gleichungen

$$a_2 = 1$$

$$
\begin{aligned}
t^0 : \quad & 1 \;+ a_1 \quad\;\; + a_0 & = 0 \\
t^1 \quad & 2 \;+ a_1 \cdot 1 \;+ a_0 \cdot 0 - \; b_2 \cdot 1 \; - \; b_1 \cdot 1 \; - b_0 \cdot 1 = 0 \\
t^2 \quad & 2^2 + a_1 \cdot 1^2 + a_0 \cdot 0 - 2b_2 \cdot 2 \; - 2b_1 \cdot 1^1 - b_0 \cdot 0 = 0 \\
t^3 \quad & 2^3 + a_1 \cdot 1^3 + a_0 \cdot 0 - 3b_2 \cdot 2^2 - 3b_1 \cdot 1^2 - b_0 \cdot 0 = 0 \\
t^4 \quad & 2^4 + a_1 \cdot 1^4 + a_0 \cdot 0 - 4b_2 \cdot 2^3 - 4b_1 \cdot 1^3 - b_0 \cdot 0 = 0 \, .
\end{aligned}
$$

Man sieht, daß a_0 und b_0 nur in den ersten beiden Gleichungen auftreten und so bestimmt werden können, daß diese Gleichungen gelten. Die Koeffizienten a_1, b_1, b_2 müssen den drei Gleichungen genügen:

$$
\begin{aligned}
4 + a_1 - 4b_2 - 2b_1 \;\; &= 0 \\
8 + a_1 - 12b_2 - 3b_1 \;\; &= 0 \\
16 + a_1 - 32b_2 - 4b_1 &= 0 \, .
\end{aligned}
$$

Subtraktion jeweils zweier dieser Gleichungen liefert:

$$
\begin{aligned}
8b_2 + b_1 \;\; &= 4 \\
20b_2 + b_1 &= 8
\end{aligned}
$$

also:

$$b_2 = \frac{1}{3} \, , \quad b_1 = \frac{4}{3} \, , \quad a_1 = 0 \, , \quad b_0 = 2 - b_1 - b_2 = \frac{1}{3}$$

$$\boxed{L_n(g, 1) = g_2 - g_0 - \frac{1}{3}(g_2' + 4g_1' + g_0')} \, , \quad g_\nu = g(\nu h) \, .$$

Insgesamt gilt also $L_1(t^\kappa, 1) = 0$ für $\kappa = 0, 1, \ldots, 4$, und andererseits $L_1(t^5, 1) \neq 0$. Man hat also ein Verfahren der Konsistenzordnung 4 gefunden:

$$u_{j+2} - u_j = \frac{h}{3} \cdot [f(x_{j+2}, u_{j+2}) + 4f(x_{j+1}, u_{j+1}) + f(x_j, u_j)] \ .$$

Dies ist das Milne-Simpson-Verfahren, welches auch die Konvergenzordnung 4 hat, da $\rho(z) = z^2 - 1$ die Wurzelbedingung erfüllt. $\qquad\square$

Die Bedingung $\rho'(1) - \sigma(1) = 0$, die man für $L_1(t^1, 1) = 0$ erhält, läßt sich auch als Normierungsbedingung auffassen. Links steht in der Differenzenformel der Differenzenausdruck $\rho'(E)u_j$, rechts eine gewichtete Summe der Ableitungen $\sigma(E)f_j$. Beide müssen zumindest in linearer Näherung zueinander passen.

Verschärft man die Voraussetzung von Satz 4.6.1 zu $f \in C^q(G, I\!R^n)$, $q > p$, so gilt für ein Verfahren (ρ, σ) der Konsistenzordnung p die genauere Aussage

$$r(x, y(x), h) = \sum_{\kappa = p+1}^{q} h^{\kappa-1} \frac{y^{(\kappa)}(x)}{\kappa!} L(t^\kappa, 1) + \mathcal{O}(h^q) \ ,$$

man bekommt damit eine Entwicklung des lokalen Fehlers nach Potenzen von h. Besonders interessant ist das erste Glied dieser Entwicklung.

4.6.3 Definition. *Der Grenzwert*

$$c_p(x) := \lim_{h \longrightarrow 0} \frac{r(x, y(x), h)}{h^p} = \frac{y^{(p+1)}(x)}{(p+1)!} L_1(t^{p+1}, 1)$$

heißt (asymptotischer) Fehlerkoeffizient *des Verfahrens (ρ, σ) an der Stelle $x \in I$. Gilt $c_p(x) \neq 0$ für eine Anfangswertaufgabe, so hat das Verfahren die* genaue Konsistenzordnung *p (bei geeigneter Wahl der Startwerte).* $\qquad\square$

Es fragt sich, welche Konsistenzordnung p man maximal für ein lineares k-Schrittverfahren (ρ, σ) bei einer Klasse hinreichend oft differenzierbarer Funktionen f erreichen kann. Zur Konstruktion stehen neben $a_k = 1$ insgesamt $2k + 1$ freie Parameter $a_0, \ldots, a_{k-1}, b_0, \ldots, b_k$ zur Verfügung. Diese Koeffizienten a_ν, b_ν müssen gemäß Satz 4.6.1 b) so gewählt werden, daß sie die aus

$$(4) \qquad\qquad L_1(t^\kappa, 1) = 0 \ \ \text{für} \ \ \kappa = 0, 1, \ldots, p$$

folgenden linearen Gleichungen erfüllen.

Statt dessen können wir auch mit Hilfe des obigen Kriteriums, Bedingung d), die Polynome ρ und σ zu bestimmen versuchen. Sei $\partial\rho = k$, $\partial\sigma = k_0$. Wegen der Konsistenz muß zumindest $\rho(1) = L_1(1, 1) = 0$ gelten, so daß $\varsigma = 1$ eine Nullstelle von ρ ist und man $\rho^*(\varsigma) := \rho(\varsigma)/(\varsigma - 1)$, mit $\partial\rho^* = k - 1$ und analog $\log^* \varsigma := \log \varsigma/(\varsigma - 1)$ schreiben kann.

Betrachtet man etwa $\varphi(h) := \rho^*(\varsigma) - \log^* \varsigma \cdot \sigma(\varsigma)$ für $h := 1 - \varsigma$ und fordert $\varphi(h) = \mathcal{O}(|\varsigma - 1|^p)$ mit möglichst großem p, entwickelt für h, so kann man mühelos die $k = \partial\rho$ ersten Koeffizienten von ρ durch Wahl von ρ^* zum Verschwinden bringen. Es kommt also nur darauf an, für das Verschwinden weiterer Terme zu sorgen. Aus

$$-\log^*(1 - h) := -\frac{\log(1 - h)}{-h} = 1 + \frac{h}{2} + \frac{h^2}{3} + \frac{h^3}{4} + \dots$$

und dem Ansatz

$$\sigma(\varsigma) = c_0 + c_1 h + \dots + c_{k_0} h^{k_0}$$

erhält man zunächst die Koeffizienten der h-Entwicklung von $\log^* \varsigma \cdot \sigma(\varsigma)$. Sie bilden einen Vektor, den man aus

$$\begin{pmatrix} \alpha_0 \\ \alpha_1 \\ \cdot \\ \cdot \\ \cdot \end{pmatrix} = \begin{pmatrix} 1 & 0 & 0 & 0 & \cdot \\ \frac{1}{2} & 1 & 0 & 0 & \cdot \\ \frac{1}{3} & \frac{1}{2} & 1 & 0 & \cdot \\ \frac{1}{4} & \frac{1}{3} & \frac{1}{2} & 1 & \cdot \\ \cdot & \cdot & \cdot & \cdot & \cdot \end{pmatrix} \cdot \begin{pmatrix} c_0 \\ c_1 \\ \cdot \\ \cdot \\ \cdot \\ c_{k_0} \end{pmatrix}$$

berechnen kann. Ist $k_0 \leq k$, so erhält man also als Bedingungen für das Verschwinden der Koeffizienten $\alpha_k, \alpha_{k+1}, \dots$ die homogenen linearen Gleichungen

$$(5) \qquad 0 = \begin{pmatrix} \frac{1}{k+1} & \frac{1}{k} & \cdots & \frac{1}{k-k_0+1} \\ \frac{1}{k+2} & \frac{1}{k+1} & \cdots & \frac{1}{k-k_0+2} \\ \cdot & & & \cdot \\ \cdot & & & \cdot \\ \cdot & & \cdots & \cdot \end{pmatrix} \cdot \begin{pmatrix} c_0 \\ c_1 \\ \cdot \\ \cdot \\ \cdot \\ c_{k_0} \end{pmatrix},$$

deren Matrix auf allen Parallelen zur Hauptdiagonale gleiche Elemente hat.

Man sieht leicht (vgl. Aufgabe 4.6.5), daß m aufeinanderfolgende Spalten dieser Matrix linear unabhängig sind, wenn man wenigstens m Zeilen benutzt. Deshalb kann man nur für $m \leq k_0$ eine nichttriviale Lösung bekommen. Setzt man $c_0 = 1$, so kann man also die Koeffizienten $c_1, \dots, c_{k_0}$ bestimmen und mit $\sigma(\varsigma) = \sum_\nu c_\nu (1 - \varsigma)^\nu$ auch die Koeffizienten von σ berechnen. Die Koeffizienten $\alpha_\nu = \sum_{j=0}^{\nu} c_j \cdot \frac{1}{\nu - j + 1}$ führen, wie beschrieben, auf ρ^*.

Wegen $c_0 = 1$ ist auch $\alpha_0 = 1 \cdot c_0 = 1 \neq 0$, so daß $\rho(\varsigma) = (\varsigma - 1)\rho^*(\varsigma)$ bei $\varsigma = 1$ nur eine einfache Nullstelle besitzt.

Wäre $\alpha_{k-1} = 0$, so hätte man nicht nur k_0, sondern $k_0 + 1$ homogene Gleichungen, denen die $c_0, \dots, c_{k_0}$ genügen, was zu deren identischem Verschwinden führen würde. Also ist $\alpha_{k-1} \neq 0$ und dies impliziert, daß auch der höchste Koeffizient von ρ nicht verschwindet, so daß man (nachträglich) durch Multiplikation mit einem Faktor die Koeffizienten so normieren kann, daß $a_k = 1$ gilt. Diese Überlegungen zeigen:

4.6.4 Bemerkung. Zu vorgegebenen Graden $k_0 \leq k$ kann man Polynome ρ und σ mit $\partial\rho \leq k$, $\partial\sigma \leq k_0$ finden, die ein lineares Mehrschrittverfahren der Konsistenzordnung $1 + k_0 + k$ festlegen.   □

4.6.5 Aufgabe. Man zeige, daß die Matrix

$$A_{j,m} = \begin{pmatrix} \frac{1}{m+1} & \frac{1}{m+2} & \cdots & \frac{1}{m+j} \\ \frac{1}{m+2} & \frac{1}{m+3} & \cdots & \frac{1}{m+j+1} \\ \cdot & \cdot & & \cdot \\ \cdot & \cdot & & \cdot \\ \cdot & \cdot & & \cdot \\ \frac{1}{m+j} & \frac{1}{m+j+1} & \cdots & \frac{1}{m+2j-1} \end{pmatrix}$$

(das allgemeine Element hat die Form $a_{ik} = \frac{1}{m+i+k-1}$) nichtsingulär ist. (Hinweis: Für einen rein algebraischen Beweis subtrahiere man die letzte Zeile von den anderen, klammere gemeinsame Faktoren aus und subtrahiere anschließend die letzte Spalte von den übrigen Spalten.)   □

Die im vierten Paragraphen mittels Polynominterpolation entwickelten speziellen Mehrschrittverfahren der Form

$$u_{j+k} = u_{j+q} + h \sum_{\nu=0}^{k} b_\nu\, f(x_{j+\nu}, u_{j+\nu})$$

haben bei $k+1$ freien Parametern $b_0,\ldots,b_k$ maximal mögliche Konsistenzordnung und sind stabil, wie der folgende Satz besagt:

4.6.6 Satz. *Die mit Hilfe einer Polynominterpolation der Werte $f(x_j, u_j), \ldots, f(x_{j+\kappa}, u_{j+\kappa})$ gewonnenen speziellen Mehrschrittverfahren der Gestalt*

$$u_{j+k} = u_{j+q} + h \sum_{\nu=0}^{\kappa} b_\nu\, f(x_{j+\nu}, u_{j+\nu})$$

mit $0 \leq q < k$ und $\kappa \leq k$ sind stabil und besitzen für $f \in C^{\kappa+1}(G, \mathbb{R}^n)$ die Konsistenzordnung $\kappa + 1$, wenn die Startwerte ebenfalls mit dieser Ordnung gegen den Anfangswert streben. Also sind diese Verfahren konvergent mit der Ordnung $\kappa + 1$.

Ist $q = 0$, k gerade und $\kappa = k$, so sind die Koeffizienten b_ν symmetrisch, d.h. $b_\nu = b_{k-\nu}$, $\nu = 0,1,\ldots,k$ und das spezielle Mehrschrittverfahren hat in diesem Falle die Konvergenzordnung $\kappa + 2 = k + 2$.

BEWEIS: Die Konsistenzordnung $\kappa + 1$ wurde schon in Satz 4.4.4 nachgewiesen. Zur Bestimmung der Ordnung des lokalen Verfahrenfehlers kann man sich unabhängig davon der Bedingung des Kriteriums f) bedienen, d.h. man prüft, welche auf Polynome führenden Anfangswertaufgaben exakt gelöst werden. Offenbar werden nach

Konstruktion durch die Summe mit $\kappa+1$ Summanden auf der rechten Seite Polynome κ-ten Grades (die Ableitung von Polynomen $(\kappa+1)$-ten Grades) exakt integriert, d.h. das Kriterium f) für Konsistenz ist mit $p = \kappa + 1$ erfüllt.

Also hat das Verfahren die Konsistenzordnung $\kappa + 1$.

Mit

$$\rho(\varsigma) = \varsigma^k - \varsigma^q , \quad \sigma(\varsigma) = \sum_{\nu=0}^{\kappa} b_\nu \varsigma^\nu$$

gilt $\rho(1) = 0$ und $\rho'(1) = k - q = \sigma(1)$, wie man mit $f(x,y) = 1$, also

$$\sigma(1) = \frac{1}{h} \int_{x_{j+q}}^{x_{j+k}} 1 dx$$

sofort erkennt. Also ist das Verfahren nach Folgerung 4.5.9 konsistent. Schließlich ist es auch stabil, da $\rho(\varsigma) = \varsigma^q(\varsigma^{k-q} - 1)$ die Wurzelbedingung erfüllt. Nach Satz 4.5.14 folgt aus der Konsistenz und Stabilität die Konvergenz des Verfahrens und für die Konvergenzordnung $\kappa + 1$.

Die Symmetrie der Koeffizienten b_ν im Falle $q = 0$, k gerade folgt aus der Betrachtung der Lagrangeschen Basispolynome, mit deren Hilfe sie definiert sind: Sei $x_\nu := (\nu - k/2)h$ für $\nu = 0, 1, \ldots, k$ und $\omega_\nu \in \Pi_k$ das Polynom mit

$$\omega_\nu(x_\mu) = \delta_{\nu\mu} , \quad 0 \leq \nu, \mu \leq k .$$

Dann gilt wegen

$$\omega_{k-\nu}(x) = \omega_\nu(-x) \quad \text{und} \quad x_k = -x_0$$

für die Koeffizienten

$$b_\nu = \frac{1}{h} \int_{x_0}^{x_k} \omega_\nu(x)dx = \frac{1}{h} \int_{x_0}^{x_k} \omega_{k-\nu}(x)dx = b_{k-\nu} ,$$

was ihre Symmetrie beweist.

Zum Beweis der in diesem Fall um Eins erhöhten Konsistenzordnung benutzen wir das Kriterium b) aus Satz 4.6.1. Nach dem oben Bewiesenen gilt schon

$$L_1(g,1) = g\left(\frac{k}{2}\right) - g\left(-\frac{k}{2}\right) - \sum_{\nu=-\frac{k}{2}}^{\frac{k}{2}} b_\nu g'(\nu) = 0$$

für $g(t) = t^\mu$, $\mu = 0, 1, \ldots, k+1$ (ohne Einschränkung kann man statt der Stützstellen $0, 1, \ldots, k$ die Stützstellen $-\frac{k}{2}, -\frac{k}{2} + 1, \ldots, \frac{k}{2}$ verwenden). Es gilt aber auch

$$L_1(t^{k+2}, 1) = \left(\frac{k}{2}\right)^{k+2} - \left(-\frac{k}{2}\right)^{k+2} - \sum_{\nu=-\frac{k}{2}}^{\frac{k}{2}} b_\nu(k+2)\nu^{k+1} = 0$$

wegen der Symmetrie der Koeffizienten b_ν und da $k+1$ ungerade ist. Hiermit ist alles bewiesen.   □

4.6.7 Bemerkung. Sei (ρ, σ) ein für jede Anfangswertaufgabe (A) mit $f \in C^p(G, \mathbb{R}^n)$ stabiles und konsistentes k-Schrittverfahren der Ordnung p. Die Anwendung auf die Anfangswertaufgabe $y' = \lambda y$, $y(x_0) = y_0 \neq 0$ führt zu dem "Stabilitätspolynom"

$$\chi(\varsigma, h\lambda) = \rho(\varsigma) - h\lambda\sigma(\varsigma) \,.$$

Seien $\varsigma_1, \varsigma_2, \ldots, \varsigma_k$ die Nullstellen von ρ, insbesondere sei $\varsigma_1 = 1$, und seien $\tilde{\varsigma}_1(h), \ldots, \tilde{\varsigma}_k(h)$ die Nullstellen von $\chi(\cdot, h\lambda)$ mit $\tilde{\varsigma}_\nu(0) = \varsigma_\nu$ (die Nullstellen eines Polynoms hängen stetig von den Koeffizienten ab).

Man zeige, daß gilt

$$\tilde{\varsigma}_1(h) = e^{\lambda h} + O(h^{p+1}) \ \text{ für } \ h \longrightarrow 0 \,.$$

BEWEIS: Seien

$$\rho(\varsigma) = \sum_{\nu=0}^{k} a_\nu \varsigma^\nu \,, \quad \sigma(\varsigma) = \sum_{\nu=0}^{k} b_\nu \varsigma^\nu \,.$$

Die Lösung der Anfangswertaufgabe ist

$$y(x) = y_0 e^{\lambda(x-x_0)} \,.$$

Da (ρ, σ) konsistent mit der Ordnung p ist, gilt insbesondere

$$r(x, y(x), h) = O(h^p) \ \text{ in } I = [\,x_0, b\,]$$

und dies ist gleichbedeutend mit

$$\sum_{\nu=0}^{k} (a_\nu - h\lambda b_\nu) y_0 e^{\lambda(x+\nu h - x_0)} = O(h^{p+1}) \ \text{ in } I \,,$$

also

$$\begin{aligned}
\chi(e^{h\lambda}, h\lambda) &= \sum_{\nu=0}^{k} (a_\nu - h\lambda b_\nu) e^{\nu h\lambda} \\
&= (e^{h\lambda} - \tilde{\varsigma}_1(h)) \cdot (e^{h\lambda} - \tilde{\varsigma}_2(h)) \ldots (e^{h\lambda} - \tilde{\varsigma}_k(h)) \\
&= O(h^{p+1}) \,.
\end{aligned}$$

Infolge der Stabilität von (ρ, σ) ist die Wurzelbedingung für ρ erfüllt; insbesondere ist $\varsigma_1 = \tilde{\varsigma}_1(0) = 1$ eine einfache Nullstelle von ρ. Für hinreichend kleines h gibt es daher eine Konstante $C > 0$ mit

$$|e^{h\lambda} - \tilde{\varsigma}_\nu(h)| \geq C \ \text{ für } \nu = 2, 3, \ldots, k \,.$$

Hieraus folgt

$$\tilde{\varsigma}_1(h) = e^{h\lambda} + O(h^{p+1}) \,.$$ □

Der folgende Satz 4.6.10 gibt Auskunft darüber, welche maximale Ordnung der Konvergenz für alle Anfangswertaufgaben (A) mit hinreichend oft differenzierbarem f ein lineares Mehrschrittverfahren mit k Schritten haben kann. Bei seinem Beweis werden die beiden folgenden Hilfssätze verwendet.

4.6.8 Hilfssatz.

a) *Die Transformation*

$$z = \frac{\varsigma - 1}{\varsigma + 1}$$

bildet jedes ς aus dem Inneren des Einheitskreises der komplexen Ebene umkehrbar eindeutig auf ein z der Halbebene Re $z < 0$ ab. Der Rand des Einheitskreises wird auf die imaginäre Achse abgebildet, dabei gehen $\varsigma = \pm i$ in $\pm i$ über. Die Umkehrabbildung ist

$$\varsigma = \frac{1+z}{1-z} = \frac{2}{1-z} - 1 \,.$$

b) *Seien*

$$\rho(\varsigma) = \sum_{\nu=0}^{k} a_\nu \varsigma^\nu \,, \quad \sigma(\varsigma) = \sum_{\nu=0}^{k} b_\nu \varsigma^\nu \,, \quad a_k := 1 \,.$$

Die Funktionen

$$r(z) := \left(\frac{1-z}{2}\right)^k \rho\left(\frac{1+z}{1-z}\right) \,,$$

(6)
$$s(z) := \left(\frac{1-z}{2}\right)^k \sigma\left(\frac{1+z}{1-z}\right)$$

sind Polynome mit den Graden $\tilde{k} := \partial r \leq k$ und $\partial s \leq k$. Genügen die Nullstellen $\varsigma_1, \ldots, \varsigma_k$ von ρ der Wurzelbedingung, so liegen die Nullstellen $z_1, \ldots, z_{\tilde{k}}$ von r in der Halbebene Re $z \leq 0$, insbesondere werden die auf dem Rand des Einheitskreises liegenden Nullstellen z_ν von r auf die imaginäre Achse abgebildet. Ist $\varsigma = -1$ eine μ-fache Nullstelle von ρ, so hat r den Grad $\tilde{k} = k - \mu$, und umgekehrt.

BEWEIS: Die genannten Abbildungseigenschaften sind elementare funktionentheoretische Fakten, deren Verifikation dem Leser überlassen bleibt.

Für $z \neq 1$ gilt

$$r(z) = \left(\frac{1-z}{2}\right)^k \sum_{\nu=0}^{k} a_\nu \frac{(1+z)^\nu}{(1-z)^\nu} = \frac{1}{2^k} \sum_{\nu=0}^{k} a_\nu (1+z)^\nu (1-z)^{k-\nu} \,;$$

diese Funktion kann in $z = 1$ stetig ergänzt werden. Entsprechendes gilt für s.

Ist $\varsigma = -1$ eine μ-fache Nullstelle von ρ, so gilt

$$\rho(\varsigma) = (\varsigma + 1)^\mu \tilde{\rho}(\varsigma) \,,$$

mit $\partial\tilde{\rho} = k - \mu$ und $\tilde{\rho}(-1) \neq 0$. Wegen

$$\varsigma + 1 = \frac{1+z}{1-z} + 1 = \frac{2}{1-z}$$

folgt

$$r(z) = \left(\frac{1-z}{2}\right)^k \cdot [(\varsigma+1)^\mu \cdot \tilde{\rho}(\varsigma)] = \left(\frac{1-z}{2}\right)^{k-\mu} \cdot \tilde{\rho}\left(\frac{1+z}{1-z}\right) .$$

Dies zeigt die Reduktion des Grades von r um μ, wenn -1 eine μ-fache Nullstelle von ρ ist, und umgekehrt. $\qquad\square$

4.6.9 Hilfssatz. *Die Funktion*

$$g(z) := \frac{z}{\log\frac{1+z}{1-z}}$$

ist analytisch für $|z| < 1$ und besitzt die Potenzreihenentwicklung

$$(7) \qquad \frac{z}{\log\frac{1+z}{1-z}} = c_0 + c_2 z^2 + c_4 z^4 + \ldots$$

mit reellen Koeffizienten $c_0, c_2, c_4, \ldots$; für diese gilt

$$(8) \qquad c_0 = \frac{1}{2} , \quad c_{2\nu} < 0 \quad \text{für } \nu = 1, 2, 3, \ldots .$$

BEWEIS: Es gilt

$$\log(1 \pm z) = z \mp \frac{1}{2}z^2 + \frac{1}{3}z^3 \mp \frac{1}{4}z^4 + \ldots \quad \text{für } |z| < 1$$

und daher

$$\log\frac{1+z}{1-z} = \log(1+z) - \log(1-z)$$
$$= 2\left(z + \frac{1}{3}z^3 + \frac{1}{5}z^5 + \ldots\right)$$

mit dem Konvergenzradius 1. Außerdem verschwindet $\log\frac{1+z}{1-z}$ für $z \neq 0$ nicht. Also besitzen Zähler und Nenner von g in $z = 0$ eine Nullstelle der genauen Ordnung 1, so daß g analytisch in $|z| < 1$ ist und es folgt

$$(9) \qquad g(z) = \frac{z}{\log\frac{1+z}{1-z}} = \frac{1}{2(1 + \frac{1}{3}z^2 + \frac{1}{5}z^4 + \ldots)} .$$

Als gerade Funktion besitzt $g(z)$ eine Entwicklung der Form (7). Durch Koeffizienten-vergleich von (7) und (9) ergeben sich in (8) die behaupteten Vorzeichenbedingungen. Denn aus (7) und (9) folgt zunächst

$$\frac{1}{2} = \left(1 + \frac{1}{3}z^2 + \frac{1}{5}z^4 + \ldots\right)\left(c_0 + c_2 z^2 + c_4 z^4 + \ldots\right)$$

$$
\begin{pmatrix} \frac{1}{2} \\ 0 \\ 0 \\ \cdot \\ \cdot \\ \cdot \end{pmatrix} = \begin{pmatrix} 1 & 0 & 0 & 0 & 0 & 0 \\ \frac{1}{3} & 1 & 0 & 0 & 0 & 0 \\ \frac{1}{5} & \frac{1}{3} & 1 & 0 & 0 & 0 \\ & & & \cdot & & \\ & & \cdot & \cdot & \cdot & \end{pmatrix} \cdot \begin{pmatrix} c_0 \\ c_2 \\ c_4 \\ \cdot \\ \cdot \\ \cdot \end{pmatrix} ,
$$

und daher $c_0 = \frac{1}{2}$, sowie

$$
\sum_{\nu=0}^{i} \frac{c_{2\nu}}{2i - 2\nu + 1} = 0 , \quad i = 1, 2, 3, \dots .
$$

Für $i = 1$ ergibt sich hieraus insbesondere

$$
0 = c_2 + c_0 \frac{1}{3} = c_2 + \frac{1}{6} , \quad \text{d.h.} \quad c_2 = -\frac{1}{6} < 0 .
$$

Offenbar gilt

$$
\frac{2i + 1 - 2\nu}{2i + 3 - 2\nu} = 1 - \frac{2}{2i + 3 - 2\nu} \le \frac{2i + 1}{2i + 3} \quad \text{für } i \ge \nu \ge 0 ,
$$

also

$$
\frac{1}{2i + 3 - 2\nu} \le \frac{2i + 1}{2i + 3} \cdot \frac{1}{2i + 1 - 2\nu} ,
$$

wobei Gleichheit nur für $\nu = 0$ eintritt.

Zum Induktionsschluß von i auf $i+1$ setzt man $c_2, c_4, \dots, c_{2i} < 0$ voraus und erhält

$$
c_{2(i+1)} = \sum_{\nu=0}^{i} \frac{-c_{2\nu}}{2(i + 1) - 2\nu + 1}
$$

$$
< \frac{2i + 1}{2i + 3} \cdot \sum_{\nu=0}^{i} \frac{-c_{2\nu}}{2i - 2\nu + 1} = 0 ,
$$

insgesamt also die Behauptung. $\square$

4.6.10 Satz (Dahlquist 1956). *Das lineare k-Schrittverfahren (ρ, σ) sei konsistent und ρ erfülle die Wurzelbedingung. Dann beträgt die maximal erreichbare Konsistenzordnung $p = k + 1$ für ungerades k und $p = k + 2$ für gerades k. Es gibt k-Schrittverfahren (ρ, σ) dieser maximalen Konsistenzordnung.*

Bei einem solchen Verfahren maximaler Konvergenzordnung mit geradem k besitzt ρ die Wurzeln $+1$ und -1 und $\frac{k-2}{2}$ Paare konjugiert komplexer und paarweise verschiedener unimodularer Wurzeln. Umgekehrt gibt es zu jedem ρ mit diesen Eigenschaften genau ein σ, so daß (ρ, σ) ein lineares k-Schrittverfahren der Konsistenzordnung $k + 2$ ist.

BEWEIS: Nach Satz 4.6.1 ist die Konsistenzordnung eines durch ρ und σ definierten linearen Mehrschrittverfahrens genau dann mindestens p, wenn $\varsigma = 1$ eine p-fache Nullstelle von

$$
\frac{\rho(\varsigma)}{\log \varsigma} - \sigma(\varsigma) \text{ ist} , \quad \text{d.h.} \quad \frac{\rho(\varsigma)}{\log \varsigma} - \sigma(\varsigma) = \mathcal{O}((\varsigma - 1)^p)
$$

gilt. Das Verfahren hat also genau dann mindestens die Konsistenzordnung $k + 1$, wenn das Polynom σ vom Grade k als Abschnitt der ersten $k + 1$ Glieder der Reihenentwicklung von $\rho(\varsigma)/\log\varsigma$ nach Potenzen von $\varsigma - 1$ gewählt wird. Daher ist zu vorgegebenem Polynom ρ, das $\rho(1) = 0$ und die Wurzelbedingung erfüllt, die Konsistenzordnung $k + 1$ stets erreichbar. Dieses σ erfüllt die Bedingung $\rho'(1) = \sigma(1)$ zur Konsistenz. Wegen $\rho(1) = 0$ und der Gültigkeit der Wurzelbedingung ist $\varsigma = 1$ eine einfache Nullstelle von ρ und daher $z = 0$ eine einfache Nullstelle des im Hilfssatz 4.6.8 definierten Polynoms r. Also gilt

$$r(z) = A_1 z + A_2 z^2 + \ldots + A_k z^k$$

mit $A_1 \neq 0$ und reellen Koeffizienten. Ohne Einschränkung können wir annehmen, daß der höchste nicht verschwindende Koeffizient positiv ist. Sein Wert sei A. Wegen der Wurzelbedingung kann keine Wurzel von $r(z)$ positiven Realteil haben. Wir zeigen zunächst, daß dann auch kein Koeffizient negativ sein kann,

$$(10) \qquad\qquad\qquad A_1 > 0$$

$$(11) \qquad\qquad\qquad A_\nu \geq 0 \ \text{ für } \ \nu = 2, 3, \ldots, k \,.$$

Um dies zu verifizieren, nehme man an, r habe die konjugiert komplexen Nullstellen

$$z_j = -a_j + ib_j \quad \text{und} \quad \bar{z}_j = -a_j - ib_j$$

und die reellen Nullstellen $-c_l$ mit $c_l \geq 0$, $a_j \geq 0$.

Dann gilt

$$r(z) = A \cdot \prod_j [(z - z_j) \cdot (z - \bar{z}_j) \cdot] \prod_l (z + c_l)$$
$$= A \cdot \prod_j [z^2 + 2a_j z + a_j^2 + b_j^2] \cdot \prod_l (z + c_l) \,,$$

so daß Ausmultiplizieren zu nichtnegativen Koeffizienten A_ν führt.

Hat das Verfahren mindestens die Ordnung $k + 1$, so ist $z = 0$ eine Nullstelle mindestens $(k + 1)$-ter Ordnung von

$$(12) \qquad\qquad\qquad \frac{r(z)}{\log \frac{1+z}{1-z}} - s(z)$$

mit dem in Hilfssatz 4.6.8 definierten Polynom s und es hat die Gestalt

$$s(z) = d_0 + d_1 z + \ldots + d_k z^k,$$

wenn die Reihenentwicklung

$$\frac{r(z)}{\log \frac{1+z}{1-z}} = d_0 + d_1 z + d_2 z^2 + \ldots \,, \quad |z| < 1$$

gilt. Die Ordnung des Verfahrens kann also nur dann größer als $k + 1$ sein, wenn $d_{k+1} = 0$ erreicht werden kann.

Unter Benutzung der Potenzreihenentwicklung (7) von $z/\log\frac{1+z}{1-z}$ erhält man durch Koeffizientenvergleich aus

$$\frac{z}{\log\frac{1+z}{1-z}}\cdot\frac{r(z)}{z} = (c_0 + c_2 z^2 + c_4 z^4 + \ldots)\cdot(A_1 + A_2 z + \ldots + A_k z^{k-1})$$

$$= d_0 + d_1 z + d_2 z^2 + \ldots$$

die Relationen

$$d_0 = c_0 A_1$$

$$d_1 = c_0 A_2$$

$$d_{2\nu} = c_0 A_{2\nu+1} + c_2 A_{2\nu-1} + \ldots + c_{2\nu} A_1 , \quad \nu = 1, 2, \ldots$$

$$d_{2\nu+1} = c_0 A_{2\nu+2} + c_2 A_{2\nu} + \ldots + c_{2\nu} A_2 , \quad \nu = 1, 2, \ldots ,$$

wobei man zweckmäßig

$$A_\nu := 0 \quad \text{für } \nu > k$$

definiert.

Ist k ungerade, $k = 2\nu - 1$, so gilt

$$d_{k+1} = c_2 A_k + c_4 A_{k-2} + \ldots + c_{k+1} A_1 < 0 ,$$

wegen $A_{k+1} = 0$ und da nach Hilfssatz 4.6.9 die Ungleichungen

$$c_{2\nu} < 0 \quad \text{für } \nu = 1, 2, 3, \ldots ,$$

und nach (10) und (11) sowie wegen des Grades von r die Ungleichungen

$$A_1 > 0 , \quad A_\nu \geq 0 \text{ für } \nu = 2, 3, \ldots, k \text{ und } A_{k+1} = 0$$

bestehen.

Dies bedeutet, daß die in (12) angegebene Funktion in $z = 0$ höchstens eine Nullstelle der Ordnung $k + 1$, das Verfahren für ungerades k also höchstens die Ordnung $k + 1$ besitzen kann.

Ist k gerade, $k = 2\nu$, so folgt

$$d_{k+1} = c_2 A_k + c_4 A_{k-2} + \ldots + c_k A_2 .$$

Aufgrund der soeben bereits benutzten Vorzeichenstruktur der auftretende Koeffizienten gilt $d_{k+1} = 0$ genau dann, wenn

$$A_2 = A_4 = \ldots = A_k = 0$$

ist. Dies ist genau dann der Fall, wenn das Polynom r ein ungerades Polynom ist:

$$r(-z) = -r(z) .$$

Ein solches Polynom hätte zu jeder Wurzel mit $Re\ z < 0$ eine korrespondierende Wurzel mit $Re\ z > 0$. Da dies aufgrund der Wurzelbedingung ausgeschlossen ist, müssen alle Wurzeln von r auf der imaginären Achse liegen. Die Nullstellen von ρ liegen also auf dem Rande des Einheitskreises.

Aufgrund der Konsistenz und der Wurzelbedingung ist $\varsigma = +1$ eine einfache Nullstelle von ρ. Wegen $A_k = 0$ ist der Grad von r kleiner als k und dies ist nach Hilfssatz 4.6.8 genau dann der Fall, wenn -1 eine Nullstelle von ρ ist. Da ρ die Wurzelbedingung erfüllt, ist auch diese Nullstelle einfach. Aus demselben Grund sind die übrigen $k-2$ Wurzeln unimodular, einfach und treten in konjugiert komplexen Paaren auf, da die Koeffizienten reell sind.

Betrachtung des nächsten Koeffizienten

$$d_{k+2} = c_4 A_{k-1} + c_6 A_{k-3} + \ldots + c_{k+2} A_1$$

zeigt wegen $A_1 > 0$, $A_\nu \geq 0$ für $\nu \geq 2$ und $c_{2\nu} < 0$ wieder, daß d_{k+2} negativ ist. Die Ordnung $k+2$ ist daher nicht überschreitbar.

Wählt man nun das Polynom ρ so, daß es die Wurzeln $+1$ und -1 und $\frac{k-2}{2}$ Paare konjugiert komplexer und paarweise verschiedener unimodularen Wurzeln besitzt, insbesondere also die Wurzelbedingung erfüllt, so hat r den Grad $k-1$ und nach Hilfssatz 4.6.8 die Gestalt

$$r(z) = z \prod_{j=1}^{\frac{k}{2}-1} (z - ib_j) \cdot (z + ib_j) = z \prod_{j=1}^{\frac{k}{2}-1} (z^2 + b_j^2) \ .$$

Folglich gilt $r(-z) = -r(z)$ und daher ist, wie oben gezeigt, $d_{k+1} = 0$ und durch die am Beweisanfang genannte Wahl von σ wird ein Verfahren der Konsistenzordnung $k+2$ bestimmt. $\qquad\Box$

§7 Prädiktor-Korrektor-Verfahren vom Typ $P(EC)^\ell E$ und $P(EC)^\ell$

Prädiktor- und Korrektor-Verfahren sind uns schon im vierten Paragraphen über spezielle Mehrschrittverfahren begegnet. Bei einem impliziten linearen Mehrschrittverfahren hat man ein i.a. nichtlineares Gleichungssystem zu lösen. Dies wird man iterativ zu tun versuchen. Deshalb wird man, nachdem die Startphase vorüber ist, d.h. nachdem die benötigten k Startwerte für ein k-Schrittverfahren bestimmt sind, in jedem Schritt zunächst den neuen Funktionswert $u_{j+k}^{(0)}$ schätzen. Dies kann mit einer expliziten "Prädiktorformel" geschehen. Das Ergebnis macht man zum Ausgangspunkt einer Iteration, durch die der Wert iterativ verbessert wird. Zu dieser Iteration wird i.a. eine andere implizite Formel verwendet, die beispielsweise einen kleineren Fehlerkoeffizienten oder sogar eine höhere Ordnung besitzt. Man kann solange iterieren, bis die implizite Formel (der Korrektor) numerisch exakt erfüllt ist. Das ist jedoch nicht sinnvoll und deshalb nicht die Regel, sondern man schreibt meist vor, daß nur eine feste Anzahl ℓ von Iterationen durchgeführt wird. Dieses Vorgehen ist dadurch gerechtfertigt, daß nach einer gewissen Anzahl von Iterationen eine Konsistenz- und Konvergenzordnung erreicht wird, die auch durch weitere Iterationen nicht verbessert werden kann. Bei jedem Iterationsschritt muß einmal die Funktion f ausgewertet werden. Man kann außerdem nach Abschluß der ℓ Iterationen noch einmal mit dem gefundenen Wert $u_{j+k}^{(\ell)}$ eine Auswertung vornehmen, um in dem folgenden Schritt einen möglichst genauen Wert für $f(x_{j+k}, u_{j+k})$ und damit die Ableitung der Differentialgleichungslösung zu verwenden. Die einzelnen Teilschritte werden im folgenden durch die Buchstaben P (predictor), C (corrector) und E (evaluation) angedeutet.

4.7.1 Definition. *(Prädiktor-Korrektor-Verfahren) Gegeben sei ein explizites lineares k-Schrittverfahren (ρ^*, σ^*) (Prädiktorformel)*

$$\sum_{\nu=0}^{k} a_\nu^* u_{j+\nu} = h \sum_{\nu=0}^{k-1} b_\nu^* f_{j+\nu} \, , \quad a_k^* = 1 \, ,$$

und ein implizites lineares k-Schrittverfahren (ρ, σ) (Korrektorformel)

$$\sum_{\nu=0}^{k} a_\nu u_{j+\nu} = h \sum_{\nu=0}^{k} b_\nu f_{j+\nu} \, , \quad a_k = 1 \, .$$

Das zugehörige Prädiktor-Korrektor-Verfahren vom Typ $P(EC)^\ell E$ mit $\ell \geq 1$ berechnet u_{j+k} mit Hilfe der Formeln

$$(P) \qquad u_{j+k}^{(0)} + \sum_{\nu=0}^{k-1} a_\nu^* u_{j+\nu} = h \sum_{\nu=0}^{k-1} b_\nu^* f_{j+\nu}$$

$$(E) \qquad f_{j+k}^{(\mu-1)} = f(x_{j+k}, u_{j+k}^{(\mu-1)})$$

$$(C) \qquad u_{j+k}^{(\mu)} + \sum_{\nu=0}^{k-1} a_\nu u_{j+\nu} = hb_k f_{j+k}^{(\mu-1)} + h \sum_{\nu=0}^{k-1} b_\nu f_{j+\nu} \left.\right\} \quad \mu = 1,\dots,\ell$$

$$u_{j+k} := u_{j+k}^{(\ell)}$$

$$(E) \qquad f_{j+k} = f(x_{j+k}, u_{j+k}^{(\ell)})\,.$$

Ein Prädiktor-Korrektor-Verfahren vom Typ $P(EC)^\ell$ führt dagegen nur die Schritte P und $(EC)^\ell$ wie oben aus und setzt

$$f_{j+k} := f_{j+k}^{(\ell-1)} = f(x_{j+k}, u_{j+k}^{(\ell-1)})$$
$$u_{j+k} := u_{j+k}^{(\ell)}\,,$$

so daß f_{j+k} also lediglich der im letzten EC-Schritt berechnete Funktionswert ist. □

Mit der für $\mu = 1, 2, \dots, \ell$ in der Korrektorformel konstanten Größe

$$S_j := \sum_{\nu=0}^{k-1} (hb_\nu f_{j+\nu} - a_\nu u_{j+\nu})$$

läßt sich der Verfahrensschritt $(EC)^\ell$ auf die algorithmisch übersichtlichere Form

$$(1) \qquad u_{j+k}^{(\mu)} = hb_k f(x_{j+k}, u_{j+k}^{(\mu-1)}) + S_j\,, \quad \mu = 1, 2, \dots, \ell$$

bringen.

Für $\mu = 2, 3, \dots, \ell$ ist die Korrektorgleichung, der Teilschritt C, daher formal identisch mit

$$(2) \qquad u_{j+k}^{(\mu)} = u_{j+k}^{(\mu-1)} + h\, b_k (f_{j+k}^{(\mu-1)} - f_{j+k}^{(\mu-2)})\,.$$

Gegenüber dem $P(EC)^\ell E$-Verfahren spart das $P(EC)^\ell$-Verfahren in jedem Schritt eine Auswertung der Funktion f, eine unter Umständen sehr rechenintensive Aufgabe; wie wir sehen werden, kann man dabei dennoch die gleiche Konvergenzordnung wie beim $P(EC)^\ell E$-Verfahren erreichen. Zur Berechnung von u_{j+k} und f_{j+k} im Prädiktor und Korrektor werden demgemäß beim $P(EC)^\ell E$-Verfahren die vorher ermittelten Werte

$$u_{j+\nu} = u_{j+\nu}^{(\ell)}\,, \quad f_{j+\nu} = f\left(x_{j+\nu}, u_{j+\nu}^{(\ell)}\right) \ \text{für } \nu = 0, 1, \dots, k-1\,,$$

hingegen beim $P(EC)^\ell$-Verfahren die zuvor berechneten Werte

$$u_{j+\nu} = u_{j+\nu}^{(\ell)}\,, \quad f_{j+\nu} = f\left(x_{j+\nu}, u_{j+\nu}^{(\ell-1)}\right) \ \text{für } \nu = 0, 1, \dots, k-1\,,$$

herangezogen. Dies bringt beweistechnische Unterschiede mit sich:

Ein $P(EC)^\ell E$-Verfahren läßt sich, wie gleich gezeigt wird, direkt als (i.a. nichtlineares) Mehrschrittverfahren deuten. Bei einem $P(EC)^\ell$-Verfahren ist dies erst nach langwierigen Umformungen möglich, weil in ihm nicht die Werte von f an den Stellen $(x_{j+\nu}, u_{j+\nu})$ mit $u_{j+\nu} = u_{j+\nu}^{(\ell)}$, sondern die Werte $f(x_{j+\nu}, u_{j+\nu}^{(\ell-1)})$ verwendet werden. In diesem Fall nutzt man im Prinzip die Beziehung

$$f(x_{j+\nu}, u_{j+\nu}^{(\ell)}) = f(x_{j+\nu}, u_{j+\nu}^{(\ell-1)}) + \mathcal{O}(u_{j+\nu}^{(\ell)} - u_{j+\nu}^{(\ell-1)}),$$

aus und den $\mathcal{O}$-Term kann man über die Konvergenz der $u_{j+\nu}^{(\ell)}$ im Griff behalten.

4.7.2 Bemerkung. Da die Formeln für (P), (E) und (C) explizit sind und für die im $P(EC)^\ell E$-Verfahren auftretenden Werte $f_{j+\nu}$ die Beziehung $f_{j+\nu} = f(x_{j+\nu}, u_{j+\nu})$ gilt, läßt sich das $P(EC)^\ell E$-Verfahren als explizites Mehrschrittverfahren der Form

$$u_{j+k} + \sum_{\nu=0}^{k-1} a_\nu u_{j+\nu} = h\varphi_\ell(x_j, u_j, \ldots, x_{j+k-1}, u_{j+k-1}, h), \quad \ell > 0,$$

interpretieren, wobei φ_ℓ die explizite Verfahrensfunktion bezeichnet. Sein erstes charakteristisches Polynom

$$\rho(\varsigma) = \sum_{i=0}^{k} a_i \varsigma^i, \quad a_k = 1$$

ist mit dem des Korrektors identisch.

BEWEIS: Die Verfahrensfunktion φ_ℓ läßt sich iterativ entsprechend dem $P(EC)^\ell E$-Muster konstruieren: Es gilt

$$u_{j+k}^{(0)} = \sum_{\nu=0}^{k-1}(hb_\nu^* f_{j+\nu} - a_\nu^* u_{j+\nu})$$

$$S_j := \sum_{\nu=0}^{k-1}(hb_\nu f_{j+\nu} - a_\nu u_{j+\nu})$$

$$u_{j+k}^{(1)} = hb_k f(x_{j+k}, u_{j+k}^{(0)}) + S_j$$

$$u_{j+k}^{(2)} = hb_k f(x_{j+k}, u_{j+k}^{(1)}) + S_j$$

$$= hb_k f(x_{j+k}, hb_k f(x_{j+k}, u_{j+k}^{(0)}) + S_j) + S_j$$

$$\vdots$$

$$u_{j+k}^{(l)} = hb_k f(x_{j+k}, u_{j+k}^{(l-1)}) + S_j$$

$$= hb_k f(x_{j+k}, hb_k f(x_{j+k}, u_{j+k}^{(l-2)}) + S_j) + S_j$$

$$\vdots$$

$$= hb_k \psi(x_j, u_j, \ldots, x_{j+k-1}, u_{j+k-1}, h) + S_j,$$

mit einer geeigneten Funktion ψ, da $u_{j+k}^{(0)}$ nur von den angegebenen Argumenten abhängt. Hiermit erhält man das angegebene erste charakteristische Polynom und die Verfahrensfunktion:

$$\varphi_\ell(x_j, u_j, \ldots, x_{j+k-1}, u_{j+k-1}, h)$$
$$:= \sum_{\nu=0}^{k_1} b_\nu f_{j+\nu} + b_k \psi(x_j, u_j, \ldots, x_{j+k-1}, u_{j+k-1}, h) \,. \qquad \square$$

4.7.3 Bemerkung. (vgl. Bemerkung 4.5.7) Sei (ρ, φ) ein explizites Mehrschrittverfahren. Definitionsgemäß gilt für den lokalen Verfahrensfehler

$$hr(x, y(x), h) = y(x + kh) + \sum_{\nu=0}^{k-1} a_\nu y(x + \nu h) - $$
$$- h\varphi(x, y(x), \ldots, x + (k-1)h, y(x + (k-1)h, h) \,.$$

Bezeichnet $u(x + kh)$ die Lösung des Mehrschrittverfahrens mit den von der Lösung y der Differentialgleichung im Punkte $(x, y(x))$ stammenden Startwerten $y(x), \ldots, y(x + (k-1)h)$, so gilt

$$0 = u(x + kh) + \sum_{\nu=0}^{k-1} a_\nu y(x + \nu h) - $$
$$- h\varphi(x, y(x), \ldots, x + (k-1)h, y(x + (k-1)h), h) \,.$$

Die Differenz beider Gleichungen ergibt

$$h \, r(x, y(x), h) = y(x + kh) - u(x + kh) \,. \qquad \square$$

Im folgenden bezeichne r_p und r_c den lokalen Verfahrensfehler des Prädiktors bzw. des Korrektors und r_μ den lokalen Verfahrensfehler des $P(EC)^\mu E$-Verfahrens. Dann gilt

4.7.4 Satz. *Sei $f(x, y)$ stetig und Lipschitz-stetig bezüglich y mit der Konstanten L. Mit dem k-Schrittverfahren (ρ^*, σ^*) als Prädiktor und dem k-Schrittverfahren (ρ, σ) als Korrektor werde das $P(EC)^\ell E$-Verfahren mit $\ell \geq 1$ gebildet.*
1) *Ist (ρ, σ) konsistent und gilt im Falle $\ell = 1$ die Beziehung $\rho^*(1) = 0$, so ist das $P(EC)^\ell E$-Verfahren konsistent.*
2) *Besitzt der Prädiktor die Konsistenzordnung $p^* \geq 1$ und der Korrektor die Konsistenzordnung $p \geq 1$, so ist das $P(EC)^\ell E$-Verfahren konsistent mit der Konsistenzordnung*
$$p_\ell := \min(p^* + \ell, p) \,,$$
wenn auch die Startwerte mit dieser Ordnung p_ℓ konvergieren. Erfüllt ρ die Wurzelbedingung, so ist das Verfahren konvergent mit dieser Ordnung.

BEWEIS: Zum Beweis der Konsistenz genügt es nach Satz 4.5.8, die Gültigkeit von $\rho(1) = 0$ und

$$(3) \qquad |\varphi_\ell(x, y(x), \ldots, h) - \rho'(1)f(x, y(x))| \to 0 \quad \text{für } h \to 0$$

nachzuweisen. Die erste Bedingung ist erfüllt, da der Korrektor als konsistent vorausgesetzt ist.

Um die zweite zu verifizieren, werten wir zunächst φ_μ aus:

$$\varphi_\mu(x, y(x), \ldots, h) = b_k f(x + kh, u^{(\mu-1)}(x + kh)) + \sum_{\nu=0}^{k-1} b_\nu f(x + \nu h, y(x + \nu h)) \,.$$

Für $\mu = 1, \ldots, \ell$ gilt

$$u^{(\mu)}(x + kh) = h b_k f(x + kh, u^{(\mu-1)}(x + kh)) + S(h)$$

mit

$$S(h) = \sum_{\nu=0}^{k-1} [h b_\nu f(x + \nu h, y(x + \nu h)) - a_\nu y(x + \nu h)] \,.$$

Da aus $a_k = 1$ und $\rho(1) = 0$ die Beziehung

$$\sum_{\nu=0}^{k-1} a_\nu = -a_k = -1$$

folgt, erhält man

$$\lim_{h \to 0} S(h) = -\sum_{\nu=0}^{k-1} a_\nu y(x) = y(x) \,.$$

Entsprechend gilt für

$$u^{(0)}(x + kh) = S^*(h)$$
$$= \sum_{\nu=0}^{k-1} [h b_\nu^* f(x + \nu h, y(x + \nu h)) - a_\nu^* y(x + \nu h)]$$

die Beziehung

$$\lim_{h \to 0} S^*(h) = y(x) \,, \quad \text{falls} \quad \rho^*(1) = 0 \,,$$

insgesamt also, wenn $\rho(1) = \rho^*(1) = 0$ vorausgesetzt ist,

$$\lim_{h \to 0} u^{(\mu)}(x + kh) = y(x) \,, \quad \mu = 0, 1, \ldots, \ell \,.$$

Dies impliziert

(4)
$$\varphi_\mu(x, y(x), \ldots, h) \xrightarrow[h \to 0]{} b_k f(x, y(x)) + f(x, y(x)) \sum_{\nu=0}^{k-1} b_\nu$$
$$= f(x, y(x)) \sum_{\nu=0}^{k} b_\nu \,, \quad \mu = 1, 2, \ldots, \ell \,.$$

Wegen der Konsistenz des Korrektors gilt $\rho'(1) = \sigma(1) = \sum\limits_{\nu=0}^{k} b_\nu$, also folgt auch die Behauptung (3).

Wir bestimmen nun die Konsistenzordnung. Die Differenz von Korrektorgleichung

$$u^{(\mu)}(x + kh) = hb_k f(x + kh, u^{(\mu-1)}(x + kh)) + S(h)$$

und

$$y(x + kh) = hb_k f(x + kh, y(x + kh)) + S(h) + hr_c(x, y(x), h)$$

ergibt wegen der Explizitheit eines $P(EC)^\mu E$-Verfahrens mit 4.7.2 die Relation

$$\begin{aligned} hr_\mu &= y(x + kh) - u^{(\mu)}(x + kh) \\ &= \begin{cases} hr_p & \text{für } \mu = 0 \\ hb_k \left[f(x + kh, y(x + kh)) - f(x + kh, u^{(\mu-1)}(x + kh)) \right] + hr_c & \text{für } \mu > 0 \end{cases} \end{aligned}$$

und daher

$$|r_0| = |r_p|$$

sowie

$$\begin{aligned} h|r_\mu - r_c| &\leq hL|b_k| \cdot |y(x + kh) - u^{(\mu-1)}(x + kh)| \\ &= hL|b_k| \cdot h|r_{\mu-1}|, \quad \mu = 1, 2, \ldots, \ell. \end{aligned}$$

Hiermit ergibt sich

$$r_0 = \mathcal{O}(h^{p^*})$$

und

$$\begin{aligned} |r_\mu(x, y(x), h)| &\leq |r_\mu - r_c| + |r_c| \\ &= \mathcal{O}(h|r_{\mu-1}|) + \mathcal{O}(h^p). \end{aligned}$$

Durch Induktion folgt schließlich

$$\begin{aligned} |r_\ell(x, y(x), h)| &= \mathcal{O}(h^\ell |r_0|) + \mathcal{O}(h^p) \\ &= h^\ell \mathcal{O}(h^{p^*}) + \mathcal{O}(h^p), \end{aligned}$$

was die Konsistenzordnung $p_\ell = \min(p^* + \ell, p)$ beweist.

Die Konvergenzaussage folgt aus Satz 4.5.14, wenn gezeigt worden ist, daß die Verfahrensfunktion φ_ℓ Lipschitz-stetig ist. Nach Definition von φ_ℓ gilt

$$\begin{aligned} &|\varphi_\ell(t_0, v_0, \ldots, t_{k-1}, v_{k-1}, h) - \varphi_\ell(t_0, w_0, \ldots, t_{k-1}, w_{k-1}, h)| \\ &\leq |b_k| \cdot |f(t_k, v_k^{(\ell-1)}) - f(t_k, w_k^{(\ell-1)})| + \sum_{\nu=0}^{k-1} |b_\nu| \cdot |f(t_\nu, v_\nu) - f(t_\nu, w_\nu)| \\ &\leq L|b_k| \cdot |v_k^{(\ell-1)} - w_k^{(\ell-1)}| + L \sum_{\nu=0}^{k-1} |b_\nu| \cdot |v_\nu - w_\nu| \end{aligned}$$

und für $\mu = \ell, \ell - 1, \ldots, 2$ entsprechend

$$|v_k^{(\mu-1)} - w_k^{(\mu-1)}| \le L|b_k| \cdot |v_k^{(\mu-2)} - w_k^{(\mu-2)}| + L \sum_{\nu=0}^{k-1} |b_\nu| \cdot |v_\nu - w_\nu| + \sum_{\nu=0}^{k-1} |a_\nu| \cdot |v_\nu - w_\nu| \, .$$

Eine entsprechende Abschätzung mit den Koeffizienten b_ν^*, a_ν^* erhält man für $|v_k^{(0)} - w_k^{(0)}|$. Hieraus folgt dann durch schrittweise Substitution der Differenzen $v_k^{(\mu)} - w_k^{(\mu)}$ die Lipschitz-Stetigkeit von φ_ℓ. $\qquad\qquad\qquad\quad\Box$

Dieser Satz bestätigt auch den eingangs gemachten Hinweis, daß die Konvergenzordnung von einer bestimmten Anzahl ℓ der Iterationen an durch weitere Iterationen mit dem Korrektor nicht erhöht wird.

Es soll nun das Konvergenzverhalten des $P(EC)^\ell$-Verfahrens untersucht werden. Die direkte Anwendung von Satz 4.5.14 stößt zunächst formal auf Schwierigkeiten, weil bei diesem Verfahren $u_j = u_j^{(\ell)}$ gesetzt wird, während man in f_j als Argument $u_j^{(\ell-1)}$ verwendet hat, so daß also nicht exakt die Form eines Mehrschrittverfahrens vorliegt. Wir werden aber in diesem Fall für die Folge der Iterierten $u_j^{(\mu)}$ ($\mu = 0, 1, \ldots, \ell$) durch

$$\tilde{u}_j := \begin{pmatrix} u_j^{(0)} \\ \cdot \\ \cdot \\ \cdot \\ u_j^{(\ell)} \end{pmatrix}$$

ein System

$$\tilde{\rho}(E)\tilde{u}_j = h\tilde{\varphi}(x_{j-k}, \tilde{u}_{j-k}, \ldots, h) \, , \text{ komponentenweise}$$

$$(5) \qquad u_{j+k}^{(\mu)} + \sum_{\nu=0}^{k-1} a_\nu u_{j+\nu}^{(\mu)} = h\tilde{\varphi}_\mu(x_{j-k}, \tilde{u}_{j-k}, \ldots, h) \text{ für } \mu = 0, 1, \ldots, \ell$$

von Differenzengleichungen herleiten, auf das dann der zitierte Satz über die Konvergenz von Mehrschrittverfahren anwendbar ist. Aus der Konstruktion des Verfahrens geht zudem hervor, daß jede Formel in (5) nach $u_{j+k}^{(\mu)}$ aufgelöst ist.

Als Abkürzung für die in den einzelnen Mehrschrittverfahren auftretenden Summen setzen wir

$$A_j u := \sum_{\nu=0}^{k-1} a_\nu u_{j+\nu} \text{ und } B_j f^{(\ell-1)} := \sum_{\nu=0}^{k-1} b_\nu f\left(x_{j+\nu}, u_{j+\nu}^{(\ell-1)}\right)$$

und entsprechend $A_j^* u$ und $B_j^* f^{(\ell-1)}$ für die Summen mit den Koeffizienten a_ν^* bzw. b_ν^*. Der Index bei A bzw. B gibt also an, welches der niedrigste in der Summe auftretende Index ist. Wegen $u_i = u_i^{(\ell)}$ für $i < j + k$ lautet hiermit die Korrektorgleichung des $P(EC)^\ell$-Verfahrens

$$u_{j+k}^{(\mu)} = -A_j u^{(\ell)} + hB_j f^{(\ell-1)} + hb_k f_{j+k}^{(\mu-1)} \, .$$

Um die Form (5) $\tilde{u}_{j+k} + A_j\tilde{u} = \rho(E)\tilde{u}_j$ auf der linken Seite zu erhalten, wird die Summe $A_j u^{(\mu)}$ addiert. Das ergibt

$$(6) \qquad u^{(\mu)}_{j+k} + A_j u^{(\mu)} = A_j(u^{(\mu)} - u^{(\ell)}) + hB_j f^{(\ell-1)} + hb_k f^{(\mu-1)}_{j+k} \ .$$

Aus der Gestalt (1) der Korrektorgleichung erhält man durch Subtraktion der Rekursionsformeln

$$u^{(\mu)}_i - u^{(\ell)}_i = h\, b_k(f^{(\mu-1)}_i - f^{(\ell-1)}_i) \ , \quad \mu = 1, 2, \ldots, \ell \ ,$$

und somit durch Einsetzen dieser Ausdrücke

$$u^{(\mu)}_{j+k} + A_j u^{(\mu)} = h\left(b_k A_j(f^{(\mu-1)} - f^{(\ell-1)}) + B_j f^{(\ell-1)} + b_k f^{(\mu-1)}_{j+k}\right)$$

$$(7) \qquad = h\left(\sum_{\nu=0}^{k-1} b_k a_\nu f^{(\mu-1)}_{j+\nu} + \sum_{\nu=0}^{k-1} (b_\nu - b_k a_\nu)f^{(\ell-1)}_{j+\nu} + b_k f^{(\mu-1)}_{j+k}\right) \ .$$

Dies ist die Form einer Komponente eines Mehrschrittverfahrens für $\tilde{u}$ und $\mu > 0$.

Ähnlich kann man bei der Prädiktorgleichung

$$u^{(0)}_{j+k} = -A^*_j u^{(\ell)} + h\, B^*_j f^{(\ell-1)}$$

durch Addition von $A_j u^{(0)}$ verfahren:

$$(8) \qquad u^{(0)}_{j+k} + A_j u^{(0)} = \sum_{\nu=0}^{k-1} (a_\nu u^{(0)}_{j+\nu} - a^*_\nu u^{(\ell)}_{j+\nu}) + hB^*_j f^{(\ell-1)} \ .$$

Die hier auftretenden $u^{(0)}_{j+\nu}$ und $u^{(\ell)}_{j+\nu}$ sind zuvor mit der Prädiktor- bzw. Korrektorgleichung errechnet worden, nämlich

$$u^{(0)}_{j+\nu} = -\sum_{i=0}^{k-1} a^*_i u^{(\ell)}_{j+\nu-k+i} + hB^*_{j-k+\nu} f^{(\ell-1)}$$

$$u^{(\ell)}_{j+\nu} = -\sum_{i=0}^{k-1} a_i u^{(\ell)}_{j+\nu-k+i} + hB_{j-k+\nu} f^{(\ell-1)} + h\, b_k f^{(\ell-1)}_{j+\nu} \ .$$

Nach Einsetzen dieser Ausdrücke in (8) heben sich die vom Faktor h freien Doppelsummen auf und es verbleibt

$$u^{(0)}_{j+k} + A_j u^{(0)} = h\left(\sum_{\nu=0}^{k-1} (a_\nu B^*_{j-k+\nu} - a^*_\nu B_{j-k+\nu})f^{(\ell-1)} + (B^*_j - b_k A^*_j)f^{(\ell-1)}\right)$$

$$(9) \qquad = h\left[\rho(E)\, B^*_{j-k} - \sigma(E)A^*_{j-k}\right] f^{(\ell-1)} \ ,$$

wobei

$$\sum_{\nu=0}^{k-1} a^*_\nu B_{j-k+\nu} f^{(\ell-1)} = \sum_{\nu=0}^{k-1}\sum_{i=0}^{k-1} a^*_\nu b_i f^{(\ell-1)}_{j-k+\nu+i} = \sum_{i=0}^{k-1} b_i A^*_{j-k+i} f^{(\ell-1)}$$

benutzt wurde; hierbei wird auf Werte von f an den $2k-1$ Stellen von x_{j-k} bis x_{j+k-1} zurückgegriffen.

Faßt man (7) und (9) zusammen, so hat sich also ein System der Form (5) von Differenzengleichungen ergeben, die zwar jeweils $u_{j+k}^{(\mu)}$, $\mu = 0, \ldots, \ell$, rekursiv auszuwerten gestatten, formal aber implizit sind, da auch Komponenten von $\tilde{u}_{j+k}$ auf der rechten Seite als Argumente auftreten. Dieses System ist ein Mehrschrittverfahren

$$(10) \qquad \sum_{\nu=0}^{k} a_\nu \tilde{u}_{j+k} = h\tilde{\varphi}(x_{j-k}, \tilde{u}_{j-k}, \ldots, x_{j+k}, \tilde{u}_{j+k}, h)$$

für $\tilde{u}$ von $2k$-Schritten, wie aus (9) hervorgeht, wobei $\tilde{\varphi}$ die Komponenten $\tilde{\varphi}_0, \ldots, \tilde{\varphi}_\ell$ besitzt. Das erste charakteristische Polynom diese Verfahrens ist

$$\tilde{\rho}(\varsigma) = \varsigma^k \rho(\varsigma) \ ,$$

da die Größen $\tilde{u}_{j-k}, \ldots, \tilde{u}_{j-1}$ in der Summe auf der linken Seite der Gleichung die Koeffizienten 0 haben. Jede Lösung unseres ursprünglichen Prädiktor-Korrektor-Verfahrens führt also auf eine Lösung von (10). Mit Hilfe dieses Verfahrens wird nun eine Aussage über die Konvergenz und Konvergenzordnung des $P(EC)^\ell$-Verfahrens gemacht.

Das abgeleitete Verfahren (10) ist ein $2k$-Schrittverfahren zur Approximation der Lösung der Anfangswertaufgabe

$$(\tilde{A}) \qquad\qquad \tilde{y}' = \tilde{f}(x, \tilde{y}) \ , \quad \tilde{y}(x_0) = \tilde{y}_0 \ ,$$

wobei $\tilde{y} := (y, \ldots, y)$, $\tilde{f} := (f, \ldots, f)$ mit jeweils $\ell + 1$ gleichen Komponenten gilt. Die Startwerte

$$\tilde{u}_{h,\nu} \ , \quad \nu = 0, 1, \ldots, 2k - 1 \ ,$$

für das Verfahren können sämtlich mit Hilfe des ursprünglichen Prädiktor-Korrektor-Verfahrens aus

$$u_{h,\nu} \ , \quad \nu = 0, 1, \ldots, k - 1$$

berechnet werden.Die Konvergenz der Startwerte wird zunächst verifiziert.

4.7.5 Hilfssatz. *Die Fehler der Startwerte $u_{h,\nu}$, $\nu = 0, 1, \ldots, k - 1$, für das $P(EC)^\ell$-Verfahren mit Lipschitz-stetigem f seien von der Größenordnung $\mathcal{O}(h^q)$ und der Prädiktor und Korrektor mögen die Ordnung p^* bzw. p besitzen. Mit $q(\mu) := \min(q, p^* + \mu + 1, p + 1)$ gilt dann für die Startwerte des obigen $2k$-Schrittverfahrens*

$$|\tilde{u}_{h,\nu} - \tilde{y}(x_0 + \nu h)| = \mathcal{O}(h^{q(\ell)}) \ , \quad \nu = 0, 1, \ldots, 2k - 1 \ .$$

BEWEIS: Für $\nu = 0, 1, \ldots, k - 1$ ist die Aussage in der Voraussetzung des Satzes enthalten. Wir beweisen die Aussage nun zunächst für $\nu = k$. Für den Prädiktor gilt

$$u_k^{(0)} + A_0^* u = hB_0^* f(x, u)$$

und

$$y(x_k) + A_0^* y = hB_0^* f(x, y) + hr^*(x_0, y(x_0), h)$$

gemäß der Definition des lokalen Fehlers r^*. Hieraus folgt

$$|u_k^{(0)} - y(x_k)| \le \sum_{i=0}^{k-1} (|a_i^*| + hL|b_i^*|)|u_i - y(x_i)| + O(h^{p^*+1})$$

$$= O(h^{\min(q,p^*+1)}),$$

wobei wie früher L die Lipschitzkonstante von f bezeichnet. Entsprechend ergibt sich beim Korrektor induktiv für $\mu > 0$ aus

$$u_k^{(\mu)} + A_0 u = h b_k f(x_k, u_k^{(\mu-1)}) + h B_0 f(x, u)$$

und

$$y(x_k) + A_0 y = h b_k f(x_k, y(x_k)) + h B_0 f(x, y) + h r(x_0, y(x_0), h)$$

nach Subtraktion die Abschätzung

$$|u_k^{(\mu)} - y(x_k)| \le \sum_{i=0}^{k-1} (|a_i| + hL|b_i|)|u_i - y(x_i)| + h\,L|b_k|\,|u_k^{(\mu-1)} - y(x_k)| + O(h^{p+1})$$

$$= O(h^q) + O(h^{q(\mu-1)+1}) + O(h^{p+1})$$

$$= O(h^{q(\mu)}).$$

Analog zeigt man

$$u_\nu^{(\mu)} - y(x_\nu) = O(h^{q(\mu)}) \text{ für } \nu = k+1,\ldots,2k-1,$$

womit die Behauptung bewiesen ist. $\Box$

Bemerkenswert an der Aussage des Hilfssatzes ist es, daß man $p^*+\ell+1$ und $p+1$, also eine um 1 höhere Ordnung als im allgemeinen erwartet, bekommen hat. Der Hilfssatz gilt offensichtlich auch dann, wenn man statt 2k eine beliebige, aber feste Anzahl von Schritten ausführt und dann $h \to 0$ betrachtet. Man kann diese Schlußweise jedoch nicht für eine Aussage über die Konvergenz in einem von x_0 verschiedenen Punkt des Intervalls I verwenden, da mit $h \to 0$ die Anzahl der benötigten Schritte über jede Grenze wächst. Beim Nachweis der Konvergenz in diesem Fall kommt die Stabilität des Verfahrens zum Tragen.

4.7.6 Hilfssatz. *Ist (ρ^*, σ^*) der Prädiktor und (ρ, σ) der Korrektor, so lautet das zur Verfahrensfunktion $\tilde{\varphi}_0$ der in (9) beschriebenen ersten Komponente von $\tilde{\varphi}$ gehörende zweite charakteristische Polynom*

$$\sigma_0(\varsigma) = \rho(\varsigma)\sigma^*(\varsigma) - [\rho^*(\varsigma)\sigma(\varsigma) - \varsigma^k \sigma(\varsigma)].$$

BEWEIS: Aus (9) liest man die Gestalt von σ_0 ab:

$$\sigma_0(\varsigma) = \sum_{\nu=0}^{k} \sum_{i=0}^{k-1} (a_\nu b_i^* - a_i^* b_\nu)\varsigma^{\nu+i}.$$

Unter Verwendung von $a_k^* = 1$ erhält man die behauptete Darstellung:

$$\sigma_0(\varsigma) = \rho(\varsigma)\sigma^*(\varsigma) - \sum_{\nu=0}^{k}\sum_{i=0}^{k} a_i^* b_\nu \varsigma^{\nu+i} + \sum_{\nu=0}^{k} a_k^* b_\nu \varsigma^{k+\nu}$$

$$= \rho(\varsigma)\sigma^*(\varsigma) - \rho^*(\varsigma)\sigma(\varsigma) + \varsigma^k \sigma(\varsigma) \ . \qquad\qquad \square$$

4.7.7 Hilfssatz. *Für den Prädiktor (ρ^*, σ^*) und Korrektor (ρ, σ) des $P(EC)^\ell$-Verfahrens gelte $\rho^*(1) = 0$ und $\rho(1) = 0$, $\rho'(1) = \sigma(1)$ und es sei $\ell \geq 1$. Dann ist das abgeleitete Verfahren (10) konsistent und die Konsistenzordnung beträgt*

$$\min(p^* + 1, p) \ .$$

Auch hier ist bemerkenswert, daß $p^* + 1$ und nicht nur p^* in der Formel für die Ordnung auftritt. Dies wird plausibel durch die Tatsache, daß man für $p > p^*$ den Prädiktor auf Werte anwendet, die genauer sind als die des reinen PE-Verfahrens.

BEWEIS DES HILFSSATZES: Wir betrachten den lokalen Verfahrensfehler $\tilde{r}$ in seinen Komponenten $\tilde{r}_0, \ldots, \tilde{r}_\ell$, die jeweils den Komponenten $\tilde{\varphi}_0, \ldots, \tilde{\varphi}_\ell$ von $\tilde{\varphi}$ zugeordnet sind. Für alle Komponenten (7) und (9) des Verfahrens ist $\tilde{\rho}(\varsigma) = \varsigma^k \rho(\varsigma)$ das erste charakteristische Polynom. Zur ersten Komponente gehört nach Hilfssatz 4.7.6 das zweite charakteristische Polynom

$$\sigma_0(\varsigma) = \rho(\varsigma)\sigma^*(\varsigma) - \left[\rho^*(\varsigma)\sigma(\varsigma) - \varsigma^k \sigma(\varsigma)\right] \ .$$

$(\tilde{\rho}, \sigma_0)$ erfüllt die Konsistenzbedingungen

$$\tilde{\rho}(1) = 0 \quad \text{wegen} \quad \rho(1) = 0$$

und

$$\tilde{\rho}'(1) = \sigma_0(1) \quad \text{wegen} \quad \tilde{\rho}'(1) = \rho'(1) = \sigma(1) \quad \text{und} \quad \rho^*(1) = 0$$

und ist deshalb konsistent.

Da der Prädiktor die Ordnung p^* hat, gilt

$$\frac{\rho^*(\varsigma)}{\log \varsigma} - \sigma^*(\varsigma) = C^*(\varsigma - 1)^{p^*} + \mathcal{O}((\varsigma - 1)^{p^*+1})$$

(nach Satz 4.6.1 d). Aus der Ordnung p des Korrektors folgt

$$\frac{\rho(\varsigma)}{\log \varsigma} - \sigma(\varsigma) = C(\varsigma - 1)^{p} + \mathcal{O}((\varsigma - 1)^{p+1}) \ .$$

Multiplikation der ersten Relation mit $\rho(\varsigma)$ und der zweiten mit $\rho^*(\varsigma)$ und anschließende Subtraktion ergibt

$$\rho(\varsigma)\sigma^*(\varsigma) - \rho^*(\varsigma)\sigma(\varsigma)$$

$$= -\rho(\varsigma)\left[C^*(\varsigma - 1)^{p^*} + \mathcal{O}((\varsigma - 1)^{p^*+1})\right] + \rho^*(\varsigma)\left[C(\varsigma - 1)^{p} + \mathcal{O}((\varsigma - 1)^{p+1})\right]$$

$$= \mathcal{O}((\varsigma - 1)^{\min(p^*,p)+1})$$

für $\varsigma \to 1$, da ρ und ρ^* eine Nullstelle für $\varsigma = 1$ besitzen. Hiermit folgt

$$\frac{\tilde{\rho}(\varsigma)}{\log \varsigma} - \sigma_0(\varsigma) = \varsigma^k \left(\frac{\rho(\varsigma)}{\log \varsigma} - \sigma(\varsigma) \right) - \rho(\varsigma)\sigma^*(\varsigma) + \rho^*(\varsigma)\sigma(\varsigma)$$

$$= \mathcal{O}((\varsigma - 1)^p) + \mathcal{O}((\varsigma - 1)^{\min(p^*,p)+1})$$

$$= \mathcal{O}((\varsigma - 1)^{\min(p,p^*+1)}) \ ,$$

d.h. der Verfahrensfehler $\tilde{r}_0$ der ersten Komponente von $\tilde{r}$ hat die Ordnung $\min(p^* + 1, p)$.

Für die übrigen Komponenten des Verfahrens ergibt sich wegen

$$\tilde{\varphi}_\mu(x, y(x), \ldots, x + 2kh, y(x + 2kh), h)$$

$$= b_k \sum_{i=0}^{k} a_i f(x + (k + i)h, y(x + (k + i)h)) +$$

$$+ \sum_{i=0}^{k-1} (b_i - a_i b_k) f(x + (k + i)h, y(x + (k + i)h))$$

$$= \sum_{i=0}^{k} b_i f(x + (k + i)h, y(x + (k + i)h))$$

für $\mu = 1, 2, \ldots, \ell$ zunächst $\sigma_\nu(\varsigma) = \varsigma^k \sigma(\varsigma)$ als zweites charakteristisches Polynom und damit wegen

$$\tilde{\rho}(1) = \rho(1) = 0 \quad \text{und}$$

$$\tilde{\rho}'(1) = \rho'(1) = \sigma(1) = \sigma_\nu(1)$$

die Konsistenz. Ferner zeigt die Gleichung, daß die Ordnung der Komponente $\tilde{r}_\mu$ dieselbe ist wie die des Verfahrensfehlers r des Korrektors, also p. Insgesamt erhält man also die Konsistenzordnung $\min(p^* + 1, p)$. $\qquad\qquad\square$

Die Ordnung der r_μ für $\mu \geq 1$ läßt erwarten, daß das vorangehende Resultat verbessert werden kann, wenn man die einzelnen Komponenten von $\tilde{u}$ betrachtet, insbesondere zu $u^{(\ell)}$, der Lösung des ursprünglichen $P(EC)^\ell$-Verfahrens zurückgeht.

4.7.8 Satz. *Die Funktion $f(x, y)$ sei Lipschitz-stetig bezüglich y. Es bezeichne p^* und p die Konsistenzordnung des Prädiktors (ρ^*, σ^*) bzw. des Korrektors (ρ, σ). Es gelte $\rho^*(1) = 0$, $\rho(1) = 0$ sowie $\rho'(1) = \sigma(1)$, und ρ erfülle die Wurzelbedingung. Dann ist das $P(EC)^\ell$-Verfahren konvergent mit der Konvergenzordnung*

$$p_\ell = \min(p^* + \ell, p) \ ,$$

wenn auch die Startwerte mit dieser Ordnung konvergieren.

BEWEIS: Wir gehen vom abgeleiteten Verfahren (10) für $\tilde{u}$ aus. Mit f ist offenbar auch $\tilde{\varphi}$ Lipschitz-stetig. Da mit ρ auch $\tilde{\rho}(\varsigma) = \varsigma^k \rho(\varsigma)$ die Wurzelbedingung erfüllt, ist dieses Mehrschrittverfahren nach Satz 4.5.12 stabil. Da es nach Hilfssatz 4.7.7

konsistent ist und die Konsistenzordnung $\tilde{p} = \min(p^* + 1, p)$ beträgt, ist es folglich mit dieser Ordnung konvergent, weil nach Hilfssatz 4.7.5 auch die 2k-1 Startwerte mit dieser Ordnung konvergieren, d.h.

$$\max_{x \in I_h} |u_h^{(\mu)}(x) - y(x)| = O(h^{\tilde{p}}) \, .$$

Also konvergiert das $P(EC)^\ell$-Verfahren, und zwar mindestens mit dieser Ordnung $\tilde{p}$. Wir zeigen, daß die Ordnung sogar p_ℓ beträgt. Aus der Formel (2) für die Korrektorgleichung erhält man

$$|u_{j+k}^{(\mu+1)} - u_{j+k}^{(\mu)}| = h|b_k| \cdot |f_{j+k}^{(\mu)} - f_{j+k}^{(\mu-1)}|$$
$$\leq h \, L|b_k| \cdot |u_{j+k}^{(\mu)} - u_{j+k}^{(\mu-1)}|$$

für $\mu = 1, 2, \ldots, \ell - 1$ und folglich

$$|u_{j+k}^{(\ell)} - u_{j+k}^{(\ell-1)}| \leq (hL|b_k|)^{\ell-1} |u_{j+k}^{(1)} - u_{j+k}^{(0)}|$$

(11)
$$\leq (hL|b_k|)^{\ell-1} \left[|u_{j+k}^{(1)} - y(x_{j+k})| + |y(x_{j+k}) - u_{j+k}^{(0)}| \right]$$
$$= O(h^{\tilde{p}}) \text{ mit } \hat{p} = \tilde{p} + \ell - 1 = \min(p^* + \ell, p + \ell - 1) \, .$$

Für das Ergebnis $u_{j+k}^{(\ell)}$ des $P(EC)^\ell$-Verfahrens gilt nach der Korrektorgleichung

$$u_{j+k}^{(\ell)} + \sum_{\nu=0}^{k-1} a_\nu u_{j+\nu}^{(\ell)} = h \sum_{\nu=0}^{k} b_\nu f(x_{j+\nu}, u_{j+\nu}^{(\ell-1)})$$

(12)
$$= h \sum_{\nu=0}^{k} b_\nu f(x_{j+\nu}, u_{j+\nu}^{(\ell)}) +$$
$$+ h \sum_{\nu=0}^{k} b_\nu \left[f(x_{j+\nu}, u_{j+\nu}^{(\ell-1)}) - f(x_{j+\nu}, u_{j+\nu}^{(\ell)}) \right] \, .$$

Diese Gleichung hat die Form eines gestörten Mehrschrittverfahrens, als dessen Lösung $u = u^{(\ell)}$ aufgefaßt werden kann. Die Störung ist wegen (11) und der Lipschitz-Stetigkeit von f eine Größe $O(h^{\hat{p}+1})$. Für den lokalen Fehler $\hat{\tau}$ dieses Verfahrens erhält man wegen (11)

$$h\hat{\tau}(x, y(x), h) = \sum_{\nu=0}^{k} a_\nu y(x + \nu h) - h \sum_{\nu=0}^{k} b_\nu f(x + \nu h, y(x + \nu h)) + O(h^{\hat{p}}))$$
$$= \sum_{\nu=0}^{k} a_\nu y(x + \nu h) - h \sum_{\nu=0}^{k} b_\nu f(x + \nu h, y(x + \nu h)) +$$
$$+ h \sum_{\nu=0}^{k} b_\nu \left[f(x + \nu h, y(x + \nu h)) - f(x + \nu h, y(x + \nu h) + O(h^{\hat{p}})) \right]$$
$$= O(h^{p+1}) + O(h^{\hat{p}+1}) \, ,$$

woraus die Konsistenzordnung $p_\ell = \min(p^* + \ell, p)$ folgt. Für dieses Verfahren (12) ist das charakteristische Polynom mit ρ identisch und die Verfahrensfunktion $\tilde\varphi$ offensichtlich mit f Lipschitz-stetig, nach den Voraussetzungen des Satzes ist es somit stabil und konsistent, also konvergiert $u_h^{(\ell)}(x)$ mit dieser Ordnung p_ℓ gegen $y(x)$ und wegen (11) auch $u_h^{(\ell-1)}(x)$.

Hiermit ist der Satz bewiesen. $\qquad\square$

Als weitere Konsequenz der Beweise von Satz 4.7.4 und 4.7.8 erhält man für die Konvergenz der Zwischenwerte das

4.7.9 Korollar. *Es seien die Voraussetzungen der Sätze 4.7.4 und 4.7.8 erfüllt. Für die Konvergenzordnung der Zwischenwerte $u_h^{(\mu)}(x)$ sowohl beim $P(EC)^\ell E$-Verfahren als auch beim $P(EC)^\ell$-Verfahren gilt*

$$\max_{x \in I_h} |u_h^{(\mu)}(x) - y(x)| = \mathcal{O}(h^{p_\mu}), \quad \mu = 0, 1, \ldots, \ell$$

mit

$$p_\mu := \min(p^* + \mu + 1, p), \quad \mu = 0, 1, \ldots, \ell - 1,$$
$$p_\ell := p_{\ell-1}.$$

$\qquad\square$

§8 Extrapolation, Schrittweitensteuerung und Vergleich von Algorithmen

Schon bei der Untersuchung des globalen Fehlers im Rahmen der Konvergenzuntersuchung für ein Einschrittverfahren zur Lösung der Anfangswertaufgabe

$$(A) \qquad y' = f(x,y)\,, \quad y(x_0) = y_0$$

im zweiten Paragraphen zeigte sich, daß in den Beispielen über die richtige Konvergenzordnung p hinaus an einer festen Stelle x^* geradezu eine Proportionalität des Fehlers zu h^p zu beobachten war. Man wird deshalb fragen, ob man den Proportionalitätsfaktor $e_p(x^*)$ nicht theoretisch ermitteln bzw. durch bekannte Größen beschreiben kann.

Bezeichnet man wie dort mit $y(x_j) = y_j$, $u_{h,j}$, $r(x_j, y_j, h)$, $\varepsilon_{h,j}$ die Werte der (exakten) Lösung, der diskretisierten Lösung, des lokalen Verfahrensfehler und schließlich des globalen Fehlers, so konnte man die Abschätzungen auf die Beziehung

$$\frac{\varepsilon_h(x_{j+1}) - \varepsilon_h(x_j)}{h} = [\varphi(x_j, y_j, h) - \varphi(x_j, u_{h,j}, h)] + r(x_j, y_j, h)$$

stützen.

Setzt man voraus, daß das Definitionsgebiet von f konvex ist und daß man f und φ differenzieren kann, so kann man - wenn wir etwa an eine skalare Differentialgleichung denken - den Mittelwertsatz der Differentialrechnung anwenden und erhält

$$\frac{\varepsilon_h(x_{j+1}) - \varepsilon_h(x_j)}{h} = \varphi_y(x_j, \tilde{y}_j, h)\varepsilon_h(x_j) + r(x_j, y_j, h)$$

mit einem zwischen $u_{h,j}$ und y_j liegendem $\tilde{y}_j$.

Wir wollen nun weiter annehmen, daß der lokale Verfahrensfehler von der Ordnung p ist und mit einer stetigen Funktion r_p die Darstellung

$$r(x, y(x), h) = h^p r_p(x) + \mathcal{O}(h^{p+1})$$

hat. Setzt man dies in die vorangegangene Gleichung ein, definiert

$$\varepsilon_h(x) = h^p e_p(x) + \mathcal{O}(h^{p+1})$$

und nimmt zur Fortsetzung dieser mehr heuristischen Überlegung an, daß bei der Bildung des links stehenden Differenzenquotienten der $\mathcal{O}$-Term sich "gutartig" verhält, so folgt

$$\frac{\varepsilon_h(x_{j+1}) - \varepsilon_h(x_j)}{h} = h^p(\frac{e_p(x_{j+1}) - e_p(x_j)}{h} + \mathcal{O}(h))$$
$$= h^p \varphi_y(x_j, y_j, h)e_p(x_j) + h^p r_p(x_j) + \mathcal{O}(h^{p+1})$$

Für $h \longrightarrow 0$ sollte also, wenn man $\varphi(x, y, 0) = f(x,y)$ berücksichtigt, unter geeigneten technischen Voraussetzungen für e_p die Beziehung

$$e_p' = f_y(x, y(x))e_p + r_p(x)$$

entstehen.

Im Punkte x_0 hat man die zusätzliche, auf einen Anfangswert führende Information

$$e_{p,0} = e_p(x_0) = \frac{y_0 - u_{h,0}}{h^p} + O(h)$$

bei Vorgabe von Startwerten der Ordnung p. In der Regel wird $e_{p,0} = 0$ gelten.

Bevor wir diese Überlegungen mathematisch absichern, sollen sie an Beispielen getestet werden.

Zur Vorbereitung geben wir die formelmäßige Darstellung des lokalen Verfahrensfehlers für einige der bisher aufgezählten Verfahren an. Aus

$$r(x, y(x), h) = \frac{y(x+h) - y(x)}{h} - \varphi(x, y(x), h)$$

und

$$\frac{y(x+h) - y(x)}{h} = y'(x) + \frac{h}{2}y''(x) + \frac{h^2}{6}y'''(x) + \frac{h^3 y^{(4)}(x)}{24} + \dots$$

kann man r leicht durch Entwickeln von φ finden. Sei

$$Df := \frac{d}{dx}f(x, y(x)) = f_x + f_y f = y''$$

$$D^2 f = f_{xx} + 2f_{xy}f + f_{yy}f^2 + f_y Df = y'''.$$

Mit diesen Beziehungen erhält man:

<u>1) Eulersches Verfahren:</u> (bereits in Beispiel 4.2.6 abgeleitet)

$$\varphi(x, y, h) = f(x, y) = y'$$

$$r(x, y, h) = h\frac{1}{2}y'' + h^2\frac{1}{6}y''' + \dots$$

<u>2) Verbessertes Eulersches Verfahren:</u> (bereits in Beispiel 4.2.6 abgeleitet)

$$\varphi(x, y, h) = f\left(x + \frac{h}{2}, y + \frac{h}{2}f(x, y)\right)$$

$$= y' + \frac{1}{2}y''h + \frac{1}{2}\left[\frac{1}{4}y''' - \frac{1}{4}f_y y''\right]h^2 + O(h^3)$$

$$r(x, y, h) = h^2\left[\left(\frac{1}{6} - \frac{1}{8}\right)y''' + \frac{1}{8}f_y y''\right] + O(h^3)$$

<u>3) Euler-Cauchy-Verfahren:</u>

$$\varphi(x, y, h) = \frac{1}{2}\left[f(x, y) + f(x + h, y + hf(x, y))\right]$$

$$= f(x, y) + \frac{h}{2}(f_x + f_y f) + \frac{1}{4}(f_{xx} + 2f_{xy}f + f_{yy}f^2)h^2 + O(h^3)$$

$$r(x, y, h) = h^2\left[\left(\frac{1}{6} - \frac{1}{4}\right)y''' + \frac{1}{4}f_y y''\right] + O(h^3)$$

Es werde nun das Anfangswertproblem

$$y' = -2xy, \quad y(0) = 1$$

betrachtet, dessen Lösung offenbar durch

$$y(x) = e^{-x^2} = \exp(-x^2)$$

gegeben wird. Zur Berechnung der benötigten Ableitungen geht man am besten von der Differentialgleichung aus:

$$y'' = -2y + 2^2 x^2 y = (4x^2 - 2)y,$$
$$y''' = 8xy + (4x^2 - 2)(-2xy) = (12x - 8x^3)y,$$
$$f_y = -2x.$$

Für die führenden Entwicklungskoeffizienten $e(x)$ der globalen Fehler erhält man folgende Anfangswertprobleme und Lösungen: $\quad e' = -2xe + r_p(x), \; e(0) = 0$

1) $(e/y)' = (e \cdot exp(x^2))' = (e' + 2xe)/y = r_p(x)/y = \dfrac{1}{2}(4x^2 - 2)$

$$e(x) = \left(\frac{2}{3}x^3 - x\right) y$$

2) $(e/y)' = \dfrac{1}{24}(12x - 8x^3) + \dfrac{1}{8}(-2x)(4x^2 - 2) = x - \dfrac{4}{3}x^3$

$$e(x) = \left(\frac{x^2}{2} - \frac{1}{3}x^4\right) y$$

3) $(e/y)' = -\dfrac{1}{12}(12x - 8x^3) + \dfrac{1}{4}(-2x)(4x^2 - 2) = -\dfrac{4}{3}x^3$

$$e(x) = -\frac{1}{3}x^4 y \, .$$

Wollen wir etwa die Fehler im Punkte $x = 2$ untersuchen, so erwartet man die Koeffizienten

$$\begin{aligned}
1) \quad & (\tfrac{2}{3}x^3 - x)\exp(-x^2) = 0.061\,052\,, \\
2) \quad & (\tfrac{1}{2}x^2 - \tfrac{1}{3}x^4)\exp(-x^2) = -0.061\,052\,, \\
3) \quad & -\tfrac{1}{3}x^4 \exp(-x^2) = -0.097\,683\,.
\end{aligned}$$

In den folgenden Tabellen sind numerische Ergebnisse aufgeführt. Die erste Spalte enthält h, die nächste die numerische Näherung $u_h(2)$, die dritte Spalte den globalen Fehler $\varepsilon_h(2)$ und die vierte $\varepsilon_h(2)h^{-p}$.

1) Eulersches Verfahren

h	$u_h(2)$	$\varepsilon_h(2)$	$\varepsilon_h(2)/h$
2^{-4}	0.014 423	0.003 892 147	0.062 274
2^{-5}	0.016 388	0.001 927 438	0.061 678
2^{-6}	0.017 357	0.000 958 873	0.061 368
2^{-7}	0.017 837	0.000 478 208	0.061 211
2^{-8}	0.018 077	0.000 238 795	0.061 132
2^{-9}	0.018 196	0.000 119 320	0.061 092
2^{-10}	0.018 256	0.000 059 641	0.061 072
2^{-11}	0.018 286	0.000 029 815	0.061 062
2^{-12}	0.018 301	0.000 014 906	0.061 056

2) Verbessertes Eulersches Verfahren

h	$u_h(2)$	$\varepsilon_h(2)$	$\varepsilon_h(2)/h^2$
2^{-4}	0.018 591 802	−0.000 276 163	−0.070 698
2^{-5}	0.018 379 689	−0.000 064 050	−0.065 588
2^{-6}	0.018 331 081	−0.000 015 443	−0.063 253
2^{-7}	0.018 319 431	−0.000 003 793	−0.062 136
2^{-8}	0.018 316 579	−0.000 000 940	−0.061 587
2^{-9}	0.018 315 873	−0.000 000 234	−0.061 331
2^{-10}	0.018 315 698	−0.000 000 059	−0.061 468

2) Euler-Cauchy-Verfahren

h	$u_h(2)$	$\varepsilon_h(2)$	$\varepsilon_h(2)/h^2$
2^{-4}	0.018 759 093	−0.000 443 454	−0.113 524
2^{-5}	0.018 418 161	−0.000 102 523	−0.104 983
2^{-6}	0.018 340 344	−0.000 024 705	−0.101 193
2^{-7}	0.018 321 706	−0.000 006 067	−0.099 405
2^{-8}	0.018 317 142	−0.000 001 504	−0.098 539
2^{-9}	0.018 316 013	−0.000 000 374	−0.098 149
2^{-10}	0.018 315 732	−0.000 000 093	−0.097 916

Man sieht, wie gut in allen drei Fällen in der 4. Spalte die Konvergenz gegen den vorausgesagten Fehlerkoeffizienten ist; sie bestätigt auch die Konvergenzordnung 1 bzw. 2.

In den vorangegangenen Überlegungen wurde der erste Term einer Entwicklung des Fehlers nach Potenzen von h gewonnen. Nun sollen Bedingungen und Bestimmungsgleichungen für die weiteren Entwicklungskoeffizienten gewonnen werden. In dem folgenden Satz bezeichne I das Intervall $[x_0, b]$, in dem eine Lösung y der Anfangswertaufgabe (A) existiert, und I_h das *äquidistante* Gitter mit der Gitterweite h. Wir wollen uns hier jedoch auf Einschrittverfahren beschränken; für asymptotische Entwicklungen bei Mehrschrittverfahren sei z.B. auf die Arbeit von E. Hairer, C. Lubich: Asymptotic Expansions of the Global Error of Fixed-Stepsize Methods, Numer. Math. 45, 345-360 (1984), verwiesen, an die sich auch der Beweis des folgenden Satzes anlehnt.

4.8.1 Satz. *Sei $f : G \longrightarrow \mathbb{R}^n$ hinreichend oft differenzierbar. Sei $\varphi(x, y, h)$ die Verfahrensfunktion eines Einschrittverfahrens, die nach den Argumenten x, y und h ebenfalls hinreichend oft differenzierbar sei. Der lokale Verfahrensfehler besitze die asymptotischen Entwicklungen*

$$(1) \quad y_0 - u_h(x_0) = r_{p,0}h^p + r_{p+1,0}h^{p+1} + \ldots + r_{p+s,0}h^{p+s} + R_0(h)h^{p+s+1},$$

$$r(x, y(x), h) = \frac{y(x + h) - y(x)}{h} - \varphi(x, y(x), h)$$

$$= r_p(x)h^p + r_{p+1}(x)h^{p+1} + \ldots + r_{p+s}(x)h^{p+s} + R(x,h)h^{p+s+1},$$

für $x \in I$, $s \in I\!N_0$, $p \in I\!N$ mit $r_{i,0} \in I\!R^n$, hinreichend oft differenzierbaren Funktionen $r_i : I \longrightarrow I\!R^n$ und beschränkten Funktionen R_0 und R; insbesondere hat das Einschrittverfahren dann die Konsistenzordnung p und erfüllt folglich die Konsistenzbedingung

$$(2) \qquad \varphi(x, y(x), 0) = f(x, y(x)) , \quad x \in I .$$

Dann besitzt der globale Fehler ε_h eine <u>asymptotische Entwicklung</u> der Form

$$(3) \qquad \varepsilon_h(x) = y(x) - u_h(x)$$
$$= e_p(x)h^p + e_{p+1}(x)h^{p+1} + \ldots + e_{p+s}(x)h^{p+s} + E(x, h)h^{p+s+1} ,$$
$$x \in I_h ,$$

mit beschränkter Funktion E und hinreichend oft differenzierbaren Funktionen e_i, die Lösungen der folgenden linearen Anfangswertaufgaben sind:

$$(4) \qquad \begin{aligned} e_i'(x) &= D_2 f(x, y(x)) e_i(x) + \tilde{r}_i(x) , \quad x \in I , \\ e_i(x_0) &= r_{i,0} , \quad i = p, p+1, \ldots, p+s , \end{aligned}$$

mit Funktionen $\tilde{r}_i$, wobei speziell $\tilde{r}_p = r_p$ gilt.

BEWEIS: Der Beweis erfolgt durch Induktion über $q = p, p+1, \ldots$. Im Induktionsanfang $q = p$ soll eine Anfangswertaufgabe für e_p hergeleitet werden, die

$$y(x) - u_h(x) - e_p(x)h^p = O(h^{p+1}) , \quad x \in I_h ,$$

erfüllen soll. Wenn es eine solche Funktion e_p gibt, dann kann

$$(5) \qquad u_h^*(x) := u_h(x) + e_p(x)h^p , \quad x \in I_h ,$$

als eine numerische Näherung der Ordnung $p + 1$ angesehen werden. Wir zeigen nun, daß u_h^* dann sogar Lösung eines Einschrittverfahrens der Ordnung $p + 1$ mit einer geeigneten Verfahrensfunktion φ^* ist.

Das ursprüngliche Verfahren der Ordnung p lautet

$$(6) \qquad u_{j+1} = u_j + h\varphi(x_j, u_j, h) ,$$

und das modifizierte Verfahren der Ordnung $p + 1$ soll die Gestalt

$$(7) \qquad u_{j+1}^* = u_j^* + h\varphi^*(x_j, u_j^*, h)$$

mit den Anfangswerten $u_0^* = u_0 + r_{p,0}h^p = y_0 - r_{p+1,0}h^{p+1} - \ldots - R_0(h)h^{p+s+1}$ haben. Setzt man (5) in (7) ein, so erhält man

$$u_{j+1} = u_j + h \left[-(e_p(x_{j+1}) - e_p(x_j))h^{p-1} + \varphi^*(x_j, u_j + e_p(x_j)h^p, h) \right] .$$

Ein Vergleich mit (6) ergibt, daß der Term in eckigen Klammern gerade $\varphi(x_j, u_j, h)$ sein muß. Hieraus folgt

$$\varphi^*(x, u_h(x), h) = \varphi(x, u_h(x) - e_p(x)h^p, h) + (e_p(x+h) - e_p(x))h^{p-1} \, .$$

Also lautet der lokale Verfahrensfehler r^* des modifizierten Verfahrens, indem man die Taylorentwicklungen von φ und e_p benutzt,

$$r^*(x, y(x), h)$$

$$= \frac{y(x+h) - y(x)}{h} - \varphi^*(x, y(x), h)$$

$$= \frac{y(x+h) - y(x)}{h} - \varphi(x, y(x) - e_p(x)h^p, h) - (e_p(x+h) - e_p(x))h^{p-1}$$

$$= \frac{y(x+h) - y(x)}{h} - \varphi(x, y(x), h) + \frac{\partial}{\partial y}\varphi(x, y(x), h)e_p(x)h^p +$$
$$+ O(h^{2p}) - e_p'(x)h^p + O(h^{p+1})$$

$$= \left[r_p(x) + \frac{\partial}{\partial y}f(x, y(x))e_p(x) - e_p'(x) \right] h^p + O(h^{p+1}) \, ,$$

wobei zuletzt

$$\frac{\partial}{\partial y}\varphi(x, y(x), h) = \frac{\partial}{\partial y}\varphi(x, y(x), 0) + h\frac{\partial}{\partial h}\frac{\partial}{\partial y}\varphi(x, y(x), 0) + O(h^2)$$
$$= \frac{\partial}{\partial y}f(x, y(x)) + O(h)$$

eingesetzt wurde, wie mit der Konsistenzbedingung (2) folgt. Damit das modifizierte Verfahren die Konsistenzordnung $p + 1$ besitzt, muß e_p Lösung der folgenden Anfangswertaufgabe sein:

$$e_p'(x) = \frac{\partial}{\partial y}f(x, y(x))e_p(x) + r_p(x) \, , \quad x \in I$$
$$e_p(x_0) = r_{p,0} \, .$$

Die gewählte Anfangsbedingung folgt aus dem Vergleich von (1) mit (3) für $x = x_0$.

Bisher wurden notwendige Bedingungen für die Existenz von e_p aufgestellt. Wählt man nun die Funktion e_p als Lösung von (4), so sind alle durchgeführten Rechnungen nachträglich legitimiert, und insgesamt ist der Induktionsanfang beweisen. (Man beachte, daß (4) eine lineare Anfangswertaufgabe ist, deren Lösung also so weit existiert, wie die Lösung y der ursprünglichen Anfangswertaufgabe existiert.)

Der Induktionsschritt verläuft entsprechend, indem man die gerade durchgeführten Überlegungen jeweils auf die modifizierte Verfahrensfunktion anwendet. Man hat dann im nächsten Schritt die Verfahrensfunktion $r^*(x, y(x), h)$ gemäß (1) zu entwickeln, woraus sich die Gestalt der Funktion $\tilde{r}_{p+1}$ ergibt, usw. $\square$

Die in (4) auftretenden Funktionen $e_i(x)$ hängen natürlich von den Daten des Problems ab, z.B. auch von den Anfangswerten, also

$$e_p(x) = e_p(x, x_0, y_0) \, .$$

Die Existenz einer asymptotischen Entwicklung des Fehlers rechtfertigt die Anwendung von Extrapolationstechniken zur Erhöhung der Genauigkeit einer Berechnung oder auch der Schrittweitensteuerung bei einem Verfahren.

Bei einem konsistenten und stabilen, mithin konvergenten Verfahren kann man (bei entsprechender Steigerung der Rechengenauigkeit) den globalen Fehler durch Wahl einer hinreichend kleinen Schrittweite beliebig klein halten. Es wird eine unserer folgenden Aufgaben sein, Methoden zu finden, wie man diesen Fehler kontrolliert. In der Praxis kann man jedoch die Schrittweite nicht beliebig klein wählen, da wegen der beschränkten Rechengenauigkeit die Rundungsfehler das Ergebnis zu stark verfälschen würden. Das bedeutet zunächst einmal, daß man an Verfahren "hoher" Ordnung interessiert ist, an Verfahren also, die schon bei relativ großer Schrittweite zu einem kleinen globalen Fehler führen. Andererseits kann das Lösungsintervall I Teilintervalle enthalten, in denen man schon mit recht großer Schrittweite einen kleinen Fehler erzielt, während man zwecks Unterschreitung der gleichen Fehlertoleranz in anderen Teilintervallen eine sehr kleine Schrittweite benötigt. Die Schrittweite sollte also den jeweiligen Verhältnissen entsprechend gesteuert werden.

Zunächst wollen wir Methoden vorstellen, die es gestatten, während der Berechnung der Lösung eines Anfangswertproblems eine realistische Schätzung des Fehlers vorzunehmen. Im zweiten Teil dieser Untersuchungen wollen wir dann daraus eine realistische Wahl der Schrittweite zu einer vorgeschriebenen Genauigkeit beschreiben. Für eine ausführlichere Diskussion sei z.B. auf den Artikel von R. D. Skeel, Thirteen Ways to Estimate Global Error, Numer. Math. 48, 1-20 (1986), hingewiesen.

Extrapolationsverfahren und *Schrittweitensteuerung* für Einschrittverfahren stützen sich auf die Tatsache, daß man bei äquidistanten Gittern eine asymptotische Entwicklung des lokalen oder globalen Fehlers bezüglich $h \to 0$ qualitativ angeben kann. Unter hinreichenden Differenzierbarkeitsvoraussetzungen an f und an die Verfahrensfunktion $\varphi(\cdot, \cdot, h)$ hat der globale Fehler $\varepsilon_h(x) = y(x) - u_h(x)$, wie wir sahen, bei einem Verfahren der Ordnung p eine asymptotische Entwicklung

$$(8) \qquad \varepsilon_h(x) = \sum_{\nu=p}^{p+s} e_\nu(x) h^\nu + \mathcal{O}(h^{p+s+1})$$

für ein $s \in I\!N_0$ mit in I stetigen Funktionen e_ν. Speziell gilt dann

$$(9) \qquad \varepsilon_h(x) = e_p(x) h^p + \mathcal{O}(h^{p+1}) \, .$$

Beim Extrapolationsverfahren berechnet man nun für zwei verschiedene Schrittweiten h und qh mit $0 < q < 1$ die Lösungen u_h und u_{qh}. Sei x ein Punkt des Integrationsintervalles, der den beiden Gittern I_h und I_{qh} angehört. Nach (9) gilt

$$
\text{(10)} \qquad
\begin{aligned}
y(x) - u_h(x) &= e_p(x)h^p + \mathcal{O}(h^{p+1}) \\
y(x) - u_{qh}(x) &= e_p(x)(qh)^p + \mathcal{O}(h^{p+1})\ .
\end{aligned}
$$

Hier ist der Koeffizient $e_p(x)$ unbekannt und man kann ihn eliminieren. Es ist

$$
u_h^{(1)}(x) := \frac{u_{qh}(x) - u_h(x)q^p}{1 - q^p} = y(x) + \mathcal{O}(h^{p+1})
$$

eine Approximation mindestens der Ordnung $p + 1$. Führt man die Rechnung für die Schrittweiten $h, qh, q^2h, \ldots$ aus, so kann man unter Benutzung der Entwicklung (8) den Eliminationsprozeß iterieren, so daß jedesmal die Ordnung um 1 wächst, und erhält auf diese Weise Näherungen $u_h^{(\nu)}$ der Ordnung $p + \nu$ für $\nu = 1, 2, \ldots, s$. Es ist dies die Technik der Richardson-Extrapolation, wie sie von der Romberg-Integration her bekannt ist.

Andererseits kann man aus u_h und u_{qh} auch den Fehlerkoeffizienten berechnen. Als Schätzung für den Fehlerkoeffizienten erhält man

$$
\text{(11)} \qquad
e_p(x) = \frac{u_{qh}(x) - u_h(x)}{h^p(1 - q^p)} + \mathcal{O}(h)
$$

und entsprechend, (wenn auch zunehmend numerisch ungenauer) für $e_{p+1}(x), \ldots,$ $e_{p+s}(x)$. Hat man $u_h^{(1)}(x), \ldots, u_h^{(s)}(x)$ berechnet, so kann man den Wert $u_h^{(s-1)}(x)$ als endgültigen Näherungswert verwenden und mit einer (11) entsprechenden Formel aus $u_h^{(s-1)}(x)$ und $u_h^{(s)}(x)$ den ungefähren globalen Fehler schätzen. In der Praxis verwendet man jedoch gerne den i.a. besseren Wert $u_h^{(s)}(x)$; man beachte jedoch, daß man dann keine Schätzung des Fehlers besitzt (Paradoxon). Es ist offenkundig, daß man bei berechneten Näherungswerten für $e_p(x), e_{p+1}(x), \ldots, e_{p+s}(x)$ auch schätzen kann, wie groß man zu vorgegebener Genauigkeit ε die Schrittweite h wählen sollte.

Besonders vorteilhaft ist es, wenn man vorhersagen kann, daß einige der Funktionen e_ν für $\nu > p$ identisch verschwinden. Wir werden später ein entsprechendes Beispiel kennenlernen. Gilt z.B. $e_{p+1} = 0$, so folgt $y(x) - u_h(x) = h^p e_p(x) + \mathcal{O}(h^{p+2})$ und man erhält $u_h^{(1)}(x) = y(x) + \mathcal{O}(h^{p+2})$. Dieses Fortschreiten der Entwicklung des Fehlers nach geraden Potenzen von h beobachtet man beispielsweise bei der Romberg-Integration. Wir werden es bei einigen Mehrschrittverfahren für Anfangswertaufgaben wiederfinden (z.B. bei der Mittelpunktsregel).

Ein Nachteil dieser Extrapolationstechnik ist, daß man eine rasche Zunahme der Anzahl der Integrationsschritte, nämlich mit $q^{-1}, q^{-2}, \ldots$ hat. Dem versuchen Extrapolationsverfahren zu entgehen, bei denen die Schrittweite gemäß $h_j = h/n_j$ mit einer Folge (n_j) berechnet werden. Für $n_j = 2^j$ erhält man die Sequenz von Romberg. Bulirsch hat die Folge

$$
(2, 4, 6, 8, 12, 16, 24, 32, 48, 64, \ldots)
$$

vorgeschlagen. (Man beachte, die Verhältnisse der aufeinanderfolgenden Zahlen ergeben sich abwechselnd zu 3/2 und 4/3, vom ersten Verhältnis abgesehen.) In diesem Falle kann man nicht mehr mit festem q alle $u_{h_j}^{(1)}$, mit q^2 alle $u_{h_j}^{(2)}$ usw. berechnen, sondern muß beim Extrapolieren explizit die Verhältnisse der h_j berücksichtigen. Denkt man sich in der Formel (10) einmal h_j und das zweite Mal h_{j+1} eingesetzt, so kann man dennoch $e_p(x)$ eliminieren, indem man die erste Formel mit h_{j+1}^p, die zweite mit h_j^p multipliziert. Als Ergebnis erhält man bei Vorliegen der Entwicklung (1) die extrapolierten Werte

$$u_{h_j,h_{j+1}}^{(1)} = \frac{u_{j+1}h_j^p - u_j h_{j+1}^p}{h_j^p - h_{j+1}^p} = y(x) + \mathcal{O}(h_j^{p+1})\,.$$

Auch diese Extrapolation kann man wiederholen. Dieses Schema erinnert mehr an die Technik von Neville-Aitken bei der Berechnung des Wertes einer Polynominterpolierenden an einer Stelle x. Wäre $Z = h^p$ die Variable, so wird bezüglich dieser Variablen im Punkte Z_j und Z_{j+1} interpoliert und der Wert der Interpolierenden in $Z = 0$ ermittelt. (Diese Konstruktion kann man dann fortsetzen, vgl. [WS].)

Diese Betrachtungen beziehen sich auf einen Schritt der Extrapolation. Da die Eingabewerte u_h und u_{qh} in der Regel aus vorangegangenen numerischen Betrachtungen stammen, werden sie mit relativen Fehlern ε_h und ε_{qh} behaftet sein. Man wird also, ebenso wie bei der Iteration der Extrapolationsschritte, bei der Anwendung eines Extrapolationsschemas auch noch den Einfluß der Fehlerfortpflanzung zu berücksichtigen haben.

Aus der Tatsache, daß die Fehler, die bei der Berechnung von u_h bzw. u_{qh} gemacht wurden, mit $q^p/(1-q^p)$ bzw. $1/(1-q^p)$ verstärkt werden, ergibt sich, daß q nicht zu nahe bei 1 liegen sollte. Darauf muß also bei der Wahl der Schrittweite $h_j = h/n_j$ geachtet werden. Die Folge (n_j) mit $n_j = j$ ist wegen $q_j := h_{j+1}/h_j = n_j/n_{j+1} \longrightarrow 1$ ($j \longrightarrow \infty$) nicht geeignet, beim Extrapolieren als Alternative zur Romberg- oder Bulirsch-Folge zu dienen.

Meist wird man das Intervall I durch Punkte $x^{(1)}, x^{(2)}, \ldots$ in mehrere Teilintervalle aufteilen und in jedem Teilintervall die Extrapolation zur Berechnung von $y(x^{(1)}), y(x^{(2)}), \ldots$ mit geeigneter Schrittweite beginnend durchführen. Dabei wird man die Längen der einzelnen Intervalle (die als Grundschrittweiten bezeichnet werden) im Laufe der Rechnung aufgrund des vorgeschriebenen maximalen globalen Fehlers ε festlegen. Man kann die Zahl s der Extrapolationsschritte von Teilintervall zu Teilintervall variieren. Dies bedeutet, daß in den einzelnen Teilintervallen mit Verfahren unterschiedlicher Ordnung gearbeitet werden kann.

Wir kommen jetzt zur _Schrittweitensteuerung_ bei den Einschrittverfahren. Wir gehen von dem Gitter

$$I_h = \{a = x_0 < x_1 < \ldots < x_m = b\}$$

mit den Schrittweiten

$$h_j = x_j - x_{j-1}, \quad j = 1, 2, \ldots, m$$

aus und definieren

$$h := h^{(m)} := \max_{1 \leq j \leq m} h_j$$

als maximale Schrittweite. Der Index m werde unterdrückt. Gerechnet werde etwa mit einem Einschrittverfahren der Konsistenzordnung p. Die numerische Lösung auf I_h bezeichnen wir mit u_h. Um die angestrebte Genauigkeit zu erreichen, muß gegebenenfalls mit anderer Schrittweite und deshalb auch weiteren Gitterpunkten gearbeitet werden.

Die folgende Darstellung ist ein Beweis für die Konvergenz von Einschrittverfahren mit variabler Schrittweite und stützt sich auf Ergebnisse aus Kap.3, §1 über die stetige Abhängigkeit von Parametern. Die dabei auftretenden Formeln werden dann eine Strategie für die Steuerung der Schrittweite liefern.

Es bezeichne z_j die Lösung der Anfangswertaufgabe

$$z'(x) = f(x, z(x))$$
$$z(x_j) = u_h(x_j) \quad \text{(lokale Lösung)} ,$$

d.h. z_j verläuft im Punkte x_j durch den nach j Schritten erreichten Näherungswert $u_h(x_j)$. Ist L eine Lipschitz-Konstante für f, so gilt nach Satz 3.1.4 für zwei Lösungen y und z der Differentialgleichung

$$y'(x) = f(x, y(x)) \quad \text{und} \quad z'(x) = f(x, z(x))$$

in einem gemeinsamen Existenzintervall die Abschätzung

$$|y(x) - z(x)| \leq |y(a) - z(a)| \, e^{L|x-a|} .$$

Wir nehmen an, daß statt des tatsächlichen Anfangswertes y_0 ein Näherungswert $z_0 = z_0^{(m)}$ mit

$$\delta_0^{(m)} := \delta_0 := |y_0 - z_0|$$

benutzt wird, und daß bei fortschreitender Rechnung im Punkte x_j ein lokaler Fehler vom Betrage

$$\delta_j := |h_j r(x_{j-1}, u_h(x_{j-1}), h_j)|$$

entstehe; entsprechend der Definition der obigen lokalen Lösungen bedeutet dies

$$|u_h(x_j) - z_{j-1}(x_j)| = \delta_j , \quad j = 1, 2, \ldots, m .$$

Hiermit erhalten wir für den globalen Fehler $\varepsilon_h = y - u_h$ nach einem Schritt

$$\begin{aligned}
|\varepsilon_h(x_1)| &= |u_h(x_1) - y(x_1)| \\
&\leq |u_h(x_1) - z_0(x_1)| + |z_0(x_1) - y(x_1)| \\
&\leq \delta_1 + \delta_0 e^{Lh_1}
\end{aligned}$$

und nach zwei Schritten

$$
\begin{aligned}
|\varepsilon_h(x_2)| &= |u_h(x_2) - y(x_2)| \\
&\leq |u_h(x_2) - z_1(x_2)| + |z_1(x_2) - y(x_2)| \\
&\leq \delta_2 + |z_1(x_1) - y(x_1)|e^{Lh_2} \\
&= \delta_2 + |\varepsilon_h(x_1)|e^{Lh_2} \\
&\leq \delta_2 + (\delta_1 + \delta_0 e^{Lh_1})e^{Lh_2} \\
&= \delta_2 + \delta_1 e^{L(x_2 - x_1)} + \delta_0 e^{L(x_2 - x_0)} \ .
\end{aligned}
$$

Induktiv folgt

$$
\begin{aligned}
|\varepsilon_h(x_j)| &= |u_h(x_j) - y(x_j)| \\
&\leq |u_h(x_j) - z_{j-1}(x_j)| + |z_{j-1}(x_j) - y(x_j)| \\
&\leq \delta_j + |\varepsilon_h(x_{j-1})|e^{Lh_j} \\
&\leq \delta_j + (\delta_{j-1} + \delta_{j-2}e^{L(x_{j-1}-x_{j-2})} + \ldots + \delta_0 e^{L(x_{j-1}-x_0)})e^{Lh_j} \\
&= \sum_{i=0}^{j} \delta_i e^{L(x_j - x_i)} \ , \quad j = 0, 1, \ldots, m \ .
\end{aligned}
$$

Um aus dieser Abschätzung auf die Konvergenz $|\varepsilon_h(b)| \to 0$ für $m \to \infty$ schließen zu können, müssen zumindest alle δ_j (in Abhängigkeit von m) gegen Null streben. Sei η eine Schranke für die auf dem Gitter I_h auftretenden lokalen Verfahrensfehler, d.h.

$$
|r(x_{j-1}, u_h(x_{j-1}), h_j)| \leq \eta \quad \text{für} \quad j = 1, 2, \ldots, m \ .
$$

Aufgrund der Definition von δ_j gilt dann

$$
\delta_j \leq h_j \eta \quad \text{für} \quad j = 1, 2, \ldots, m
$$

und wir erhalten für den globalen Fehler die Abschätzung

$$
\begin{aligned}
|\varepsilon_h(x_j)| &\leq \delta_0 e^{L(x_j - x_0)} + \sum_{i=1}^{j} \delta_i e^{L(x_j - x_i)} \\
&\leq \delta_0 e^{L(x_j - x_0)} + \eta \sum_{i=1}^{j} h_i e^{L(x_j - x_i)} \\
&\leq \delta_0 e^{L(x_j - x_0)} + \eta \int_{x_0}^{x_j} e^{L(x_j - t)} dt \ ,
\end{aligned}
$$

$$(12)$$

also

$$
\begin{aligned}
\|\varepsilon_h\|_h &:= \max_{0 \leq j \leq m} |\varepsilon_h(x_j)| \\
&\leq \delta_0 \cdot C_0 + \eta \cdot C_1
\end{aligned}
$$

mit

$$C_0 := e^{L(b-a)}, \quad C_1 := \int_a^b e^{L(b-t)}dt .$$

Falls nun $\eta \leq ch^p$ mit einer Konstanten c sichergestellt werden kann – und dies ist der Fall, wenn die Konsistenzordnung des numerischen Verfahrens gleichmäßig bezüglich aller lokalen Lösungen z_j mindestens p beträgt –, und wenn dafür gesorgt wird, daß die Anfangswerte $u_h(a) - z_0^{(m)}$ mit der Ordnung p gegen den Anfangswert streben,

$$\delta_0^{(m)} = |y(a) - u_h(a)| = \mathcal{O}(h^p) \text{ für } h \longrightarrow 0 ,$$

so erhalten wir

$$\begin{aligned}
\|\varepsilon_h\|_h &\leq C_0 \cdot \mathcal{O}(h^p) + C_1 \cdot \mathcal{O}(h^p) \\
&= \mathcal{O}(h^p) ,
\end{aligned}$$

mithin die Konvergenz der Ordnung p, wenn für $m \to \infty$ die maximale Schrittweite

$$h := \max_{1 \leq j \leq m} h_j$$

gegen Null strebt.

Mit dieser Analyse haben wir einen weiteren Beweis für die Konvergenz von Einschrittverfahren gefunden. Bevor wir einige der darin auftretenden Abschätzungen zur Schrittweitensteuerung heranziehen, wollen wir kurz über die Unterschiede dieses und des früheren Konvergenzbeweises sprechen.

Eine wesentliche Aussage des Satzes 4.2.5 war kurz gefaßt: *Ist die Verfahrensfunktion $\varphi(x, y, h)$ des Einschrittverfahrens Lipschitz-stetig bezüglich y und ist das Verfahren konsistent von der Ordnung p mit der Anfangswertaufgabe (A), so ist das Verfahren konvergent mit der Ordnung p.*

Die Essenz des zugehörigen Beweises bestand nun darin, durch Einfügen geeigneter Glieder in die Abschätzungen eine Abschätzung für den globalen Fehler $\varepsilon_h = y - u_h$ zu erhalten, die den lokalen Verfahrensfehler entlang der (unbekannten) exakten Lösung enthält:

$$\varepsilon_h(x + h) = \varepsilon_h(x) + h[\varphi(x, y(x), h) - \varphi(x, u_h(x), h)] + hr(x, y(x), h) .$$

Die Lipschitz-Stetigkeit von φ bewirkte dann, daß man das Anwachsen von $|\varepsilon_h(x)|$ kontrollieren konnte (Stabilität):

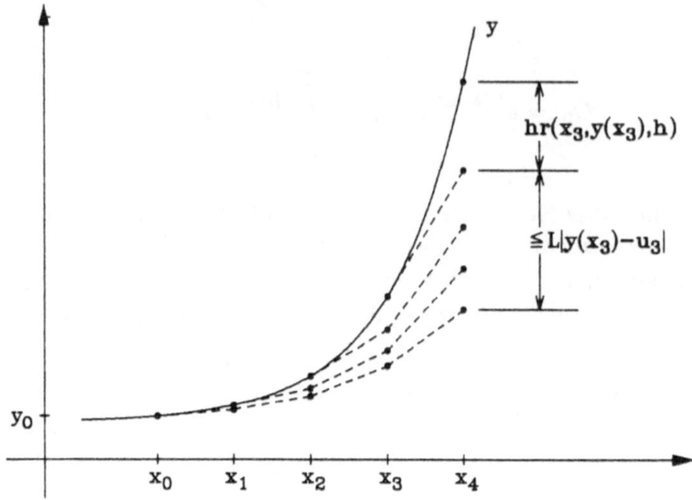

Bei dem eben durchgeführten Beweis sind wir anders vorgegangen, und zwar haben wir genau diejenigen lokalen Verfahrensfehler berücksichtigt, die auch bei der numerischen Durchführung des Verfahrens entstanden:

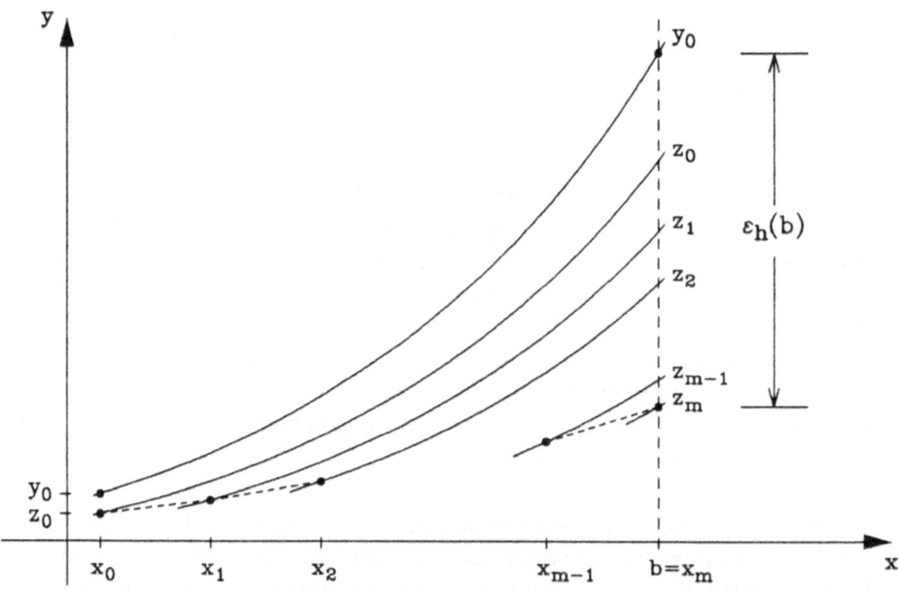

Beim Beweis war es wesentlich, den Abstand benachbarter Lösungen der Differentialgleichung abzuschätzen, was wegen der vorausgesetzten Lipschitz-Stetigkeit von f mit dem Satz über die stetige Abhängigkeit der Lösungen von den Anfangswerten gelang. Hierbei brauchten wir nicht vorauszusetzen, daß die Verfahrensfunktion $\varphi(\cdot,\cdot,h)$ Lipschitz-stetig ist. Es erscheint natürlicher zu sein, direkt die Eigenschaften von f und nicht diejenigen von φ bei Beweisen auszunutzen.

Zur *Schrittweitensteuerung* kann man zunächst etwa folgende Strategie einschlagen: Man gebe sich eine Größe ε als Schranke für den maximalen globalen Fehler im Endpunkt b des Intervalles vor und wähle ein Einschrittverfahren der Ordnung p. Gesucht ist dann ein Gitter I_h, also die Schrittweiten $h_1, h_2, \ldots, h_m$ mit zunächst unbekanntem m, so daß gilt

$$|\varepsilon_h(b)| \le \varepsilon \,.$$

Entsprechend den obigen Abschätzungen gelingt dies z.B., wenn wir

$$(13) \qquad \eta = \frac{\varepsilon}{\displaystyle\int_a^b e^{L(b-t)}dt}$$

setzen (für $\delta_0 = |y_0 - z_0| = 0$) und die Schrittweiten $h_1, h_2, \ldots, h_m$ der Reihe nach aus den Gleichungen

$$(14) \qquad |r(x_{j-1}, u_h(x_{j-1}), h_j)| = \eta \,, \quad \text{d.h. } |h_j r(x_{j-1}, u_h(x_{j-1}), h_j)| = \delta_j := h_j \eta$$

bestimmen (genauer: es wird jeweils das größte h_j gesucht, welches die Gleichung erfüllt; in der Praxis wird man auch kleinere Werte von h_j zulassen.) Bei großem Intervall $[a, b]$ und großer Lipschitz-Konstanten L erweist sich in der Praxis die Größe η aus (13) als viel zu klein (obwohl die Abschätzung (12) bis zum Übergang zum Integral scharf sein kann, wie das Beispiel

$$y'(x) = y(x) \,, \quad y(0) = 1 \text{ mit } L = 1$$

nach Lösung mit dem Eulerschen Verfahren zeigt).

Bei nicht zu großer Intervallänge $b - a$ und kleiner Lipschitz-Konstanten L gilt näherungsweise

$$\int_a^b e^{L(b-t)}dt \approx b - a$$

und man bestimmt die Schrittweite h_j praktisch besser aus der Formel

$$|r(x_{j-1}, u_h(x_{j-1}), h_j)| \approx \frac{\varepsilon}{b-a} \,,$$

so daß dann eine Aufsummierung der Fehler $h_j r(x_{j-1}, u_h(x_{j-1})) = h_j r_{j-1}$ eine zulässige erste Näherung

$$|\varepsilon_h(b)| \approx \left| \sum_{j=1}^{m} h_j r_{j-1} \right|$$

ergibt. Es gilt dann

$$\left| \sum_{j=1}^{m} h_j r_{j-1} \right| \le \sum_{j=1}^{m} h_j \frac{\varepsilon}{b-a} = \varepsilon \,.$$

Da man bis zum Erreichen des Punktes x_{j-1} i.a. die Schrittweite schon mehrfach geändert hat, kann man i.a. den globalen Fehler $\varepsilon_m(x)$ nicht direkt aus seiner asymptotischen Entwicklung für *konstante Schrittweite* schätzen. Statt dessen ist man daher gezwungen, mit einer auf den gerade erreichten Punkt $(x^*, z^*) := (x_{j-1}, u_h(x_{j-1}))$ bezogenen asymptotischen Entwicklung zu arbeiten, also mit

$$(15) \qquad y(x, x^*, z^*) - u_h(x) = e_p(x)h^p + e_{p+1}(x)h^{p+1} + O(h^{p+2}) \; ;$$

hierbei bezeichnet $y(x, x^*, z^*)$ wie früher die Lösung der Anfangswertaufgabe

$$y' = f(x, y) \, , \quad y(x^*) = z^* \, .$$

Die in der Entwicklung (15) angegebenen Funktionen hängen von dem hier vorliegenden Anfanspunkt x^* und Anfangswert z^* ab,

$$e_i(x) = e_i(x, x^*, z^*) \, .$$

Im Punkte $x = x^*$ hat der Fehler den Wert Null, so daß

$$(16) \qquad e_i(x^*) = e_i(x^*, x^*, z^*) = 0$$

gilt; dies gilt auch für $x = x_0$, wenn man den exakten Startwert $u_h(x_0) = y_0$ verwendet. Bei (15) wird also zunächst davon ausgegangen, daß die weitere Rechnung ab x^* mit der konstanten Schrittweite h durchgeführt wird. Ist f hinreichend oft differenzierbar, so sind nach Satz 4.8.1 auch die Funktionen e_i hinreichend oft differenzierbar. Unter Verwendung von (16) erhält man für den auf die lokale Lösung $y(\cdot, x^*, z^*)$ bezogenen lokalen Verfahrensfehler

$$\begin{aligned}
& hr(x^*, z^*, h) \\
=& y(x^* + h, x^*, z^*) - u_h(x^* + h) \\
=& e_p(x^* + h)h^p + e_{p+1}(x^* + h)h^{p+1} + O(h^{p+2}) \\
=& \left[e_p(x^*) + e_p'(x^*)h + O(h^2) \right] h^p + \left[e_{p+1}(x^*) + O(h) \right] h^{p+1} + O(h^{p+2}) \\
=& e_p'(x^*)h^{p+1} + O(h^{p+2}) \, .
\end{aligned}$$

Die Bestimmung der Schrittweite h_j gemäß (14) kann also in erster Näherung aus der Gleichung

$$(17) \qquad |r(x^*, z^*, h)| = |e_p'(x^*)h^p| = \eta$$

erfolgen, wenn $e_p'(x^*)$ näherungsweise bekannt ist.

Einen Schätzwert für $e_p'(x^*)$ kann man auf zwei verschiedene Weisen erhalten: Durch Extrapolation oder mit Hilfe eines zusätzlichen Verfahrens höherer Ordnung.

Bei der Extrapolation bestimmt man mit einer (zunächst beliebigen) Schrittweite $\tilde{h}$ von (x^*, z^*) ausgehend einen Näherungswert v_1 im Punkt $x^* + \tilde{h}$ und einen zweiten

Näherungswert v_2 im selben Punkt, jedoch mit zwei Schritten der Länge $\tilde{h}/2$. Dann gilt

$$y(x^* + \tilde{h}, x^*, z^*) - v_1 = e'_p(x^*)\tilde{h}^{p+1} + O(\tilde{h}^{p+2}) \,,$$

$$y(x^* + \tilde{h}, x^*, z^*) - v_2 = e'_p(x^*)\left(\frac{\tilde{h}}{2}\right)^{p+1} + O(\tilde{h}^{p+2}) \,,$$

und daher

$$e'_p(x^*)\tilde{h}^{p+1} = \frac{v_2 - v_1}{1 - 2^{-p-1}} + O(\tilde{h}^{p+2}) \,.$$

Unter Vernachlässigung des O-Terms führt Gleichung (17) also auf die Bestimmungsgleichung

$$\eta = |e'_p(x^*)h^p|$$

$$= \frac{h^p}{\tilde{h}^{p+1}}|e'_p(x^*)\tilde{h}^{p+1}|$$

$$= \frac{h^p}{\tilde{h}^{p+1}}|v_2 - v_1|\frac{2^{p+1}}{2^{p+1} - 1}$$

für h, folglich

$$h = \tilde{h}\sqrt[p]{\frac{2^{p+1} - 1}{2^{p+1}} \cdot \frac{\tilde{h}\eta}{|v_2 - v_1|}} \,.$$

Diese Schätzung ist sicherlich als vernünftig anzusehen, wenn etwa

$$(18) \qquad\qquad h \in \left[\frac{\tilde{h}}{2}, 2\tilde{h}\right]$$

gilt. Andernfalls wiederholt man die Rechnung z.B. mit $\tilde{h} := h$. Im allgemeinen wird (18) erfüllt sein, da die Schrittweite sich selten extrem ändert. Im ersten Schritt jedoch, also von x_0 aus, ist man auf eine Schätzung von $\tilde{h}$ angewiesen, die normalerweise noch korrigiert werden muß.

Zur Schätzung von $e'_p(x^*)$ kann man auch ein zusätzliches (beliebiges) Verfahren der Ordnung q mit $q \geq p+1$ verwenden. Bezeichnet $\tilde{u}_h$ die Lösung mit diesem Verfahren, ebenfalls beginnend im Punkte (x^*, z^*), so gilt wie eben

$$y(x^* + \tilde{h}, x^*, z^*) - u_h(x^* + \tilde{h}) = e'_p(x^*)\tilde{h}^{p+1} + O(\tilde{h}^{p+2}) \,,$$

$$y(x^* + \tilde{h}, x^*, z^*) - \tilde{u}_h(x^* + \tilde{h}) = \tilde{e}'_q(x^*)\tilde{h}^{q+1} + O(\tilde{h}^{q+2}) \,.$$

Hieraus folgt

$$e'_p(x^*)\tilde{h}^{p+1} = \tilde{u}_h(x^* + \tilde{h}) - u_h(x^* + \tilde{h}) + O(\tilde{h}^{p+2}) \,,$$

und man kann wie oben geschildert fortfahren. Zur Schätzung von $e'_p(x^*)$ durch Extrapolation benötigt man etwa 50% zusätzlichen Rechenaufwand, wenn man die mit der halben Schrittweite gewonnene Näherungslösung als endgültige Näherung verwendet. (Man beachte, daß man dann den i.a. besseren Näherungswert für die weitere Rechnung benutzt, jedoch streng genommen keine Schätzung des zugehörigen lokalen Fehlers besitzt.) Verwendet man jedoch ein Verfahren der Ordnung $q \geq p + 1$, so kann der zusätzliche Rechenaufwand noch höher ausfallen. Diesen Aufwand möglichst gering zu halten versuchen die sogenannten *eingebetteten Verfahren*.

Zu ihrer Beschreibung gehen wir von einem Beispiel aus: Verwendet man ein explizites Runge-Kutta-Verfahren der Ordnung $p = 4$ mit 4 Funktionsauswertungen und ein explizites Runge-Kutta-Verfahren der Ordnung $q = 5$, so verwendet letzteres mindestens 6 Funktionsauswertungen, so daß man insgesamt mindestens 9 Funktionsauswertungen benötigt, da die erste Auswertung bei beiden Verfahren dieselbe ist. Bei einem eingebetteten Verfahren versucht man, das Verfahren p-ter Ordnung als Nebenprodukt des Verfahrens q-ter Ordnung zu erhalten, in unserem Beispiel also als ein Verfahren 4. Ordnung, welches die Funktionsauswertungen des Verfahrens 5. Ordnung ausnutzt. In diesem Falle kann man mit 6 Funktionsauswertungen auskommen, was eine Einsparung von 3 Auswertungen bedeutet.

4.8.2 Beispiel. Das folgende Koeffizientenschema stammt von J. R. Dormand und P. J. Prince, J. Comp. Appl. Math. 6, 19-26 (1980):

0						
$\dfrac{1}{5}$	$\dfrac{1}{5}$					
$\dfrac{3}{10}$	$\dfrac{3}{40}$	$\dfrac{9}{40}$				
$\dfrac{4}{5}$	$\dfrac{44}{45}$	$-\dfrac{56}{15}$	$\dfrac{32}{9}$			
$\dfrac{8}{9}$	$\dfrac{19372}{6561}$	$-\dfrac{25360}{2187}$	$\dfrac{64448}{6561}$	$-\dfrac{212}{729}$		
1	$\dfrac{9017}{3168}$	$-\dfrac{355}{33}$	$\dfrac{46732}{5247}$	$\dfrac{49}{176}$	$-\dfrac{5103}{18656}$	
1	$\dfrac{35}{384}$	0	$\dfrac{500}{1113}$	$\dfrac{125}{192}$	$-\dfrac{2187}{6784}$	$\dfrac{11}{84}$
b_i	$\dfrac{5179}{57600}$	0	$\dfrac{7571}{16695}$	$\dfrac{393}{640}$	$-\dfrac{92097}{339200}$	$\dfrac{187}{2100}$	$\dfrac{1}{40}$
$\tilde{b}_i$	$\dfrac{35}{384}$	0	$\dfrac{500}{1113}$	$\dfrac{125}{192}$	$-\dfrac{2187}{6784}$	$\dfrac{11}{84}$	0

.

Dieses Verfahren benötigt 7 Funktionsauswertungen. Verwendet man die Koeffizienten b_i, so liegt ein Verfahren der Ordnung $p = 4$ vor, während die Ordnung $q = 5$ bei Verwendung der Koeffizienten $\tilde{b}_i$ beträgt. □

Eingebettete Runge-Kutta-Verfahren sind z.B. von Fehlberg (Klassische Runge-Kutta-Formeln fünfter und siebenter Ordnung mit Schrittweitenkontrolle, Computing 4, 93-106 (1969)) aufgestellt worden und werden daher gerne als *Runge-Kutta-Fehlberg-Verfahren* bezeichnet, ein gutes eingebettetes Verfahren siebter und achter Ordnung ist auch von Prince und Dormand (J. Comp. Appl. Math. 7, 67-75 (1981)) aufgestellt worden.

Bezeichnet p die Ordnung eines expliziten Runge-Kutta-Verfahrens, s die Mindestanzahl von Stufen, die zur Erreichung der Ordnung p erforderlich sind, s^* die Mindestanzahl von Stufen, die man zur Konstruktion eines eingebetteten Verfahrens der Ordnung p und $p+1$ benötigt und s^{**} schließlich die Mindestanzahl von Stufen, die man für zwei voneinander unabhängige (explizite) Runge-Kutta-Verfahren der Ordnung p und $p+1$ verwenden muß, so erhält man die folgende Tabelle:

p	1	2	3	4	5	6	7
s	1	2	3	4	6	7	9
s^*	2	3	5	6	8	10	13
s^{**}	2	4	6	9	12	15	≥ 18

Bei den bisherigen Überlegungen haben wir stets eine asymptotische Entwicklung des globalen Fehlers der Form

$$y(x) - u_h(x) = \sum_{i=p}^{p+s} e_i(x)h^i + E(x,h)h^{p+s+1}$$

zugrunde gelegt, in der i.a. alle auftretenden Funktionen e_i von Null verschieden sind. Besonders vorteilhaft gestaltet sich jedoch die Rechnung, wenn einige Funktionen e_i für $i > p$ verschwinden. Gilt z.B. $e_{p+1} = 0$, so besitzt der extrapolierte Wert die Ordnung $p+2$. So etwas tritt z.B. bei der Mittelpunktsregel (2-Schrittverfahren) mit dem Eulerschen Verfahren zur Gewinnung eines zweiten Startwertes auf:

$$(19) \qquad \begin{aligned} \tilde{u}_h(x_0) &= y_0 \\ \tilde{u}_h(x_0 + h) &= y_0 + hf(x_0, y_0) \\ \tilde{u}_h(x + h) &= \tilde{u}_h(x - h) + 2hf(x, \tilde{u}_h(x)), \quad x \in I_h' \setminus \{x_0\} . \end{aligned}$$

Für dieses Verfahren ist von Gragg (On Extrapolation Algorithms for Ordinary Initial Value Problems, J. SIAM Numer. Anal. Ser. B. 2, 384-403 (1965)) eine asymptotische Entwicklung angegeben worden:

$$y(x) - \tilde{u}_h(x) = \sum_{i=1}^{s} d_i(x,h)h^{2i} + D(x,h)h^{2s+2} ;$$

hierin enthalten die Koeffizienten $d_i(x,h)$ von Gitterpunkt zu Gitterpunkt oszillierende Terme. Mit Hilfe der Glättung

$$(20) \qquad u_h(x) := \frac{1}{2}\left[\tilde{u}_h(x) + \tilde{u}_h(x - h) + hf(x, \tilde{u}_h(x))\right]$$

kann dieser im ersten Koeffizienten d_1 eliminiert werden, so daß der Koeffizient des h^2-Terms in der asymptotischen Entwicklung eine glatte Funktion von x allein ist. Ein hierauf basierendes Extrapolationsverfahren ist zunächst von Bulirsch/Stoer (Numerical Treatment of Ordinary Differential Equations by Extrapolation Methods, Numer. Math. 8, 1-13 (1966)) aufgestellt und später von Deuflhard (Order and Stepsize Control in Extrapolation Methods, Numer. Math. 41, 399-422 (1983)) weiterentwickelt worden.

Bei dem auf der Mittelpunktsregel basierenden Extrapolationsverfahren kann die Schrittweite etwa nach den folgenden Ausführungen gesteuert werden. Dabei schildern wir der Einfachheit halber nur die Berechnung der Schrittweite im ersten Schritt, also im Anfangspunkt beginnend.

Bezeichne u_h die Lösung von (19) und (20) mit der konstanten Schrittweite h. Dann besitzt u_h mit geeignetem N die Entwicklung

$$y(x) - u_h(x) = \sum_{j=1}^{N} g_j(x)h^{2j} + G(x,h)h^{2N+2} \, ,$$

wenn man nur Schrittweiten mit $(x-a)/h$ gerade oder ungerade verwendet, mit

$$g_j(x_0) = 0$$
$$G(x,-h) = G(x,h)$$

und beschränktem G. Zwecks Anwendung der Extrapolation berechnet man Näherungen

$$u_{h_1}(x_0 + H) \, , \quad u_{h_2}(x_0 + H) \, , \quad \ldots$$

im Punkte $x_0 + H$ (H heißt _Grundschrittweite_) mit verschiedenen Schrittweiten h_i; dabei sei H ein ganzzahliges Vielfaches von jedem h_i, also

$$h_i = \frac{H}{n_i} \, , \quad n_i \in I\!N \, ,$$

z.B.

$$(n_i) = (2, 4, 8, 16, 32, 64, \ldots) \qquad \text{(Romberg-Folge)}$$

oder

$$(n_i) = (2, 4, 6, 8, 12, 16, 24, 32, 48, 64, \ldots) \qquad \text{(Burlisch-Folge)} \, .$$

Ein auf polynomialer Extrapolation basierender Algorithmus berechnet dann die Größen

$$T_{i1} := u_{h_i}(x_0 + H) \, , \quad i = 1, 2, 3, \ldots$$

und setzt

$$T_{ik} := T_{i,k-1} + \frac{T_{i,k-1} - T_{i-1,k-1}}{\left(\frac{n_i}{n_{i-k+1}} \right)^2 - 1} \text{ für } 2 \leq k \leq i \, .$$

Man erhält so das Tableau

$$u_{h_1}(x_0 + H) = T_{11}$$

$$u_{h_2}(x_0 + H) = T_{21} \quad T_{22}$$

$$u_{h_3}(x_0 + H) = T_{31} \quad T_{32} \quad T_{33}$$

$$\vdots \qquad \vdots \qquad \vdots \quad \vdots \quad \ddots \qquad .$$

Es läßt sich zeigen, daß das führende Glied einer Entwicklung des Fehlers

$$\varepsilon_{ik} := y(x_0 + H) - T_{ik}$$

nach Potenzen von H die Gestalt

$$(21) \qquad \varepsilon_{ik} \approx \gamma_{ik}\, g_k'(x_0)\, H^{2k+1} \ , \ \text{falls } g_k'(x_0) \neq 0 \ ,$$

besitzt mit

$$\gamma_{ik} := \frac{1}{(n_{i-k+1} \cdot \ldots \cdot n_i)^2} \ .$$

Mit

$$e_{ik} := |\varepsilon_{ik}|$$

folgt dann

$$(22) \qquad e_{i+1,k} \approx \big(\frac{n_{i-k+1}}{n_{i+1}}\big)^2 e_{ik} \ ,$$

d.h. die *Fehler* in jeder festen Spalte des Tableaus hängen nur von der *gewählten Schrittweitenfolge* ab.

Will man eine Näherung $T_{k+1,j}$ für ein k und j als endgültige Näherung ansehen, so sollte

$$e_{k+1,j} \leq \varepsilon$$

für eine vorgegebene Fehlertoleranz ε gelten. Man benötigt dann eine vernünftige *Schätzung des Fehlers*. Da mit aufsteigender Spaltenzahl im Tableau die Ordnung des Verfahrens um zwei steigt, kann man einerseits von

$$e_{\nu,\mu+1} << e_{\nu\mu} \quad \text{für alle } \mu < \nu$$

ausgehen. Andererseits impliziert (22) die Relationen

$$e_{\nu+1,\mu} << e_{\nu\mu} \quad \text{für alle } \mu \leq \nu + 1 \ ,$$

also bessere Näherungen mit wachsender Zeilenzahl im Tableau. Da der Rechenaufwand für $T_{k+1,1}$ verglichen mit dem Rechenaufwand für T_{ij} für $i \leq k+1$, $j \geq 2$ sehr groß ist, bieten sich dementsprechend zur Schätzung des Fehlers in $T_{k+1,j}$ die Größen $T_{k+1,j+1}, \ldots, T_{k+1,k+1}$ an, insbesondere letztere. Man erhält so die Fehlerschätzung

$$e_{k+1,j} = |\varepsilon_{k+1,j}| \approx |\varepsilon_{k+1,j} - \varepsilon_{k+1,k+1}|$$
$$= |T_{k+1,j} - T_{k+1,k+1}| , \quad j = 1, 2, \ldots, k .$$

Natürlich wird man entsprechend den obigen Ausführungen den größten Spaltenindex für j wählen, also $j = k$. Daher wird man die Rechnung (Erhöhung von k) solange fortsetzen, bis

$$(23) \qquad E_{k+1} := |T_{k+1,k} - T_{k+1,k+1}| \leq \varepsilon$$

erreicht ist. Aus (21) ergibt sich

$$(24) \qquad E_{k+1} \approx e_{k+1,k} = c_k H^{2k+1} .$$

Bezeichnet H_k diejenige Schrittweite, mit der man genau den Fehler ε begehen würde, also

$$(25) \qquad \varepsilon = c_k H_k^{2k+1} ,$$

so erhält man aus (24) und (25) die Schätzung

$$H_k = H \sqrt[2k+1]{\frac{\varepsilon}{E_{k+1}}} .$$

Gilt $H_k \geq H$, so setzt man

$$u_h(x_0 + H) := T_{k+1,k}$$

als endgültige Lösung des Verfahrens und verwendet im nächsten Integrationsschritt als Grundschrittweite den Wert H_k. Gilt jedoch $H_k < H$, so wird man den gerade durchgeführten Schritt mit der neuen Grundschrittweite $H := H_k$ wiederholen. Letzteres gilt auch für den Fall, daß nach einer gewissen Maximalzahl von Extrapolationsschritten die Relation (23) nicht erreicht wird.

Statt des Wertes $T_{k+1,k}$, für den man auf obige Weise eine Fehlerschätzung gefunden hat, verwendet man natürlich in der Praxis den i.a. besseren Wert $T_{k+1,k+1}$, obwohl man für diesen keine Fehlerschätzung besitzt.

Bei der Schrittweitensteuerung in Mehrschrittverfahren geht man grundsätzlich ähnlich wie bei Einschrittverfahren vor: Man versucht, aus einer Schätzung des lokalen Verfahrenfehlers eine sinnvolle Schrittweite zu berechnen. Anders als bei Einschrittverfahren tauchen hier jedoch neue Probleme auf. Wir erläutern diese am Beispiel der Simpson-Formel

$$u_{j+1} = u_{j-1} + \frac{h}{3} [f_{j-1} + 4f_j + f_{j+1}] .$$

Wir nehmen an, daß die Werte u_j, u_{j-1}, u_{j-2} an Stützstellen x_{j-2}, x_{j-1}, x_j mit $x_j - x_{j-1} = x_{j-1} - x_{j-2} = h$ bestimmt worden sind und daß im jetzt folgenden

Schritt die Schrittweite verdoppelt werden soll: $x_{j+1} = x_j + 2h$. Dies macht keine Schwierigkeiten, da man dann nach der Formel

$$u_{j+1} = u_{j-2} + \frac{2h}{3}\left[f_{j-2} + 4f_j + f_{j+1}\right]$$

rechnen kann. Falls aber die Schrittweite halbiert werden soll, $x_{j+1} = x_j + h/2$, steht kein schon berechneter Wert im Punkte $x_j - h/2$ zur Verfügung. Man kann sich jedoch einen solchen Näherungswert durch Interpolation benachbarter Werte mit Hilfe einer Interpolationsformel hinreichend hoher Ordnung verschaffen. Analog würde man vorgehen, wenn allgemein die Schrittweite von h auf qh mit $q \neq 1$ geändert werden soll. Aus den genannten Gründen empfiehlt es sich - soweit möglich - nur Schrittweitenverdoppelungen oder -halbierungen vorzunehmen und bei einem k-Schrittverfahren mindestens k Schritte mit der gleichen Schrittweite auszuführen, um den zusätzlichen Rechenaufwand gering zu halten.

Bei starken Schrittweitenänderungen kann ein solches Verfahren instabil werden, siehe C.W. Gear, K.W. Tu (The Effect of Variable Mesh Size on the Stability of Multistep Methods, SIAM J. Numer. Anal. 11, 1025-1043 (1974)). Die gleichen Verfasser zeigen aber auch, daß ein k-Schrittverfahren vom Adams-Typ stabil ist, wenn nach jeder Schrittweitenänderung mindestens k Schritte gleicher Schrittweite ausgeführt werden.

Bei der praktischen Durchführung der Rechnung geht man zweckmäßigerweise von der sogenannten _Nordsieck-Form_ des Mehrschrittverfahrens aus. Dies bedeutet, daß man nicht die Daten

$$\left(x_j, u_j\right), \quad \left(x_{j+1}, u_{j+1}\right), \quad \ldots, \quad \left(x_{j+k-1}, u_{j+k-1}\right)$$

speichert (die man sich von einem Polynom stammend denken kann), sondern daß man die Koeffizienten

$$\left(u_{j+k-1}, hu'_{j+k-1}, \frac{h^2}{2}u''_{j+k-1}, \ldots, \frac{h^{k-1}}{(k-1)!}u^{(k-1)}_{j+k-1}\right)$$

der Taylorentwicklung dieses Polynoms im Punkte x_{j+k-1} speichert. Bei der anschließenden Schrittweitensteuerung verhält sich das Verfahren dann wie ein Einschrittverfahren. Für eine ausführliche Diskussion sei auf [Ge] verwiesen.

Hält man k bei der Rechnung fest oder beginnt man die Rechnung mit $k > 1$, so besorgt man sich die Startwerte üblicherweise mit Hilfe eines Einschrittverfahrens. Hier wie auch bei den Adams-Verfahren mit variablen Koeffizienten kann in der Startphase mit $k = 1$ begonnen und k dann im erforderlichen Maße im Verlauf der Rechnung erhöht werden.

Besonders einfach läßt sich erwartungsgemäß die Schrittweite bei den Adams-Verfahren mit von den jeweiligen Schrittweiten abhängenden Koeffizienten steuern. Jedoch müssen dann in jedem Schritt die Koeffizienten neu berechnet werden. Fordert man, daß das Verhältnis benachbarter Schrittweiten beschränkt ist, also die Existenz von Konstanten c_1 und c_2 mit

$$c_1 \leq \frac{h_{j-1}}{h_j} \leq c_2$$

für alle zugelassenen Gitter I_h, so erhält man Konvergenz dieses Verfahrens. Genauer gilt für das k-Schritt-Adams-Verfahren vom Typ PECE: Es gibt eine Konstante c mit

$$\max_{0 \leq j \leq m} |u_h(x_j) - y(x_j)| \leq ch^{k+1} ,$$

wenn auch die k Startwerte $u_h(x_\nu)$, $\nu = 0, \ldots, k-1$, eine solche Relation erfüllen. Für einen Beweis siehe etwa [SG].

Wir wollen uns noch kurz der _Schrittweitensteuerung_ des PECE-Verfahrens aus 4.4.10 zuwenden. Im Prinzip gelten die gleichen Aussagen wie beim Beweis der für Einschrittverfahren gültigen Abschätzung (12), nämlich

$$\|\varepsilon_h\|_h \leq e^{L(b-a)}|y_0 - u_h(x_0)| + \int\limits_a^b e^{L(b-t)}dt \cdot \eta ,$$

wenn wie bei den Einschrittverfahren auch hier

$$\delta_j = |u_h(x_j) - z_{j-1}(x_j)| , \quad z_{j-1} = y(\cdot, x_{j-1}, u_h(x_{j-1})) ,$$

und

$$\delta_j \leq h_j \eta \quad \text{für } j = 1, 2, \ldots, m$$

gilt. Die entscheidende Frage ist jedoch hier, ob man für $h \to 0$ die Größe η beliebig klein wählen kann, die Größen δ_j/h_j also gegen Null streben. Bei Einschrittverfahren konnte diese Frage positiv beantwortet werden, da man für festes η nur alle Schrittweiten so klein zu wählen brauchte, daß

$$(26) \qquad \eta \geq \frac{\delta_j}{h_j} = |r(x_{j-1}, u_h(x_{j-1}), h_j)|$$

galt, und dies war möglich, da der lokale Verfahrensfehler beliebig klein gemacht werden konnte. Im hier vorliegenden Fall hat man jedoch keine (26) entsprechende Ungleichung; die Bestimmung des lokalen Verfahrensfehlers $r(x, z(x), h)$ entlang einer exakten Lösung z setzt ja im Gegensatz zu Einschrittverfahren die _Kenntnis von mehreren exakten Werten_ einer Lösung voraus, hier die Kenntnis von

$$z(x_j), z(x_{j+1}), \ldots, z(x_{j+k-1}) .$$

Statt dieser Werte kennt man nur die Werte

$$u_j, u_{j+1}, \ldots, u_{j+k-1} \quad \text{mit } u_{j+k-1} = z(x_{j+k-1}) .$$

Es läßt sich zeigen, daß man die Fehler, die man begeht, wenn man statt der exakten Lösung z die zuvor berechneten numerischen Werte verwendet, vernachlässigen kann; sie haben eine um Eins höhere Ordnung als die interessierenden Terme.

Zur Schätzung des (ungefähren) lokalen Verfahrensfehlers verwendet man hier zwei Verfahren verschiedener Ordnung. Im vorliegenden Fall bieten sich die beiden Werte $u^{(0)}_{j+k}$ und $u^{(1)}_{j+k}$ an. Lokal, also im Vergleich zur lokalen Lösung $z = y(\cdot, x_{j+k-1}, u_{j+k-1})$ gilt

$$|u^{(0)}_{j+k} - z(x_{j+k})| = O(h^{k+1})$$

und

$$|u_{j+k}^{(1)} - z(x_{j+k})| = O(h^{k+2})\,,$$

so daß man

$$|u_{j+k}^{(0)} - u_{j+k}^{(1)}| = O(h^{k+1})$$

als Schätzung für den lokalen Fehler nach einem Schritt erhält. (Genauer gilt diese Schätzung wie früher nur für den Fall, daß man die Näherung $u_{j+k}^{(0)}$ im weiteren Verlauf der Rechnung als endgültigen Wert u_{j+k} benutzt; man verwendet jedoch trotzdem den i.a. besseren Wert $u_{j+k}^{(1)}$ als endgültige Näherung.)

Man kann sich jedoch ohne rechnerischen Mehraufwand einen im Vergleich zu $u_{j+k}^{(0)}$ i.a. besseren Wert u_{j+k}^* der Ordnung k verschaffen, indem man nämlich den Prädiktorwert $u_{j+k}^{(0)}$ mit einem Korrektor der Ordnung k korrigiert. Der obige Korrektor der Ordnung $k+1$ basierte auf der Integration des Polynoms, das in den Punkten

$$x_j,\ldots,x_{j+k}\ \text{die Werte}\ f_j,\ldots,f_{j+k-1},f_{j+k}^{(0)}$$

interpoliert. Verwendet man stattdessen das Polynom, das in den Punkten

$$x_{j+1},\ldots,x_{j+k}\ \text{die Werte}\ f_{j+1},\ldots,f_{j+k-1},f_{j+k}^{(0)}$$

interpoliert, so erhält man zusätzlich den Wert u_{j+k}^*:

$$S_0 := u_{j+k-1} + \sum_{\nu=0}^{k-2} c_\nu \Delta^\nu f_{j+k-1}$$
$$u_{j+k}^{(0)} = S_0 + c_{k-1}\Delta^{k-1}(x_j,\ldots,x_{j+k-1})f$$
$$u_{j+k}^* = S_0 + c_{k-1}\Delta^{k-1}(x_{j+1},\ldots,x_{j+k})f^{(0)}$$
$$u_{j+k}^{(1)} = u_{j+k}^{(0)} + c_k\Delta^k(x_j,\ldots,x_{j+k})f^{(0)}\,.$$

Als Schätzung für den Fehler nach einem Schritt ergibt sich daher ohne explizite Verwendung von u_{j+k}^* die Größe

$$|u_{j+k}^{(1)} - u_{j+k}^*| = |c_{k-1}(\Delta^{k-1}(x_j,\ldots,x_{j+k-1})f - \Delta^{k-1}(x_{j+1},\ldots,x_{j+k})f^{(0)}) +$$
$$+ c_k\Delta^k(x_j,\ldots,x_{j+k})f^{(0)}|$$
$$= |c_{k-1,1}\Delta^k(x_j,\ldots,x_{j+k})f^{(0)}|$$

nach Verwendung von $c_\nu = c_{\nu 0}$ und

$$c_{k0} = (x_{j+k} - x_j)c_{k-1,0} - c_{k-1,1}\,,$$

eine Größe also, die schon berechnete Werte verwendet. Aus der zitierten Konvergenz der Adams-Verfahren erhält man, daß man wie bei den Einschrittverfahren die Schrittweiten so wählen kann, daß alle auftretenden lokalen Verfahrensfehler kleiner als die vorgegebene Schranke η gehalten werden können.

Aus Stabilitätsgründen und um den Rechenaufwand bei der Berechnung der Koeffizienten $c_{\nu\mu}$ möglichst gering zu halten, versucht man, die Schrittweiten über "möglichst große" Intervalle konstant zu halten und ansonsten die Schrittweite nur zu halbieren oder zu verdoppeln. Dies hat zur Folge, daß man bei der Schrittweitensteuerung mit denselben Techniken wie bei Einschrittverfahren nach jedem Schritt überprüft, ob man die Schrittweite weiterhin konstant halten kann oder ob man gegebenenfalls verdoppeln kann oder halbieren muß. Um häufige Änderungen der Schrittweiten zu vermeiden, müssen daher bei den Fehlerabfragen geeignete "Sicherheitsreserven" eingebaut werden. (Würde man eine Änderung der Schrittweite in jedem Schritt zulassen, dann könnte man nicht mit den bei Einschrittverfahren üblichen Formeln rechnen, da die Änderung nur der letzten Schrittweite h_{j+k} keine Änderung des lokalen Verfahrensfehlers der Größenordnung $O(h_{j+k}^{k+1})$ bewirkt.)

Gleichzeitig mit der Schrittweitensteuerung wird überprüft, ob man im nächsten Schritt mit derselben Ordnung wie im letzten Schritt weiterrechnen soll oder ob die Ordnung besser erhöht oder erniedrigt werden sollte (_Ordnungssteuerung_). Dies bewerkstelligt man, indem man sich (ohne großen Mehraufwand) analoge Fehlerabschätzungen der entsprechenden Verfahren höherer und niedriger Ordnung mit entsprechenden Formeln wie oben besorgt und überprüft, ob ein Ordnungswechsel anzuraten ist. Dabei wird man jedoch nur zaghaft erhöhen und eine Schranke für die höchste zu verwendende Ordnung einbauen.

Schrittweiten- und Ordnungssteuerung bewirken zusammen genommen, daß man mit relativ großen Schrittweiten die vorgesehene maximale Fehlertoleranz noch unterschreitet. Man kann dann natürlich nicht mehr davon sprechen, daß man ein Verfahren bestimmter Ordnung benutzt hat; die theoretischen Überlegungen zur Ordnung von Verfahren hat man nur dazu ausgenutzt, den lokalen Verfahrensfehler zu kontrollieren.

Im folgenden sollen Angaben darüber gemacht werden, wie sich einige der bislang vorgestellten Verfahren in der Praxis bewähren. Zuvor sei jedoch angemerkt, daß es durchaus recht unterschiedliche Implementierungen ein und desselben Verfahrens gibt, deren Unterschiede häufig nicht immer bis ins Detail mathematisch begründet werden können, sondern ihre Wurzeln in einer langjährigen Erfahrung und im ständigen Umgang mit den verschiedensten Anfangswertaufgaben haben.

Im Jahre 1972 veröffentlichten Hull, Enright, Fellen und Sedgwick den Artikel "Comparing Numerical Methods for Ordinary Differential Equations" (SIAM J. Numer. Anal. 9, 603-637 (1972)), in dem sie den Extrapolationsalgorithmus (basierend auf der Mittelpunktregel mit anschließender Glättung) in einer Fassung von Bulirsch/Stoer, das Adams-Verfahren mit variabler Schrittweite und variabler Ordnung

in einer Version von Sedgwick und einige Runge-Kutta-Verfahren miteinander verglichen. Dabei kamen die Autoren zu dem Schluß, daß man den Extrapolationsalgorithmus verwenden sollte, falls die Funktionsauswertungen (von $f(x,y)$) relativ schnell,
also billig auszuführen sind, daß man sich aber für das Adams-Verfahren entscheiden
sollte, wenn die Funktionsauswertungen recht teuer sind (das Extrapolationsverfahren benötigt i.a. weit mehr Funktionsauswertungen als das Adams-Verfahren, jedoch
ist der algorithmische Aufwand für ersteres deutlich niedriger (geringes *Overhead*)).
Weiterhin erkannten sie, daß Runge-Kutta-Verfahren i.a. nicht wettbewerbsfähig sind,
insbesondere nicht bei schwierigen Problemen, in denen eine hohe Genauigkeit erforderlich ist. Hull und seine Mitarbeiter stützten sich bei ihren Aussagen auf 25 verschiedene Anfangswertaufgaben mit unterschiedlichem Schwierigkeitsgrad, die aber
zusammen einen gewissen Querschnitt aus Problemen des "täglichen Lebens" dar-
stellten.

Zu ähnlichen Aussagen kamen Shampine, Watts und Davenport in ihrer Arbeit
"Solving Nonstiff Ordinary Differential Equations - The State of the Art" (SIAM
Review 18, 376-411 (1976)). Sie verglichen Runge-Kutta-Fehlberg-Verfahren vierter
Ordnung, und zwar die mit den Programmnamen RKF4 und RKF45 (bei letzterem
wird als endgültige Näherung diejenige der Ordnung 5 verwendet), weiterhin das Extrapolationsverfahren EXTRAP in einer Fassung von Fox, die Adams-Verfahren mit
variabler Schrittweite und variabler Ordnung DVDQ in der Version von Krogh, STEP
in der Fassung von Shampine/Gordon, die Adams-Verfahren DIFSUB mit konstanten Koeffizienten von Gear und GEAR von Hindmarsh. Das Ergebnis ihres Tests
lautet: Wenn $f(x,y)$ auszuwerten relativ teuer ist, sind DVDQ und STEP am besten,
im anderen Fall und wenn geringere Genauigkeit erforderlich ist, ist RKF45 sehr
effizient. Ist $f(x,y)$ billig auszuwerten und verlangt man hohe Genauigkeit, so sollte
man zu EXTRAP greifen. Werden viele Zwischenergebnisse über das Intervall verteilt
gewünscht, dann sollte man Adams-Verfahren nehmen, jedoch kein Extrapolationsverfahren. Insgesamt verhalten sich bei hoher Genauigkeitsanforderung DVDQ und
STEP am besten. Unter den Adams-Verfahren sind STEP und DVDQ etwa gleich gut,
jedoch besser als GEAR, während GEAR wiederum besser als DIFSUB ist; letzteres
ist ein Beweis dafür, daß unterschiedliche Implementierungen derselben Methode zu
unterschiedlichen Ergebnissen führen können.

Einen weiteren Test führten Diekhoff, Lory, Oberle, Pesch, Rentrop und Seydel
in ihrer Arbeit "Comparing Routines for the Numerical Solution of Initial Value
Problems of Ordinary Differential Equations in Multiple Shooting" (Numer. Math.
27, 449-469 (1977)) aus (Multiple Shooting = Mehrfachschießen ist eine Technik zur
Lösung von Randwertaufgaben mit Hilfe von Anfangswertaufgaben, siehe Kap.6). Die
Verfasser testeten an 15 teils sehr schwierigen Aufgaben das Extrapolationsverfahren
DIFSY1 von Bulirsch/Stoer, das Adams-Verfahren VOAS mit variabler Schrittweite
und Ordnung in der Fassung von Sedgwick und die Runge-Kutta-Fehlberg-Verfahren
RKF4 und RKF7 von 4. und 7. Ordnung. Trotz anderer Testaufgaben kamen sie im
wesentlichen zu den gleichen Ergebnissen wie die vorher genannten Verfasser: Bei
einfachen Aufgaben ist RKF4 das schnellste Verfahren, bei mittelschweren Aufgaben
sollte man RKF7 und DIFSY1 verwenden, bei schweren und sehr schweren Problemen waren DIFSY1 und VOAS die schnellsten Verfahren. Die Autoren haben ihre
Ergebnisse in der folgenden Weise symbolisch zusammengefaßt

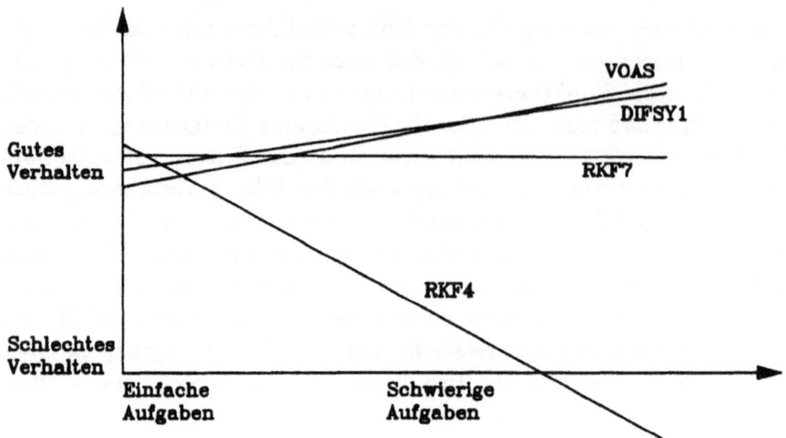

Dieses Schema möge bei der Auswahl eines Verfahrens zur Lösung einer konkreten Aufgabe helfen. Letztlich läßt sich die Wahl eines geeigneten Verfahrens nicht immer auf dem Papier entscheiden, sondern es gehören zumindest bei schwierigen Problemen einige Tests mit verschiedenen Verfahren dazu. Nicht nur aus diesem Grunde sind sich alle vorher genannten Verfasser darin einig, daß in einer Programmbibliothek das Extrapolationsverfahren, das Adams-Verfahren mit variabler Schrittweite und Ordnung und einige Runge-Kutta-Verfahren nicht fehlen sollten.

Kapitel 5 Verfahren für Anfangswertaufgaben bei steifen Differentialgleichungen

§1 Besonderheiten steifer Differentialgleichungen

Im vierten Kapitel sind numerische Verfahren beschrieben worden, die es gestatten, die Lösung y der Anfangswertaufgabe

$$(1) \qquad y' = f(x,y)\,, \quad y(x_0) = y_0\,,$$

die im Intervall $I = [x_0,b]$ existiere, beliebig genau zu approximieren, wenn man nur die Schrittweiten hinreichend klein wählt und gegebenenfalls die Stellenzahl des Rechners entsprechend groß wählt. Im Normalfall wird man – zumindest verglichen mit Aufgaben bei partiellen Differentialgleichungen – in vergleichsweise kurzer Zeit eine numerische Näherung mit meist recht hoher Genauigkeit erhalten haben, wenn nicht das Integrationsintervall I sehr lang ist und das System nicht eine äußerst große Anzahl von Gleichungen besitzt. Häufig beschreiben Anfangswertaufgaben vom Typ (1) Übergänge von einem Gleichgewichtszustand zu einem anderen, wie z.B. in der Chemie. Der Übergang von einem zum anderen Zustand findet meist sehr schnell statt, folglich mit sehr "steilen" Komponenten. Ein solches Verhalten bezeichnet man als "steif". Oft ist man gar nicht am exakten Verlauf des Überganges interessiert, sondern nur an den beiden Gleichgewichtszuständen z.B. vor und nach der chemischen Reaktion. Ein genaues Berechnen der Übergänge würde meist den Einsatz vieler sehr kleiner Schrittweiten erfordern und damit aufgrund der üblicherweise festen Rechengenauigkeit die Stabilität der Verfahren gegenüber Ungenauigkeiten überdecken. Man begnügt sich daher in solchen Fällen häufig mit Verfahren, die bei mäßigem Rechenaufwand und verhältnismäßig großen Schrittweiten einzig und allein die neuen Gleichgewichtszustände finden. Für dieses Vorgehen geeignete Verfahren zu konstruieren und zu testen erfordert allerdings besondere Techniken, deren Diskussion und Behandlung Gegenstand dieses Kapitels ist. Dabei werden wir uns aus Platzgründen auf die Beschreibung der wesentlichen Aspekte beschränken, ohne stets auf Beweiseinzelheiten einzugehen. Das folgende Beispiel beschreibt wesentliche Eigenschaften von "steifen" Differentialgleichungen.

5.1.1 Beispiel. Wir betrachten die Anfangswertaufgabe

$$y' = \lambda(y - g(x)) + g'(x)\,, \quad y(0) = y_0\,,$$

wobei $g \in C^1([\,0,\infty\,)\,, I\!R)$ eine höchstens schwach variierende Funktion und λ negativ, jedoch betragsmäßig sehr groß sei. Die Lösung ist

$$y(x) = g(x) + e^{\lambda x}(y_0 - g(0)) \quad \text{für } x \geq 0\,,$$

wie man sofort nach der Substitution $w = y - g$ und daher der Anfangswertaufgabe

$$w' = \lambda w\,, \quad w(0) = y_0 - g(0)\,,$$

ersieht. Interessant ist das Verhalten der Lösung y, wenn $y_0 \neq g(0)$ gilt. Selbst für sehr große $|y_0 - g(0)|$ gilt schon für recht kleine, aber positive Werte von x, daß

$|y(x) - g(x)|$ sehr klein ist (und für $x \to \infty$ beliebig klein wird). In der Theorie der Differentialgleichungen bezeichnet man Lösungen mit solchen Eigenschaften als (asymptotisch) "stabil". Trotz dieser inhärenten Stabilität zeigen viele numerische Verfahren für nicht sehr kleine Schrittweiten ein instabiles Verhalten. Wir diskutieren dies anhand des expliziten und des impliziten Eulerschen Verfahrens, jeweils mit dem exakten Startwert $u_0 = y_0$ und Verwendung konstanter Schrittweite h:

Das explizite Eulersche Verfahren

$$u_{j+1} = u_j + hf(x_j, u_j), \quad f(x,y) = \lambda(y - g(x)) + g'(x)$$

führt zu

$$\begin{aligned}
u_{j+1} &= u_j + h\left[\lambda(u_j - g_j) + g'_j\right] \\
&= (1 + h\lambda)(u_j - g_j) + (g_j + hg'_j) \\
&= (1 + h\lambda)(u_j - g_j) + g_{j+1} + \mathcal{O}(h^2)
\end{aligned}$$

mit einem kleinen $\mathcal{O}(h^2)$-Term, da g als schwach variierend vorausgesetzt war. Bezogen auf den Punkt $x_j = jh$ hat die exakte Lösung y die Gestalt

$$y_{j+1} = e^{\lambda h}(y_j - g_j) + g_{j+1}\,.$$

Wegen $\lambda << 0$ wird $y_j - g_j$ in der exakten Lösung stark gedämpft, während $u_j - g_j$ in der numerischen Lösung nur dann gedämpft wird, wenn

$$|1 + h\lambda| < 1\,, \quad \text{also } -2 < h\lambda < 0$$

wegen $\lambda < 0$ gilt. Diese Forderung reduziert die verwendbare Schrittweite bei $\lambda << 0$ sehr stark. Die Schrittweite h muß weniger aus Genauigkeitsgründen, sondern mehr aus Stabilitätsgründen klein gehalten werden.

Ganz anders verhält sich das implizite Eulersche Verfahren. Für dieses gilt

$$u_{j+1} = u_j + hf(x_{j+1}, u_{j+1})\,,$$

also hier

$$u_{j+1} = u_j + h\left[\lambda(u_{j+1} - g_{j+1}) + g'_{j+1}\right]\,,$$

folglich

$$\begin{aligned}
u_{j+1} &= \frac{1}{1 - h\lambda}\left[u_j - h\lambda g_{j+1} + hg'_{j+1}\right] \\
&= \frac{1}{1 - h\lambda}\left[(u_j - g_j) + g_j + hg'_{j+1} - h\lambda g_{j+1}\right] \\
&= \frac{1}{1 - h\lambda}(u_j - g_j) + \frac{1}{1 - h\lambda}\left[g_{j+1} + \mathcal{O}(h^2) - h\lambda g_{j+1}\right] \\
&= \frac{1}{1 - h\lambda}(u_j - g_j) + g_{j+1} + \mathcal{O}(h^2)\,,
\end{aligned}$$

wieder mit einem kleinen $\mathcal{O}(h^2)$-Term. Wegen

$$0 < \frac{1}{1 - h\lambda} < 1 \quad \text{für jedes } h > 0\,, \quad \lambda < 0\,,$$

wird der Term $u_j - g_j$ für jede Schrittweite h gedämpft; hier liegt keine Beschränkung der Schrittweite aus Stabilitätsgründen vor. $\qquad\qquad\square$

Die gerade beobachteten Instabilitäten des expliziten Eulerschen Verfahrens – eines einfachen expliziten Runge-Kutta-Verfahrens – bei mäßig kleinen Schrittweiten treten bei allen expliziten Runge-Kutta-Verfahren auf.

Häufig trifft man auf "steife" Differentialgleichungen bei der Lösung von gewissen Klassen von Anfangs-Randwertaufgaben partieller Differentialgleichungen, wenn diese durch Ortsdiskretisierung auf ein System gewöhnlicher Differentialgleichungen zurückgeführt sind:

5.1.2 Beispiel. Gegeben sei die Wärmeleitungsgleichung in einer Raumrichtung,

$$\frac{\partial}{\partial t}y(t,x) = \frac{\partial^2}{\partial x^2}y(t,x) \quad \text{für } t \geq 0 \text{ und } 0 \leq x \leq 1$$

mit den Anfangswerten

$$y(0,x) = \varphi(x)\,, \ \ 0 \leq x \leq 1\,,$$

für eine gegebene Funktione φ, und mit den Randwerten

$$y(t,0) = y(t,1) = 0\,, \ \ t \geq 0\,;$$

offenbar muß die Verträglichkeitsbedingung $\varphi(0) = \varphi(1) = 0$ erfüllt sein.

Der zweite Differentialquotient in der Differentialgleichung werde nun durch einen zweiten Differenzenquotienten approximiert:

$$\frac{\partial^2}{\partial x^2}y(t,x) = \frac{y(t,x-h) - 2y(t,x) + y(t,x+h)}{h^2} + \mathcal{O}(h^2)\,, \ \ h > 0\,.$$

Dann ergibt sich auf dem äquidistanten Gitter

$$I_h = \{x_0, x_1, \ldots, x_{m+1}\} \quad \text{mit } x_j = jh \text{ für } h = \frac{1}{m+1}$$

die lineare Anfangswertaufgabe

$$(2) \qquad\qquad \tilde{y}' = A\tilde{y}\,, \quad \tilde{y}(0) = (\varphi(x_1), \ldots, \varphi(x_m))^T\,,$$

wobei dann die i-te Komponente $\tilde{y}_i$ als Näherung für $u(\cdot, x_i)$ anzusehen ist; hierbei ist A die der Diskretisierung entsprechende Matrix,

$$A = \frac{1}{h^2}\begin{pmatrix} -2 & 1 & & & \\ 1 & -2 & 1 & & 0 \\ & \ddots & \ddots & \ddots & \\ 0 & & 1 & -2 & 1 \\ & & & 1 & -2 \end{pmatrix}\,;$$

sie ist diagonalisierbar und besitzt die Eigenwerte

$$\lambda_i = (m+1)^2 \left(-2 + 2\cos\frac{i\pi}{m+1} \right) , \quad 1 \le i \le m .$$

Die Diagonalisierbarkeit hat zur Folge, daß man das System (2) nach einer geeigneten Transformation auf ein System $z' = Dz$ mit einer Diagonalmatrix D umschreiben kann, also als System von m entkoppelten Differentialgleichungen

$$z_i' = \lambda_i z_i , \quad i = 1, \ldots, m$$

mit entsprechend transformierten Anfangswerten. Alle Eigenwerte sind negativ, wobei es sowohl welche mit kleinem als auch mit großem Betrag gibt. Ein solches System bezeichnet man ebenfalls als "steif". Das System ist um so steifer, je größer m ist, je genauer man also die Ortsdiskretisierung vornimmt. □

Die bisherigen Beispiele waren beide linear. Wir wollen jetzt sowohl bei einem linearen als auch nichtlinearen System definieren, wann wir von einem "steifen" System sprechen wollen. Seien y und z Lösungen der Differentialgleichung $y' = f(x, y)$. In einem gemeinsamen Existenzintervall gilt dann

$$(3) \qquad \begin{aligned} y'(x) - z'(x) &= f(x, y(x)) - f(x, z(x)) \\ &= J(x)(y(x) - z(x)) \end{aligned}$$

mit

$$(4) \qquad J(x) = \int\limits_0^1 D_2 f(x, ty(x) + (1-t)z(x)) dt ;$$

denn für jede der Komponenten $f_1, \ldots, f_n$ von f gilt

$$\begin{aligned} f_i(x, y) - f_i(x, z) &= \int\limits_0^1 \frac{d}{dt} \left[f_i(x, z + t(y - z)) \right] dt \\ &= \int\limits_0^1 \operatorname{grad} f_i(x, z + t(y - z)) dt (y - z) . \end{aligned}$$

Das System (3) ist ein lineares System (mit i.a. variablen Koeffizienten); es spiegelt das lokale Verhalten von Lösungen in der Nähe von x wider.

5.1.3 Definition. *Die Differentialgleichung* $y' = f(x, y)$ *heißt* <u>steif</u> *in einer Rechtsumgebung von* x *bezüglich zweier Lösungen* y *und* z, *wenn die Eigenwerte* $\lambda_1, \ldots, \lambda_n \in \mathbb{C}$ *der Matrix* $J(x)$ *aus (4) die folgenden Eigenschaften besitzen:*

1) Jeder Eigenwert λ_i *besitzt einen negativen Realteil,* $\operatorname{Re} \lambda_i < 0$.

2) Es gibt sowohl Eigenwerte mit großem als auch kleinem Betrag (beträgt die Dimension des Systems $n = 1$, so besitze der eine Eigenwert einen (relativ) großen Betrag).

Handelt es sich um ein lineares System, $y' = A(x)y + g(x)$, so ist $J(x)$ unabhängig von y und z, und man kann von Steifheit in einer Rechtsumgebung von x sprechen. Ist die Matrix A konstant, so ist $J(x)$ konstant und man kann generell von einem steifen System sprechen. □

Der Definition der Steifheit mangelt es natürlich an mathematischer Strenge; sie ist mehr "gefühlshaft" formuliert, so daß wir sie niemals bei mathematischen Aussagen benutzen können. Dennoch werden wir hieraus Definitionen für Eigenschaften von numerischen Verfahren ableiten, die dann dieser Strenge nicht mehr entbehren.

Statt der oben abgeleiteten Gleichung (3) geht man häufig zur Linearisierung der Differentialgleichung über, indem man in der Taylorentwicklung

$$y'(x) - z'(x) = f(x, y(x)) - f(x, z(x))$$
$$= D_2 f(x, z(x))(y(x) - z(x)) + \mathcal{O}\big(|y(x) - z(x)|^2\big)$$

das Restglied vernachlässigt und stattdessen die Lösung w der linearen Differentialgleichung

$$(5) \qquad w' = D_2 f(x, z(x))w , \quad w(x_0) = y(x_0) - z(x_0) ,$$

als Näherung für die Differenz $y - z$ ansieht. Manchmal wird der Begriff der Steifheit anhand dieser Linearisierung (5) definiert; es sei jedoch darauf hingewiesen, daß die Matrizen $J(x)$ und $D_2 f(x, z(x))$ selbst im Falle linearer Differentialgleichungen völlig verschiedene Eigenwerte besitzen können. Dennoch erhält man beim Studium von (5) häufig zufriedenstellende Informationen über das Verhalten eines Systems.

5.1.4 Beispiel. Steife Differentialgleichungen treten häufig bei chemischen Reaktionen auf. Ein Beispiel hierfür ist das folgende System

$$\begin{aligned} y_1' &= -k_1 y_1 + k_2 y_2 y_3 \\ y_2' &= k_1 y_1 - k_2 y_2 y_3 - k_3 y_2^2 \\ y_3' &= k_3 y_2^2 \end{aligned}$$

mit den Anfangswerten

$$y_1(0) = 1 , \quad y_2(0) = 0 , \quad y_3(0) = 0 .$$

Dabei bedeuten die y_i Konzentrationen der chemischen Substanzen und die k_i Reaktionskoeffizienten. Numerische Werte für letztere bei einem realen Fall sind

$$k_1 = 0.04 , \quad k_2 = 10^4 , \quad k_3 = 3 \cdot 10^7 .$$

Zunächst erhalten wir

$$y_1' + y_2' + y_3' = 0 ,$$

woraus zusammen mit den Anfangswerten

$$y_1 + y_2 + y_3 = 1$$

folgt. Die Funktionalmatrix des Systems ist

$$J = \begin{pmatrix} -0.04 & 10^4 y_3 & 10^4 y_2 \\ 0.04 & -10^4 y_3 - 6 \cdot 10^7 y_2 & -10^4 y_2 \\ 0 & 6 \cdot 10^7 y_2 & 0 \end{pmatrix} \ .$$

Offenbar ist diese Matrix singulär, so daß ein Eigenwert Null ist, $\lambda_1 = 0$. Die charakteristische Gleichung für die beiden anderen Eigenwerte ist

$$\lambda^2 + (6 \cdot 10^7 y_2 + 10^4 y_3 + 0.04)\lambda + (0.24 \cdot 10^7 y_2 + 6 \cdot 10^{11} y_2^2) = 0 \ ,$$

woraus sich aufgrund der Anfangsbedingungen die Werte

$$\lambda_2 = 0 \ , \quad \lambda_3 = -0.04 \ \text{für} \ x = 0$$

ergeben. Eine Berechnung der Eigenwerte entlang der Lösung des Systems ergibt

	λ_1	λ_2	λ_3
$x = 0$	0	0	-0.04
$x = 10^{-2}$	0	-0.36	-2180
$x = 100$	0	-0.0048	-4240
$x \longrightarrow \infty$	0	0	-10^4

Hieraus folgt, daß das System als sehr steif bezeichnet werden kann. Die wesentliche Änderung der Komponenten erfolgt in der Anfangsphase (schnelle Übergänge), während sich die Komponenten anschließend nur geringfügig ändern.

Ausführliche numerische Rechnungen zu dieser Anfangswertaufgabe findet man in der Arbeit von Hindmarsh, Byrne, "Applications of EPISODE: An Experimental Package for the Integration of Systems of Ordinary Differential Equations" in [LSr].

$$\square$$

Bevor untersucht werden soll, welche numerischen Verfahren sich zur Integration steifer Differentialgleichungen besonders eignen, wollen wir noch einmal einen kurzen Blick auf Abschätzungen für die Differenz von zwei Lösungen y und z der Differentialgleichung

$$y' = f(x, y)$$

in einem gemeinsamen Existenzintervall I werfen. Dabei setzen wir der Einfachheit halber $f \in C(\mathbb{R} \times \mathbb{R}^n, \mathbb{R}^n)$ voraus und daß $f(x, y)$ Lipschitz-stetig bezüglich y mit der Konstanten $L > 0$ ist. In Satz 3.1.4 haben wir die Abschätzung

$$(6) \qquad |y(x) - z(x)| \le |y(x_0) - z(x_0)| e^{L|x - x_0|} \ , \quad x, x_0 \in I \ ,$$

bewiesen; sie ist scharf z.B. für $y' = Ly$ und $x \geq x_0$, jedoch nicht für $y' = -Ly$ und $x > x_0$, obwohl beide Probleme die gleiche Lipschitz-Konstante L besitzen. Gerade der letzte Fall interessiert uns aber in diesem Kapitel. Wir wollen daher auch für diesen Fall brauchbare Abschätzungen herleiten.

5.1.5 Definition. *Sei $(\cdot, \cdot)$ ein Skalarprodukt auf $I\!R^n \times I\!R^n$ und $\| \cdot \|$ die induzierte Norm $\|y\| := \sqrt{(y,y)}$. Sei $I := [a,b]$ und $\ell \in C(I)$ mit*

$$(f(x,y) - f(x,z), y - z) \leq \ell(x)\|y - z\|^2 \quad \text{für jedes } x \in I , \quad y, z \in I\!R^n .$$

Dann heißt ℓ <u>einseitige Lipschitz-Konstante</u> für f auf I. □

Ist $f(x,y)$ Lipschitz-stetig bezüglich y, also

$$\|f(x,y) - f(x,z)\| \leq L \cdot \|y - z\| \quad \text{für jedes } x \in I , \quad y, z \in I\!R^n ,$$

dann ist $\ell := L$ ebenfalls eine einseitige Lipschitz-Konstante, wie mit Hilfe der Cauchy-Schwarzschen Ungleichung folgt:

$$\begin{aligned}
(f(x,y) - f(x,z), y - z) &\leq \|f(x,y) - f(x,z)\| \cdot \|y - z\| \\
&\leq L \cdot \|y - z\|^2 .
\end{aligned}$$

Besonders interessant ist der Fall, in dem die einseitige Lipschitz-Konstante negativ ist, da wir statt (6) dann eine bessere Abschätzung erhalten, daß nämlich die Lösungen für wachsendes x zusammenlaufen.

5.1.6 Satz. *Seien y und z Lösungen von $y' = f(x,y)$ im Intervall I und ℓ eine einseitige Lipschitz-Konstante für f auf I. Dann gilt die Abschätzung*

$$\|y(x) - z(x)\| \leq e^{\int_{x^*}^{x} \ell(t)\,dt} \, \|y(x^*) - z(x^*)\| \quad \text{für } x, x^* \in I , \quad x \geq x^* .$$

BEWEIS: Die Funktion $\varphi : I \longrightarrow I\!R$, definiert durch

$$\varphi(x) := \|y(x) - z(x)\|^2 ,$$

ist differenzierbar und es gilt

$$\begin{aligned}
\varphi'(x) &= \frac{d}{dx}(y(x) - z(x), y(x) - z(x)) \\
&= 2(y'(x) - z'(x), y(x) - z(x)) \\
&= 2(f(x,y(x)) - f(x,z(x)), y(x) - z(x)) \\
&\leq 2\ell(x)\|y(x) - z(x)\|^2 \\
&= 2\ell(x)\varphi(x) .
\end{aligned}$$

Sei

$$\eta(x) := e^{-2\int_a^x \ell(t)\,dt} \; .$$

Dann folgt

$$\begin{aligned}
(\varphi\eta)' &= \varphi'\eta + \varphi\eta' \\
&= \varphi'\eta + \varphi\eta(-2\ell(x)) \\
&= \eta(\varphi' - 2\ell(x)\varphi) \\
&\leq 0 \quad \text{in } I
\end{aligned}$$

und daher auch

$$\varphi(x)\eta(x) - \varphi(x^*)\eta(x^*) \leq 0 \quad \text{für alle } x, x^* \in I, \;\; x \geq x^* \, ,$$

so daß wir schließlich

$$\begin{aligned}
\varphi(x) &\leq \varphi(x^*) \cdot \frac{\eta(x^*)}{\eta(x)} \\
&= \varphi(x^*)e^{\,2\int_{x^*}^x \ell(t)\,dt}
\end{aligned}$$

erhalten, woraus durch Ziehen der Wurzel die Behauptung folgt. $\qquad\square$

Für weitere Einzelheiten über einseitige Lipschitz-Konstanten sei z.B. auf [DV] verwiesen.

§2 Diskussion einiger Stabilitätsbegriffe

Betrachtet werde die Anfangswertaufgabe

$$y' = -10(y-1)^2 , \quad y(0) = 2 .$$

Ihre Lösung ist

$$y(x) = 1 + \frac{1}{1 + 10x} .$$

Die Aufgabe soll numerisch mit Hilfe eines PECE-Verfahrens mit dem Eulerschen Verfahren als Prädikator und der Trapezregel als Korrektor gelöst werden. Dann lautet das Verfahren

$$u_0 = 2$$

$$u_{j+1} = u_j + \frac{h}{2} \left[f(x_j, u_j) + f(x_{j+1}, u_j + h f(x_j, u_j)) \right] .$$

Bei Verwendung der Schrittweiten $h = 0.2$, $h = 0.1$ und $h = 0.05$ ergibt sich die folgende Tabelle für den Fehler

	$|y(x_j) - u_j|$		
x_j	$h = 0.2$	$h = 0.1$	$h = 0.05$
0.2	1.33	0.01	0.011
0.4	11.2	0.007	0.005
0.6	$64 \cdot 10^3$	0.004	0.0026
0.8	$68 \cdot 10^{19}$	0.0029	0.0016
1.0	$84 \cdot 10^{79}$	0.002	0.0011

Für $h = 0.2$ ist das Verfahren äußerst instabil, während sich für die anderen beiden Schrittweiten eine brauchbare Näherung ergibt.

Die Linearisierung der Differentialgleichung in einer Umgebung der Lösung y ergibt mit $z = y + w$ die Gleichungen

$$z' = c(z-1)^2$$
$$y' + w' = c(y(x) - 1)^2 + 2c(y(x) - 1)(z(x) - y(x)) + w(x)^2$$
$$w' \approx \lambda \cdot w$$

mit

$$\lambda = \lambda(x) := 2c(y(x) - 1) \quad \text{und} \quad c := -10 .$$

Für kleine x hat λ im vorliegenden Beispiel etwa den Wert -20 und für x nahe bei 1 etwa den Wert -2.

Das PECE-Verfahren hat für die linearisierte Anfangswertaufgabe die Gestalt

$$u_{j+1} = u_j + \frac{h}{2} \left[\lambda u_j + \lambda(u_j + h\lambda u_j) \right]$$

$$= u_j \left(1 + h\lambda + \frac{(h\lambda)^2}{2} \right) ,$$

sein charakteristisches Polynom besitzt die Nullstelle

$$\varsigma = \varsigma(h\lambda) = 1 + h\lambda + \frac{(h\lambda)^2}{2} \,.$$

Für $h = 0.2$ und $\lambda \approx -20$ hat ς den Wert

$$\varsigma = 1 - 4 + \frac{16}{2} = 5 \,.$$

Dagegen ergibt sich für $h = 0.1$ und $\lambda \approx -20$ ungefähr

$$\varsigma \approx 1 - 2 + \frac{4}{2} = 1$$

und für $h = 0.05$ und $\lambda \approx -20$ etwa

$$\varsigma \approx 1 - 1 + \frac{1}{2} = \frac{1}{2} \,,$$

hier ist also die Wurzelbedingung erfüllt.

Wenn man allgemeiner ein lineares Mehrschrittverfahren (ρ, σ) auf die Testgleichung $y' = \lambda y$ anwendet, erhält man

$$\sum_{\nu=0}^{k} a_\nu u_{j+\nu} = h \sum_{\nu=0}^{k} b_\nu f(x_{j+\nu}, u_{j+\nu})$$
$$= h\lambda \sum_{\nu=0}^{k} b_\nu u_{j+\nu} \,,$$

also

$$\sum_{\nu=0}^{k} (a_\nu - h\lambda b_\nu) u_{j+\nu} = 0 \,,$$

für festes h eine homogene Differenzengleichung mit dem charakteristischen Polynom

$$\chi(\varsigma, h\lambda) := \sum_{\nu=0}^{k} (a_\nu - h\lambda b_\nu)\varsigma^\nu$$
$$= \rho(\varsigma) - h\lambda\sigma(\varsigma) \,.$$

Früher haben wir dieses Polynom im "asymptotischen Fall", $|h\lambda| \to 0$, betrachtet und davon das Wurzelkriterium für die Stabilität abgeleitet. Läßt man jetzt zu, daß $Re\,\lambda < 0$ und $|\lambda|$ sehr groß ist, die Testgleichung also steif ist, so kann man den Einfluß von $h\lambda$ auf die Wurzeln dieses charakteristischen Polynoms nicht mehr vernachlässigen.

5.2.1 Definition. *Für ein lineares Mehrschrittverfahren (ρ, σ) heißt*

$$\chi(\varsigma, t) := \rho(\varsigma) - t\sigma(\varsigma) \,, \quad t \in \mathbb{C} \,,$$

Stabilitätspolynom des Verfahrens. Das Verfahren heißt <u>absolut stabil</u> für ein $t \in \mathbb{C}$, wenn sämtliche Nullstellen von $\chi(\cdot, t)$ einen Betrag kleiner als Eins haben. Die Menge S aller $t \in \mathbb{C}$, für die das Verfahren absolut stabil ist, heißt <u>Stabilitätsgebiet</u> des Verfahrens,

$$S = \{t \in \mathbb{C} \mid \text{Aus } \chi(\varsigma, t) = 0 \text{ für ein } \varsigma \in \mathbb{C} \text{ folgt } |\varsigma| < 1\} \, .$$

Entsprechend definiert man das Stabilitätspolynom bei Einschrittverfahren: Hat das Verfahren nach Anwendung auf die Testdifferentialgleichung $y' = \lambda y$ die Gestalt

$$u_{j+1} = g(h\lambda)u_j$$

mit einer Funktion g, so heißt $\chi(\cdot, t)$ mit

$$\chi(\varsigma, t) := \varsigma - g(t)$$

<u>Stabilitätspolynom</u> des Einschrittverfahrens, g die zugehörige <u>Stabilitätsfunktion</u>. $\square$

Bezeichnet $\varsigma_1(t)$ diejenige Nullstelle des Stabilitätspolynoms eines mit der Ordnung p konvergenten Verfahrens, für die $\varsigma_1(0) = 1$ erfüllt ist, so gilt

$$\varsigma_1(t) = e^t + \mathcal{O}(h^{p+1}) \, , \quad t = h\lambda$$

wie wir in 4.6.7 gesehen haben. Für *Re* $h\lambda > 0$ und kleine h gilt also

$$|\varsigma_1(t)| > 1 \, ;$$

der Rand eines nichtleeren Stabilitätsgebietes verläuft also i.a. durch den Nullpunkt und sein Inneres liegt (lokal) links vom Nullpunkt. Ein typisches Aussehen eines Stabilitätsgebietes zeigt die folgende Abbildung (Runge-Kutta-Verfahren vierter Ordnung)

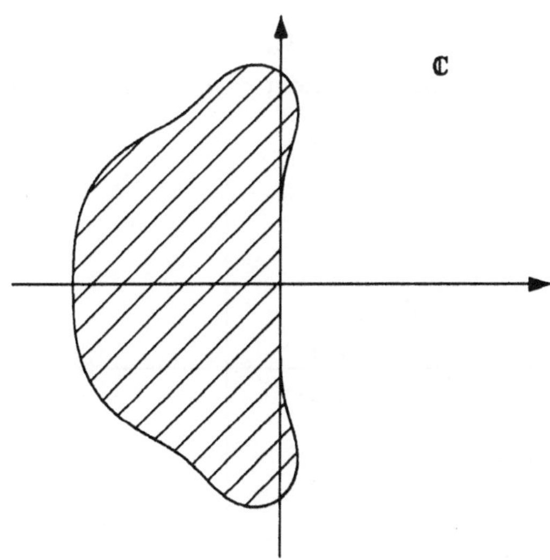

Wir kommen jetzt zu Begriffen, die gewisse Eigenschaften eines Verfahrens charakterisieren, die es zur Integration steifer Differentialgleichungen geeignet erscheinen lassen.

Die linearisierte Differentialgleichung für den skalaren Fall der Differentialgleichung $y' = f(x,y)$ hat die Gestalt

(1) $z' = y'(x) + \lambda(z - y(x))$ bzw. $w' = \lambda w$, mit $w = z - y$, $\lambda \approx D_2 f(x, y(x))$

(vgl. Beispiel 5.1.1), wobei y eine Lösung der Differentialgleichung ist. Wie wir gesehen haben, hat Gleichung (1) Lösungen der Form

(2) $$z(x) = y(x) + ce^{\lambda x} .$$

Gilt $\lambda < 0$ oder allgemeiner $Re\ \lambda < 0$, so sollte ein numerisches Verfahren den dem Betrage nach fallenden Exponentialterm $ce^{\lambda x}$ ebenfalls fallend integrieren.

Da man die Eingabewerte in der Regel nicht kennt und man die Schrittweite h nicht von vornherein zu sehr einschränken möchte, sollte das Stabilitätsgebiet möglichst große und unbeschränkte Teile der komplexen Ebene enthalten. Man wünscht deshalb Verfahren, die die folgende Stabilität besitzen:

5.2.2 Definition. *Ein Einschritt- oder Mehrschrittverfahren heißt* <u>A-stabil</u>, *wenn das zugehörige Stabilitätsgebiet die linke komplexe Halbebene*

$$H_- := \{t \in \mathbb{C} \mid Re\ t < 0\}$$

enthält. Ein Einschrittverfahren mit dem Stabilitätspolynom $\chi(\varsigma, t) = \varsigma - g(t)$ *heißt* <u>L-stabil</u>, *wenn es A-stabil ist und* $g(t) \to 0$ *für* $Re\ t \to -\infty$ *gilt.*   □

Wie wir später sehen werden, ist die A-Stabilität eine sehr starke Forderung an ein Verfahren. Z.B. gibt es kein A-stabiles lineares Mehrschrittverfahren mit einer Konvergenzordnung $p > 2$. Aus diesem Grunde hat man zur Bewertung von Verfahren auch schwächere Stabilitätsbegriffe geprägt.

5.2.3 Definition. *Sei* $\alpha \in (0, \frac{\pi}{2})$. *Ein Verfahren heißt* <u>A(α)-stabil</u>, *wenn sein Stabilitätsgebiet den Sektor*

$$\{t \in \mathbb{C} \mid |\arg(-t)| < \alpha\}$$

umfaßt; hierbei bedeutet $arg(z)$ *das Argument* γ *in der Darstellung* $z = re^{i\gamma}$ *mit* $r \in \mathbb{R}$, $\gamma \in [0, 2\pi)$.

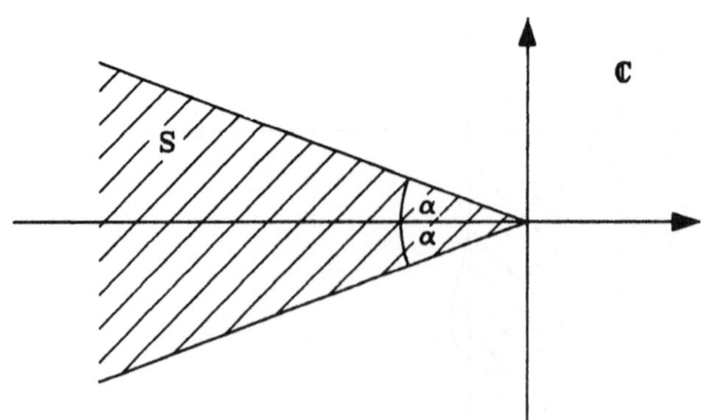

Ein Verfahren heißt A(0)-stabil, wenn es für ein $\alpha \in \left[0, \frac{\pi}{2}\right)$ $A(\alpha)$-stabil ist. Schließlich heißt es A_0-stabil, wenn die negative reelle Achse $t < 0$ zum Stabilitätsgebiet des Verfahrens gehört. □

Wir betrachten nun die Lösung

$$(3) \qquad z(x) = y(x) + ce^{\lambda x}$$

der linearisierten Differentialgleichung für positive λ oder allgemeiner für $Re\ \lambda > 0$. Sind $\varsigma_1(t), \ldots, \varsigma_k(t)$ mit $\varsigma_1(0) = 1$ die Wurzeln des Stabilitätspolynoms und hat das Verfahren die Ordnung p, so haben wir in Bemerkung 4.6.7 das Verhalten

$$\varsigma_1(h\lambda) = e^{h\lambda} + \mathcal{O}(h^{p+1})$$

nachgewiesen. Damit ein numerisches Verfahren den Exponentialterm $ce^{\lambda x}$ angemessen wiederspiegelt, sollte an den Stellen x_j keiner der Terme

$$\varsigma_2(t)^j, \ldots, \varsigma_k(t)^j$$

den Term $\varsigma_1(t)^j$ überwuchern. Diese Forderung führt zum Begriff der relativen Stabilität.

5.2.4 Definition. *Ein konsistentes lineares k-Schrittverfahren (ρ, σ) heißt relativ stabil für ein $t \in \mathbb{C}$, wenn die Nullstellen $\varsigma_1(t), \ldots, \varsigma_k(t)$ seines Stabilitätspolynoms $\chi(\cdot, t)$ die Beziehung*

$$|\varsigma_\nu(t)| < |\varsigma_1(t)|, \quad \nu = 2, 3, \ldots, k$$

erfüllen; dabei sei $\varsigma_1(t)$ die Nullstelle mit $\varsigma_1(0) = 1$.

Einschrittverfahren haben ein Stabilitätspolynom vom Grad 1 in ς und sind daher stets relativ stabil. □

Kehren wir zum System n-ter Ordnung zurück. Die linearisierte Gleichung führt auf (siehe (2)) Lösungen z der Form

$$z(x) = y(x) + \sum_{m=1}^{n} c_m e^{\lambda_m x},$$

wenn man in der Linearisierung eine konstante und diagonalisierbare Matrix ansetzt. Haben einige Eigenwerte λ_m stark negativen Realteil und liegen andererseits einige Eigenwerte in der Nähe des Nullpunktes (mit positivem oder negativem Realteil), so ist man nur solange am exakten Verlauf der stark fallenden Exponentialterme interessiert, wie sie einen im Rahmen der Rechengenauigkeit wesentlichen Beitrag zur Lösung liefern. Sobald sie im wesentlichen abgeklungen sind, genügt es, sie "absolut stabil" zu berechnen. Man möchte danach die schwach fallenden oder leicht ansteigenden Terme einigermaßen genau und stabil bestimmen. Ein Verfahren, das beides ermöglicht, heißt steif stabil.

5.2.5 Definition. *Ein Verfahren heißt* steif stabil*, wenn es reelle Zahlen a, b, d mit $a, b > 0$ und $d < 0$ gibt, so daß der Bereich*

$$R_1 := \{t \in \mathbb{C} \mid Re\ t \le d\}$$

zum Gebiet der absoluten Stabilität und der Bereich

$$R_2 := \{t \in \mathbb{C} \mid d \le Re\ t \le a,\ |Im\ t| \le b\}$$

zum Gebiet der relativen Stabilität gehört. □

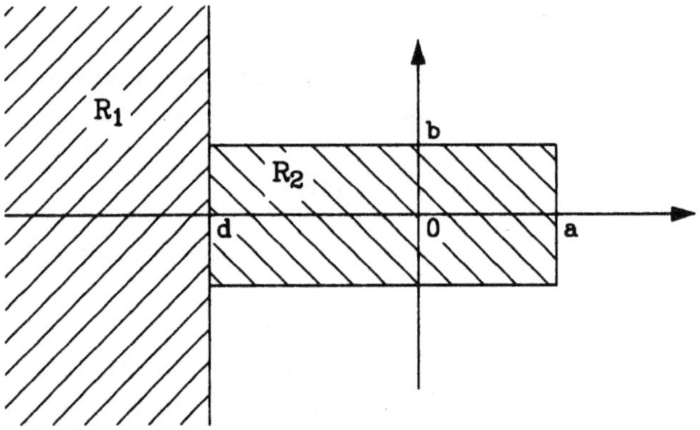

§3 Stabilitätsgebiete von Runge-Kutta-Verfahren

Ein explizites s-stufiges Runge-Kutta-Verfahren (vgl. Definition 4.3.3) wird gegeben durch

$$v_\mu(x,u) = f(x + c_\mu h, u + h \sum_{\nu=1}^{\mu-1} a_{\mu\nu} v_\nu(x,u)) \quad \text{für} \quad \mu = 1, 2, \ldots, s$$

und

$$u_{j+1} = u_j + h \sum_{\mu=1}^{s} b_\mu v_\mu(x_j, u_j) \, .$$

Das zu untersuchende zugehörige Stabilitätspolynom ergibt sich aus der Anwendung auf die Testgleichung $y' = \lambda y$. Nach Aufgabe 4.3.6 hat hv_μ für $f(x,y) = \lambda y$ die Gestalt

$$hv_\mu(x,u) = P_\mu(t)u \, , \quad \partial P_\mu \le \mu \, , \quad t = h\lambda \, ,$$

mit Polynomen P_μ. Es gilt also

$$u_{j+1} = u_j + \sum_{\mu=1}^{s} b_\mu P_\mu(t) u_j = P(t) u_j$$

mit dem Polynom

$$P(t) = 1 + \sum_{\mu=1}^{s} b_\mu P_\mu(t) \, , \quad \partial P \le s \, .$$

Hieraus kann das Stabilitätspolynom abgelesen werden:

$$\chi(\varsigma, t) = \varsigma - P(t) \, .$$

Daher ist das Stabilitätsgebiet S eines expliziten Runge-Kutta-Verfahrens gegeben durch

$$S = \{ t \in \mathbb{C} \,\big|\, |P(t)| < 1 \} \, .$$

Wenn der Grad von P wenigstens 1 beträgt, was für s-stufige Verfahren mit $s \ge 1$ abgesehen von uninteressanten Entartungsfällen stets der Fall ist, ist das Stabilitätsgebiet notwendig beschränkt, da

$$|P(t)| \longrightarrow \infty \quad \text{für} \quad |t| \longrightarrow \infty$$

gilt. Explizite Runge-Kutta-Verfahren eignen sich daher nicht zur Lösung steifer Differentialgleichungen.

Sei p die Ordnung des Runge-Kutta-Verfahrens. Speziell für die Anfangswertaufgabe

$$y' = \lambda y \, , \quad y(0) = 1$$

mit der Lösung $y(x) = e^{\lambda x}$ gilt dann

$$u_j = P(t) u_{j-1} = P(t)^j u_0 \, , \quad t = h\lambda \, , \quad u_0 = 1 \, ,$$

und daher

$$|u_1 - e^{h\lambda}| = |P(t) - e^t|$$

$$\textbf{(1)} \qquad = \left| P(t) - \sum_{\nu=0}^{\infty} \frac{t^\nu}{\nu!} \right| = O(h^{p+1}) , \quad t = h\lambda ,$$

da der Fehler nach einem Schritt von der Ordnung $p + 1$ ist. Also gilt

$$P(t) = \sum_{\nu=0}^{p} \frac{t^\nu}{\nu!} + c_{p+1} t^{p+1} + \ldots + c_s t^s , \quad c_{p+1} \neq \frac{1}{(p+1)!} ,$$

wenn p die genaue Ordnung des Verfahrens ist.

Zusammenfassend gilt:

5.3.1 Satz. *Ein s-stufiges explizites Runge-Kutta-Verfahren, angewandt auf die Testdifferentialgleichung $y' = \lambda y$, reduziert sich auf ein Verfahren*

$$u_{j+1} = P(t)u_j , \quad t = h\lambda ,$$

mit einem Polynom P vom Grade höchstens s. Besitzt das Verfahren die (genaue) Konsistenzordnung $p \geq 1$, so gilt

$$P(t) = \sum_{\nu=0}^{p} \frac{t^\nu}{\nu!} + c_{p+1} t^{p+1} + \ldots + c_s t^s , \quad c_{p+1} \neq \frac{1}{(p+1)!} .$$

Weiterhin ist das Stabilitätsgebiet nicht leer und beschränkt und liegt lokal links vom Nullpunkt.

BEWEIS: Es bleibt zu zeigen, daß das Stabilitätsgebiet nicht leer ist und lokal links vom Nullpunkt liegt. Wegen $p \geq 1$ gilt

$$P(t) = 1 + t + O(|t^2|) ,$$

woraus die Existenz von Punkten $t \in \mathbb{C}$ mit $|P(t)| < 1$ folgt. Entsprechend folgt

$$|P(t)| \begin{cases} > 1 & \text{für } t \in \mathbb{R}, t > 0 , \ |t| \text{ klein} , \\ < 1 & \text{für } t \in \mathbb{R}, t < 0 , \ |t| \text{ klein} . \end{cases} \qquad \square$$

Ähnlich kann man für implizite s-stufige Runge-Kutta-Verfahren vorgehen. Zunächst gilt nach Bemerkung 4.3.16 für ein solches Verfahren

$$u_{j+1} = R(t)u_j , \quad t = h\lambda ,$$

mit einer rationalen Funktion R. Ihr Zähler- und Nennergrad beträgt höchstens s, wenn s wieder die Anzahl der Stufen angibt. Wie in (1) erhält man auch hier

$$|R(h\lambda) - e^{h\lambda}| = O(h^{p+1}) ,$$

d.h. R approximiert die Exponentialfunktion bis auf Terme der Ordnung $p + 1$. Diese Art von Approximation ist als "Padé-Approximation" der Exponentialfunktion bekannt, wenn die Koeffizienten von R so gewählt sind, daß p möglichst groß ist.

5.3.2 Definition. *Seien $\ell, m \in I\!N_0$. Unter der <u>Padé-Approximation</u> einer Funktion $g : \mathbb{C} \to \mathbb{C}$ versteht man diejenige rationale Funktion*

$$R_{\ell,m}(t) = \frac{P(t)}{Q(t)}$$

mit $\partial P \le \ell$, $\partial Q \le m$, für die

$$|R_{\ell,m}(t) - g(t)| = \mathcal{O}(|t|^{\ell+m+1})$$

in einer Umgebung des Nullpunktes gilt. $R_{\ell,m}$ heißt Padé-Approximation von g vom Index (ℓ, m). Die Padé-Approximation vom Index (m, m) heißen <u>diagonale Padé-Approximationen</u> und diejenigen vom Index $(m - 1, m)$ und $(m - 2, m)$ die beiden ersten <u>subdiagonalen Padé-Approximationen</u>. $\qquad$ ☐

Für die Padé-Approximationen der Funktion $g(t) := e^t$ erhält man den folgenden

5.3.3 Hilfssatz. *Für die Funktion e^t existiert zu jedem Index eine eindeutig bestimmte Padé-Approximation R. Für die diagonalen und die beiden ersten subdiagonalen Padé-Approximationen und nur für diese gilt*

$$(2) \qquad\qquad |R(t)| < 1 \quad \text{für} \quad Re\, t < 0\,.$$

Weiterhin gilt im diagonalen Fall

$$|R(t)| \longrightarrow 1 \quad \text{für} \quad |t| \longrightarrow \infty\,, \quad Re\, t < 0$$

und in den beiden ersten subdiagonalen Fällen

$$|R(t)| \longrightarrow 0 \quad \text{für} \quad |t| \longrightarrow \infty\,, \quad Re\, t < 0\,.$$ $\qquad$ ☐

Den sehr schönen, aber nicht gerade kurzen Beweis der wesentlichen Behauptung findet man bei Wanner, Hairer, Nørsett, Order Stars and Stability Theorems, BIT 18, 475-489 (1978). Er stützt sich auf Untersuchung der Menge

$$A := \{t \in \mathbb{C} \,\big|\, |R(t)| > |e^t|\}\,.$$

Es läßt sich mit Mitteln der Funktionentheorie zeigen, daß A in der Nähe des Nullpunktes aus $2(p + 1)$ gleichwinkligen Sektoren besteht, die abwechselnd zu A und nicht zu A gehören; hierbei ist $p = l + m$ die Ordnung des zugehörigen Runge-Kutta-Verfahrens. Global weiten sich diese Sektoren zu sogenannten "Fingern" aus, die beschränkt oder unbeschränkt sein können; jeder beschränkte Finger von A

enthält mindestens einen Pol von R, und jeder beschränkte Finger vom Komplement von A enthält mindestens eine Nullstelle von R; insgesamt erhält man einen "*Ordnungsstern*". Die Entscheidung, ob das Runge-Kutta-Verfahren A-stabil ist, reduziert sich dann auf ein reines Abzählproblem: Es darf kein Pol in H_- liegen und A darf keine Punkte mit der imaginären Achse gemeinsam haben. Die zitierte Arbeit enthält mehrere Zeichnungen von Ordnungssternen. Einen typischen Ordnungsstern der Padé-Approximation der Exponentialfunktion zum Index $(3,4)$ zeigt die folgende Skizze (die Punkte in den beschränkten Fingern sind die Nullstellen bzw. die Pole der rationalen Funktion):

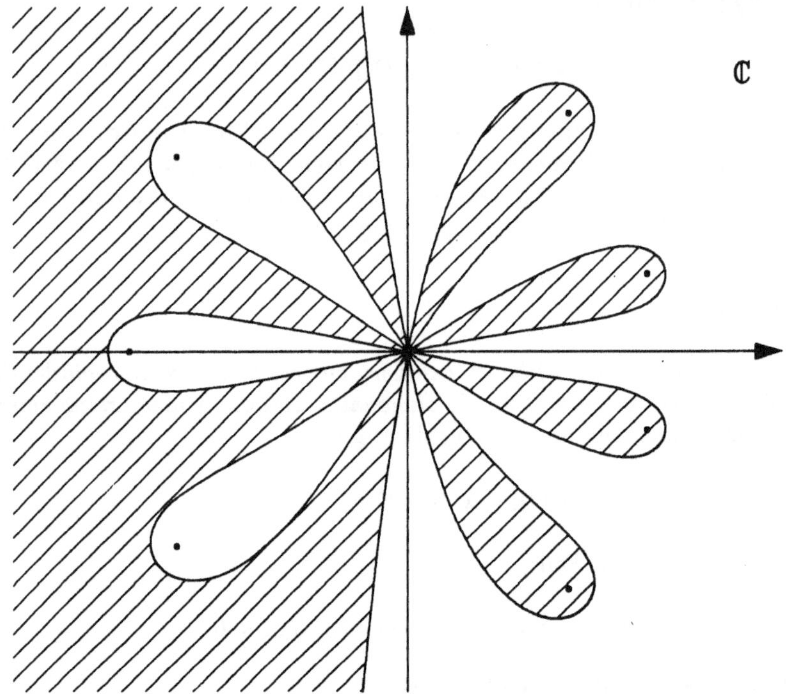

Mit dem vorangegangenen Hilfssatz und den entsprechenden Überlegungen wie beim expliziten Verfahren erhält man sofort:

5.3.4 Satz. *Ein s-stufiges implizites Runge-Kutta-Verfahren, angewandt auf die Testgleichung $y' = \lambda y$, reduziert sich auf*

$$u_{j+1} = R(t)u_j \, , \quad t = h\lambda \, ,$$

wobei R eine rationale Funktion ist, deren Zählergrad l und Nennergrad m höchstens s beträgt. Ist $p \geq 1$ die (genaue) Konsistenzordnung des Verfahrens, so gilt

$$R(t) = \frac{P_l(t)}{Q_m(t)} = \sum_{\nu=0}^{p} \frac{t^\nu}{\nu!} + \sum_{\nu=p+1}^{\infty} c_\nu t^\nu \, , \quad c_{p+1} \neq \frac{1}{(p+1)!} \, ,$$

*mit einer in einer Umgebung des Nullpunktes konvergenten Reihe. Das Stabilitäts-
gebiet ist nicht leer und liegt lokal links vom Nullpunkt. Genau dann, wenn R gleich
einer diagonalen oder einer der ersten beiden subdiagonalen Padé-Approximationen
von e^t ist, ist das Runge-Kutta-Verfahren A-stabil, in den beiden ersten subdiagonalen
Fällen sogar L-stabil.* □

§4 Stabilitätsgebiete von linearen Mehrschrittverfahren

Ein lineares Mehrschrittverfahren (ρ, σ) hat als Stabilitätspolynom

$$\chi(\varsigma, t) = \rho(\varsigma) - t\sigma(\varsigma) \,.$$

Betrachten wir zunächst das explizite und implizite Eulersche Verfahren. Beim expliziten Verfahren gilt:

$$u_{j+1} = u_j + h f_j \,,$$

mithin

$$\chi(\varsigma, t) = \varsigma - (1 + t)$$

mit der Nullstelle $1 + t$. Also gehören alle die $t \in \mathbb{C}$ zum Gebiet der absoluten Stabilität, für die

$$|1 + t| < 1$$

gilt. Somit besteht das Stabilitätsgebiet aus dem Inneren des Kreises um $(-1, 0)$ mit Radius 1.

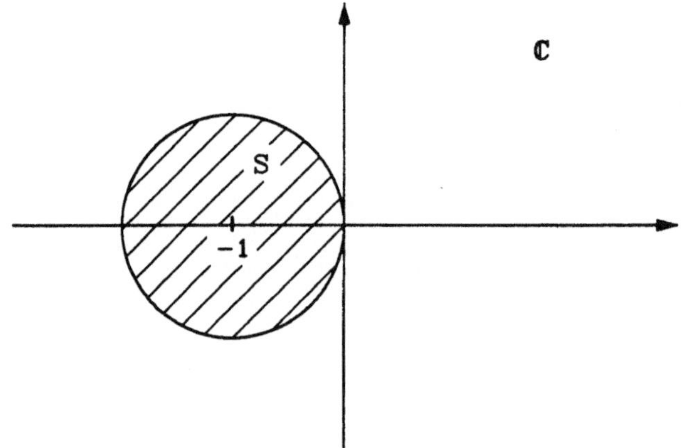

Entsprechende Rechnungen führen beim impliziten Eulerschen Verfahren

$$u_{j+1} = u_j + h f_{j+1}$$

mit dem Stabilitätspolynom

$$\chi(\varsigma, t) = \varsigma - \frac{1}{1 - t}$$

zur Bedingung

$$\left| \frac{1}{1 - t} \right| < 1 \,, \quad \text{also } |1 - t| > 1$$

dafür, daß t zum Stabilitätsgebiet gehört. Also besteht das Stabilitätsgebiet dieses Verfahrens aus dem Äußeren des Einheitskreises mit dem Mittelpunkt $(1, 0)$.

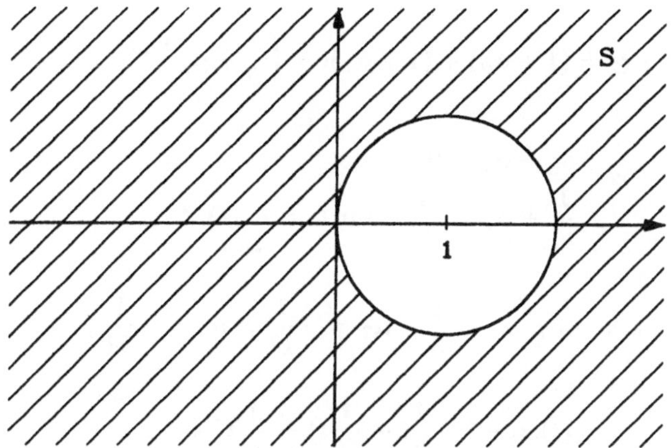

Als nächstes Beispiel betrachten wir das *Simpson-Verfahren*

$$u_{j+2} - u_j = \frac{h}{3}(f_j + 4f_{j+1} + f_{j+2})$$

mit dem Stabilitätspolynom

$$\chi(\varsigma, t) = \left(1 - \frac{t}{3}\right)\varsigma^2 - \frac{4t}{3} - \left(1 + \frac{t}{3}\right).$$

Da es mühsam ist, die Wurzeln von χ in Abhängigkeit von t ganz allgemein zu diskutieren, bestimmen wir die Nullstellen ς_1 und ς_2 nur für t-Werte von kleinem Betrag.

Da das Simpson-Verfahren die Ordnung 4 besitzt, erhält man nach Bemerkung 4.6.7 die Entwicklung

$$\varsigma_1(t) = e^t + \mathcal{O}(|t|^5)$$
$$= 1 + t + \frac{t^2}{2} + \frac{t^3}{3!} + \frac{t^4}{4!} + \mathcal{O}(|t|^5).$$

Setzt man für ς_2 die Reihenentwicklung

$$\varsigma_2(t) = \alpha_0 + \alpha_1 t + \alpha_2 t^2 + \dots$$

an, so erhält man aus der Identität

$$\left(1 - \frac{t}{3}\right)(\varsigma^2 - (\varsigma_1 + \varsigma_2)\varsigma + \varsigma_1\varsigma_2) = \left(1 - \frac{t}{3}\right)\varsigma^2 - \frac{4t}{3}\varsigma - \left(1 + \frac{t}{3}\right)$$

durch Koeffizientenvergleich die Gleichung

$$\left(1 - \frac{t}{3}\right)(\varsigma_1 + \varsigma_2) = \frac{4t}{3}$$

und daher – unter Ausnutzung der geometrischen Reihe –

$$\varsigma_1 + \varsigma_2 = \frac{4t}{3}\frac{1}{1 - \frac{t}{3}} = 4\sum_{\nu=0}^{\infty}\left(\frac{t}{3}\right)^{\nu+1},$$

also wegen

$$\varsigma_1 + \varsigma_2 = (1 + \alpha_0) + (1 + \alpha_1)t + \left(\frac{1}{2} + \alpha_2\right)t^2 + \dots$$

die Formeln

$$1 + \alpha_0 = 0$$
$$\frac{1}{\nu!} + \alpha_\nu = \frac{4}{3^\nu} \quad \text{für } \nu = 1, 2, 3, 4 \,.$$

Hieraus folgt

$$\alpha_0 = -1 \,, \quad \alpha_1 = \frac{1}{3} \,, \quad \alpha_2 = -\frac{1}{18} \,, \quad \alpha_3 = -\frac{1}{54} \,,$$

und daher

$$\varsigma_2(t) = -1 + \frac{1}{3}t - \frac{1}{18}t^2 - \frac{1}{54}t^3 + \dots$$
$$= -e^{-\frac{t}{3}} + \mathcal{O}(|t|^3) \,.$$

Aus diesen Reihenentwicklungen für ς_1 und ς_2 ersieht man, daß das Simpson-Verfahren ein leeres Stabilitätsgebiet besitzt, denn für hinreichend kleine $|t|$ gilt $|\varsigma_1(t)| > 1$, falls $Re\ t > 0$, und $|\varsigma_2(t)| > 1$, falls $Re\ t < 0$ (wir haben hier natürlich nur kleine $|t|$ diskutiert). Dennoch zeigt für $Re\ t > 0$ das Simpson-Verfahren ein brauchbares Verhalten, da die numerische Lösung die Form $u_j = c_1\varsigma_1^j + c_2\varsigma_2^j$ hat und im wesentlichen durch die Potenzen von ς_1 wiedergegeben wird, während die Potenzen von ς_2 abklingen. Demgegenüber ist das Simpson-Verfahren für $Re\ t < 0$ unbrauchbar, da dann die Lösung abklingt und nicht durch die exponentiell wachsende Funktion ς_2^j approximiert wird. Allgemein besitzen lineare k-Schrittverfahren der Ordnung $k+2$ (optimale Verfahren) ein leeres Stabilitätsgebiet.

Die vorgenannten drei Beispiele von Verfahren, nämlich explizites und implizites Eulersches Verfahren und Simpson-Verfahren, besitzen extrem verschiedene Stabilitätsgebiete: beschränktes, unbeschränktes und leeres Stabilitätsgebiet. Wie schon explizite Runge-Kutta-Verfahren haben auch explizite lineare Mehrschrittverfahren ein beschränktes Stabilitätsgebiet. Ein A-stabiles Mehrschrittverfahren muß daher notwendig implizit sein. Darüberhinaus gilt

5.4.1 Satz. *(Dahlquist) Ein lineares A-stabiles Mehrschrittverfahren ist stets implizit und besitzt höchstens die Ordnung 2. Unter allen linearen A-stabilen Mehrschrittverfahren der Ordnung 2 ist das Trapezverfahren dasjenige mit kleinster Fehlerkonstante.*

□

Einen Beweis dieses Satzes findet man in G. Dahlquist, A special stability problem for linear multistep methods, BIT 3, 27-43 (1963). Dieses Ergebnis ist natürlich für den Praktiker eine Enttäuschung, da man an A-stabilen Verfahren höherer Ordnung interessiert ist.

Will man dennoch Verfahren zur Verfügung haben, die eine hohe Ordnung besitzen und zur Integration steifer Differentialgleichungen geeignet sind, so kann das zugehörige Stabilitätsgebiet nicht die ganze linke Halbebene von C enthalten. Man muß dann auf Verfahren zurückgreifen, die z.B. nur steif stabil oder $A(\alpha)$-stabil sind. Zur Diskussion einiger Eigenschaften solcher Verfahren eignet sich der folgende Satz, den R. Jeltsch und O. Nevanlinna bewiesen (Stability and Accuracy of Time Discretizations for Initial Value Problems, Numer. Math. 40, 245-296 (1982).

5.4.2 Satz. *Sei (ρ,σ) ein lineares k-Schrittverfahren der Konvergenzordnung p. Für ein $R > 0$ sei die Punktmenge*

$$D_R := \{t \in \mathbb{C} \,\big|\, |t + R| \leq R\}$$

im Stabilitätsgebiet S des Verfahrens enthalten. Dann gibt es zu jedem $K \in \mathbb{N}$, $0 < r < R$ und jeder in $\overline{\mathbb{C}}$ abgeschlossenen Menge Ω, die im Inneren von S enthalten ist, ein lineares $(k + K)$-Schrittverfahren $(\tilde{\rho},\tilde{\sigma})$ der Ordnung $p + K$, so daß D_r in seinem Stabilitätsgebiet $\tilde{S}$ liegt und Ω im Inneren von $\tilde{S}$ enthalten ist. $\square$

In diesem Satz ist D_R die Kreisscheibe in der komplexen Ebene mit Mittelpunkt $(-R, 0)$ und Radius R.

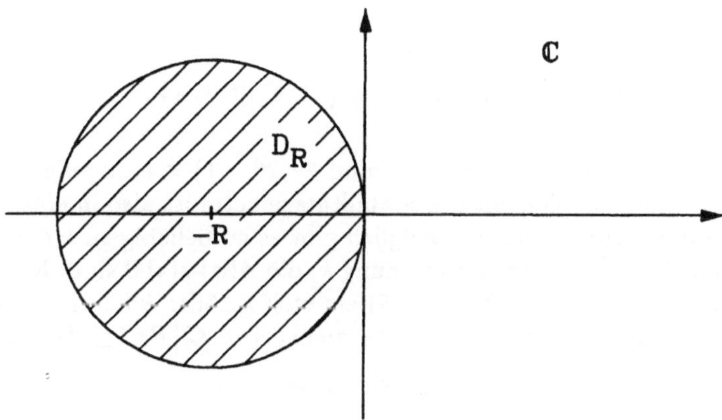

Zusammen mit der folgenden Aufgabe können einige Folgerungen aus diesem Satz gewonnen werden.

5.4.3 Aufgabe. Das Einschrittverfahren $(\rho_\theta, \sigma_\theta)$ sei durch

$$\rho_\theta(\varsigma) := \varsigma - 1$$
$$\sigma_\theta(\varsigma) := \theta\varsigma + 1 - \theta$$

definiert (θ-Verfahren). Man zeige, daß seine Konvergenzordnung p_θ durch

$$p_\theta = \begin{cases} 1 & \text{für } \theta \neq \frac{1}{2} \\ 2 & \text{für } \theta = \frac{1}{2} \end{cases}$$

und sein Stabilitätsgebiet S_θ durch

$$
S_\theta = \begin{cases}
\mathring{D}_{\frac{1}{(1-2\theta)}} & \text{für } \theta < \tfrac{1}{2} \\[2mm]
\{t \in \mathbb{C} \mid Re\, t < 0\} & \text{für } \theta = \tfrac{1}{2} \\[2mm]
\mathbb{C} \setminus \left\{ t \in \mathbb{C} \,\middle|\, \left| t - \tfrac{1}{2\theta-1} \right| \le \tfrac{1}{2\theta-1} \right\} & \text{für } \theta > \tfrac{1}{2}
\end{cases}
$$

gegeben ist (für $\theta = 1/2$ erhält man das Trapezverfahren und für $\theta = 0$ bzw. $\theta = 1$ das explizite bzw. implizite Eulersche Verfahren). $\qquad\square$

Geht man von dem Trapezverfahren aus, deren Stabilitätsgebiet $S = H_-$ ist, und wendet Satz 5.4.2 an, so erhält man die Existenz von linearen k-Schrittverfahren (ρ_R, σ_R), mit der Konvergenzordnung $p = k + 1$, deren Stabilitätsgebiet jeweils die Kreisscheibe D_R enthält. Es gibt also lineare k-Schrittverfahren der Ordnung $k + 1$ mit beliebig großem Stabilitätsgebiet. (Es sei noch einmal vermerkt, daß lineare k-Schrittverfahren der Ordnung $k + 2$ ein leeres Stabilitätsgebiet besitzen.)

Sind weitergehend $k \in I\!N$, $R > 0$ und $\varepsilon > 0$ beliebig vorgegeben, so erhält man mit Satz 5.4.2 die Existenz eines linearen k-Schrittverfahrens der Ordnung k, für dessen Stabilitätsgebiet S gilt

$$
D_R \subset S \quad \text{und} \quad \overline{\mathbb{C}} \setminus S \subset \left\{ t \in \mathbb{C} \,\middle|\, |t| \le \varepsilon \right\}.
$$

Man braucht in Aufgabe 5.4.3 nur $\theta > 1/2$ und $2/(2\theta - 1) < \varepsilon$ zu wählen und Satz 5.4.2 anzuwenden. Das Komplement des Stabilitätsgebietes ist also in einer "kleinen" Umgebung des Nullpunktes enthalten. Folglich gibt es zu beliebigem $k \in I\!N$ und $\alpha \in (0, \pi/2)$ lineare k-Schrittverfahren der Ordnung k, die $A(\alpha)$-stabil sind. Entsprechend gibt es zu jedem $d < 0$ (vgl. Definition 5.2.5) ein steif stabiles k-Schrittverfahren der Ordnung k, dessen Stabilitätsgebiet die Punktmenge $\{t \in \mathbb{C} \mid Re\, t \le d\}$ umfaßt.

Letztere Ergebnisse fassen wir in einem Satz zusammen.

5.4.4 Satz. *Sei $k \in I\!N$ beliebig. Dann gibt es lineare k-Schrittverfahren der Ordnung k, die $A(\alpha)$-stabil für beliebiges vorgegebenes $\alpha \in (0, \pi/2)$ sind, und solche, die zu vorgegebenem $d < 0$ steif stabil sind, so daß ihr Stabilitätsgebiet die Punktmenge $\{t \in \mathbb{C} \mid Re\, t \le d\}$ umfaßt.* $\qquad\square$

Man könnte glauben, mit dieser Aussage eine befriedigende Antwort auf die Frage nach der Existenz von "fast A-stabilen" linearen Mehrschrittverfahren mit hoher Ordnung gefunden zu haben. Theoretisch ist das richtig, in der Praxis sind solche Verfahren in der Regel nicht brauchbar. Denn wie Jeltsch und Nevanlinna in der eben zitierten Arbeit zeigen, besitzen derartige Verfahren sehr große Fehlerkonstanten: Mehr Stabilität geht auf Kosten der Genauigkeit. Die im folgenden betrachteten "rückwärtigen Differentiationsformeln" stellen einen gewissen guten Kompromiß zwischen beiden dar.

Zu der Entwicklung von Mehrschrittverfahren vom Adams-Typ gelangte man (Kap.4, §4), indem man die Funktion $f(\xi, y(\xi))$ in der Volterraschen Integralgleichung

$$y(x + kh) = y(x + qh) + \int_{x+qh}^{x+kh} f(\xi, y(\xi)) d\xi$$

durch ein Interpolationspolynom ersetzte und dann die Integration ausführte. Interpoliert man statt $f(\xi, y(\xi))$ die Funktion $y(\xi)$ selbst und setzt die Interpolierende in die Differentialgleichung ein, so erhält man die _rückwärtigen Differentiationsformeln_ (_Backward Differentiation Formulae_, abgekürzt BDF)

$$\sum_{\nu=0}^{k} a_\nu u_{j+\nu} = h f_{j+k} \quad (b_k = 1) .$$

Zu ihrer formelmäßigen Beschreibung bezeichne man mit $p(x)$ dasjenige Polynom vom Grade k, welches

$$\text{in den Punkten } x_{j+\nu} \text{ die Werte } u_{j+\nu} , \quad \nu = 0, 1, \ldots, k ,$$

bei äqudistantem Gitter interpoliert; in der Newtonschen Form gilt

$$p(x) = \sum_{\nu=0}^{k} \left[\prod_{\mu=0}^{\nu-1} (x - x_{j+\mu}) \right] \Delta^\nu (x_j, \ldots, x_{j+\nu}) u .$$

Verwendet man wie in Kap.4, §4 die Transformation

$$\xi = \frac{1}{h}(x - x_{j+k}) ,$$

so geht $p(x)$ in das Polynom

$$p^*(\xi) = \sum_{\nu=0}^{k} \nabla^\nu u_{j+k} \cdot \binom{\xi + \nu - 1}{\nu} = p(x_{j+k} + \xi h)$$

über. Die rückwärtigen Differentiationsformeln berechnen sich hiermit aus

$$p'(x_{j+k}) = f(x_{j+k}, p(x_{j+k})) .$$

Wegen

$$\frac{d}{d\xi} p^*(\xi) = \frac{dp}{dx} \frac{dx}{d\xi} = p'(x) h$$

ist dies mit

$$\frac{1}{h} \frac{d}{d\xi} p^*(\xi) \Big|_{\xi=0} = f(x_{j+k}, p^*(0))$$

identisch und daher mit

$$\sum_{\nu=0}^{k} \nabla^\nu u_{j+k} \frac{d}{d\xi} \binom{\xi + \nu - 1}{\nu} \Big|_{\xi=0} = h f_{j+k} .$$

Zur Berechnung der Koeffizienten

$$\tilde{a}_\nu := \frac{d}{d\xi}\left(\begin{matrix}\xi+\nu-1\\\nu\end{matrix}\right)\Bigg|_{\xi=0}, \quad \nu = 0,1,\ldots,k$$

kann man wie in Kap.4, §4 eine konvergente Reihe aus einer erzeugenden Funktion herleiten. Es gilt nämlich (mit entsprechenden Konvergenzbetrachtungen)

$$\begin{aligned}
\sum_{\nu=0}^{\infty}\tilde{a}_\nu z^\nu &= \sum_{\nu=0}^{\infty} z^\nu \frac{d}{d\xi}\left(\begin{matrix}\xi+\nu-1\\\nu\end{matrix}\right)\Bigg|_{\xi=0} \\
&= \sum_{\nu=0}^{\infty} z^\nu \frac{d}{d\xi}\left[(-1)^\nu\left(\begin{matrix}-\xi\\\nu\end{matrix}\right)\right]\Bigg|_{\xi=0} \\
&= \frac{d}{d\xi}\sum_{\nu=0}^{\infty}\left(\begin{matrix}-\xi\\\nu\end{matrix}\right)(-z)^\nu\Bigg|_{\xi=0} \\
&= \frac{d}{d\xi}(1-z)^{-\xi}\Big|_{\xi=0} \\
&= -\log(1-z) \\
&= -\left(-z - \frac{z^2}{2} - \frac{z^3}{3} - \ldots\right).
\end{aligned}$$

Also folgt durch Koeffizientenvergleich

$$\tilde{a}_\nu = \frac{1}{\nu} \quad \text{für} \quad \nu = 1,2,3,\ldots$$

und

$$\tilde{a}_0 = 0.$$

Daher lauten die rückwärtigen Differentiationsformeln

$$\sum_{\nu=1}^{k}\frac{1}{\nu}\nabla^\nu u_{j+k} = h f_{j+k}.$$

Im Falle $k = 1$ erhält man

$$1\cdot\nabla^1 u_{j+1} = h f_{j+1},$$

also mit der Rekursionsformel

$$\nabla^0 u_j = u_j, \quad \nabla^{\nu+1}u_j = \nabla^\nu u_j - \nabla^\nu u_{j-1}$$

das implizite Eulersche Verfahren

$$u_{j+1} = u_j + h f_{j+1}.$$

5.4.5 Aufgabe. Man zeige, daß die rückwärtigen Differentiationsformeln im Falle $k = 2$ die Gestalt

$$u_{j+2} - \frac{4}{3}u_{j+1} + \frac{1}{3}u_j = \frac{2}{3}h f_{j+2}$$

und im Falle $k = 3$ die Gestalt

$$u_{j+3} - \frac{18}{11}u_{j+2} + \frac{9}{11}u_{j+1} - \frac{2}{11}u_j = \frac{6}{11}hf_{j+3}$$

haben. $\square$

Aus der Gestalt der Verfahren

$$\sum_{\nu=1}^{k} \frac{1}{\nu}\nabla^\nu u_{j+k} = hf_{j+k}$$

lassen sich die charakteristischen Polynome ablesen: Zu dem Term

$$\nabla^\nu u_{j+k} = \sum_{\mu=0}^{\nu}(-1)^\mu \binom{\nu}{\mu} u_{j+k-\mu}$$

gehört das Polynom

$$\varsigma^k \sum_{\mu=0}^{\nu}(-1)^\mu \binom{\nu}{\mu}\varsigma^{-\mu} = \varsigma^k \left(1 - \frac{1}{\varsigma}\right)^\nu ,$$

so daß man

$$\rho(\varsigma) = \varsigma^k \sum_{\nu=1}^{k} \frac{1}{\nu}\left(1 - \frac{1}{\varsigma}\right)^\nu$$

als erstes charakteristisches Polynom erhält. Das zweite charakteristische Polynom lautet

$$\sigma(\varsigma) = \varsigma^k .$$

Offenbar sind diese Verfahren konsistent, denn es gilt

$$\rho(1) = 0$$

und

$$\rho'(1) = 1 = \sigma(1) .$$

Weiterhin besitzen diese Verfahren die Konsistenzordnung $p = k$, was man ähnlich wie im Beweis des Satzes 4.4.4 zeigt. Eine genaue Betrachtung der Stabilitätsgebiete (siehe [Ge]) ergibt, daß die Verfahren für $1 \le k \le 6$ steif stabil und für $k = 1, 2$ sogar A-stabil sind. Für $k > 6$ läßt sich mit Hilfe des Wurzelkriteriums die Instabilität der Verfahren nachweisen. Der Beweis wird in [G2] ausgeführt. Insgesamt gilt

5.4.6 Satz. *Die rückwärtigen Differentiationsformeln lauten*

$$\sum_{\nu=1}^{k} \frac{1}{\nu}\nabla^\nu u_{j+\nu} = hf_{j+k} ,$$

sind konsistent und haben die Konsistenzordnung k. Sie sind genau für $1 \le k \le 6$ stabil und daher auch konvergent von dieser Ordnung. Sie sind für diese Werte von k steif stabil und für $k = 1, 2$ sogar A-stabil. $\square$

§5 Weitere Techniken und Vergleich von Algorithmen

Die Entwicklung von geeigneten Verfahren zur Lösung von steifen Differentialgleichungen ist alles andere als abgeschlossen, sondern weitgehend noch Gegenstand der Forschung. Bei den derzeitig existierenden Verfahren, dokumentiert als Programmpakete, muß der Benutzer selbst entscheiden, ob das zu lösende System steif ist oder nicht. Man kann hoffen, daß Ende der achtziger Jahre die Entwicklung von Verfahren und Programmen so weit fortgeschritten sein wird, daß der Benutzer sich um die Steifheit einer Aufgabe nicht mehr zu kümmern braucht und auch extrem steife Systeme mit hoher Verläßlichkeit integriert werden. Auf dem Weg dorthin werden noch viele Hindernisse zu überwinden sein.

Zusätzlich zu den bisher geschilderten Runge-Kutta-Verfahren und linearen Mehrschrittverfahren gibt es einige, in vielen Fällen brauchbare nichtlineare Verfahren. Bevor diese kurz vorgestellt werden, sollte darauf hingewiesen werden, daß man insbesondere bei der Lösung von steifen Systemen aufgrund der Implizitheit der Verfahren auf gute und schnelle Verfahren zur Lösung von impliziten nichtlinearen Gleichungen angewiesen ist, da man wegen der hohen Lipschitz-Konstanten die Gleichungen im allgemeinen nicht mehr durch gewöhnliche Iteration lösen kann (nicht kontrahierend).

Einige steife Differentialgleichungen können auf die Form

$$
\begin{aligned}
y' &= F(x, y, z) \\
\varepsilon z' &= G(x, y, z)
\end{aligned}
\tag{1}
$$

gebracht werden, wobei y und z zusammen die Dimension n haben und ε positiv und sehr klein ist. Setzt man $\varepsilon = 0$, so erhält man ein System von Gleichungen und Differentialgleichungen

$$
\begin{aligned}
y' &= F(x, y, z) \\
0 &= G(x, y, z)
\end{aligned}
\tag{2}
$$

für y, z. Aus der Kenntnis des Anfangswertes y_0 von y an der Stelle x_0 erhält man den Wert z_0 aus

$$
G(x_0, y_0, z_0) = 0
$$

und allgemeiner, falls $(\partial G/\partial z)$ nichtsingulär ist, die Funktion $z(x)$ in Abhängigkeit von der (unbekannten) Funktion $y(x)$ in einer Umgebung von x_0.

Unter vernünftigen Bedingungen an F und G wird man erwarten, daß bei kleinen ε die Lösungen von (1) und (2) nahe beieinander liegen (stetige Abhängigkeit von Parametern).

Ein System (1) kann für kleine ε sehr steif werden, wie das zweidimensionale Beispiel

$$
\begin{aligned}
y' &= z \\
z' &= \frac{1}{\varepsilon}(-y - z)
\end{aligned}
$$

zeigt. Die Eigenwerte der zugehörigen Fundamentalmatrix

$$\frac{\partial(F,G)}{\partial(y,z)} = \begin{pmatrix} 0 & 1 \\ -\frac{1}{\varepsilon} & -\frac{1}{\varepsilon} \end{pmatrix}$$

sind die Lösungen von

$$\lambda^2 + \frac{1}{\varepsilon}\lambda + \frac{1}{\varepsilon} = 0 \; ,$$

also

$$\begin{aligned}
\lambda_{1,2} &= -\frac{1}{2\varepsilon} \pm \sqrt{\frac{1}{4\varepsilon^2} - \frac{1}{\varepsilon}} \\
&= -\frac{1}{2\varepsilon}(1 \pm \sqrt{1 - 4\varepsilon}) \\
&= -\frac{1}{2\varepsilon}(1 \pm (1 - 2\varepsilon + \mathcal{O}(\varepsilon^2))) \\
&= \begin{cases} -\frac{1}{\varepsilon} + \mathcal{O}(1) \\ -1 + \mathcal{O}(\varepsilon) \end{cases}
\end{aligned}$$

Die Lösungen y und z enthalten also näherungsweise die Terme

$$e^{-x} \quad \text{und} \quad e^{-\frac{1}{\varepsilon}x} \; .$$

Läßt man im obigen System $\varepsilon \to 0$ streben, so folgt

$$z = -y \; ,$$

so daß sich die erste Gleichung auf

$$y' = -y$$

reduziert mit den Lösungen ce^{-x}. Für eine ausführliche Diskussion von Differential-gleichungen mit den genannten Eigenschaften, die eng mit der Theorie der singulären Störungen zusammenhängen, sei z.B. auf [Mi] verwiesen.

Eine gelegentlich benutzte Methode zur Lösung steifer Differentialgleichungen ist die _Exponentialanpassung_. Sie geht von dem θ-_Verfahren_

$$u_{j+1} = u_j + h((1-\theta)f_j + \theta f_{j+1})$$

aus, die für $\theta \geq 1/2$ A-stabil ist (siehe Beispiel 5.4.3). Angewandt auf die Testgleichung $y' = \lambda y$ folgt

$$u_{j+1} = \frac{1 + (1-\theta)h\lambda}{1 - \theta h\lambda} u_j \; .$$

Die Methode der Exponentialanpassung besteht nun darin, θ schrittweise jeweils so zu wählen, daß

$$\frac{1 + (1-\theta)h\lambda}{1 - \theta h\lambda} = e^{h\lambda}$$

für $\lambda = \lambda_j$ gilt, numerische und exakte Lösung also näherungsweise übereinstimmen. Diese Anpassung ist nach jedem Integrationsschritt vorzunehmen, da sich bei allgemeinen Differentialgleichungen die Eigenwerte ändern. Der Leser sei für Einzelheiten auf Liniger und Willoughby: "Efficient Integration Methods for Stiff Systems of Ordinary Differential Equations", SIAM J. Numer. Anal. 7, 47-66, 1970, verwiesen.

Obwohl A-stabile lineare Mehrschrittverfahren höchstens die Ordnung 2 besitzen, kann man dennoch mit ihrer Hilfe A-stabile Verfahren hoher Ordnung gewinnen. In dem Artikel "High-Order A-stable Averaging Algorithms for Stiff Differential Systems" von W. Liniger in [LSr] berechnet der Autor von einem Punkt x_j aus mit mehreren A-stabilen Mehrschrittverfahren der Ordnung 2 Näherungen $u_{j+1}^{(\nu)}$ für $y(x_{j+1})$ und bildet dann eine geeignete Linearkombination aus ihnen,

$$u_{j+1} := \sum_{\nu} c_{\nu} u_{j+1}^{(\nu)}$$

(averaging). Solche Verfahren können unter Erhaltung der A-Stabilität eine hohe Ordnung erreichen.

Eine weitere Klasse von A-stabilen Verfahren kann man durch Verwendung von höheren Ableitungen von y erhalten. In Verallgemeinerung der linearen Mehrschrittverfahren betrachtet man Verfahren der Form

$$\sum_{\nu=0}^{k} a_{\nu} u_{j+\nu} = h \sum_{\nu=0}^{k} \sum_{\mu=0}^{\ell} b_{\nu\mu} h^{\mu} f^{(\mu)}(x_{j+\nu}, u_{j+\nu})$$

mit den totalen Ableitungen

$$f^{(0)}(x, y) := f(x, y)$$
$$f^{(\mu)}(x, y(x)) := \frac{d}{dx} f^{(\mu-1)}(x, y(x))$$
$$= f_x^{(\mu-1)}(x, y(x)) + f_y^{(\mu-1)}(x, y(x)) f(x, y(x)) \,.$$

Solche Mehrschrittverfahren sind u.a. von Jeltsch (siehe z.B. Stiff Stability of Multistep Multiderivative Methods, SIAM J. Numer. Anal. 14, 760-772, 1977 und Band 16, 339-345, 1979) in zahlreichen Arbeiten untersucht worden. Ihr Stabilitätspolynom lautet $\chi(\varsigma, t) = \rho(\varsigma) - t\sigma(\varsigma)$ mit

$$\rho(\varsigma) = \sum_{\nu=0}^{k} a_{\nu} \varsigma^{\nu}, \quad \sigma(\varsigma) = \sum_{\nu=0}^{k} \sum_{\mu=0}^{\ell} b_{\nu\mu} t^{\mu} \varsigma^{\nu} \,.$$

Eine besonders effektive Teilmenge solcher Verfahren hat Enright in seiner Arbeit "_Second Derivative Multistep Methods_ for Stiff Ordinary Differential Equations", SIAM J. Numer. Anal. 11, 321-331, 1974, untersucht. Sie haben die Form

$$u_{j+k} - u_{j+k-1} = h \sum_{\nu=0}^{k} b_{\nu} f_{j+\nu} + h^2 f_{j+k}^{(1)} \,.$$

Diese Verfahren haben die Ordnung $k + 2$ und sind steif stabil für $k = 1, 2, \ldots, 7$, jedoch nicht mehr für $k = 8$. Man hat also steif stabile Verfahren bis zur Ordnung 9 zur Verfügung, muß jedoch die partiellen Ableitungen von f berechnen.

In Verallgemeinerung der Testgleichung $y' = \lambda y$ kann man variables λ betrachten, also

$$y' = \lambda(x)y \, , \quad \lambda(x) \in \mathbb{C} \, .$$

Dies ist eine lineare homogene Differentialgleichung erster Ordnung. Betrachtet man nur Funktionen λ mit $Re\ \lambda(x) \leq 0$ für jedes x, so sollten numerische Verfahren in Verallgemeinerung der A-Stabilität zumindest zu beschränkten Lösungen führen. Die Klasse solcher Verfahren ist auf jeden Fall eine *echte* Teilmenge der A-stabilen Verfahren. Man betrachte beispielsweise das Trapezverfahren

$$u_{j+1} = u_j + \frac{h}{2}(f_j + f_{j+1}) \, ,$$

das A-stabil ist (siehe Beispiel 5.4.3). Angewandt auf die Differentialgleichung $y' = \lambda y$ gilt nämlich

$$u_{j+1} = \frac{1 + \frac{1}{2}h\lambda}{1 - \frac{1}{2}h\lambda} u_j \, ,$$

so daß die Trapezregel wegen

$$(3) \qquad \left| \frac{1 + \frac{1}{2}h\lambda}{1 - \frac{1}{2}h\lambda} \right| < 1 \quad \text{für } Re\ \lambda < 0$$

auch bei beliebigen Schrittweitenänderungen zu beschränkten Lösungen führt. Dies ist nicht mehr der Fall, wenn man die Trapezregel auf die allgemeinere Testgleichung $y' = \lambda(x)y$ mit $Re\ \lambda(x) \leq 0$ anwendet. Man erhält dann

$$u_{j+1} = \frac{1 + \frac{1}{2}h_j\lambda(x_j)}{1 - \frac{1}{2}h_j\lambda(x_{j+1})} u_j \, ,$$

wobei $x_{j+1} = x_j + h_j$ gilt. Wählt man z.B. die Schrittweitenfolge so, daß $h_{2m} = 8$ und $h_{2m+1} = 1$ für jedes $m \in \mathbb{N}_0$ gilt, und hat λ die Eigenschaft

$$\lambda(x_{2m}) = -1 \, , \quad \lambda(x_{2m+1}) = 0 \text{ für jedes } m \, ,$$

so folgt

$$u_{2m+1} = \frac{1 + \frac{1}{2}h_{2m}\lambda(x_{2m})}{1 - \frac{1}{2}h_{2m}\lambda(x_{2m+1})} u_{2m}$$

$$= -3u_{2m} \, ,$$

$$u_{2m+2} = \frac{1 + \frac{1}{2}h_{2m+1}\lambda(x_{2m+1})}{1 - \frac{1}{2}h_{2m+1}\lambda(x_{2m+2})} u_{2m+1}$$

$$= \frac{2}{3}u_{2m+1} \, ,$$

insgesamt also

$$u_{2m} = (-2)^m u_0 \ .$$

Das Trapezverfahren führt bei der allgemeinen Testgleichung und Schrittweitenänderungen i.a. nicht zu einem stabilen Verhalten. Betrachtet man jedoch das dem Trapezverfahren zugeordnete *Einbein-Verfahren*

$$u_{j+1} = u_j + h_j f\left(\frac{x_j + x_{j+1}}{2}, \frac{u_j + u_{j+1}}{2}\right) ,$$

so erhält man für $y' = \lambda(x)y$ das Verfahren

$$u_{j+1} = \frac{1 + \frac{1}{2}h_j \lambda\left(\frac{x_j + x_{j+1}}{2}\right)}{1 - \frac{1}{2}h_j \lambda\left(\frac{x_j + x_{j+1}}{2}\right)} u_j$$

und daher wegen (3) wiederum

$$|u_{j+1}| \le |u_j| \quad \text{für } Re\ \lambda(x) \le 0\ .$$

Dieses Verhalten unterstreicht das Interesse an den *Einbein-Verfahren*

$$\sum_{\nu=0}^{k} a_\nu u_{j+\nu} = hf\left(\sum_{\nu=0}^{k} b_\nu x_{j+\nu}, \sum_{\nu=0}^{k} b_\nu u_{j+\nu}\right) ,$$

die in enger Beziehung mit den linearen k-Schrittverfahren

$$\sum_{\nu=0}^{k} a_\nu u_{j+\nu} = h \sum_{\nu=0}^{k} b_\nu f_{j+\nu}$$

stehen. Für eine ausführlichere Diskussion sei z.B. auf Dahlquist, Liniger, Nevanlinna: "Stability of Two-Step Methods for Variable Integration Steps", IBM Report RC 8494, 1980, verwiesen.

Zu einer weitergehenden Verallgemeinerung der Testgleichung $y' = \lambda y$ kommen Butcher in der Arbeit "A Stability Property of Implicit Runge-Kutta Methods", BIT 15, 358-361, 1975 und Burrage und Butcher in den Arbeiten "Stability Criteria for Implicit Runge-Kutta Methods", SIAM J. Numer. Anal. 16, 46-57, 1979, und "Non-Linear Stability of a General Class of Differential Equation Methods", BIT 20, 185-203, 1980. In ihnen wird als Testgleichung die Differentialgleichung

$$y' = f(y)$$

herangezogen, wobei f der Bedingung

$$(f(v) - f(w), v - w) \le 0 \quad v, w \in I\!R^n$$

genügt; hier ist $(\cdot, \cdot)$ ein Skalarprodukt. Verfahren, bei denen sich die Abstände zwischen Lösungen der Testgleichung zu verschiedenen Startwerten verringern, heißen

B-stabil. Auch hier ist die Entwicklung noch nicht abgeschlossen, jedoch sind von den genannten Autoren schon einige Schritte zur Behandlung nicht-linearer Testgleichungen getan.

Ein Vergleich von Algorithmen zur Lösung steifer Differentialgleichungen erfolgt in der Arbeit "Comparing Numerical Methods for Stiff Systems of ODEs", BIT 15, 10-48, 1975, von Enright, Hull und Lindberg. An 25 unterschiedlichen linearen und nichtlinearen steifen Differentialgleichungen werden 5 Verfahren getestet: die rückwärtigen Differentiationsformeln (mit dem Programm namens GEAR), Formeln mit zweiten Ableitungen nach Enright (SDBASIC), ein Extrapolationsverfahren, basierend auf der Trapezregel (TRAPEX), ein implizites, A-stabiles Runge-Kutta-Verfahren vierter Ordnung nach Butcher (IMPRK) und ein sogenanntes verallgemeinertes Runge-Kutta-Verfahren vierter Ordnung nach Lawson und Ehle (GENRK). Bei letzterem wird mittels einer geeigneten Transformation die Steifheit des Systems beseitigt und dann ein explizites Runge-Kutta-Verfahren angewandt. Dadurch braucht kein implizites Gleichungssystem gelöst zu werden; jedoch benötigt man bei der Rücktransformation eine Approximation der Matrix-Exponentialfunktion (z.B. eine Padé-Approximation).

Die genannten Autoren betonen, daß der Stand der Technik bei steifen Differentialgleichungen noch keinen abschließenden Vergleich zuläßt. Bei jedem der Verfahren treten bei bestimmten Differentialgleichungen große Schwierigkeiten auf. Insgesamt läßt sich jedoch sagen, daß die Programme GEAR, SDBASIC und TRAPEX am besten zur Integration steifer Differentialgleichungen geeignet sind und GENRK und IMPRK vergleichsweise weniger gute Eigenschaften besitzen. In einer Programmbibliothek sollten möglichst alle drei der erstgenannten Programme enthalten sein; wenn eine Beschränkung auf ein Programm nötig sei, würde sich jedes von ihnen eignen.

Zu ähnlichen Aussagen kommen Enright und Hull in ihrer Arbeit "Comparing Numerical Methods for the Solution of Stiff Systems of ODEs Arising in Chemistry" in [LSr]. Bei chemischen Problemen sollte man mit den rückwärtigen Differentiationsformeln beginnen und, falls Schwierigkeiten auftreten, zu den Formeln mit zweiten Ableitungen nach Enright übergehen.

Ein auf der Mittelpunktsregel basierendes Extrapolationsverfahren stellen Bader und Deuflhard in ihrer Arbeit "A Semi-Implicit Mid-Point Rule for Stiff Systems of Ordinary Differential Equations", Numer. Math. 41, 373-398, 1983, vor. Sie gehen von der "autonomen" Anfangswertaufgabe

$$y' = f(y) \,, \quad y(x_0) = y_0$$

aus und setzen

$$A := \left.\frac{\partial f}{\partial y}\right|_{y_0} \,, \quad \bar{f}(y) := f(y) - Ay \,.$$

Nach der Transformation

$$y(x) = e^{Ax} z(x) \,,$$

Anwendung der expliziten Mittelpunktsregel und Rücktransformation erhält man das

Verfahren

$$u_0 = y_0$$
$$u_1 = (E - hA)^{-1} \left[y_0 + h\bar{f}(y_0) \right]$$
$$u_{j+1} = (E - hA)^{-1} \left[(E + hA)u_{j-1} + 2h\bar{f}(u_j) \right] \quad \text{für } j = 1, 2, \ldots, m \ ;$$

hierbei ist $E + hA$ eine Approximation von e^{hA} und E die $n \times n$-Einheitsmatrix. Als endgültigen Näherungswert verwendet man den geglätteten Wert

$$\tilde{u}_m := \frac{1}{2}(u_{m-1} + u_{m+1}) \ .$$

Die Autoren empfehlen zwecks Vermeidung von Oszillationen, nur gerade m zu nehmen. Speziell schlagen sie zur Extrapolation vor, als Werte für m die Zahlen

$$2, 6, 10, 14, 22, 34, 50, \ldots$$

zu verwenden und deuten an, daß polynomiale Extrapolation hier der rationalen Extrapolation vorzuziehen ist.

Bei einem numerischen Vergleich anhand der oben genannten 25 steifen Systeme kommen Bader und Deuflhard zu dem Schluß, daß sich ihr Algorithmus (METAN1) sehr gut verhält und dem Algorithmus GEAR mindestens ebenbürtig ist.

Kapitel 6 Existenzaussagen und Verfahren bei Randwertaufgaben

§1 Einführung und Beispiele

In den bisherigen Abschnitten haben wir uns fast ausschließlich mit der theoretischen und numerischen Lösung von Anfangswertaufgaben befaßt. Im folgenden werden nun Randwertaufgaben behandelt. Deshalb sei vorab wiederholt, was unter einer solchen Aufgabe zu verstehen ist.

6.1.1 Definition. *(Randwertaufgabe) Gegeben seien $f \in C(G, I\!R^n)$, wobei G ein Gebiet des $I\!R^{n+1}$ ist, ferner $\alpha, \beta \in I\!R$ mit $\alpha < \beta$ und $d \in I\!R^n$ sowie reelle $n \times n$-Matrizen M und N. Gesucht ist eine Lösung y der Differentialgleichung $y' = f(x, y)$, die im Intervall $I := [\alpha, \beta]$ erklärt ist und die Randbedingungen*

$$Ry = d \qquad \text{mit} \qquad Ry := My(\alpha) + Ny(\beta)$$

erfüllt, kurz

$$(1) \qquad y' = f(x, y), \quad Ry = d.$$

Als Spezialfall werden die Randwertaufgaben "erster Art" für ein System 2. Ordnung

$$(2) \qquad y'' = f(x, y, y') , \quad y(\alpha) = d_1 , \quad y(\beta) = d_2.$$

der Dimension n betrachtet. Hierbei sind G ein Gebiet des $I\!R^{2n+1}$, $f \in C(G, I\!R^n)$ und d_1, d_2 Vektoren des $I\!R^n$. $\qquad\qquad\qquad\qquad\qquad\qquad\qquad\qquad\quad$ □

Im Gegensatz zur Anfangswertaufgabe handelt es sich bei der Randwertaufgabe um eine *Aufgabe im Großen*, die im allgemeinen keine Lösung besitzt. Die Verhältnisse können sogar so kompliziert sein, daß bei einer Randwertaufgabe keine der Lösungen, die alle Bedingungen in dem einen Punkte erfüllen, den anderen Punkt erreichen.

6.1.2 Beispiel. Es soll untersucht werden, ob es Lösungen der Differentialgleichung

$$(3) \qquad y'' = y^2 + {y'}^2$$

für eine Funktion $y \in C^2(I, I\!R)$ mit der (einen) Nebenbedingung

$$(4) \qquad y'(0) = 1$$

gibt, die im ganzen Intervall $[0, 1]$ existieren. Zunächst folgt, daß es Lösungen y gibt, die (3) und (4) erfüllen und in einer Rechtsumgebung $U(0) \subset [0, \infty)$ definiert sind. Wegen

$$y''(x) \geq 0 \qquad \text{für jedes } x \in U(0)$$

gilt außerdem

$$(5) \qquad y'(x) \geq y'(0) = 1 \qquad \text{für jedes } x \in U(0) .$$

Daher erhält man aus der Differentialgleichung

$$1 = \frac{y''(x)}{y'^2(x) + y^2(x)} \leq \frac{y''(x)}{y'^2(x)} \ ,$$

wobei Gleichheit wegen (5) für höchstens einen Punkt gilt. Integriert man diese Ungleichungskette, so erhält man für $x \in U(0)$, $x > 0$:

$$0 < x = \int_0^x 1 dt < \int_0^x \frac{y''(t)}{y'^2(t)} dt = \int_{y'(0)}^{y'(x)} \frac{du}{u^2}$$

$$= \frac{1}{y'(0)} - \frac{1}{y'(x)} < \frac{1}{y'(0)} = 1 \ ,$$

d.h. der Graph der Lösung schneidet nicht die Gerade $x = 1$, jede Lösung von (3), (4) strebt im Intervall $(0,1)$ gegen Unendlich. $\qquad\qquad\qquad\qquad\qquad\quad$ ☐

Dieses Beispiel zeigt insbesondere, daß es keine in $[0,1]$ stetige und zweimal stetig differenzierbare Lösung der Randwertaufgabe

$$y'' = y^2 + y'^2 \ , \qquad y'(0) = 1 \ , \qquad y(1) = c$$

gibt, wie man auch $c \in I\!R$ wählt.

Das besonders charakteristische dieser Differentialgleichung ist, daß die rechte Seite der Differentialgleichung eine nichtlineare Funktion von y und y' ist. Lösungen einer solchen Differentialgleichung können in Punkten, die man nicht a priori kennt, sondern die von den Anfangsbedingungen abhängen, singulär werden (bewegliche Singularitäten). Diese Effekte können nicht bei linearen Differentialgleichungen auftreten, da sich jede Lösung so weit fortsetzen läßt, wie die Koeffizienten der Differentialgleichung stetig sind (vgl. Sätze 2.3.4 und 2.4.3). Aber selbst bei linearen Differentialgleichungen kann man nicht mit der Lösbarkeit jeder Randwertaufgabe rechnen.

6.1.3 Beispiel. Sei $I := [0, \beta]$. Gesucht werde eine Funktion $y \in C^2(I)$ mit

$$(6) \qquad\qquad y'' + y = g \ , \qquad y(0) = y(\beta) = 0;$$

dabei sei $g \in C(I)$.

a) Sei $\beta = \pi/2$, $g(x) = x$. Eine Lösung y_{inhom} der inhomogenen Differentialgleichung ist

$$y_{inhom}(x) = x$$

und jede Lösung y_{hom} der homogenen Gleichung (d.h. $g = 0$) hat die Gestalt

$$y_{hom}(x) = a\cos x + b\sin x \ , \quad a, b \in I\!R,$$

so daß jede Lösung y der Differentialgleichung wegen $y = y_{hom} + y_{inhom}$ die Form

$$(7) \qquad\qquad y(x) = x + a\cos x + b\sin x \ , \quad a, b \in I\!R,$$

hat. Die Bedingungen aus (6) legen die freien Parameter a und b fest:

$$y(x) = x - \frac{\pi}{2}\sin x,$$

die Lösung von (6) ist in diesem Falle eindeutig bestimmt.

b) Sei $\beta = \pi$, g wie in a), also $g(x) = x$. Wieder besitzt jede Lösung der Differentialgleichung die Gestalt (7). Die Randbedingungen aus (6) führen zu dem Gleichungssystem

$$y(0) = 0 + a\cos 0 + b\sin 0 = 0$$
$$y(\pi) = \pi + a\cos\pi + b\sin\pi = 0,$$

also

$$1 \cdot a + 0 \cdot b = 0$$
$$-1 \cdot a + 0 \cdot b = -\pi.$$

Das Gleichungssystem hat keine Lösung. Daher besitzt die Randwertaufgabe für $\beta = \pi$ und $g(x) = x$ keine Lösung.

c) Sei $\beta = \pi$ und $g = 0$. Dann ist

$$y(x) = c \cdot \sin x$$

für jedes $c \in I\!R$ eine Lösung der Randwertaufgabe, d.h. es gibt eine Schar nichtverschwindender Lösungen der homogenen Differentialgleichung mit homogenen Randbedingungen $y(0) = y(\pi) = 0$.   ☐

6.1.4 Aufgabe. Sei $[\alpha, \beta] := [0, 1]$. Man bestimme die Lösung der Randwertaufgabe

$$y'' = 2y' + 3y\,, \qquad y(0) = 1\,, \qquad y(1) = 0\,.\qquad\qquad ☐$$

In den folgenden beiden Abschnitten werden wir uns zunächst mit Existenzfragen bei Randwertaufgaben beschäftigen, denn wie bei Anfangswertaufgaben hat es nur dann Sinn, nach einer numerischen Näherungslösung zu suchen, wenn die Existenz der exakten Lösung gesichert ist.

§2 Existenzaussagen bei linearen Randwertaufgaben, Greensche Matrix und Greensche Funktion

In Kap.2, §4 wurde die Anfangswertaufgabe

$$\mathcal{L}y = g \qquad \text{mit} \quad \mathcal{L}y := y' + A(x)y$$
$$y(x_0) = y_0$$

für ein lineares System betrachtet; dabei war $g \in C(I, I\!R^n)$ und $A = (a_{ij})_{i,j=1}^n$ eine $n \times n$-Matrix auf dem Intervall $I := [\alpha, \beta]$ stetiger Funktionen $a_{ij} \in C(I, I\!R)$. Es wird jetzt die Randwertaufgabe

$$(1) \qquad \mathcal{L}y = g, \qquad Ry = My(\alpha) + Ny(\beta) = d$$

mit zwei $n \times n$-Matrizen M und N behandelt. Mit Hilfe der Ergebnisse von §4 aus Kap.2 erhalten wir

6.2.1 Satz. *Die Randwertaufgabe*

$$\mathcal{L}y = y' + Ay = g$$
$$Ry = d$$

ist für beliebiges $g \in C(I, I\!R^n)$ und beliebiges $d \in I\!R^n$ genau dann eindeutig lösbar, wenn für eine Fundamentalmatrix Y von $\mathcal{L}y = 0$ gilt:

$$(2) \qquad \Delta := MY(\alpha) + NY(\beta) \quad \text{ist nichtsingulär.}$$

Ist diese Matrix singulär, so besitzt die homogene Randwertaufgabe, d.h. $g = 0$ und $d = 0$, eine Schar nichttrivialer Lösungen.

BEWEIS: Jede Lösung y von $\mathcal{L}y = g$ hat nach Satz 2.4.13 die Gestalt

$$y(x) = Y(x)c + \int\limits_{\alpha}^{x} Y(x)Y^{-1}(t)g(t)dt$$

mit einem $c \in I\!R^n$. Soll y auch die Randbedingungen $Ry = d$ erfüllen, so muß gelten

$$d = Ry = My(\alpha) + Ny(\beta)$$

$$(3) \qquad = [MY(\alpha) + NY(\beta)]c + M \cdot 0 + N \int\limits_{\alpha}^{\beta} Y(\beta)Y^{-1}(t)g(t)dt \,.$$

Es liegt also ein lineares Gleichungssytem zur Bestimmung von $c \in I\!R^n$ vor. Dieses besitzt genau dann für beliebiges g und d eine eindeutig bestimmte Lösung, wenn die Matrix $MY(\alpha) + NY(\beta)$ nichtsingulär ist. Bei der homogenen Randwertaufgabe soll c das Gleichungssystem

$$[MY(\alpha) + NY(\beta)]c = 0$$

erfüllen. Wenn die Matrix singulär ist, gibt es nichttriviale Lösungen $c \in \mathbb{R}^n$. $\square$

6.2.2 Bemerkung. Ist die Voraussetzung (2) für die Fundamentalmatrix Y erfüllt, so auch für jede andere. Ist Z nämlich eine zweite Fundamentalmatrix, so ist $Z(x) = Y(x)C$ mit einer nichtsingulären Matrix C und somit auch

$$MZ(\alpha) + NZ(\beta) = [MY(\alpha) + NY(\beta)]\,C$$

nichtsingulär. Es genügt also, die Voraussetzung (2) an irgendeiner Fundamentalmatrix zu verifizieren. $\square$

Im folgenden sei stets (2) vorausgesetzt, daß also die lineare Randwertaufgabe $\mathcal{L}y = g$, $Ry = d$ genau eine Lösung besitzt.

Wir betrachten zunächst den Spezialfall $d = 0$. Die Punktmenge

$$\{(x,x) \mid x \in I\} \subset I \times I \subset \mathbb{R}^2$$

bezeichnen wir kurz als _Diagonale_ von $I \times I$. Im folgenden wollen wir eine Matrix $\mathcal{G} = (g_{ij})_{i,j=1}^{n}$ von Funktionen zu bestimmen versuchen, $g_{ij} : I \times I \longrightarrow \mathbb{R}$, die außerhalb der Diagonale von $I \times I$ stetig sind und mit denen sich die Lösung y der Randwertaufgabe

$$\mathcal{L}y = g \ , \quad Ry = 0$$

in der Form

$$y(x) = \int_{\alpha}^{\beta} \mathcal{G}(x,t)g(t)dt \quad \text{für jedes } x \in I$$

angeben läßt.

6.2.3 Definition. _Jede außerhalb der Diagonale von $I \times I$ stetige $n \times n$-Matrix $\mathcal{G}$, mit deren Hilfe sich die Lösung y der Randwertaufgabe $\mathcal{L}y = g$, $Ry = 0$ für jedes $g \in C(I, \mathbb{R}^n)$ in der Form_

$$(4) \qquad y(x) = \int_{\alpha}^{\beta} \mathcal{G}(x,t)g(t)dt \quad \text{für jedes } x \in I$$

darstellen läßt, heißt Greensche Matrix zur Randwertaufgabe $\mathcal{L}y = g$, $Ry = 0$. $\square$

Da die Greensche Matrix $\mathcal{G}(x,t)$ nur unter dem Integral über t bei festem x verwendet wird, sind ihre Werte auf der Diagonale von $I \times I$ unwesentlich.

Aus (3) folgt zunächst

$$y(x) = - \int_{\alpha}^{\beta} Y(x)\,\Delta^{-1}\,NY(\beta)Y^{-1}(t)g(t)dt + \int_{\alpha}^{x} Y(x)Y^{-1}(t)g(t)dt \,.$$

Mit Hilfe der abgeschnittenen Potenzfunktion

$$(x)_+^k := \begin{cases} x^k & \text{für } x > 0 \\ 0 & \text{für } x \le 0 \end{cases} , \quad k \in I\!N_0 ,$$

können wir den letzten Summanden als

$$\int\limits_\alpha^\beta (x-t)_+^0 Y(x) Y^{-1}(t) g(t) dt$$

schreiben, also als Integral über das ganze Intervall, so daß wir insgesamt

$$y(x) = \int\limits_\alpha^\beta Y(x) \left[(x-t)_+^0 E_n - \Delta^{-1} N Y(\beta) \right] Y^{-1}(t) g(t) dt$$

erhalten (E_n sei die n-dimensionale Einheitsmatrix). Hieraus kann die Gestalt einer in (4) verwendbaren Matrix $\mathcal{G}$ abgelesen werden:

$$\mathcal{G}(x,t) := Y(x) \left[(x-t)_+^0 E_n - \Delta^{-1} N Y(\beta) \right] Y^{-1}(t) .$$

Daraus folgt nun auch unmittelbar die Lösung der Randwertaufgabe für den Fall $d \ne 0$. Denn sie wird gegeben durch

$$y(x) = Y(x)c + \int\limits_\alpha^\beta \mathcal{G}(x,t) g(t) dt ,$$

wenn $c \in I\!R^n$ so gewählt wird, daß $R(Yc) = d$ gilt, da nach Konstruktion jede Funktion der Gestalt (4) homogene Randwerte besitzt.

6.2.4 Satz. *Die Greensche Matrix $\mathcal{G}$ zur linearen Randwertaufgabe $\mathcal{L}y = g$, $Ry = 0$ ist außerhalb der Diagonale von $I \times I$ eindeutig bestimmt. Sie existiert genau dann, wenn die Randwertaufgabe eindeutig lösbar, also die Bedingung (2) erfüllt ist, und es gilt in diesem Falle*

$$(5) \qquad \mathcal{G}(x,t) := Y(x) \left[(x-t)_+^0 E_n - (MY(\alpha) + NY(\beta))^{-1} NY(\beta) \right] Y^{-1}(t) ;$$

dabei ist Y eine beliebige Fundamentalmatrix von $\mathcal{L}y = 0$, die Greensche Matrix $\mathcal{G}$ ist jedoch unabhängig vom gewählten Y.

BEWEIS: Die Existenz der Greenschen Matrix impliziert die Lösbarkeit der Randwertaufgabe für jede Vorgabe von $g \in C(I, I\!R^n)$ und d. Sie kann deshalb nur dann existieren, wenn (2) gilt. Denn sonst gibt es Fälle, in denen man die Gleichung (3) nicht nach c auflösen kann. Es bleibt noch die Eindeutigkeit zu zeigen. Ist neben $\mathcal{G}$ auch $\tilde{\mathcal{G}}$ eine Greensche Matrix, so gilt wegen (4) für diese Matrizen

$$w(x) := \int_{\alpha}^{\beta} \left[\mathcal{G}(x,t) - \tilde{\mathcal{G}}(x,t) \right] g(t)dt = 0$$

für jedes $x \in I$ und jedes $g \in C(I, I\!R^n)$. Für $\varepsilon > 0$ und $x \in I$ sei

$$v(t) := \begin{cases} e^{\frac{1}{\varepsilon - |x - t|}} & \text{für } |x - t| > \varepsilon \,, \\ 0 & \text{sonst} \,. \end{cases}$$

Dann gilt $v \in C^{\infty}(I\!R)$. Verwendet man für g den mit v multiplizierten k-ten Spaltenvektor von $(\mathcal{G} - \tilde{\mathcal{G}})^T$, also für festes x die stetige Funktion

$$g(t) := v(t)(\mathcal{G}(x,t) - \tilde{\mathcal{G}}(x,t))^T e_k \,,$$

so erhält man für die k-te Komponente von w, wenn $\mathcal{G} = (g_{ij})$ und $\tilde{\mathcal{G}} = (\tilde{g}_{ij})$ gilt,

$$w(x)_k = \int_{\alpha}^{\beta} v(t) \sum_{j=1}^{n} \left[g_{kj}(x,t) - \tilde{g}_{kj}(x,t) \right]^2 dt = 0 \,.$$

Aus der Nichtnegativität des Integranden folgt

$$g_{kj}(x,t) = \tilde{g}_{kj}(x,t) \quad \text{für } |x - t| > \varepsilon, \ \ j = 1, 2, \ldots, n \,.$$

Da dies für jedes $x \in I$, jedes $k = 1, 2, \ldots, n$ und jedes $\varepsilon > 0$ gilt, folgt die Eindeutigkeit von $\mathcal{G}$ für jeden Punkt außerhalb der Diagonale von $I \times I$.   □

Mit $\mathring{I}$ werde das offene Intervall (α, β) bezeichnet. Die Greensche Matrix besitzt die folgenden Eigenschaften:

6.2.5 Satz. *Sei $\mathcal{G}$ eine Greensche Matrix zur Randwertaufgabe $\mathcal{L}y = g$, $Ry = 0$. Dann gilt:*

1. $\mathcal{G}$ ist stetig differenzierbar außerhalb der Diagonale von $I \times I$.

2. Es besteht die <u>Sprungrelation</u>

$$\mathcal{G}(x,t) \big|_{x=t+0} - \mathcal{G}(x,t) \big|_{x=t-0} = E_n \,, \ \ t \in \mathring{I} \,.$$

3. Für jedes feste $t \in I$ löst jede Spalte von $\mathcal{G}(\cdot, t)$ die Differentialgleichung $\mathcal{L}y = 0$ in $I \setminus \{t\}$, kurz zusammengefaßt

$$\mathcal{L}(\mathcal{G}(\cdot, t)) = 0 \,,$$

und jede Spalte von $\mathcal{G}(x,t)$ erfüllt für jedes $t \in \mathring{I}$ die homogenen Randbedingungen, kurz

$$R(\mathcal{G}(\cdot, t)) = 0 \,.$$

BEWEIS: Die Eigenschaften 1. und 2. folgen direkt aus der Darstellung (5) der Greenschen Matrix.

Zum Beweis von 3. sei Y eine Fundamentalmatrix von $\mathcal{L}y = 0$. Aus (5) ersieht man, daß $\mathcal{G}(\cdot, t)$ in $[\alpha, t)$ bzw. $(t, \beta]$ die Gestalt $Y \cdot C_1(t)$ bzw. $Y \cdot C_2(t)$ mit $n \times n$-Matrizen $C_1(t)$, $C_2(t)$ hat. Für jede von x unabhängige $n \times n$-Matrix C gilt aber $\mathcal{L}(Y \cdot C) = 0$. Dies beweist $\mathcal{L}\mathcal{G}(\cdot, t) = 0$.

Für die Randwerte von $\mathcal{G}(\cdot, t)$ gilt

$$
\begin{aligned}
R\mathcal{G}(\cdot, t) &= M\mathcal{G}(\alpha, t) + N\mathcal{G}(\beta, t) \\
&= MY(\alpha)\left[-\Delta^{-1} NY(\beta)\right] Y^{-1}(t) + NY(\beta)\left[E_n - \Delta^{-1} NY(\beta)\right] Y^{-1}(t) \\
&= -\Delta \cdot \Delta^{-1} \cdot NY(\beta)Y^{-1}(t) + NY(\beta)E_n Y^{-1}(t) \\
&= 0 ,
\end{aligned}
$$

d.h. $\mathcal{G}(\cdot, t)$ erfüllt die homogenen Randbedingungen. $\qquad\qquad\square$

Diese drei Eigenschaften sind für eine Greensche Matrix charakteristisch:

6.2.6 Satz. *Ist $\mathcal{H} = (h_{ij})_{i,j=1}^n$, $h_{ij} : I \times I \longrightarrow I\!\!R$ eine Matrix, welche die Eigenschaften 1. bis 3. von Satz 6.2.5 besitzt, so ist $\mathcal{H}$ außerhalb der Diagonale von $I \times I$ mit der Greenschen Matrix identisch, d.h. diese Eigenschaften charakterisieren die Greensche Matrix (außerhalb der Diagonale) eindeutig.*

BEWEIS: Es mögen die Bezeichnungen von Satz 6.2.5 gelten. Sei $\mathcal{G}$ Greensche Matrix zur Randwertaufgabe. Wir setzen

$$
\mathcal{D}(x, t) := \mathcal{H}(x, t) - \mathcal{G}(x, t) , \quad (x, t) \in I \times I .
$$

Da aufgrund der Eigenschaften 1. und 2. sowohl $\mathcal{G}$ als auch $\mathcal{H}$ außerhalb der Diagonale von $I \times I$ stetig differenzierbar sind und beide Matrizen beim Überqueren der Diagonale um den gleichen Wert E_n springen und sich dieser Wert bei der Bildung der Differenz $\mathcal{H} - \mathcal{G}$ heraushebt, ist $\mathcal{D}$ auf ganz $I \times I$ stetig erklärbar. Wir behaupten, daß $\mathcal{D}(\cdot, t)$ für jedes $t \in I$ auf ganz I stetig differenzierbar ist. Zum Beweis genügt es, das Verhalten der Ableitungen von $\mathcal{D}(\cdot, t)$ beim Überqueren des Punktes $x = t$ auf Stetigkeit hin zu untersuchen, da $\mathcal{D}(\cdot, t)$ auf $I \setminus \{t\}$ ja stetig differenzierbar ist. Aus $\mathcal{L}\mathcal{G}(\cdot, t) = 0$ und $\mathcal{L}\mathcal{H}(\cdot, t) = 0$ folgt

$$
\mathcal{L}\mathcal{D}(\cdot, t) = 0 ,
$$

also

$$
(6) \qquad \frac{\partial}{\partial x}\mathcal{D}(x, t) = -A(x)\mathcal{D}(x, t) \ \text{ für jedes } x \in I \setminus \{t\} .
$$

Die rechte Seite dieser Gleichung haben wir aber gerade als stetig auf $I \times I$ erkannt, d.h. $\mathcal{D}(\cdot, t)$ ist auf ganz I stetig differenzierbar. Aus der Eigenschaft 3) für die stetig differenzierbaren Spalten, $\mathcal{L}(\mathcal{D}(\cdot, t)) = 0$ und $R(\mathcal{D}(\cdot, t)) = 0$, erhalten wir, daß jede

Spalte von $\mathcal{D}(\cdot, t)$ die homogene Randwertaufgabe mit homogenen Randbedingungen löst. Da wir (2) vorausgesetzt hatten, können wir aus Satz 6.2.1 folgern, daß jede Spalte von $\mathcal{D}(\cdot, t)$ gleich dem Nullvektor, also D die Nullmatrix ist. Hieraus folgt, daß $\mathcal{H}$ eine Greensche Matrix ist. $\square$

Die bisherigen Ergebnisse über lineare Systeme sollen im folgenden auf lineare Differentialgleichungen n-ter Ordnung übertragen werden.

6.2.7 Definition. *Sei L der auf $C^n(I)$, $I = [\alpha, \beta]$, durch*

$$Lz := a_n(x)z^{(n)} + \ldots + a_1(x)z' + a_0(x)z$$

definierte lineare Differentialoperator n-ter Ordnung mit stetigen Koeffizienten $a_0, a_1, \ldots, a_n$; mit den $n \times n$-Matrizen M und N sei $\overline{R}$ der durch

$$\overline{R}z := M \cdot (z(\alpha), z'(\alpha), \ldots, z^{(n-1)}(\alpha))^T + N \cdot (z(\beta), z'(\beta), \ldots, z^{(n-1)}(\beta))^T$$

definierte Randoperator $\overline{R} : C^{n-1}(I) \longrightarrow \mathbb{R}^n$. Als Randwertaufgabe für eine lineare Differentialgleichung der Ordnung n bezeichnet man dann die Aufgabe

$$Lz = f, \quad \overline{R}z = d$$

mit $f \in C(I)$ und $d \in \mathbb{R}^n$. Die Randwertaufgabe heißt <u>regulär</u>, falls der Koeffizient a_n aus L in I keine Nullstelle besitzt; andernfalls handelt es sich um eine <u>singuläre</u> Randwertaufgabe. Die Randwertaufgabe heißt <u>homogen</u>, wenn $d = 0$ und $f = 0$ gilt. $\square$

Im folgenden werden nur reguläre Randwertaufgaben betrachtet. Setzt man

$$y := (z, z', \ldots, z^{(n-1)})^T, \quad g := (0, \ldots, 0, \frac{f}{a_n})^T,$$

$$A := \begin{pmatrix} 0 & -1 & & & & \\ & 0 & -1 & & & 0 \\ & & \cdot & \cdot & & \\ & 0 & & \cdot & \cdot & \\ & & & & 0 & -1 \\ \frac{a_0}{a_n} & \frac{a_1}{a_n} & & \cdots & \frac{a_{n-2}}{a_n} & \frac{a_{n-1}}{a_n} \end{pmatrix},$$

so ist die reguläre Randwertaufgabe

$$Lz = f, \quad \overline{R}z = d$$

äquivalent mit

$$\mathcal{L}y := y' + Ay = g, \quad Ry := My(\alpha) + Ny(\beta) = d.$$

Ist $y = (y_1, \ldots, y_n)^T$ eine Lösung der Randwertaufgabe

$$(7) \qquad \mathcal{L}y = g\,, \quad Ry = 0$$

mit homogenen Randwerten, so ist $z := y_1$ eine Lösung von

$$Lz = f\,, \quad \overline{R}z = 0\,,$$

d.h. mit dem kanonischen Einheitsvektor $e_1 := (1, 0, \ldots, 0)^T$ gilt

$$z = e_1^T y\,.$$

Es sei wieder (2) erfüllt, die Randwertaufgabe (7) also eindeutig lösbar. Mit Hilfe der zugehörigen Greenschen Matrix $\mathcal{G}$ hat y die Darstellung

$$y(x) = \int\limits_\alpha^\beta \mathcal{G}(x,t)g(t)\,dt\,, \quad g = \left(0, \ldots, 0, \frac{f}{a_n}\right)^T = \frac{f}{a_n}e_n\,.$$

Hiermit erhalten wir, wenn $Y = (y^1, \ldots, y^n)$ eine Fundamentalmatrix von $\mathcal{L}y = 0$ ist,

$$
\begin{aligned}
z(x) &= e_1^T y(x) \\
&= \int\limits_\alpha^\beta e_1^T \mathcal{G}(x,t)g(t)\,dt \\
&= \int\limits_\alpha^\beta e_1^T Y(x) \left[(x-t)_+^0 E_n - \Delta^{-1} N Y(\beta)\right] \cdot Y^{-1}(t)g(t)\,dt \\
&= \int\limits_\alpha^\beta (y_1^1(x), y_1^2(x), \ldots, y_1^n(x)) \left[(x-t)_+^0 E_n - \Delta^{-1} N Y(\beta)\right] Y^{-1}(t)e_n \frac{f(t)}{a_n(t)}\,dt\,,
\end{aligned}
$$

also

$$(8) \qquad z(x) = \int\limits_\alpha^\beta G(x,t)f(t)\,dt$$

mit einer Funktion $G : I \times I \longrightarrow \mathbb{R}$. Dabei bilden die Funktionen $z_1 := y_1^1, \ldots, z_n := y_1^n$, ein Fundamentalsystem von $Lz = 0$.

6.2.8 Definition. *Eine außerhalb der Diagonale von $I \times I$ stetige Funktion $G : I \times I \longrightarrow \mathbb{R}$, durch die sich die Lösung z der Randwertaufgabe $Lz = f$, $\overline{R}z = 0$ für jedes $f \in C(I, \mathbb{R})$ in der Form*

$$(9) \qquad z(x) = \int\limits_\alpha^\beta G(x,t)f(t)\,dt\,, \qquad x \in I\,,$$

darstellen läßt, heißt _Greensche Funktion_ zur Randwertaufgabe.   □

Wir wollen die Funktion G aus (8) näher untersuchen. Setzen wir zur Abkürzung

$$F := (MY(\alpha) + NY(\beta))^{-1} NY(\beta) ,$$

so gilt also

$$G(x,t) = (y_1^1(x),\dots,y_1^n(x)) \left[(x - t)_+^0 E_n - F \right] Y^{-1}(t) e_n \frac{1}{a_n(t)} \ .$$

Nun ist $Y^{-1}(t)e_n$ gerade die letzte Spalte von $Y^{-1}(t)$. Die Inverse einer Matrix läßt sich mit Hilfe ihrer Adjunkten (Kofaktoren) beschreiben, d.h. ist $B = (b_{ij})$ eine invertierbare $n \times n$-Matrix, so gilt

$$B^{-1} = \frac{1}{\det B} \begin{pmatrix} B_{11} & B_{21} & \dots & B_{n1} \\ B_{12} & B_{22} & \dots & B_{n2} \\ \vdots & & & \vdots \\ B_{1n} & B_{2n} & \dots & B_{nn} \end{pmatrix} ,$$

und B_{ij} ist die mit $(-1)^{i+j}$ multiplizierte Determinante der Matrix, die aus B durch Streichen der i-ten Zeile und j-ten Spalte entsteht. Also gilt

$$Y^{-1}(t) e_n = \frac{1}{\det Y(t)} \cdot \begin{pmatrix} Y_{n1}(t) \\ Y_{n2}(t) \\ \vdots \\ Y_{nn}(t) \end{pmatrix} .$$

Wir erhalten daher

$$\begin{aligned}
K(x,t) :&= (x - t)_+^0 (y_1^1(x),\dots,y_1^n(x)) Y^{-1}(t) e_n \frac{1}{a_n(t)} \\
&= \frac{(x - t)_+^0}{\det Y(t) a_n(t)} (y_1^1(x) Y_{n1}(t) + \dots + y_1^n(x) Y_{nn}(t)) .
\end{aligned} \tag{10}$$

Der in Klammern stehende Ausdruck ist aber als Laplacesche Entwicklung einer Determinante interpretierbar, so daß man schreiben kann

$$K(x,t) = \frac{(x - t)_+^0}{\det Y(t) a_n(t)} \begin{vmatrix} y_1^1(t) & y_1^2(t) & \dots & y_1^n(t) \\ y_2^1(t) & y_2^2(t) & \dots & y_2^n(t) \\ \vdots & \vdots & & \vdots \\ y_{n-1}^1(t) & y_{n-1}^2(t) & \dots & y_{n-1}^n(t) \\ y_1^1(x) & y_1^2(x) & \dots & y_1^n(x) \end{vmatrix} ,$$

d.h.

$$(11) \qquad K(x,t) = \frac{(x-t)^0_+}{\det Z(t) a_n(t)} \begin{vmatrix} z_1(t) & z_2(t) & \dots & z_n(t) \\ z_1'(t) & z_2'(t) & \dots & z_n'(t) \\ \vdots & \vdots & & \vdots \\ z_1^{(n-2)}(t) & z_2^{(n-2)}(t) & \dots z_n^{(n-2)}(t) \\ z_1(x) & z_2(x) & \dots & z_n(x) \end{vmatrix} ,$$

wenn man die frühere Substitution

$$(y_k^1, y_k^2, \dots, y_k^n) = (z_1^{(k-1)}, z_2^{(k-1)}, \dots, z_n^{(k-1)})$$

rückgängig macht und entsprechend $Z(t) = Y(t)$ setzt. Somit gilt

$$(12) \qquad \begin{aligned} G(x,t) &= K(x,t) - (z_1(x), \dots, z_n(x)) F Z^{-1}(t) e_n \frac{1}{a_n(t)} \\ &= K(x,t) + \sum_{j=1}^n z_j(x) c_j(t) \end{aligned}$$

mit

$$c_j(t) := -e_j^T F Z^{-1}(t) e_n \frac{1}{a_n(t)} .$$

Die Greensche Funktion G ist – analog der Greenschen Matrix – schon eindeutig bestimmt durch die Eigenschaft, daß sich die Lösung z von $Lz = f$, $\overline{R}z = 0$ für jede Wahl von f in der Gestalt (9) darstellen läßt. Die Lösung z von $Lz = f$, $\overline{R}z = d$ erhält man dann durch

$$z(x) = \int_\alpha^\beta G(x,t) f(t)\, dt + \sum_{j=1}^n z_j(x) b_j ,$$

wenn die b_j so gewählt sind, daß

$$\overline{R}\left(\sum_{j=1}^n z_j b_j \right) = d$$

gilt; dies ist stets möglich, da die Funktionen $z_1, \dots, z_n$ ein Fundamentalsystem von $Lz = 0$ bilden und wir die Gültigkeit der Bedingung (2) vorausgesetzt haben.

Die beiden folgenden Sätze übertragen die Eigenschaften der Sätze 6.2.5 und 6.2.6 auf lineare Differentialgleichungen n-ter Ordnung.

6.2.9 Satz. *Sei G die Greensche Funktion zur regulären Randwertaufgabe $Lz = f$, $\overline{R}z = 0$, deren linearer Differentialoperator L von der Ordnung $n > 1$ sei. Dann gilt:*

1) G ist stetig in $I \times I$, und für jedes $t \in I$ ist $G(\cdot, t)$ eine $(n-2)$-mal stetig differenzierbare Funktion in I.

2) $G(\cdot, t)$ besitzt in $I \setminus \{t\}$ stetige Ableitungen der Ordnung $n - 1$ und n, und es besteht die <u>Sprungrelation</u>

$$(13) \qquad \frac{\partial^{n-1}}{\partial x^{n-1}} G(x,t)|_{x=t+0} - \frac{\partial^{n-1}}{\partial x^{n-1}} G(x,t)|_{x=t-0} = \frac{1}{a_n(t)} \, .$$

3) Für jedes $t \in I$ ist $G(\cdot, t)$ Lösung der homogenen Differentialgleichung in $I \setminus \{t\}$, also $LG(\cdot, t) = 0$, und für jedes feste $t \in (\alpha, \beta)$ erfüllt $G(\cdot, t)$ die homogenen Randbedingungen, also $\overline{R}G(\cdot, t) = 0$.

BEWEIS :   Zu 1): Wie aus der Dastellung (12) ersichtlich ist, ist G genau dann in $I \times I$ stetig, wenn K in $I \times I$ stetig ist, da alle anderen in der Konstruktion von G verwendeten Funktionen stetig sind. Offensichtlich ist $K(\cdot, t)$ stetig in $I \setminus \{t\}$. Für $x < t$ gilt $K(x,t) = 0$ wegen $(x - t)_+^0 = 0$, aber es gilt auch

$$\lim_{\substack{x \to t \\ x > t}} K(x,t) = 0 \, ,$$

da die in (11) auftretenden Funktionen $z_1, z_2, \ldots, z_n$ stetig sind und ihre dortige Determinante, die wir kurz mit $D(x,t)$ bezeichnen wollen, für $t = x$ verschwindet, denn deren erste Zeile ist dann mit der letzten identisch. Also ist $K(\cdot, t)$ in ganz I stetig. Zum Beweis der $(n-2)$-maligen stetigen Differenzierbarkeit von $G(\cdot, t)$ genügt es wegen (12) wiederum, diese Eigenschaft für $K(\cdot, t)$ nachzuweisen. Wie man aus (11) sofort ersieht, ist $K(\cdot, t)$ in $I \setminus \{t\}$ mindestens n-mal stetig differenzierbar, da dies für die Funktionen $y_1^k = z_k$ gilt. Analog zu den gerade für $K(x, \cdot)$ durchgeführten Schlüssen erhält man eine rechts- und linksseitige Nullstelle für die 0-te bis $(n-2)$-te Ableitung von $K(\cdot, y)$ an der Stelle $x = t$, da dann jeweils zwei Zeilen in der Determinante $D(t,t)$ gleich sind, d.h. es gilt $K(\cdot, t) \in C^{n-2}(I)$, also auch $G(\cdot, t) \in C^{n-2}(I)$.

Zu 2): Im vorstehenden Teil des Beweises wurde schon $G(\cdot, t) \in C^n(I \setminus \{t\})$ gezeigt. Bei der Bildung der $(n-1)$-ten Ableitung ist die Determinante $D(x,t)$ an der Stelle $x = t$ ungleich Null; sie hat dann den Wert $\det(Y(t))$. Hiermit ergibt sich die Sprungrelation (13) aus der Sprungrelation von $(x - t)_+^0$.

Zu 3): Wir hatten gezeigt, daß für die Greensche Matrix die Identitäten

$$\mathcal{L}\mathcal{G}(\cdot, t) = 0 \quad \text{in } I \setminus \{t\} \, ,$$
$$R\mathcal{G}(\cdot, t) = 0 \quad \text{in } (\alpha, \beta)$$

gelten; genauer gesagt gelten diese Beziehungen für jede Spalte von $\mathcal{G}(\cdot, t)$. Wegen

$$G = e_1^T \mathcal{G} e_n$$

und

$$\mathcal{G}(\cdot, t)e_n = \begin{pmatrix} G(\cdot, t) \\ DG(\cdot, t) \\ \vdots \\ D^{n-1}G(\cdot, t) \end{pmatrix}$$

übertragen sich diese Beziehungen auch auf $G(\cdot, t)$, d.h.

$$LG(\cdot, t) = 0 \quad \text{in } I \setminus \{t\} ,$$
$$\overline{R}G(\cdot, t) = 0 \quad \text{in } (\alpha, \beta) .$$

Wir formulieren noch das Analogon zu Satz 6.2.6:

6.2.10 Satz. *Ist $H : I \times I \longrightarrow I\!\!R$ eine Funktion, die die Eigenschaften 1) bis 3) aus Satz 6.2.9 besitzt, so ist H die Greensche Funktion der Randwertaufgabe, d.h. diese Eigenschaften definieren die Greensche Funktion eindeutig (außerhalb der Diagonale von $I \times I$).*

6.2.11 Beispiel. Sei $n = 2$; $I = \left[0, \frac{\pi}{2}\right]$; $Lz = -z'' - z$, $R_1 z = z(0)$, $R_2 z = z(\frac{\pi}{2})$, $f(x) = x$. Wir betrachten die inhomogene Differentialgleichung mit homogenen Randbedingungen:

$$Lz = f , \quad R_j z = 0 , \quad j = 1, 2 .$$

Die Randwertaufgabe ist offenbar regulär, da $a_n = -1$ ist. Zunächst bestimmen wir die Matrizen M, N aus 6.1.1. Die Bedingungen $R_1 z = z(0) = 0$ und $R_2 z = z(\frac{\pi}{2}) = 0$ schreiben sich als

$$m_{11} z(0) + m_{12} z'(0) + n_{11} z\left(\frac{\pi}{2}\right) + n_{12} z'\left(\frac{\pi}{2}\right) = 0 ,$$
$$m_{21} z(0) + m_{22} z'(0) + n_{21} z\left(\frac{\pi}{2}\right) + n_{22} z'\left(\frac{\pi}{2}\right) = 0 ,$$

also

$$M = \begin{pmatrix} 1 & 0 \\ 0 & 0 \end{pmatrix} , \qquad N = \begin{pmatrix} 0 & 0 \\ 1 & 0 \end{pmatrix} .$$

Eine Fundamentalmatrix von $Lz = 0$ ist

$$Y(x) = \begin{pmatrix} \cos x & \sin x \\ -\sin x & \cos x \end{pmatrix} .$$

Weiterhin gilt

$$MY(0) + NY(\frac{\pi}{2}) = \begin{pmatrix} 1 & 0 \\ 0 & 0 \end{pmatrix} \begin{pmatrix} 1 & 0 \\ 0 & 1 \end{pmatrix} + \begin{pmatrix} 0 & 0 \\ 1 & 0 \end{pmatrix} \begin{pmatrix} 0 & 1 \\ -1 & 0 \end{pmatrix} = \begin{pmatrix} 1 & 0 \\ 0 & 1 \end{pmatrix} ;$$

also ist diese Matrix nichtsingulär, d.h. die Bedingung (2) ist erfüllt. Es gibt daher genau eine Lösung unserer Randwertaufgabe und es existiert die Greensche Funktion.

Die Greensche Funktion wird durch (11), (12) gegeben:

$$G(x, t) = \frac{(x - t)^0_+}{(-1) \cdot 1} \begin{vmatrix} \cos t & \sin t \\ \cos x & \sin x \end{vmatrix} + c_1(t) \cos x + c_2(t) \sin x$$
$$= (x - t)^0_+ \sin(t - x) + c_1(t) \cos x + c_2(t) \sin x .$$

Die unbekannten Funktionen $c_1(t)$ und $c_2(t)$ braucht man nicht nach der in (12) angegebenen Darstellung zu ermitteln. Sie bestimmen sich aus den homogenen Randbedingungen, die $G(\cdot, t)$ nach Satz 6.2.9 erfüllt:

$$0 = G(0, t)$$
$$= 0 \cdot \sin(t - 0) + c_1(t)\cos 0 + c_2(t)\sin 0$$
$$= c_1(t)$$

und

$$0 = G(\frac{\pi}{2}, t)$$
$$= 1 \cdot \sin(t - \frac{\pi}{2}) + 0 + c_2(t)\sin(\frac{\pi}{2}) ,$$

also $c_1(t) = 0$ und $c_2(t) = -\sin(t - \frac{\pi}{2}) = \cos t$. Insgesamt erhält man

$$G(x, t) = (x - t)_+^0 \sin(t - x) + \sin x \cos t$$
$$= \begin{cases} \sin t \cos x & \text{für } x > t , \\ \sin x \cos t & \text{für } x \leq t . \end{cases}$$

Die Lösung z der Randwertaufgabe wird somit gegeben durch

$$z(x) = \int_0^{\frac{\pi}{2}} G(x, t)f(t)\, dt$$
$$= \int_0^x t \sin t \cos x\, dt + \int_x^{\frac{\pi}{2}} t \sin x \cos t\, dt$$
$$= \cos x(\sin x - x \cos x) + \sin x(\frac{\pi}{2} - \cos x - x \sin x)$$
$$= \frac{\pi}{2}\sin x - x .$$

6.2.12 Aufgabe. Sei L der durch $Lz := z^{(n)}$ für ein $n \in I\!N$ definierte Differentialoperator und $I := [0, 1]$. Man bestimme die in (11) angegebene Funktion $K(x, t)$ für diesen Differentialoperator und mit ihrer Hilfe die Greensche Funktion zur Randwertaufgabe

$$Lz = f$$
$$z(0) = 0 , \quad z'(0) = 0, \ldots, z^{(n-2)}(0) = 0 , \quad z(1) = 0 ,$$

wobei $f \in C(I)$ vorgegeben ist.

§3 Existenzaussagen bei nichtlinearen Randwertaufgaben

Wie wir gesehen haben, kann man bei linearen Randwertaufgaben eine einfache Bedingung angeben, die die Existenz einer eindeutigen Lösung garantiert. Bei Randwertaufgaben, in denen nichtlineare Differentialgleichungen auftreten, liegen die Verhältnisse wesentlich komplizierter. Wir wollen daher die Untersuchungen auf einige wenige exemplarische Aussagen beschränken.

Wir betrachten zunächst die Randwertaufgaben 6.1.1 zweiter Ordnung und erster Art, also

$$(1) \qquad y'' = f(x, y, y') \,, \quad y(\alpha) = d_1 \,, \quad y(\beta) = d_2 \,.$$

Indem man die Überlegungen des vorigen Anschnitts zur Auffindung einer Greenschen Funktion auf die n Komponenten des Systems getrennt anwendet, sieht man, daß jede Lösung der Randwertaufgabe (1) eine Darstellung der Form

$$(2) \qquad y(x) = \int_{\alpha}^{\beta} G(x, t) f(t, y(t), y'(t)) \, dt + y_{hom}(x)$$

besitzt, wobei G die Greensche Funktion

$$(3) \qquad G(x, t) := \begin{cases} \dfrac{(\beta - t)(\alpha - x)}{\beta - \alpha} \,, & \alpha \le x \le t \le \beta \,, \\[2ex] \dfrac{(\beta - x)(\alpha - t)}{\beta - \alpha} \,, & \alpha \le t \le x \le \beta \,, \end{cases}$$

ist und y_{hom} die Lösung von

$$y'' = 0 \,, \quad y(\alpha) = d_1 \,, \quad y(\beta) = d_2$$

ist. (Genauer hat man es zunächst mit einer Greenschen Matrix $\mathcal{G}$ zu tun, für die $\mathcal{G}(x, t) = G(x, t) E_n$ mit der $n \times n$-Matrix E_n gilt.) Das Intervall $[\alpha, \beta]$ werde wieder mit I bezeichnet, und $\| \cdot \|$ sei die Supremumsnorm auf $C(I, I\!R^n)$.

6.3.1 Aufgabe. Man zeige, daß y genau dann Lösung der Randwertaufgabe (1) ist, wenn y der Gleichung (2) genügt. $\qquad \Box$

6.3.2 Satz. *Sei* $f \in C(I \times I\!R^n \times I\!R^n, I\!R^n)$ *und* $d_1, d_2 \in I\!R^n$. *Für beliebige* $(x, y, z), (x, \tilde{y}, \tilde{z}) \in I \times I\!R^n \times I\!R^n$ *gelte*

$$|f(x, y, z) - f(x, \tilde{y}, \tilde{z})| \le L_1 |y - \tilde{y}| + L_2 |z - \tilde{z}|$$

mit reellen Zahlen L_1 *und* L_2. *Für die Konstante*

$$k := L_1 \frac{(\beta - \alpha)^2}{8} + L_2 \frac{\beta - \alpha}{2}$$

gelte $k < 1$. Dann besitzt die Randwertaufgabe

$$y'' = f(x, y, y') , \quad y(\alpha) = d_1 , \ y(\beta) = d_2$$

genau eine Lösung.

BEWEIS: O.B.d.A. gelte sowohl $L_1 > 0$ als auch $L_2 > 0$. Sei Y der Banachraum aller Funktionen $y \in C^1(I, I\!R^n)$ mit der Norm

$$\|y\|_1 := L_1 \|y\| + L_2 \|y'\| .$$

Sei $F : Y \longrightarrow Y$ der durch die rechte Seite von (2) definierte Operator. Dann gilt

$$\|Fy - F\tilde{y}\| = \max_{x \in I} | \int_\alpha^\beta G(x, t) \left[f(t, y(t), y'(t)) - f(t, \tilde{y}(t), \tilde{y}'(t)) \right] dt|$$

$$\leq \max_{x \in I} \int_\alpha^\beta |G(x, t)| dt \cdot \|y - \tilde{y}\|_1$$

und analog

$$\|(Fy)' - (F\tilde{y})'\| \leq \max_{x \in I} \int_\alpha^\beta |\frac{\partial}{\partial x} G(x, t)| dt \cdot \|y - \tilde{y}\|_1$$

(die partielle Ableitung nach x existiert stückweise).

Es gilt

$$\int_\alpha^\beta |G(x, t)| dt = \int_\alpha^x |G(x, t)| dt + \int_x^\beta |G(x, t)| dt$$

$$= \frac{\beta - x}{\beta - \alpha} \frac{(x - \alpha)^2}{2} + \frac{x - \alpha}{\beta - \alpha} \frac{(\beta - x)^2}{2}$$

$$= \frac{(\beta - x)(x - \alpha)}{2} .$$

Das Maximum dieser Parabel wird bei $x = (\alpha + \beta)/2$ angenommen, also

$$\max_{x \in I} \int_\alpha^\beta |G(x, t)| dt = \frac{(\beta - \alpha)^2}{8} .$$

Entsprechend erhält man

$$\int_\alpha^\beta \left| \frac{\partial}{\partial x} G(x, t) \right| dt = \int_\alpha^x \frac{t - \alpha}{\beta - \alpha} dt + \int_x^\beta \frac{\beta - t}{\beta - \alpha} dt$$

$$= \frac{1}{2(\beta - \alpha)} ((\beta - x)^2 + (x - \alpha)^2) ,$$

deren Maximum in den Intervallendpunkten angenommen wird:

$$\max_{x \in I} \int_{\alpha}^{\beta} |\frac{\partial}{\partial x} G(x,t)|\, dt = \frac{\beta - \alpha}{2} \; .$$

Insgesamt folgt

$$\begin{aligned}
\|Fy - F\tilde{y}\|_1 &= L_1 \|Fy - F\tilde{y}\| + L_2 \|(Fy)' - (F\tilde{y})'\| \\
&\leq \left[L_1 \frac{(\beta - \alpha)^2}{8} + L_2 \frac{(\beta - \alpha)}{2} \right] \|y - \tilde{y}\|_1 \\
&\leq k\|y - \tilde{y}\|_1 \quad \text{mit } k < 1 \; .
\end{aligned}$$

Also besitzt F als kontrahierende Abbildung des Banachraumes Y in sich genau einen Fixpunkt $y \in Y$ (Kontraktionssatz 2.2.4), und dieser ist die Lösung der Randwertaufgabe. $\qquad\Box$

6.3.3 Bemerkung. Es mögen die Bezeichungen des vorigen Satzes 6.3.2 gelten. Die Aussage dieses Satzes hing insbesondere von der Voraussetzung

$$k := L_1 \frac{(\beta - \alpha)^2}{8} + L_2 \frac{\beta - \alpha}{2} < 1$$

ab. Im Gegensatz zu dieser Aufgabenstellung bei Anfangswertaufgaben ist bei Randwertaufgaben das Definitionsintervall ein wesentlicher Bestandteil der Aufgabenstellung. Dennoch kann man, gewissermaßen theoretisch, fragen, wie es mit der Lösbarkeit der Randwertaufgabe in Abhängigkeit vom Intervall $[\alpha, \beta]$ aussieht. Die vorstehende Voraussetzung läßt sich natürlich erfüllen, indem man eine Randwertaufgabe mit hinreichend kleiner Intervallänge $\beta - \alpha$ betrachtet. Insofern stellt Satz 6.3.2 eine "Aussage im Kleinen" dar. Im eindimensionalen Fall werden wir uns mittels eines Tricks hiervon lösen. Dazu benötigen wir die Greensche Funktion eines modifizierten Differentialoperators, die deshalb im nächsten Beispiel berechnet wird. $\qquad\Box$

6.3.4 Beispiel. Gegeben sei der lineare Differentialoperator $Ly := y'' - c^2 y$ auf $C^2(I)$ mit $c > 0$ und $I := [\alpha, \beta]$, ferner die Randbedingung

$$y(\alpha) = y(\beta) = 0 \; .$$

Die Funktionen

$$y^1(x) = \cosh(c(x - \alpha)) \;, \quad y^2(x) = \sinh(c(x - \alpha))$$

bilden ein Fundamentalsystem von $y'' - c^2 y = 0$. Damit erhält man als Greensche

Funktion

$$G_c(x,t) = \frac{(x-t)^0_+}{c} \begin{vmatrix} y^1(t) & y^2(t) \\ y^1(x) & y^2(x) \end{vmatrix} + c_1(t)y^1(x) + c_2(t)y^2(x)$$

$$= \frac{(x-t)^0_+}{c} \begin{vmatrix} \cosh(c(t-\alpha)) & \sinh(c(t-\alpha)) \\ \cosh(c(x-\alpha)) & \sinh(c(x-\alpha)) \end{vmatrix} + 0 \cdot \cosh(c(x-\alpha))$$

$$+ \frac{\sinh(c(t-\beta))}{c \cdot \sinh(c(\beta-\alpha))} \cdot \sinh(c(x-\alpha))$$

$$= \begin{cases} -\dfrac{\sinh(c(\beta-t))\sinh(c(x-\alpha))}{c\sinh(c(\beta-\alpha))} & \text{für } x \leq t\,, \\[3mm] -\dfrac{\sinh(c(\beta-x))\sinh(c(t-\alpha))}{c\sinh(c(\beta-\alpha))} & \text{für } x \geq t\,, \end{cases}$$

wie man bei der Berechnung von $c_1(t)$ und $c_2(t)$ durch Anpassung von $G_c(x,t)$ an die Randbedingungen sieht (siehe §2). $\qquad\qquad\square$

Betrachtet man nun für stetiges f die nichtlineare Randwertaufgabe

$$y''(x) = f(x,y(x))\,, \quad y(\alpha) = y(\beta) = 0\,,$$

so kann man, indem man auf beiden Seiten $c^2y(x)$ subtrahiert, zu

$$y''(x) - c^2y(x) = f(x,y(x)) - c^2y(x)$$
$$y(\alpha) = y(\beta) = 0$$

übergehen und erhält schließlich die Integralgleichung

$$y(x) = \int_\alpha^\beta (-G_c(x,t)) \left[c^2y(t) - f(t,y(t))\right] dt$$

also eine Fixpunktgleichung für den Operator

$$F : C^1(I) \longrightarrow C^1(I)\,, \quad y \mapsto Fy\,,$$

definiert durch

$$(Fy)(x) = \int_\alpha^\beta (-G_c(x,t)) \left[c^2y(t) - f(t,y(t))\right] dt\,.$$

Genauer gilt sogar $Fy \in C^2(I)$, wie aus den Eigenschaften einer Greenschen Funktion folgt. Es stellt sich die Frage, ob wir bei gegebenem f unter geeigneten Voraussetzungen den Parameter c so wählen können, daß F ein kontrahierender Operator ist.

6.3.5 Satz. *Sei $I = [\alpha, \beta]$. Ist $f : I \times \mathbb{R} \longrightarrow \mathbb{R}$ stetig und stetig differenzierbar nach dem zweiten Argument y und gibt es eine Konstante D mit*

$$0 \leq \frac{\partial f}{\partial y} = D_2 f \leq D \quad \text{in } I \times \mathbb{R}\,,$$

so existiert genau eine Lösung der Randwertaufgabe

$$y'' = f(x,y) , \quad y(\alpha) = y(\beta) = 0 ,$$

und diese kann man als Grenzwert der Iterationsfolge

$$y_{i+1} := Fy_i , \quad i = 0, 1, 2, \dots , \quad \text{mit beliebigem } y_0 \in C(I) ,$$

gewinnen, wobei F der gemäß

$$(Fy)(x) = \int\limits_{\alpha}^{\beta} (-G_c(x,t)) \left[c^2 y(t) - f(t, y(t))\right] dt .$$

gebildete Integraloperator $F : C(I) \longrightarrow C(I)$ *mit der zur Randwertaufgabe* $y'' - c^2 y = g$, $y(\alpha) = y(\beta) = 0$ *gehörenden Greenschen Funktion* G_c *und c irgendeine positive Zahl mit* $c^2 \geq D$ *ist.*

(Es sei darauf hingewiesen, daß in diesem Satz f nicht von y' abhängen soll.)

BEWEIS: Die Iteration ist offenbar uneingeschränkt ausführbar. Seien $y, z \in C(I)$. Dann gilt

$$|(Fy)(x) - (Fz)(x)| = \left| \int\limits_{\alpha}^{\beta} (-G_c(x,t)) \left[c^2(y(t) - z(t)) - f(t, y(t)) + f(t, z(t))\right] dt \right|$$

$$= \int\limits_{\alpha}^{\beta} (-G_c(x,t)) \left[c^2 - \frac{\partial f}{\partial y}(t, \tilde{y}(t))\right] (y(t) - z(t)) \, dt$$

mit einem Wert $\tilde{y}(t)$ zwischen $y(t)$ und $z(t)$; die Funktion $(\partial f/\partial y)(t, \tilde{y}(t))$ ist stetig bezüglich $t \in I$, wie man der Darstellung

$$f(t, y(t)) - f(t, z(t)) = (y(t) - z(t))\Delta^1(y(t), z(t))f$$

$$= (y(t) - z(t)) \cdot \frac{\partial f}{\partial y}(t, \tilde{y}(t))$$

und der Stetigkeit des ersten Differenzenquotienten entnimmt; i.a. ist jedoch $\tilde{y}$ nicht stetig wählbar. Da $-G_c$ ebenso wie $c^2 - \partial f/\partial y$ nichtnegativ ist, erhalten wir, wenn wir zur Abkürzung

$$I_c(x) := \int\limits_{\alpha}^{\beta} (-G_c(x,t)) \left[c^2 - \frac{\partial f}{\partial y}(t, \tilde{y}(t))\right] dt$$

setzen, die Abschätzung

$$|(Fy)(x) - (Fz)(x)| \leq I_c(x)\|y - z\|_\infty \quad \text{für jedes } x \in I .$$

Nun gilt

$$I_c(x) = \int_\alpha^\beta (-G_c(x,t)) \left[c^2 - \frac{\partial f}{\partial y}(t, y(t))\right] dt$$

$$\leq c^2 \int_\alpha^\beta (-G_c(x,t)) dt$$

wegen $c^2 \geq D \geq (\partial f)/(\partial y) \geq 0$ und weil $-G_c$ nichtnegativ ist. Das Integral können wir auf eine einfachere Gestalt bringen

$$\int_\alpha^\beta [-G_c(x,t)]\, dt = \int_\alpha^x [-G_c(x,t)]\, dt + \int_x^\beta [-G_c(x,t)]\, dt$$

$$= \frac{1}{c \sinh(c(\beta - \alpha))} \left[\sinh(c(\beta - x))(\cosh(c(x - \alpha)) - 1)\frac{1}{c} + \right.$$

$$\left. + \sinh(c(x - \alpha))(\cosh(c(\beta - x)) - 1)\frac{1}{c}\right]$$

$$= \frac{1}{c^2 \sinh(c(\beta - \alpha))} [\sinh(c(\beta - \alpha)) - \sinh(c(\beta - x)) -$$

$$- \sinh(c(x - \alpha))]\ .$$

Insgesamt gilt daher

$$I_c(x) = 1 - \frac{\sinh(c(\beta - x)) + \sinh(c(x - \alpha))}{\sinh(c(\beta - \alpha))}$$

$$\leq 1 - \frac{2 \sinh \frac{c(\beta - \alpha)}{2}}{\sinh(c(\beta - \alpha))}$$

$$= 1 - \frac{1}{\cosh \frac{c(\beta - \alpha)}{2}} < 1\ ,$$

da $\sinh(t)$ eine konvexe Funktion für $t \geq 0$ ist, so daß wir die Kontraktionseigenschaft

$$\|Fy - Fz\|_\infty \leq k\|y - z\|_\infty \quad \text{mit } k < 1$$

erhalten. Die Aussage des Satzes folgt jetzt mit Hilfe des Kontraktionssatzes 2.2.4. □

Aus diesem Beweis geht hervor, daß man in der Praxis c so klein wie möglich wählen sollte, damit man eine kleine Kontraktionskonstante erhält.

6.3.6 Bemerkung. Unter der Voraussetzung $0 \leq \partial f/\partial y \leq D$ ist es, wie der Beweis zeigt, stets möglich, c so zu wählen, daß der mit Hilfe der Greenschen Funktion G_c konstruierte Integraloperator zu einer kontrahierenden Abbildung führt. Wenn f die Lipschitz-Bedingung

$$|f(x, y) - f(x, \tilde{y})| \leq L|y - \tilde{y}|$$

erfüllt und

$$k := \frac{L(\beta - \alpha)^2}{8} < 1$$

ist, kann man natürlich auch nach Satz 6.3.2 (ohne die vorgenannte Voraussetzung) mit der Greenschen Funktion

$$G(x,t) = \begin{cases} \dfrac{(\beta - t)(\alpha - x)}{\beta - \alpha}\,, & \alpha \le x \le t \le \beta\,, \\[2ex] \dfrac{(\beta - x)(\alpha - t)}{\beta - \alpha}\,, & \alpha \le t \le x \le \beta\,, \end{cases}$$

und

$$(Fy)(x) := \int\limits_{\alpha}^{\beta} G(x,t)f(t,y(t))dt \quad \text{für } y \in C(I)$$

die Iterationsfolge

$$y_{i+1} := Fy_i\,, \quad i = 0, 1, 2, \ldots\,, \quad y_0 \in C(I) \text{ beliebig}\,,$$

bilden, die wegen $k < 1$ gegen die eindeutige Lösung der Randwertaufgabe

$$y'' = f(x,y)\,, \quad y(\alpha) = y(\beta) = 0$$

konvergiert. Durch Einführung einer geeigneten Gewichtsfunktion bei der Definition der Supremumsnorm kann man sogar erreichen, daß die Kontraktionskonstante den Wert

$$\tilde{k} = \frac{L(\beta - \alpha)^2}{\pi^2}$$

besitzt. $\qquad\qquad\qquad\qquad\qquad\qquad\qquad\qquad\qquad\qquad\qquad\qquad\square$

6.3.7 Aufgabe. Man beweise die vorgenannte Behauptung, daß man unter den obigen Voraussetzungen eine Kontraktionskonstante $\tilde{k} = (L(\beta-\alpha)^2)/(\pi^2)$ erhalten kann.
$\qquad\qquad\qquad\qquad\qquad\qquad\qquad\qquad\qquad\qquad\qquad\qquad\qquad\square$

Für die Randwertaufgabe zweiter Ordnung und erster Art wollen wir abschließend noch einige weitere Existenzaussagen zusammenstellen, deren Beweise sich auf die differenzierbare Abhängigkeit von Parametern aus Kapitel 3 stützen.

6.3.8 Satz. *Seien* $f \in C^1(I \times I\!R \times I\!R, I\!R)$ *und* $d_1, d_2 \in I\!R$. *f sei Lipschitz-stetig, d.h. es gebe positive Konstanten* L_1 *und* L_2 *mit*

$$|f(x,y,z) - f(x,\tilde{y},\tilde{z})| \le L_1|y - \tilde{y}| + L_2|z - \tilde{z}| \text{ für alle } x \in I\,, \ y,\tilde{y},z,\tilde{z} \in I\!R\,.$$

Für die partielle Ableitung von f nach dem zweiten Argument gelte

$$D_2 f > 0 \text{ in } I \times I\!R \times I\!R\,.$$

Dann gibt es genau eine Lösung der Randwertaufgabe

$$(4) \qquad y'' = f(x, y, y') \ , \quad y(\alpha) = d_1 \ , \quad y(\beta) = d_2 \ .$$

BEWEIS: Offenbar ist y genau dann eindeutige Lösung der Randwertaufgabe (4), wenn $y = y(\cdot, s)$ Lösung der Anfangswertaufgabe

$$(5) \qquad y'' = f(x, y, y') \ , \quad y(\alpha) = d_1 \ , \quad y'(\alpha) = s$$

für ein $s \in I\!\!R$ ist, weiterhin $y(\cdot, s)$ im Intervall I existiert und $y(\beta, s) = d_2$ erfüllt ist. Den Parameter s nennt man auch _Schießparameter_ (Schießverfahren werden in §4 ausführlich behandelt). Für die Anfangswertaufgabe (5) sind die Voraussetzungen des Satzes 2.2.6 von Picard-Lindelöf in $I \times I\!\!R \times I\!\!R$ erfüllt (es ist unwesentlich, daß hier I abgeschlossen ist, $I \times I\!\!R \times I\!\!R$ also kein Gebiet ist). Danach existiert genau eine Lösung $y(\cdot, s)$ von (5) im Intervall I und zwar für jeden Parameterwert $s \in I\!\!R$. Da f stetig differenzierbar ist, ist nach Satz 3.2.16 auch $y(x, \cdot)$ für jedes $x \in I$ stetig differenzierbar und die Ableitung

$$w(x, s) := \frac{\partial}{\partial x} y(x, s) \ , \quad x \in I \ , \quad s \in I\!\!R \ ,$$

erfüllt mit einer linearen Differentialgleichung das Anfangswertproblem

$$w''(x, s) = D_2 f(x, y(x, s), y'(x, s)) w(x, s) + D_3 f(x, y(x, s), y'(x, s)) w'(x, s)$$
$$w(\alpha, s) = 0 \ , \quad w'(\alpha, s) = 1 \ ;$$

der Strich bedeute jeweils Differentiation nach dem ersten Argument. Für jedes $s \in I\!\!R$ existiert genau eine Lösung $w(\cdot, s)$ dieser Aufgabe im Intervall I. Für festes $s \in I\!\!R$ setzen wir

$$q(x) := D_2 f(x, y(x, s), y'(x, s)) \ ,$$
$$p(x) := D_3 f(x, y(x, s), y'(x, s)) \ .$$

Nach Voraussetzung über die Ableitung nach dem zweiten Argument von f gilt

$$q(x) > 0 \ \text{in} \ I \ ;$$

weiterhin ist p beschränkt,

$$(6) \qquad \|p\|_\infty \leq L_3 \ \text{unabhängig von} \ s \in I\!\!R \ ,$$

wie aus der Lipschitz-Stetigkeit von f folgt.

Wir zeigen nun, daß $w(\cdot, s)$ streng monoton steigend in I ist. Aufgrund der Anfangsbedingungen an w ist $w(\cdot, s)$ auf jeden Fall in einem Intervall $[\alpha, \alpha + \varepsilon]$ für ein $\varepsilon > 0$ streng monoton steigend. Sei ε mit $\alpha + \varepsilon \leq \beta$ maximal mit dieser Eigenschaft gewählt. Gilt dann $\alpha + \varepsilon < \beta$, so folgt

$$w'(\xi, s) = 0 \ \text{mit} \ \xi = \alpha + \varepsilon \ .$$

Aus der Differentialgleichung folgt andererseits

$$w''(\xi, s) = \underbrace{q(\xi)}_{>0}\,\underbrace{w(\xi, s)}_{>0} + p(\xi)\,\underbrace{w'(\xi, s)}_{=0} > 0\,,$$

im Widerspruch dazu, daß $w(\cdot, s)$ links von ξ streng monoton steigend ist. Folglich ist $w(\cdot, s)$ in I streng monoton steigend. Insbesondere folgt

$$(7) \qquad\qquad w(\beta, s) > 0 \;\text{ für jedes } s \in I\!\!R\,.$$

Wir benötigen jedoch die stärkere Aussage: Es gibt eine Konstante c mit

$$(8) \qquad\qquad w(\beta, s) \geq c > 0 \;\text{ für jedes } s \in I\!\!R\,.$$

Wegen

$$q(x)w(x, s) > 0 \;\text{ in } (\alpha, \beta]$$

folgt

$$w''(x, s) > p(x)w'(x, s) \quad\text{ in } (\alpha, \beta]\,.$$

Wie beim Beweis des Lemmas von Gronwall erhalten wir nach Multiplikation mit dem Faktor

$$e^{-P(x)} > 0\,, \quad P(x) := \int_\alpha^x p(t)\,dt$$

und anschließenden Integrationen von α bis x:

$$\left[e^{-P(x)}w'\right]' = [w''(x, s) - p(x)w'(x, s)]\,e^{-P(x)} > 0 \;\text{ für } x \in (\alpha, \beta]\,,$$

$$\int_\alpha^x \left[e^{-P(t)}w'(t, s)\right]'\,dt = e^{-P(x)}w'(x, s) - \underbrace{e^{-P(\alpha)}}_{=1}\,\underbrace{w'(\alpha, s)}_{=1} > 0 \;\text{ für } x \in (\alpha, \beta]\,,$$

folglich

$$w'(x, s) \geq e^{P(x)} \quad\text{ für jedes } x \in I\,,$$

$$w(x, s) - \underbrace{w(\alpha, s)}_{=0} = \int_\alpha^x w'(t, s)\,dt$$

$$\geq \int_\alpha^x e^{P(t)}\,dt$$

$$= \int_\alpha^x e^{\int_\alpha^t p(\tau)\,d\tau}\,dt$$

$$\geq \frac{1}{L_3}\left(1 - e^{-L_3(x-\alpha)}\right)$$

(o.B.d.A. sei $L_3 > 0$) wegen

$$\int\limits_{\alpha}^{t} p(\tau)d\tau \geq - \int\limits_{\alpha}^{t} L_3 d\tau = -L_3(t - \alpha)$$

aufgrund von (6). Dies impliziert

$$w(\beta, s) \geq c := \frac{1}{L_3}\left(1 - e^{-L_3(\beta - \alpha)}\right) > 0\,,$$

also die Aussage (8).

Jetzt können wir zeigen, daß die Randwertaufgabe (4) genau eine Lösung besitzt. Sei $F : \mathbb{R} \longrightarrow \mathbb{R}$ definiert durch $F(s) := y(\beta, s) - d_2$. Es gilt $F \in C^1(\mathbb{R})$. Gesucht ist eine Nullstelle $s^* \in \mathbb{R}$ von F; dann ist $y(\cdot, s^*)$, wie oben bemerkt, Lösung der Randwertaufgabe (4). Sei $s_0 \in \mathbb{R}$ beliebig. Dann gilt

$$F(s) - F(s_0) = \int\limits_{s_0}^{s} \frac{\partial}{\partial s} y(\beta, t)dt \begin{cases} \geq (s - s_0)c & \text{für } s \geq s_0\,, \\ \leq (s - s_0)c & \text{für } s \leq s_0\,. \end{cases}$$

Folglich nimmt F jede reelle Zahl als Wert an, insbesondere gibt es ein $s^* \in \mathbb{R}$ mit $F(s^*) = 0$. Da F wie auch $y(\beta, \cdot)$ streng monoton wachsend ist, ist diese Nullstelle eindeutig bestimmt.

Hiermit ist der Satz bewiesen. $\qquad\qquad\qquad\qquad\qquad\qquad\qquad\qquad\qquad$ □

6.3.9 Folgerung. *Seien $p, q, g \in C(I)$ und $d_1, d_2 \in \mathbb{R}$. Es gelte $q > 0$ in I. Dann besitzt die lineare Randwertaufgabe*

$$Ly = g \text{ mit } Ly := -y'' + p(x)y' + q(x)y\,,$$
$$y(\alpha) = d_1\,, \quad y(\beta) = d_2\,,$$

genau eine Lösung.

BEWEIS: Es soll Satz 6.3.8 angewendet werden. Dazu sei

$$f(x, y, z) := p(x)z + q(x)y\,, \quad (x, y, z) \in I \times \mathbb{R} \times \mathbb{R}\,.$$

Dann ist f stetig in $I \times \mathbb{R} \times \mathbb{R}$ und $f(x, \cdot, \cdot) \in C^1(\mathbb{R} \times \mathbb{R}, \mathbb{R})$ (in Satz 6.3.8 wurde zwar $f \in C^1(I \times \mathbb{R} \times \mathbb{R}, \mathbb{R})$ vorausgesetzt, aber es wurden nur die gerade genannten Eigenschaften tatsächlich benötigt). Weiterhin ist f Lipschitz-stetig,

$$|f(x, y, z) - f(x, \tilde{y}, \tilde{z})| \leq L_1|y - \tilde{y}| + L_2|z - \tilde{z}|$$

in $I \times \mathbb{R} \times \mathbb{R}$ mit

$$L_1 := \|p\|_\infty\,, \quad L_2 := \|q\|_\infty\,.$$

Schließlich gilt

$$D_2 f = q > 0 \ \text{ in } I \,.$$

Hiermit sind die Voraussetzungen von Satz 6.3.8 erfüllt; es gibt also genau eine Lösung der linearen Randwertaufgabe. $\qquad\qquad\Box$

6.3.10 Satz. *Seien* $f \in C^1(I \times I\!\!R \times I\!\!R, I\!\!R)$ *und* $d_1, d_2 \in I\!\!R$. *Die Randwertaufgabe*

$$(9) \qquad\qquad y'' = f(x, y, y') \,, \ \ y(\alpha) = d_1 \,, \ \ y(\beta) = d_2 \,,$$

besitze eine Lösung $y \in C^2(I)$. *Es sei* $D_2 f > 0$ *in* $I \times I\!\!R \times I\!\!R$. *Dann gibt es ein* $\varepsilon > 0$, *so daß die Randwertaufgabe*

$$(10) \qquad\qquad y'' = f(x, y, y') \,, \ \ y(\alpha) = d_1 \,, \ \ y(\beta) = c_2 \,,$$

für jede Wahl von $c_2 \in I\!\!R$ *mit* $|c_2 - d_2| < \varepsilon$ *eine Lösung besitzt.*

BEWEIS: Wie im Beweis von Satz 6.3.8 betrachte man die Anfangswertaufgabe

$$(11) \qquad\qquad y'' = f(x, y, y') \,, \ \ y(\alpha) = d_1 \,, \ \ y'(\alpha) = s$$

für $s \in I\!\!R$. Sei $s^* \in I\!\!R$ so, daß $y(\cdot, s^*)$ die Randwertaufgabe (9) löst. Mit Hilfe von Satz 3.1.6 erhält man die Existenz eines $\delta > 0$, so daß (11) genau eine Lösung $y(\cdot, s)$ für jede Wahl von $s \in I\!\!R$ mit $|s - s^*| < \delta$ im Intervall I besitzt. Mit den Bezeichnungen aus Satz 6.3.8 löst

$$w(x, s) := \frac{\partial}{\partial x} y(x, s)$$

für diese Parameterwerte von s die Anfangswertaufgabe

$$w''(x, s) = q(x)w(x, s) + p(x)w'(x, s)$$
$$w(\alpha, s) = 0 \,, \quad w'(\alpha, s) = 1 \,.$$

Dann folgt (7), also

$$w(\beta, s) > 0 \ \text{ für alle } s \in I\!\!R \text{ mit } |s - s^*| < \delta \,.$$

Betrachte nun die Funktion $F(d, s) := y(\beta, s) - d$ für $|s - s^*| < \delta$ und $d \in I\!\!R$. Offenbar ist F einmal stetig differenzierbar. Weiterhin gilt

$$F(d_2, s^*) = 0 \quad \text{und} \quad D_2 F(d_2, s^*) = w(\beta, s^*) > 0 \,.$$

Nach dem Satz 3.2.15 über implizite Funktionen gibt es eine offene Umgebung $V_1 = (s^* - \varepsilon, s^* + \varepsilon)$ von s^* für ein $\varepsilon > 0$, $\varepsilon \leq \delta$, eine offene Umgebung U_1 von d_2 und eine stetig differenzierbare Funktion $\varphi : V_1 \longrightarrow U_1$ mit der Eigenschaft: Es gilt $F(d, s) = 0$ genau dann, wenn $d = \varphi(s)$ ist. Dies beweist den Satz. $\qquad\Box$

§4 Einfach- und Mehrfachschießverfahren

Wir betrachten zunächst die lineare Randwertaufgabe für ein System von n linearen Differentialgleichungen 1. Ordnung

$$(1) \qquad \begin{array}{l} \mathcal{L}y = g , \\ Ry = d , \end{array} \quad \text{mit} \quad \begin{array}{l} \mathcal{L}y := y' + A(x)y \\ Ry := My(\alpha) + Ny(\beta) . \end{array}$$

Dabei ist A eine $n \times n$-Matrix, deren Elemente in $I := [\alpha, \beta]$ stetige Funktionen sind und $g \in C(I, I\!\!R^n)$. Die Idee der *Schießverfahren* beruht darauf, das Auffinden einer Lösung der Randwertaufgabe (1) auf das Auffinden einer Folge von Lösungen y^s der Anfangswertaufgaben

$$(2) \qquad \mathcal{L}y^s = g , \quad y^s(\alpha) = s , \quad s \in S \subset I\!\!R^n$$

zurückzuführen; hierbei durchläuft der Parameter s eine geeignete Folge S des $I\!\!R^n$. Lösungen von (2) existieren im gesamten Intervall I. Wir setzen $y(x, s) := y^s(x)$ und bezeichnen mit $|\cdot|$ wieder die Maximumsnorm des $I\!\!R^n$ und mit $\|\cdot\|$ die Supremumsnorm auf $C(I, I\!\!R^n)$. Wir wollen weiterhin annehmen, daß unsere Randwertaufgabe (1) genau eine Lösung hat. Nach Satz 6.2.1 ist dies genau dann der Fall, wenn für ein Fundamentalsystem Y von $\mathcal{L}y = 0$ gilt:

$$(3) \qquad M + NY(\beta) \text{ ist invertierbar ;}$$

dabei haben wir zur Normierung $Y(\alpha) = E_n$ vorausgesetzt.

Eine Lösung y^s der Anfangswertaufgabe (2) bei gegebenem $s \in S$ ist genau dann eine Lösung der Randwertaufgabe (1), wenn y^s die Randwerte annimmt, wenn also gilt

$$(4) \qquad Ry^s = d .$$

Es bezeichne s^* den Parameterwert, für den y^s die Randwertaufgabe (1) löst. Gesucht ist also $s^* \in I\!\!R^n$ mit

$$(5) \qquad \mathcal{L}y^{s^*} = g , \quad Ry^{s^*} = d .$$

6.4.1 Satz. *(Einfachschießverfahren) Unter dem <u>Einfachschießverfahren</u> zur Bestimmung einer Lösung der Randwertaufgabe*

$$\mathcal{L}y = g , \quad Ry = d$$

versteht man die Bestimmung eines Parameters $s = s^*$, so daß y^{s^*} eine Lösung der Anfangswertaufgabe

$$\mathcal{L}y^s = g , \quad y^s(\alpha) = s$$

ist und zusätzlich

$$Ry^s = d$$

erfüllt ist. Man berechne dazu y^0 als Lösung der inhomogenen Differentialgleichung mit homogenen Anfangswerten

$$(6) \qquad \mathcal{L}y^0 = g , \quad y^0(\alpha) = 0 ,$$

und bestimme die spezielle Fundamentalmatrix $Y = (y^1, y^2, \ldots, y^n)$ mit $Y(\alpha) = E_n$, d.h.

$$(7) \qquad \mathcal{L}y^i = 0 , \quad y^i(\alpha) = e_i , \quad i = 1, 2, \ldots, n ,$$

wobei e_i der i-te kanonische Einheitsvektor ist.

Die Lösung y^s von $\mathcal{L}y = g$, $y(\alpha) = s$ ist dann gegeben durch

$$y^s = y^0 + Ys .$$

Anschließend berechne man s^* aus dem Gleichungssystem

$$[M + NY(\beta)] \, s^* = [d - Ny^0(\beta)] .$$

Dann ist y^{s^*} Lösung der Randwertaufgabe

$$\mathcal{L}y = g , \quad Ry = d .$$

BEWEIS: Soll nämlich y^s die Randwertaufgabe (1) lösen, muß

$$Ry = d$$

gelten, also

$$\begin{aligned}
d = Ry^s \\
= R(y^0 + Ys) \\
= M\left[y^0(\alpha) + Y(\alpha)s\right] + N\left[y^0(\beta) + Y(\beta)s\right] \\
= [M + NY(\beta)]\, s + Ny^0(\beta) .
\end{aligned}$$

Wegen Voraussetzung (3) können wir nach s auflösen und erhalten

$$(8) \qquad s^* = [M + NY(\beta)]^{-1} [d - Ny^0(\beta)] . \qquad\qquad \square$$

Insgesamt ist hiermit die Lösung der Randwertaufgabe (1) auf das Lösen von $n+1$ Anfangswertaufgaben (6), (7) und die Auflösung eines linearen Gleichungssystems (8) zurückgeführt worden.

6.4.2 Beispiel. Gesucht werde eine Lösung der Randwertaufgabe

$$z'' + z = x , \quad z(0) - z(\pi) = 0 , \quad z'(0) - z'(\pi) = 0 .$$

Überführung in ein System ergibt

$$y' + \begin{pmatrix} 0 & -1 \\ 1 & 0 \end{pmatrix} y = \begin{pmatrix} 0 \\ x \end{pmatrix} \ , \quad y(0) - y(\pi) = 0 \ ,$$

wenn $y = (z, z')^T$ gesetzt wird. Die Lösungen y^1, y^2 gemäß (7) sind gegeben durch

$$y^1(x) = \begin{pmatrix} \cos x \\ -\sin x \end{pmatrix} \ , \quad y^2(x) = \begin{pmatrix} \sin x \\ \cos x \end{pmatrix} \ ; \quad Y = (y^1, y^2) \ ,$$

und die Lösung y^0 von (6) durch

$$y^0(x) = \begin{pmatrix} x \\ 1 \end{pmatrix} - \begin{pmatrix} \sin x \\ \cos x \end{pmatrix} \ .$$

Hiermit erhalten wir

$$M + NY(\pi) = \begin{pmatrix} 1 & 0 \\ 0 & 1 \end{pmatrix} + \begin{pmatrix} -1 & 0 \\ 0 & -1 \end{pmatrix} \begin{pmatrix} -1 & 0 \\ 0 & -1 \end{pmatrix} = \begin{pmatrix} 2 & 0 \\ 0 & 2 \end{pmatrix}$$

und daher

$$s^* = [M + NY(\pi)]^{-1} \left[0 + \begin{pmatrix} \pi \\ 2 \end{pmatrix} \right] = \frac{1}{2} \begin{pmatrix} \pi \\ 2 \end{pmatrix} \ .$$

Die Lösung lautet also

$$y(x) = \begin{pmatrix} x + \frac{\pi}{2} \cos x \\ 1 - \frac{\pi}{2} \sin x \end{pmatrix}$$

und daher $z(x) = x + \frac{\pi}{2} \cos x$. $\qquad\qquad\qquad\qquad\qquad\qquad\qquad\qquad$ □

6.4.3 Bemerkung. Hätte man im vorigen Beispiel die gleiche Differentialgleichung, jedoch mit den Randbedingungen

$$z(0) = d_1 \ , \quad z(\pi) = d_2$$

bzw.

$$\begin{pmatrix} 1 & 0 \\ 0 & 0 \end{pmatrix} y(0) + \begin{pmatrix} 0 & 0 \\ 1 & 0 \end{pmatrix} y(\pi) = d$$

betrachtet, so erhielte man eine singuläre Matrix

$$M + NY(\pi) = \begin{pmatrix} 1 & 0 \\ 0 & 0 \end{pmatrix} + \begin{pmatrix} 0 & 0 \\ 1 & 0 \end{pmatrix} \begin{pmatrix} -1 & 0 \\ 0 & -1 \end{pmatrix} = \begin{pmatrix} 1 & 0 \\ -1 & 0 \end{pmatrix} \ ,$$

(3) wäre also nicht erfüllt. Aus

$$d = [M + NY(\pi)] \, s + Ny^0(\pi) = (s_1, -s_1 + \pi)^T$$

folgt, daß die Randwertaufgabe nur für $d_1 + d_2 = \pi$ lösbar ist. $\Box$

Im vorangehenden Beispiel 6.4.2 konnten wir die Lösungen der $n + 1$ Anfangswertaufgaben (6), (7) explizit angeben. Im allgemeinen ist dies jedoch nicht möglich, so daß man auf numerische Verfahren zur Berechnung von Näherungslösungen angewiesen ist. Wir denken hier insbesondere daran, ein konvergentes Ein- oder Mehrschrittverfahren zu verwenden, etwa eines der Ordnung p. Sei

$$I_h := \{\alpha = x_0, x_1, \ldots, x_m = \beta\}$$

ein Gitter (vgl. Definition 4.1.1) und $h = \max_{1 \leq i \leq m} (x_i - x_{i-1})$. Das genannte Verfahren der Ordnung p berechnet Gitterfunktionen $u_h^i : I_h \longrightarrow I\!\!R^n$, $i = 0, 1, \ldots, n$, mit

$$(9) \qquad |u_h^i(x_j) - y^i(x_j)| = \mathcal{O}(h^p) , \quad j = 0, 1, \ldots, m ,$$

als Näherungen für die Lösung der Anfangswertaufgaben (6), (7); dabei ist die Abschätzung (9) gleichmäßig in j gültig. Wir erhalten daher mit Hilfe der diskreten Norm

$$\|u_h^i - y^i\|_h := \max_{0 \leq j \leq m} |u_h^i(x_j) - y^i(x_j)|$$

aus (9) die Abschätzungen

$$(10) \qquad \|u_h^i - y^i\|_h = \mathcal{O}(h^p) , \quad i = 0, 1, \ldots, n .$$

Abschätzungen der Gestalt (9) und daher auch (10) können natürlich nur verifiziert werden, wenn die in den Differentialgleichungen auftretenden Funktionen genügend oft differenzierbar sind (hier also A und g); diese technisch erforderlichen qualitativen Eigenschaften sollen hier stets erfüllt sein; genaue Angaben entnehme man den Kapiteln über numerische Verfahren zur Lösung von Anfangswertaufgaben. Wir wollen weiterhin annehmen, daß bei der Bestimmung der Näherungslösungen $u_h^0, u_h^1, \ldots, u_h^n$ die in (6), (7) für $y^0, y^1, \ldots, y^n$ gegebenen Anfangswerte verwendet werden, also

$$u_h^0(\alpha) = 0$$
$$u_h^i(\alpha) = e_i , \quad i = 1, 2, \ldots, n .$$

Es können jedoch auch Anfangswerte verwendet werden, für die

$$u_h^i(\alpha) - y^i(\alpha) = \mathcal{O}(h^p) , \quad i = 0, 1, \ldots, n ,$$

gilt; auch dann sind (9) und (10) gültig.

Wir bilden in Analogie zur Fundamentalmatrix Y die Matrix

$$U_h := (u_h^1, u_h^2, \ldots, u_h^n) .$$

In jeder beliebigen Matrixnorm gilt dann

$$(11) \qquad \|Y(x_j) - U_h(x_j)\| = \mathcal{O}(h^p) , \quad j = 0, 1, \ldots, m ,$$

und U_h ist für alle genügend kleinen Schrittweiten h invertierbar.

Wir suchen nun ein $s = s_h \in \mathbb{R}^n$, so daß

$$u_h := u^0 + U_h s_h$$

die Randbedingungen erfüllt:

$$Ru_h = d \; .$$

Dies führt unter Beachtung von $u_h^0(\alpha) = 0$ und $U_h(\alpha) = E_n$ auf die Gleichung

$$
\begin{aligned}
d &= Mu_h(\alpha) + Nu_h(\beta) \\
&= M\left[u_h^0(\alpha) + U_h(\alpha)s_h\right] + N\left[u_h^0(\beta) + U_h(\beta)s_h\right] \\
&= \left[M + NU_h(\beta)\right]s_h + Nu_h^0(\beta) \; ;
\end{aligned}
$$

also erhält man

$$(12) \qquad s_h^* = \left[M + NU_h(\beta)\right]^{-1}\left[d - Nu_h^0(\beta)\right] \; ,$$

falls $M + NU_h(\beta)$ invertierbar ist. Dies ist jedoch wegen (11) für genügend kleines h sichergestellt, da wir (3), also die Existenz von $[M + NY(\beta)]^{-1}$ vorausgesetzt haben.

Man wird erwarten, daß sich die Ordnung p, mit der die Gitterfunktionen u_h^i gegen y^i konvergieren, auch auf die Konvergenz der so bestimmten Näherung u_h der Randwertaufgabe gegen die exakte Lösung y der Randwertaufgabe überträgt.

6.4.4 Satz. *Es gibt ein $h_0 > 0$, so daß für jedes $h \in (0,h_0]$ eine nach dem Einfachschießverfahren bestimmte Näherungslösung $u_h : I_h \longrightarrow \mathbb{R}^n$ von $\mathcal{L}y = g$, $Ry = d$ existiert. Für diese gilt*

$$(13) \qquad \|y - u_h\|_h = \mathcal{O}(h^p) \; .$$

Dabei ist vorausgesetzt, daß $M + NY(\beta)$ für ein Fundamentalsystem Y von $\mathcal{L}y = 0$ mit $Y(\alpha) = E_n$ invertierbar, die Randwertaufgabe also eindeutig lösbar ist mit der Lösung y, und die entstehenden Anfangswertaufgaben mit einem konvergenten Verfahren der Ordnung p gelöst werden.

BEWEIS: Die Existenz von u_h für alle genügend kleinen h, also die Existenz eines $h_0 > 0$, haben wir oben gezeigt. Es bleibt daher (13) nachzuweisen. Wir setzen

$$\Delta := M + NY(\beta) \, , \quad \Delta_h := M + NU_h(\beta) \; .$$

Aus (11) folgt dann sofort in jeder beliebigen Matrixnorm

$$\|\Delta - \Delta_h\| = \mathcal{O}(h^p) \; ;$$

diese Abschätzung gilt auch für jedes Element von $\Delta - \Delta_h$, also auch für die Differenz ihrer Determinanten und entsprechender Unterdeterminanten. Hieraus erhalten wir

$$(14) \qquad \|\Delta^{-1} - \Delta_h^{-1}\| = \mathcal{O}(h^p) \; .$$

Wir bilden nun die Differenz von (8) und (12):

$$s^* - s_h^* = \Delta^{-1}\left[d - Ny^0(\beta)\right] - \Delta_h^{-1}\left[d - Nu_h^0(\beta)\right]$$
$$= \left[\Delta^{-1} - \Delta_h^{-1}\right]\left[d - Ny^0(\beta)\right] + \Delta_h^{-1}N\left[u_h^0(\beta) - y^0(\beta)\right] \, .$$

Im ersten Summanden ist $d - Ny^0(\beta)$ konstant und im zweiten Summanden ist $\|\Delta_h^{-1}\|$ wegen (14) beschränkt. Die noch verbleibenden Terme können wegen (10) und (14) durch $O(h^p)$ abgeschätzt werden, so daß wir insgesamt

$$(15) \qquad\qquad |s^* - s_h| = O(h^p)$$

erhalten. Aus der Konvergenz der Anfangswertaufgaben mit der Ordnung p können wir auf die Konvergenz der Funktionen mit der Ordnung p schließen:

$$\|y - u_h\|_h = \|y^0 + Ys^* - u_h^0 - U_h s_h^*\|_h$$
$$= \|y^0 - u_h^0 + Ys^* - Ys_h^* + Ys_h^* - U_h s_h^*\|_h$$
$$\leq \|y^0 - u_h^0\|_h + \|Y(s^* - s_h^*)\|_h + \|(Y - U_h)s_h^*\|_h \, ;$$

der erste Term ist $O(h^p)$ wegen (10), der zweite Term wegen (15) und des konstanten Wertes von $\|Y\|$, und der dritte Term, da $|s_h^*|$ beschränkt ist und $\|Y - U_h\| = O(h^p)$ nach (13) gilt. Wir erhalten also

$$\|y - u_h\|_h = O(h^p) \, ,$$

womit der Satz bewiesen ist. $\qquad\qquad\qquad\qquad\qquad\qquad\qquad\qquad\qquad$ $\square$

Im Prinzip ist hiermit die numerische Behandlung einer linearen Randwertaufgabe ähnlich wie im theoretischen Fall auf die numerische Lösung der $n + 1$ Anfangswertaufgaben (6), (7) und die anschließende Auflösung des linearen Gleichungssystems (12) zurückgeführt. Es können jedoch numerische Schwierigkeiten auftreten: Zum einen kennt man im allgemeinen nicht die nach Satz 6.4.5 existierende größtmögliche Schrittweite h_0, die angibt, daß für diese und alle kleineren Schrittweiten h die Näherungslösung u_h existiert. Hat man ein $h > h_0$ gewählt, so kann die Bestimmung von s_h^* gemäß (12) zu großen Ungenauigkeiten führen, wenn das Gleichungssystem schlecht konditioniert ist. Die ermittelte Lösung u_h hat dann fast nichts mehr mit der exakten Lösung y der Randwertaufgabe zu tun. Hier empfiehlt es sich, die Randwertaufgabe mehrmals, jedoch jeweils mit anderer Schrittweite zu lösen.

Zum anderen kann es zu Stellenauslöschungen von führenden Ziffern kommen, wenn die Lösungen von $\mathcal{L}y = 0$ von links nach rechts stark wachsen und d im Verhältnis dazu klein ist. Wir beobachten dies an dem folgenden

6.4.5 Beispiel. Gegeben sei die Randwertaufgabe (1) mit $n = 2$, also ein System von 2 Differentialgleichungen, und mit

$$M = \begin{pmatrix} 1 & 0 \\ 0 & 0 \end{pmatrix} \, , \quad N = \begin{pmatrix} 0 & 0 \\ 1 & 0 \end{pmatrix} \, , \quad d = 0 \, .$$

Mit den vorhergehenden Bezeichnungen setzen wir

$$y = y^0 + s_1 y^1 + s_2 y^2$$

(vgl. (6), (7)). Für die erste Komponente erhalten wir aus den Randbedingungen

$$y_1^0(\alpha) + s_1 y_1^1(\alpha) + s_2 y_1^2(\alpha) = 0 \,,$$

also $s_1 = 0$ wegen $y_1^0(\alpha) = y_1^2(\alpha) = 0$, und weiterhin

$$y_1^0(\beta) + s_2 y_1^2(\beta) = 0 \,,$$

mithin

$$s_2 = -\frac{y_1^0(\beta)}{y_1^2(\beta)} \,.$$

Für die entsprechend mit der Schrittweite h gebildete Näherungslösung

$$u = u^0 + s_{h,2} u^2$$

gilt dann

$$s_{h,2} = -\frac{u_1^0(\beta)}{u_1^2(\beta)}$$

(man beachte, daß $u_1^0(\beta)$ und $u_1^2(\beta)$ von h abhängen), also

$$u(x_j) = u^0(x_j) - \frac{u_1^0(\beta)}{u_1^2(\beta)} u^2(x_j) \,, \quad j = 0, 1, \ldots, m \,.$$

Betrachten wir z.B. die erste Komponente der Näherungslösung u. Hat dann für einige im Innern von I_h liegende Punkte x_j die gerade berechnete Größe $s_{h,2}$ etwa den Wert

$$s_{h,2} \approx -\frac{u_1^0(x_j)}{u_1^2(x_j)} \,,$$

was ja für $x_j = \beta$ exakt stimmt, und hat $u_1^0(x_j)$ einen relativ großen Wert, so hat die erste Komponente von u in x_j etwa den Wert Null. Da dieser Wert (Null) als Differenz zweier großer nahezu gleicher bereits mit Rundungsfehlern behafteter Zahlen entsteht, ist er aufgrund von Stellenauslöschungen nur ungenau bestimmt. Im folgenden Beispiel wird dieser Effekt an einer speziell gewählten Randwertaufgabe demonstriert. $\Box$

6.4.6 Numerisches Beispiel. Wir betrachten die Randwertaufgabe

$$y'' = c^2 y - 1 \,, \quad y(0) = y(1) = 0$$

mit $c \in I\!R$. Eine Lösung der inhomogenen Gleichung ist $1/c^2$, und zwei linear unabhängige Lösungen der homogenen Gleichung sind e^{cx} und e^{-cx}. Die Lösung der Randwertaufgabe erhält man dann als

$$y(x) = \frac{1}{c^2} - \frac{1}{c^2 \sinh(c)} \left[\sinh(cx) - \sinh(c(x-1))\right] \,.$$

Für große c hat die Lösung im Innern des Intervalls ungefähr den Wert $1/c^2$, während sie ganz nahe am Rand steil auf den Wert 0 abfällt.

Für den Wert $c = 50$ werde die in ein System 1. Ordnung umgeschriebene Randwertaufgabe gemäß Beispiel 6.4.5 behandelt. Berechnet man die auftretenden Anfangswertaufgaben mit dem Runge-Kutta-Verfahren 4. Ordnung, so erhält man bei der Schrittweite $h = 0.025$ und 13-stelliger Rechnung die folgenden Fehler:

x	Fehler	x	Fehler
0.0	0	0.825	2
0.1	$8.8{\cdot}10^{-7}$	0.85	4
0.3	$1.6{\cdot}10^{-10}$	0.875	16
0.5	$1.1{\cdot}10^{-7}$	0.9	32
0.6	$3.3{\cdot}10^{-6}$	0.925	128
0.7	$2.4{\cdot}10^{-3}$	0.95	1024
0.8	$3.8{\cdot}10^{-1}$	0.975	1024
		1.0	4096

Hier tritt der in Beispiel 6.4.5 geschilderte Effekt auf: Zu Beginn der Integration sind die Lösungen der einzelnen Anfangswertaufgaben klein, wachsen aber dann sehr stark an. Man beachte: $e^{50} \approx 5.2 \cdot 10^{21}$.

Die ab 0.8 auftretenden Zweierpotenzen sind aufgrund der Differenzbildung großer, fast gleicher Zahlen maschinenbedingte zufällige Werte.   □

6.4.7 Aufgabe. Seien c und ε reelle Zahlen. Für die beiden Randwertaufgaben

$$y'' = 1 + c^2 y \, , \quad y(0) = 0 \, , \quad y(1) = \varepsilon$$

und

$$y'' = 1 - c^2 y \, , \quad y(0) = 0 \, , \quad y(1) = \varepsilon$$

berechne man den "Schießparameter" $s = s_2$ gemäß Beispiel 6.4.6 in Abhängigkeit von ε.   □

Mit entsprechenden Methoden wollen wir auch die nichtlineare Randwertaufgabe

$$(16) \qquad y' = f(x,y) \, , \quad Ry := My(\alpha) + Ny(\beta) = d \, ,$$

behandeln; dabei sei $f \in C(I, I\!R^n)$. Im folgenden werden wieder Näherungsverfahren der Ordnung p zur Integration von Anfangswertaufgaben verwendet; für solche qualitativen Aussagen setzen wir voraus, daß f hinreichend oft differenzierbar ist. Wir wollen weiterhin voraussetzen, daß die Randwertaufgabe (16) *genau eine Lösung* besitzt.

Wie im linearen Fall soll die Randwertaufgabe mit Hilfe eines Schießverfahrens gelöst werden. Dazu betrachten wir die von einem Parameter $s \in S \subset I\!R^n$ abhängige Anfangswertaufgabe

$$(17) \qquad y' = f(x,y) \, , \quad y(\alpha) = s \, , \quad s \in S \, ,$$

deren Lösung wir mit y^s bezeichnen wollen. S sei dabei die Menge aller Parameter $s \in \mathbb{R}^n$, für die y^s im ganzen Intervall I existiert. Eine Lösung y^s von (17) für ein $s \in S$ ist genau dann eine Lösung der Randwertaufgabe, wenn y^s die Randbedingungen erfüllt, s also eine Nullstelle von

$$(18) \qquad r(s) := Ms + Ny(\beta, s) - d$$

ist. Da (16) nach Voraussetzung genau eine Lösung besitzt, gibt es genau ein $s^* \in S$, so daß y^{s^*} die Differentialgleichung erfüllt und $r(s^*) = 0$ gilt.

Bei der numerischen Lösung der Anfangswertaufgabe (17) wollen wir wie im linearen Fall ein Verfahren der Ordnung p verwenden, das uns eine Gitterfunktion $u_h(\cdot, s) := u_h^s : I_h \longrightarrow \mathbb{R}^n$ liefert mit

$$(19) \qquad \|u_h^s - y^s\|_h = \mathcal{O}(h^p) \,.$$

Der Parameter s wird so gewählt, daß $u_h(\cdot, s) = u_h^s$ die Randwerte exakt erfüllt, s also eine Nullstelle von

$$(20) \qquad r_h(s) := Ms + Nu_h(\beta, s) - d$$

ist. Wir werden sehen, daß unter geeigneten Voraussetzungen für hinreichend kleines h auch genau eine Nullstelle s von r_h existiert, die natürlich von h abhängt und die wir mit s_h^* bezeichnen wollen. Diese Nullstelle kann z.B. mit dem Newton-Verfahren berechnet werden. Durch eine geeignete Voraussetzung wollen wir sicherstellen, daß ein solches oder ähnliches Verfahren stets zu der Lösung s_h^* führt.

6.4.8 Satz. *Es gebe eine invertierbare $n \times n$-Matrix Q, so daß die Abbildung $\varphi : S \longrightarrow \mathbb{R}^n$, definiert durch*

$$\varphi(s) := s - Q^{-1}r(s) \,, \quad r(s) = Ms + Ny(\beta, s) - d \,,$$

in einer kompakten und konvexen Umgebung U des Fixpunktes s^* von φ eine kontrahierende Abbildung ist, d.h. es gelte $\varphi(U) \subset U$ und es gebe ein $k < 1$ mit

$$|\varphi(s) - \varphi(\tilde{s})| \leq k|s - \tilde{s}| \,, \quad s, \tilde{s} \in U \,.$$

Ist dann für alle genügend kleinen h auch die Abbildung φ_h, gegeben durch

$$\varphi_h(s) := s - Q^{-1}r_h(s) \,, \quad r_h(s) = Ms + Nu_h(\beta, s) - d \,,$$

eine kontrahierende Abbildung in U (o.B.d.A. mit derselben Kontraktionskonstanten k), dann gibt es genau eine Nullstelle s_h^* von r_h in U und es gilt für die hiermit durch ein Verfahren der Ordnung p gewonnene Gitterfunktion u_h^* die Abschätzung

$$\|y - u_h^*\|_h = \mathcal{O}(h^p) \,.$$

BEWEIS: Die Existenz von s^* und s_h^* für genügend kleines h folgt aus dem Kontraktionssatz 2.2.4. Da wir f als hinreichend oft differenzierbar vorausgesetzt haben, erfüllt

y^s die Voraussetzungen des Satzes 3.2.17 über die differenzierbare Abhängigkeit von Parametern. Es gilt daher

$$|y^i(x, s) - y^i(x, \tilde{s})| = |\frac{\partial}{\partial s} y(x, \bar{s}_i)(s - \tilde{s})|$$
$$= O(|s - \tilde{s}|) \, , \quad i = 1, 2, \ldots, n$$

mit Zwischenwerten $\bar{s}_i$, also

$$|y(x, s) - y(x, \tilde{s})| = O(|s - \tilde{s}|) \, ,$$

gleichmäßig für jedes $x \in I$. Hiermit erhalten wir

$$\|u_h^* - y^{s^*}\|_h \leq \|u_h^* - y^{s_h^*}\|_h + \|y^{s_h^*} - y^{s^*}\|_h$$
$$= O(h^p) + O(|s_h^* - s^*|) \, ,$$

da das Verfahren die Ordnung p besitzt (siehe (19)). Es bleibt $s_h^* - s^*$ abzuschätzen. Für den Abstand der Iterationsfunktionen gilt ebenso

$$\varepsilon(h) := \max_{s \in U} |\varphi(s) - \varphi_h(s)| = \max_{s \in U} |Q^{-1} N \left[y(\beta, s) - u_h(\beta, s) \right]|$$
$$= O(h^p) \, ,$$

und daher nach Aufgabe 2.2.7 für den Abstand der Fixpunkte

$$|s^* - s_h^*| \leq \frac{\varepsilon(h)}{1 - k} = O(h^p) \, .$$

Insgesamt erhalten wir mit

$$\|u_h^* - y^{s^*}\|_h = O(h^p) + O(O(h^p)) = O(h^p)$$

die Behauptung des Satzes. $\qquad \Box$

Es liegt nahe, zur Konvergenzbeschleunigung bei der Bestimmung des Fixpunktes von r das Newton-Verfahren zu benutzen. Dann hat man die Funktionalmatrix

$$(21) \qquad \frac{dr}{ds}(s) = M + N \frac{\partial y}{\partial s}(\beta, s)$$

zu bilden und vorauszusetzen, daß diese in einer Umgebung von s^* nichtsingulär ist. Das Newton-Verfahren lautet dann

$$s^{j+1} = s^j - \left[\frac{dr}{ds}(s^j) \right]^{-1} r(s^j) \, .$$

Zur Gewinnung der Funktionalmatrix $(\partial y/\partial s)(\beta, s)$ kann man die Differentialgleichung

$$\frac{\partial y}{\partial x}(x, s) = f(x, y(x, s))$$

nach s differenzieren (siehe Kap.3, §2) und erhält mit

$$w(x, s) := \frac{\partial y}{\partial s}(x, s)$$

die Anfangswertaufgabe

$$\frac{\partial w}{\partial x}(x, s) = D_2 f(x, y(x, s))w(x, s)$$

mit dem Anfangswert

$$w(\alpha, s) = E_n \, ,$$

also ein lineares Matrix-Differentialgleichungssystem, mit dessen Lösung w die Matrix $\partial y/\partial s$ aus (21) gebildet werden kann. Diese Interpretation gibt die Möglichkeit, auch die Matrix $\partial y/\partial s$ durch Diskretisierung auf demselben Gitter I_h durch ein numerisches Verfahren der Ordnung p zu berechnen.

Speziell erhält man bei einem linearen System $\mathcal{L}y = g$, also

$$y' = -A(x)y + g \, ,$$

daß

$$D_2 f(x, y(x, s)) = -A(x)$$

unabhängig von s ist, also auch w nicht von s abhängt (der Anfangswert für w ist ja konstant). Daher hat (21) die Gestalt

$$\frac{dr}{ds}(s) = M + N\frac{\partial y}{\partial s}(\beta, 0) \, ,$$

und man kann integrieren

$$r(s) = \left[M + N\frac{\partial y}{\partial s}(\beta, 0)\right] s + r(0)$$

mit $r(0)$ aus (18), also

$$0 = r(s^*)$$
$$= \left[M + N\frac{\partial y}{\partial s}(\beta, 0)\right] s^* + Ny(\beta, 0) - d \, .$$

Dies ist ein lineares Gleichungssystem für s^* (vgl. (8)). Die Berechnung ist besonders günstig, wenn man nur die Randbedingungen oder nur g ändert, denn dann hat man nur die entsprechenden Größen des vorliegenden linearen Gleichungssystems zu variieren.

In den Voraussetzungen des Satzes 6.4.8 ist man von "konstanter Funktionalmatrix" ausgegangen, was aus ökonomischen Gründen ja auch praktisch sinnvoll ist, wenn man nach einigen Iterationsschritten in der Nähe des gesuchten Fixpunktes ist. Beim Newton-Verfahren muß man eigentlich die Matrix

$$Q(s) := \frac{dr(s)}{ds}$$

anstelle von Q verwenden. Man erhält jedoch die gleichen Konvergenzaussagen (nach einigen technischen Modifikationen).

Brauchbare Startwerte kann man häufig mit Hilfe der _Homotopiemethode_ finden, die wir kurz schildern wollen. Dazu bettet man die ursprüngliche Aufgabe

$$(R) \qquad\qquad y' = f(x,y) \,, \quad Ry = d$$

in eine Schar von Randwertaufgaben

$$(R(\lambda)) \qquad\qquad y' = g(x,y,\lambda) \,, \quad R(\lambda)y = d(\lambda) \,, \quad \lambda \in [0,1] \,,$$

ein, wobei $R(\lambda)y = M(\lambda)y(\alpha) + N(\lambda)y(\beta)$ mit (zumindest) stetigen Matrizen $M(\lambda)$ und $N(\lambda)$ ist, und $d(\lambda) \in I\!\!R^n$ ebenfalls stetig ist. Die Funktion g soll ebenso wie f hinreichend glatt sein. Für $\lambda = 1$ soll sich die ursprüngliche Aufgabe (R)=(R(1)) ergeben, also

$$g(x,y,1) = f(x,y) \quad \text{für alle } x,y \,,$$
$$M(1) = M \,, \quad N(1) = N \quad \text{und} \quad d(1) = d \,.$$

Andererseits soll die Randwertaufgabe (R(0)) eine "einfach" zu lösende Randwertaufgabe sein, evtl. sogar nur eine Anfangswertaufgabe. Setzt man voraus, daß die Randwertaufgabe (R(λ)) für jeden Homotopieparameter $\lambda \in [0,1]$ genau eine Lösung $y(\cdot,\lambda)$ besitzt (dies ist i.a. eine nichttriviale Forderung) und y hinreichend oft differenzierbar ist, dann kann man etwa so vorgehen: Man zerlege das Intervall [0,1] in m Teilintervalle durch

$$0 = \lambda_0 < \lambda_1 < \lambda_2 < \ldots < \lambda_m = 1 \,;$$

genauer wird sich diese Zerlegung erst im Verlauf der Rechnung ergeben, vergleichbar mit der Gewinnung eines sinnvollen Gitters mittels Schrittweitensteuerung bei der Lösung von Anfangswertaufgaben. Man löse zunächst die "einfache" Aufgabe (R(0)) mit dem Schießverfahren, so daß man (eine Näherung für) den Schießparameter $s_0 \in I\!\!R^n$ erhält, für den gilt

$$y^{s_0} \text{ löst die Randwertaufgabe } (R(0)) \,.$$

Ist induktiv der Parameter s_i gefunden, so daß y^{s_i} die Aufgabe (R(λ_i)) löst, dann verwende man s_i als Startwert für die iterative Bestimmung von s_{i+1} mittels des Schießverfahrens. Hierbei braucht man s_i für $i < m$ nur mit zufriedenstellender Genauigkeit zu berechnen, da s_i ja nur als Startwert für nachfolgende Berechnungen benutzt wird.

Wir illustrieren die Homotopiemethode an einem Beispiel des Randwertproblems

$$y'' = f(x,y,y') \,, \quad y(0) = -1 \,, \quad y(1) = 1 \,,$$

mit

$$f(x,y,y') := \frac{1}{1+x^2}(\arctan y)(2 + \sin^2 y') \,,$$

die wir der Einfachheit halber nicht in ein System umwandeln wollen. Eine sehr einfache Wahl für eine Homotopie ist

$$g(x,y,y',\lambda) := \lambda f(x,y,y') \,, \quad y(0) = -\lambda \,, \quad y(1) = \lambda \,.$$

Für $\lambda = 0$ ergibt sich $y(x,0) = 0$. Eine "bessere" Wahl ist

$$g(x,y,y',\lambda) := f(\lambda x, \lambda y, \lambda y') \,, \quad y(0) = -\lambda \,, \quad y(1) = \lambda \,.$$

Hier erhalten wir $y(x,0) = x(x-1)$. Bei beiden Homotopien ist die Voraussetzung erfüllt, daß für jedes $\lambda \in [0,1]$ genau eine Lösung der zugehörigen Randwertaufgabe existiert, für $\lambda = 0$ ist dies trivial, für $\lambda > 0$ folgt dies aus Satz 6.3.8.

Das in diesem Paragraphen bisher vorgestellte Verfahren heißt *Einfachschießverfahren*, weil man nach Schätzung *eines* Parameters s in einem Zuge von α bis β integriert, falls dies überhaupt möglich ist. Abgesehen von den schon geschilderten Schwierigkeiten bei der numerischen Durchführung des Schießverfahrens können bei nichtlinearen Differentialgleichungen z.B. sogar Singularitäten im betrachteten Intervall auftreten, falls der geschätzte Parameter s nicht nahe genug bei s^* liegt. Diesem Phänomen kann man praktisch durch *Mehrfachschießverfahren* (auch Mehrzielmethode und Parallelschießen genannt) zu entgehen versuchen.

Wir betrachten wieder die Randwertaufgabe (16) und versuchen jetzt, ihre Lösung aus mehreren Stücken aufzubauen, genauer wollen wir in mehreren Teilintervallen von I unabhängig voneinander das einfache Schießverfahren verwenden.

6.4.9 Definition. *(Mehrfachschießverfahren) Zur Berechnung einer Lösung der Randwertaufgabe*

$$y' = f(x,y) \,, \quad Ry = d$$

mit Hilfe des Mehrfachschießverfahrens wird zunächst zu festem $k \in I\!N$ eine Unterteilung des Intervalls in k Teilintervalle vorgenommen:

$$\alpha = t_0 < t_1 < \ldots < t_k = \beta \,,$$

$$I_j := [t_{j-1}, t_j] \,, \quad \tau_j := t_j - t_{j-1} \,, \quad j = 1,2,\ldots,k \,.$$

Danach schätzt man k Parameter $s_j \in I\!R^n$, $j = 1,2,\ldots,k$ und löst die k Anfangswertaufgaben

$$(22) \qquad \left.\begin{array}{l} y_j'(x) = f(x,y_j(x)) \,, \quad x \in I_j \\ y_j(t_{j-1}) = s_j \end{array}\right\} j = 1,2,\ldots,k \,.$$

Die einzelnen Lösungen werden wieder $y_j(x,s_j)$ genannt. Damit aus diesen Teillösungen die Lösung y der Randwertaufgabe aufgebaut werden kann, muß man stetige Übergänge an den Unterteilungspunkten erreichen, also $s_1,\ldots,s_k$ so bestimmen, daß

$$(23) \qquad y_j(t_j,s_j) = y_{j+1}(t_j,s_{j+1}) \,, \quad j = 1,2,\ldots,k-1 \,,$$

und die Randbedingungen

(24) $$M y_1(\alpha, s_1) + N y_k(\beta, s_k) = d$$

erfüllt sind. Dies ist ein – gegebenenfalls nichtlineares – Gleichungsssytem für die $n \cdot k$ Komponenten von $s_1, \ldots, s_k$, das z.B. mit Hilfe des Newton-Verfahrens gelöst werden kann.

Wenn (23) erfüllt ist, dann sind die ersten Ableitungen in den inneren Knotenpunkten ebenfalls stetig, da die Funktionen in jedem Teilintervall die Differentialgleichung erfüllen. Die zugrundeliegende Intervalleinteilung sollte so gewählt werden, daß die nach (22) zu bestimmenden Teillösungen in keinem der Intervalle zu stark anwachsen. □

Dieses Mehrfachschießverfahren läßt sich *formal* als Einfachschießverfahren, jedoch mit höherer Dimension schreiben. In jedem Teilintervall I_j führen wir dazu eine neue Veränderliche $t \in [0, 1]$ durch

$$t = \frac{x - t_{j-1}}{\tau_j} \ \ \text{für} \ \ x \in I_j$$

ein und setzen

$$\tilde{y}_j(t, s_j) := y_j(t_{j-1} + t\tau_j, s_j) \, , \ \ t \in [0, 1] \, .$$

Diese Funktion genügt der Differentialgleichung

$$\frac{d}{dt}\tilde{y}_j(t) = \frac{d}{dt}y_j(t_{j-1} + t\tau_j)$$
$$= \frac{d}{dx}y_j(x)\tau_j = \tau_j f(x, y_j(x)), \ \ x = t_{j-1} + t\tau_j \, .$$

Mit der Definition

$$f^j(t, z) := \tau_j f(t_{j-1} + t\tau_j, z) \, , \ \ t \in [0, 1] \, , \ \ j = 1, 2, \ldots, k \, ,$$

können wir (22), (23), (24) schreiben als

$$\tilde{y}_j'(t) = f^j(t, \tilde{y}_j(t)) \, , \ \ \ \ \ \ t \in [0, 1] \, , \ \ j = 1, 2, \ldots, k \, ,$$

(25) $$\tilde{y}_j(1) = \tilde{y}_{j+1}(0) \, , \ \ \ \ \ \ \ \ \ \ \ \ \ \ \ \ \ j = 1, 2, \ldots, k - 1 \, ,$$

$$M\tilde{y}_1(0) + N\tilde{y}_k(1) = d \, ,$$

also als System von $k \cdot n$ Differentialgleichungen. Die Randbedingungen lassen sich einfach beschreiben,

$$\begin{pmatrix} M & 0 & \cdot & \cdot & \cdot & 0 \\ 0 & E & \cdot & & & \cdot \\ \cdot & \cdot & \cdot & & & \cdot \\ \cdot & & \cdot & \cdot & & \cdot \\ \cdot & & & \cdot & \cdot & 0 \\ 0 & \cdot & \cdot & \cdot & 0 & E \end{pmatrix} \begin{pmatrix} \tilde{y}_1(0) \\ \tilde{y}_2(0) \\ \cdot \\ \cdot \\ \cdot \\ \tilde{y}_k(0) \end{pmatrix} + \begin{pmatrix} 0 & 0 & \cdot & \cdot & 0 & N \\ -E & 0 & \cdot & \cdot & 0 & 0 \\ 0 & \cdot & \cdot & & & \cdot \\ \cdot & \cdot & \cdot & \cdot & \cdot & \cdot \\ \cdot & & \cdot & \cdot & & \cdot & 0 \\ 0 & \cdot & \cdot & 0 & -E & 0 \end{pmatrix} \begin{pmatrix} \tilde{y}_1(1) \\ \tilde{y}_2(1) \\ \cdot \\ \cdot \\ \cdot \\ \tilde{y}_k(1) \end{pmatrix} = \begin{pmatrix} d \\ 0 \\ \cdot \\ \cdot \\ \cdot \\ 0 \end{pmatrix} ,$$

und mit naheliegenden Definitionen auf die Gestalt

$$\tilde{M}\tilde{y}(0) + \tilde{N}\tilde{y}(1) = \tilde{d}$$

bringen.

6.4.10 Bemerkung. Wir wollen noch kurz die Bemerkungen über das mögliche Anwachsen von Lösungen der Anfangswertaufgaben

$$y'(x) = f(x, y(x)) \,, \quad y(\alpha) = s$$

präzisieren. Ist L eine Lipschitzkonstante von f bezüglich y, d.h.

$$|f(x, y) - f(x, z)| \leq L|y - z| \,,$$

so gilt für zwei Lösungen mit den Anfangswerten s und $\tilde{s}$ im Punkt α die Abschätzung

$$\begin{aligned} |y(x, s) - y(x, \tilde{s})| &\leq e^{L|x - \alpha|}|s - \tilde{s}| \\ &\leq e^{L|\beta - \alpha|}|s - \tilde{s}| \,, \end{aligned}$$

beim Mehrfachschießverfahren hat man jedoch

$$\begin{aligned} |y_j(t, s) - y_j(t, \tilde{s})| &\leq e^{L\tau_j \cdot t}|s - \tilde{s}| \\ &\leq e^{L\tau_j}|s - \tilde{s}| \,, \end{aligned}$$

weil f^j die Lipschitzkonstante $L\tau_j$ besitzt.

Das mögliche Anwachsen einer Lösung y^s im Vergleich zur gesuchten Lösung y^{s^*} wird also durch die Aufteilung von I in Teilintervalle stark reduziert. $\square$

Die folgende *Variante* liegt nahe: Ist die Anzahl der Teilintervalle geradzahlig, so kann man in jedem Punkt mit ungeradzahligem Index starten und vom geschätzten Startwert nach rechts *und* links integrieren. Dann hat man für stetige Übergänge in den Punkten mit geradzahligem Index zu sorgen. Insgesamt hat man jedoch nur halb soviele Unbekannte.

Zur iterativen Bestimmung der Parameter bei der Lösung (22)-(24) mit Hilfe des Schießverfahrens kann man wieder das Newton-Verfahren verwenden und mit der Homotopiemethode kombinieren. Unabhängig davon, mit welchem Verfahren man eine Nullstelle von r_h aus (20) bestimmt, ist es der zeitaufwendigste Teil der Rechnung, brauchbare Schätzwerte für die unbekannten Parameter zu finden, mit denen man ein iteratives Verfahren starten kann. Als Faustregel kann gelten, daß dieser Teil etwa 90% der Gesamtrechenzeit benötigt.

6.4.11 Aufgabe. Die Randwertaufgabe

$$y'' = c \sinh(cy) \,, \quad y(0) = y(1) = 0 \,, \quad c \in \mathbb{R}_+$$

hat die eindeutige Lösung $y = 0$. Man betrachte die Anfangswertaufgabe

$$y'' = c \, \sinh(cy) \, , \ \ y(0) = 0 \, , \ \ y'(0) = s \, , \ \ s \in I\!R \setminus \{0\}$$

und zeige, daß die eindeutig bestimmte Lösung $y = y^s$ für $x > 0$ in einem Punkt x_∞ singulär wird, indem man abschätzt

$$0 < x_\infty \le H(\varepsilon, s) := \frac{1}{c} \log \frac{\frac{\varepsilon}{|s|} + \sqrt{1 + \frac{\varepsilon^2}{s^2}}}{\tanh(\frac{\varepsilon}{4})} \ \text{ für jedes } \varepsilon > 0 \, , \ \ s \ne 0 \, .$$

Insbesondere gilt

$$x_\infty \le H(\sqrt{|s|}, s)$$
$$\approx \frac{1}{c} \log \frac{8}{|s|} \ \text{ für kleine } s \ne 0 \, .$$

Exemplarisch berechne man daraus für $c = 10$ einen Wert $\tilde{s} > 0$, der ein Anhaltspunkt dafür ist, wie klein s mindestens sein muß, damit in $[0, 1]$ keine Singularität liegt.

   <u>Anleitung</u>: Man integriere $2y'y'' = (y'^2)'$ und löse die entstehende Differentialgleichung 1. Ordnung; das Ergebnis ist

$$x = \frac{1}{c} \int\limits_0^{cy} \frac{dt}{\sqrt{s^2 + 2\cosh(t) - 2}} \, .$$

Für $y = \infty$ erhält man x_∞. Das Integral spalte man in

$$\int\limits_0^\infty = \int\limits_0^\varepsilon + \int\limits_\varepsilon^\infty$$

auf und schätze die Integranden jeweils geeignet nach oben ab. Es gilt

$$\cosh(x) = 1 + 2\sinh^2\left(\frac{x}{2}\right)$$

und

$$\int \frac{dx}{\sinh(x)} = \log \, \tanh\left(\frac{x}{2}\right) + a \, , \ \ a \in I\!R \, . \qquad\qquad \Box$$

§5 Das Integralgleichungsverfahren

Wie wir im zweiten und dritten Paragraphen gesehen haben, kann die Randwertaufgabe "erster Art"

$$(1) \qquad y'' = f(x,y) \, , \;\; y(\alpha) = d_1 \, , \;\; y(\beta) = d_2 \, ,$$

in die Integralgleichung

$$(2) \qquad y(x) = q(x) + \int_\alpha^\beta (-G_c(x,t)) \left[c^2 y(t) - f(t,y(t)) \right] dt$$

umgeformt werden (siehe §3). Ähnliches gilt für die Randwertaufgabe

$$y^{(n)}(x) = f(x,y(x),y'(x),\dots,y^{(n-1)}(x)) \, , \;\; \overline{R}y = d \, ;$$

für sie lautet die Integralgleichung

$$y(x) = q(x) + \int_\alpha^\beta G(x,t) f(t,y(t),y'(t),\dots,y^{(n-1)}(t)) dt$$

mit zugehöriger Greenscher Funktion G und passendem q.

Der Einfachheit halber sollen nur eindimensionale Differentialgleichungen 2. Ordnung betrachtet werden und unter diesen nur solche, bei denen die Funktion f nicht von y' abhängt. Dann hat die Integralgleichung die Gestalt

$$(3) \qquad y(x) = q(x) + \int_\alpha^\beta g(x,t,y(t)) dt \, , \;\; x \in I \, ,$$

mit stetigem $g : I \times I \times \mathbb{R}^n \longrightarrow \mathbb{R}^n$. Das im folgenden vorgestellte Verfahren zur näherungsweisen Lösung dieser Integralgleichung beruht darauf, daß man das Integral durch eine Integrationsformel ersetzt.

6.5.1 Definition. *Sei $I = [\alpha, \beta]$ und*

$$J : C(I, \mathbb{R}^n) \longrightarrow \mathbb{R}^n \;\; \text{mit} \;\; J(f) := \int_\alpha^\beta f(t) dt$$

das lineare Funktional, das jeder auf I stetigen Funktion f ihr Integral über I zuordnet.

Zu jedem $m \in \mathbb{N}$ seien $m+1$ paarweise verschiedene Stützstellen

$$x_j = x_{j,m} \in I \, , \;\; j = 0,1,\dots,m \;\; \text{mit} \;\; \alpha \le x_0 < x_1 < \dots < x_m \le \beta$$

und reelle Zahlen

$$c_j = c_{j,m} , \quad j = 0, 1, \ldots, m$$

gegeben. Es gelte $h := h_m := \max_{1 \le j \le m} (x_j - x_{j-1}) \to 0$ *für* $m \to \infty$. *Für* $f \in C(I, I\!\!R^n)$ *werde*

$$f_j := f_{j,m} := f(x_{j,m})$$

gesetzt. Die linearen Funktionale $S_m : C(I, I\!\!R^n) \longrightarrow I\!\!R^n$, *definiert durch*

$$S_m(f) := \sum_{j=0}^{m} c_{j,m} f_{j,m} = \sum_{j=0}^{m} c_j f_j ,$$

heißen <u>Integrationsformeln</u>.

Die Integrationsformeln $(S_m)_{m \in N}$ *heißen* <u>konvergent</u> *genau dann, wenn für jedes* $f \in C(I, I\!\!R^n)$ *gilt*

$$|J(f) - S_m(f)| \longrightarrow 0 \quad \text{für} \quad m \to \infty ,$$

und sie heißen <u>konvergent von der Ordnung</u> $p > 0$ *für* $f \in C^p(I, I\!\!R^n)$ *genau dann, wenn gilt*

$$|J(f) - S_m(f)| = O(h^p) , \quad h = \max_{1 \le j \le m} (x_j - x_{j-1}) . \qquad \square$$

Der folgende Satz charakterisiert konvergente Integrationsformeln. Einen Beweis findet man in z.B. in [WS].

6.5.2 Satz. *Es gilt*

$$S_m(f) \longrightarrow J(f) \quad \text{für} \quad m \to \infty \quad \text{für jedes} \quad f \in C(I, I\!\!R^n)$$

genau dann, wenn

$$1) \quad S_m(p) \longrightarrow J(p) \quad \text{für jedes Polynom } p \text{ gilt}$$

und

$$2) \quad \overline{\lim_{m \to \infty}} \sum_{j=0}^{m} |c_{j,m}| \text{ beschränkt ist .} \qquad \square$$

6.5.3 Hilfssatz. *Sei* $\tilde{g} \in C(I \times I, I\!\!R^n)$. *Die Integrationsformeln* S_m *seien konvergent, insbesondere gilt also*

$$\sum_{j=0}^{m} c_{j,m} \tilde{g}(x, x_{j,m}) \longrightarrow \int_{\alpha}^{\beta} \tilde{g}(x, t) dt \quad \text{für} \quad m \to \infty \quad \text{für jedes feste } x \in I .$$

Dann ist diese Konvergenz auch gleichmäßig bezüglich $x \in I$.

BEWEIS: Sei $\varepsilon > 0$ beliebig. Da $\tilde{g}$ gleichmäßig stetig auf $I \times I$ ist, gibt es ein $\delta > 0$ mit

$$|\tilde{g}(x, t) - \tilde{g}(\tilde{x}, t)| < \varepsilon$$

für jedes $t \in I$ und jede Wahl von $x, \tilde{x} \in I$ mit $|x - \tilde{x}| < \delta$. Seien $x, \tilde{x} \in I$ mit $|x - \tilde{x}| < \delta$. Dann gilt

$$\left| \int_\alpha^\beta \tilde{g}(x,t)dt - \sum_{j=0}^m c_j \tilde{g}(x,x_j) - \int_\alpha^\beta \tilde{g}(\tilde{x},t)dt + \sum_{j=0}^m c_j \tilde{g}(\tilde{x},x_j) \right|$$

$$\leq \left| \int_\alpha^\beta [\tilde{g}(x,t) - \tilde{g}(\tilde{x},t)]\, dt \right| + \sum_{j=0}^m |c_j|\, |\tilde{g}(x,x_j) - \tilde{g}(\tilde{x},x_j)|$$

$$< \varepsilon \left[(\beta - \alpha) + \sum_{j=0}^m |c_{j,m}| \right] .$$

Nach Satz 6.5.2 ist $\sum_{j=0}^m |c_{j,m}|$ beschränkt bezüglich m. Durch wiederholte Anwendung dieser Abschätzung bei beliebigen $x, \tilde{x} \in I$ erhält man die gleichmäßige Konvergenz.

$\square$

6.5.4 Aufgabe. Man zeige anhand eines Beispiels, daß die Aussage von Hilfssatz 6.5.3 nicht mehr richtig ist, wenn man statt der Stetigkeit von $\tilde{g}$ auf dem Kompaktum $I \times I$ nur Stetigkeit auf dem Quadrat $\mathring{I} \times I$ voraussetzt; dabei ist wie früher $\mathring{I} = (\alpha, \beta)$.

$\square$

Ersetzt man das Integral in (3) durch eine Integrationsformel, so erhält man zu jedem $m \in I\!N$ das i.a. nichtlineare Gleichungssystem

$$(4) \qquad u_m(x_i) = q(x_i) + \sum_{j=0}^m c_j g(x_i, x_j, u_m(x_j)) , \quad i = 0,1,\ldots,m$$

zur Bestimmung einer Gitterfunktion $u_m \in C_m := \{u : I_m \to I\!R^n\}$ auf

$$I_m := \{x_j \mid j = 0,1,\ldots,m\} ;$$

für (4) schreiben wir auch

$$u_m(x_i) = q(x_i) + S_m(g(x_i, \cdot, u_m(\cdot))) , \quad i = 0,1,\ldots,m .$$

Für die Praxis liegt es bei Problemen des Typs (1) manchmal nahe, $x_0 := \alpha$ und $x_m := \beta$ zu wählen, so daß wegen der gegebenen Randbedingungen $u_m(x_0) := d_1$ und $u_m(x_m) := d_2$ gesetzt werden kann und das Gleichungssystem (4) dann nur noch für $i = 1,2,\ldots,m-1$ zu lösen ist; vgl. Beispiel 6.5.11.

Im allgemeinen ist eine Funktion $y \in C(I, I\!R^n)$ bzw. $u_m \in C_m$ als Fixpunkt von

$$(5) \qquad T : C(I, I\!R^n) \longrightarrow C(I, I\!R^n) , \quad (Ty)(x) := q(x) + \int_\alpha^\beta g(x,t,y(t))dt , \quad x \in I ,$$

bzw.

$$(6) \quad T_m : C_m \longrightarrow C_m , \quad (T_m u_m)(x_i) := q(x_i) + S_m(g(x_i, \cdot, u_m(\cdot))) , \quad i = 0, 1, \ldots, m$$

gesucht. Während wir zum Nachweis der Existenz und Eindeutigkeit von Fixpunkten der Operatoren T und T_m den Kontraktionssatz heranziehen werden, wollen wir uns für Konvergenzaussagen auf eine *"Stabilitätsrelation"* stützen:

6.5.5 Definition. *Seien $(S_m)_{m \in \mathbb{N}}$, konvergente Integrationsformeln . Für jedes $m \in \mathbb{N}$ sei $F_m : C_m \longrightarrow C_m$ die Abbildung, die jeder Gitterfunktion u die Gitterfunktion $F_m u$ mit*

$$(F_m u)(x_i) := u(x_i) - S_m(g(x_i, \cdot, u(\cdot))) , \quad i = 0, 1, \ldots, m$$

zuordnet, so daß das Gleichungssystem (4) mit

$$F_m u_m = q \ \text{auf} \ I_m$$

identisch ist. Das durch diese impliziten Bestimmungsgleichungen beschriebene Verfahren $(F_m)_{m \in \mathbb{N}}$ heißt stabil *genau dann, wenn es ein $m_0 \in \mathbb{N}$ und eine Konstante K gibt, so daß für jedes $m \geq m_0$ und jede Wahl von $u, v \in C_m$ die* Stabilitätsrelation

$$\|u - v\|_m \leq K \|F_m u - F_m v\|_m$$

besteht (vgl. §2 und §5 in Kap. 4); hierbei sei

$$\|u\|_m := \max_{0 \leq i \leq m} |u_m(x_i)| .$$
◻

Die Stabilitätsrelation besagt gerade, daß u und v nahe beieinander liegen, sobald $F_m u$ und $F_m v$ nahe beieinander liegen. Ist speziell u_m Lösung von (4) und v_m beliebig und unterscheiden sich $F_m u_m$ und $F_m v_m$ nur geringfügig, so unterscheidet sich auch v_m nur geringfügig von der Lösung u_m. Die Stabilitätsrelation impliziert insbesondere, daß Rundungsfehler bei der Berechnung von u_m die rechnerisch erhaltene Näherungslösung v_m nicht stark gegenüber der exakten Lösung u_m verfälschen können; auch impliziert sie die eindeutige Lösbarkeit von $F_m u_m = q$ für $m \geq m_0$.

Die beiden folgenden Sätze geben Bedingungen für Stabilität und Konvergenz an.

6.5.6 Satz. *Sei $g \in C(I \times I \times \mathbb{R}^n, \mathbb{R}^n)$ Lipschitz-stetig bezüglich der letzten Komponente, d.h.*

$$|g(x, t, y) - g(x, t, z)| \leq L|y - z| \ \text{für alle} \ (x, t, y), \ (x, t, z) \in I \times I \times \mathbb{R}^n .$$

Es gelte $L(\beta - \alpha) < 1$. (Dann ist auf den Operator T aus (5) der Kontraktionssatz 2.2.4 anwendbar und es gibt genau einen Fixpunkt y von T.) Seien $(S_m)_{m \in \mathbb{N}}$ konvergente Integrationsformeln mit den Gewichten $c_{j,m}$. Es gelte

$$L \cdot C < 1 \ \text{mit} \ C := \varlimsup_{m \to \infty} \sum_{j=0}^{m} |c_{j,m}| < \infty .$$

Dann gibt es ein $m_0 \in I\!N$, so daß auf die Operatoren T_m aus (6) für jedes $m \geq m_0$ der Kontraktionssatz anwendbar ist, es also insbesondere genau eine Lösung der Gleichungen (4) gibt. Weiterhin ist das mit den Integrationsformeln $(S_m)_{m \in N}$ gebildete Verfahren $(F_m)_{m \in N}$ aus Definition 6.5.5 stabil.

BEWEIS: Aufgrund der Definition der Operatoren T_m und der Lipschitz-Stetigkeit von g folgt für beliebige u_m, $v_m \in C_m$ die Abschätzung

$$|(T_m u_m)(x_i) - (T_m v_m)(x_i) = |S_m(g(x_i, \cdot, u_m(\cdot))) - S_m(g(x_i, \cdot, v_m(\cdot)))|$$

$$= \left| \sum_{j=0}^{m} c_{j,m} \left[g(x_i, x_j, u_m(x_j)) - g(x_i, x_j, v_m(x_j)) \right] \right|$$

$$\leq L \sum_{j=0}^{m} |c_{j,m}| \cdot \|u_m - v_m\|_m \, , \quad i = 0, 1, ..., m \, ,$$

also

$$\|T_m u_m - T_m v_m\|_m \leq L \sum_{j=0}^{m} |c_{j,m}| \cdot \|u_m - v_m\|_m \, .$$

Wegen $C = \varlimsup_{m \to \infty} \sum_{j=0}^{m} |c_{j,m}| < \infty$ und $LC < 1$ gibt es ein $\varepsilon > 0$ und ein $m_0 \in I\!N$ mit

$$\sum_{j=0}^{m} |c_{j,m}| \leq C + \varepsilon \ \text{ für alle } \ m \geq m_0$$

und

$$k := L(C + \varepsilon) < 1 \, .$$

Die Operatoren T_m erfüllen dann für $m \geq m_0$ die Voraussetzungen des Kontraktionssatzes 2.2.4; insbesondere gibt es genau eine Lösung $u_m \in C_m$ der Gleichungen

$$u_m(x_i) = q(x_i) + S_m(g(x_i, \cdot, u_m(\cdot))) \, , \quad i = 0, 1, \ldots, m \, ,$$

für jedes $m \geq m_0$.

Für beliebige u_m, $v_m \in C_m$ und jedes $m \geq m_0$ erhalten wir aus der Definition der Operatoren F_m, nämlich

$$(F_m u_m)(x_i) = u_m(x_i) - S_m(g(x_i, \cdot, u_m(\cdot))) \, , \quad i = 0, 1, \ldots, m \, ,$$

die Abschätzung

$$\|u_m - v_m\|_m - \|F_m u_m - F_m v_m\|_m \leq \|(u_m - v_m) - (F_m u_m - F_m v_m)\|_m$$

$$= \|T_m u_m - T_m v_m\|_m$$

$$\leq k \, \|u_m - v_m\|_m \, ,$$

also schließlich

$$\|u_m - v_m\|_m \leq K\|F_m u_m - F_m v_m\|_m \ , \quad K := \frac{1}{1-k} \ .$$

Dies ist die Stabilität von $(F_m)_{m \in N}$. $\quad\Box$

6.5.7 Satz. *Sei $y \in C(I, \mathbb{R}^n)$ eindeutig bestimmte Lösung der Integralgleichung*

$$y(x) = q(x) + \int\limits_\alpha^\beta g(x,t,y(t))dt \ , \quad x \in I \ .$$

Seien $(S_m)_{m \in N}$ konvergente Integrationsformeln und das hiermit (gemäß Definition 6.5.5) gebildete Verfahren $(F_m)_{m \in N}$ sei stabil. Es gebe ein $m_1 \in \mathbb{N}$, so daß die Gleichungen

$$F_m u_m = q \ \text{ auf } I_m$$

für jedes $m \geq m_1$ eine Lösung $u_m \in C_m$ besitzen. Dann sind die Lösungen u_m für hinreichend große m eindeutig bestimmt und es gilt die Konvergenzbeziehung

$$\|y - u_m\|_m \longrightarrow 0 \ \text{ für } \ m \to \infty \ .$$

BEWEIS: Die Stabilität des Verfahrens $(F_m)_{m \in N}$ impliziert die Existenz eines $m_0 \in \mathbb{N}$ und einer Konstanten K, so daß für alle $m \geq m_0$ und alle $u_m, \ v_m \in C_m$ die Stabilitätsrelation

$$\|u_m - v_m\|_m \leq K\|F_m u_m - F_m v_m\|_m$$

gilt. Hieraus folgt die Eindeutigkeit der Lösungen u_m von $F_m u_m = q$ für alle $m \geq \max(m_0, m_1)$. Für jedes $m \in \mathbb{N}$ und für $i = 0, 1, \ldots, m$ gilt

$$\begin{aligned}
y(x_i) &= q(x_i) + J(g(x_i, \cdot, y(\cdot))) \\
&= q(x_i) + S_m(g(x_i, \cdot, y(\cdot))) + J(g(x_i, \cdot, y(\cdot))) - S_m(g(x_i, \cdot, y(\cdot)))
\end{aligned}$$

und für jedes $m \geq m_1$ zusätzlich

$$u_m(x_i) = q(x_i) + S_m(g(x_i, \cdot, u_m(\cdot))) \ .$$

Also folgt für die Differenz

$$\begin{aligned}
y(x_i) - u_m(x_i) = &S_m(g(x_i, \cdot, y(\cdot))) - S_m(g(x_i, \cdot, u_m(\cdot))) + \\
&+ J(g(x_i, \cdot, y(\cdot))) - S_m(g(x_i, \cdot, y(\cdot))) \ .
\end{aligned}$$

Nach Definition von F_m ergibt sich hieraus

$$(7) \quad F_m y(x_i) - F_m u_m(x_i) = J(g(x_i, \cdot, y(\cdot))) - S_m(g(x_i, \cdot, y(\cdot))) \ , \quad i = 0, 1, \ldots, m \ .$$

Auf der rechten Seite steht der Integrationsfehler, der nach Hilfssatz 6.5.3 gleichmäßig in $x_i \in I$ gegen Null strebt, da die Integrationsformeln konvergent sind, also

$$\|F_m y - F_m u_m\|_m \longrightarrow 0 \quad \text{für} \quad m \longrightarrow \infty \, .$$

Aus der Stabilitätsrelation folgt dann die behauptete Konvergenzbeziehung. $\qquad \Box$

Mit den beiden vorangegangenen Sätzen erhalten wir das Hauptergebnis dieses Paragraphen:

6.5.8 Satz. *Sei $g \in C(I \times I \times I\!\!R^n, I\!\!R^n)$ Lipschitz-stetig bezüglich der ersten Komponente mit der Konstanten L, und es gelte $L(\beta - \alpha) < 1$. (Dann gibt es genau eine Lösung y der Integralgleichung (3).) Seien $(S_m)_{m \in I\!\!N}$ konvergente Integrationsformeln mit nichtnegativen Gewichten $c_{j,m}$.*

Dann gibt es ein $m_1 \in I\!\!N$, so daß es zu jedem $m \geq m_1$ eine Lösung $u_m \in C_m$ der Gleichung

$$(8) \qquad u_m(x_i) = q(x_i) + S_m(g(x_i, \cdot, u_m(\cdot))) \, , \quad i = 0, 1, \ldots, m \, ,$$

gibt, und es gilt die Konvergenz

$$\|y - u_m\|_m \longrightarrow 0 \quad \text{für} \quad m \longrightarrow \infty \, .$$

Gilt darüberhinaus

$$(9) \quad \left| \int_\alpha^\beta g(x_i, t, y(t)) dt - \sum_{j=0}^m c_{j,m} g(x_i, x_j, y(x_j)) \right| = O(h^p) \, , \quad h = \max_{1 \leq j \leq m} (x_j - x_{j-1}) \, ,$$

gleichmäßig in $i = 0, 1, \ldots, m$ für ein $p \geq 1$, so hat das Verfahren die Ordnung p, d.h.

$$\|y - u_m\|_m = O(h^p) \, .$$

(Erfüllen alle Gewichte $c_{j,m}$ die Beziehung $\sum_{j=0}^m c_{j,m} = \beta - \alpha$ für alle $m \in I\!\!N$, so ist die Gleichung (8) für jedes $m \in I\!\!N$ lösbar.)

BEWEIS: Aus der Nichtnegativität der $c_{j,m}$ folgt

$$C := \overline{\lim_{m \to \infty}} \sum_{j=0}^m |c_{j,m}| = \overline{\lim_{m \to \infty}} \sum_{j=0}^m c_{j,m} = \beta - \alpha \, ,$$

da

$$|J(1) - S_m(1)| = \left| \int_\alpha^\beta 1 \, dt - \sum_{j=0}^m c_{j,m} \cdot 1 \right| = \left| \beta - \alpha - \sum_{j=0}^m c_{j,m} \right|$$

wegen der vorausgesetzten Konvergenz der Integrationsformeln $(S_m)_{m \in \mathbb{N}}$ gegen Null strebt. Nach Satz 6.5.6 gibt es ein $m_0 \in \mathbb{N}$, so daß die Gleichungen

$$u_m(x_i) = q(x_i) + S_m(g(x_i, \cdot, u_m(\cdot))) , \quad i = 0, 1, \ldots, m ,$$

für jedes $m \geq m_0$ genau eine Lösung $u_m \in C_m$ besitzen; weiterhin ist das Verfahren $(F_m)_{m \in \mathbb{N}}$ stabil. Hiermit sind die Voraussetzungen von Satz 6.5.7 erfüllt (mit $m_1 = m_0$), der die Konvergenz

$$\|y - u_m\|_m \longrightarrow 0 \ \text{ für } \ m \longrightarrow \infty$$

impliziert. Entsprechend folgt aus (9) die Konvergenzaussage

$$\|y - u_m\|_m = \mathcal{O}(h^p) ,$$

wie man aus Gleichung (7) ersieht. $\qquad\qquad\qquad\qquad\qquad\qquad\qquad$ $\square$

Wäre die Funktion g hinreichend oft differenzierbar, so hätte man statt (9) voraussetzen können, daß die Integrationsformeln konvergent von der Ordnung p sein sollen. Im Zusammenhang mit Randwertproblemen gewöhnlicher Differentialgleichungen gilt

$$g(x, t, y) = G(x, t) f(t, y)$$

mit Greenscher Funktion G, die auf der Diagonalen von $I \times I$ im allgemeinen nicht genügend oft differenzierbar ist, so daß eine solche Voraussetzung in diesem Zusammenhang nicht sinnvoll wäre.

In den obigen Sätzen wurde die Kontraktionseigenschaft des Operators T unter Benutzung der Lipschitz-Stetigkeit von g bezüglich des letzten Argumentes mit genügend kleiner Lipschitz-Konstanten L erschlossen. Manchmal kann man die Kontraktionseigenschaft von T auf anderem Weg nachweisen und erhält dann auch die Kontraktionseigenschaft der Operatoren T_m. Dazu betrachten wir die eindimensionale Randwertaufgabe

$$(10) \qquad\qquad y'' - c^2 y = f(x, y) - c^2 y , \ \ y(\alpha) = y(\beta) = 0$$

aus dem dritten Paragraphen. Bei den zugehörigen Operatoren T und T_m des nächsten Satzes ist dann $q = 0$ zu setzen.

6.5.9 Satz. *Unter den Voraussetzungen von Satz 6.3.5 sei y eindeutig bestimmte Lösung der Integralgleichung*

$$y(x) = \int_{\alpha}^{\beta} (-G_c(x, t))(c^2 y(t) - f(t, y(t))) dt , \ \ x \in I,$$

zur Lösung der Randwertaufgabe (10). Seien $(S_m)_{m \in \mathbb{N}}$, konvergente Integrationsformeln, deren Koeffizienten $c_{j,m}$ sämtlich nichtnegativ sind. Es gelte $0 \leq D_2 f \leq c^2$.

Dann ist das mit der Abbildung $F_m := id - T_m$ *durch* $F_m u_m = 0$ *auf* I_m *erklärte Verfahren stabil.*

Folglich konvergieren die Lösungen u_m *der Gleichungen* $u_m = T_m u_m$ *auf den Gittern* I_m *gegen die exakte Lösung* y *der Randwertaufgabe (10), d.h.*

$$\|y - u_m\|_m \longrightarrow 0 \text{ für } m \to \infty \ .$$

BEWEIS: Im Beweis von Satz 6.3.5 wurde

$$0 \leq \int_\alpha^\beta (-G_c(x,t))c^2 dt \leq 1 - \frac{1}{\cosh \frac{c(\beta-\alpha)}{2}}$$

unabhängig von x ausgerechnet. Da die Integrationsformeln konvergent sind und G stetig ist, gibt es ein $m_0 \in I\!N$, so daß sich der Integrationsfehler durch

$$|(S_m - J)(G_c(x,\cdot)c^2| \leq \frac{1}{2}\frac{1}{\cosh \frac{c(\beta-\alpha)}{2}} \text{ für } m \geq m_0$$

unabhängig von x abschätzen läßt.

Für $m \geq m_0$ und jede Wahl von $u, v \in C_m$ gilt

$$(T_m u)(x_i) - (T_m v)(x_i) = \sum_{j=0}^m c_j(-G_c(x_i, x_j))(c^2 - D_2 f(x_j, \tilde{u}(x_j)))(u(x_j) - v(x_j))$$

und, da die Koeffizienten c_j und $-G_c$ nichtnegativ sind und $0 \leq D_2 f \leq c^2$ vorausgesetzt ist,

$$\|T_m u - T_m v\|_m \leq \max_{0 \leq i \leq m} \sum_{j=0}^m |c_j G_c(x_i, x_j)c^2(u(x_j) - v(x_j))|$$

$$\leq \left(\max_{0 \leq i \leq m} \sum_{j=0}^m c_j(-G_c(x_i, x_j))c^2 \right) \|u - v\|_m$$

$$= \max_{0 \leq i \leq m} |c^2 S_m G_c(x_i, \cdot)| \cdot \|u - v\|_m$$

$$\leq \left(\max_{0 \leq i \leq m} |c^2(S_m - J)G_c(x_i, \cdot)| + \max_{0 \leq i \leq m} |c^2 J G_c(x_i, \cdot)| \right) \|u - v\|_m$$

$$\leq k\|u - v\|_m \text{ für } m \geq m_0$$

mit

$$k = 1 - \frac{1}{2}\frac{1}{\cosh \frac{c(\beta-\alpha)}{2}} \ .$$

Also ist T_m für $m \geq m_0$ ein kontrahierender Operator, womit die Existenz von eindeutigen Lösungen von $u_m = T_m u_m$ gesichert ist.

Der Rest des Beweises folgt wie im Beweis des Satzes 6.5.8. □

6.5.10 Bemerkung. 1. Aus der Kontraktionseigenschaft folgt auch die Abschätzung

$$\|F_m u - F_m v\|_m = \|u - T_m u - v + T_m v\|_m$$
$$\leq \|u - v\|_m + \|T_m(u - v)\|_m$$
$$\leq (1 + k)\|u - v\|_m \ .$$

2. Der Einfachheit halber wurden die Gitterfunktionen u_m derart berechnet, daß die Gleichheit

$$u_m(x) = q(x) + T_m u_m(x)$$

für jedes $x \in I_m$ erzwungen wurde. Statt I_m hätte man auch eine andere Menge von $m + 1$ Punkten aus dem Intervall I verwenden können.

3. Zur näherungsweisen Berechnung eines Integrals der Gestalt

$$\int\limits_\alpha^\beta G(x_i, t) f(t, y(t)) dt$$

kann man zunächst Integrationsformeln verwenden, deren Koeffizienten von x_i unabhängig sind. Man beachte jedoch, daß die Ableitung von G nach der ersten und zweiten Variablen auf der Diagonalen von $I \times I$ unstetig ist. Zum Zwecke der Analyse schreibt man besser

$$\int\limits_\alpha^\beta = \int\limits_\alpha^{x_i} + \int\limits_{x_i}^\beta \ ,$$

und man muß Integrationsformeln für die Teilintervalle $[\alpha, x_i]$ und $[x_i, \beta]$ verwenden. Besonders einfach gestalten sich Untersuchungen bei der iterierten Trapezregel

$$S_m(g) := \frac{h}{2}\left[g(\alpha) + 2 \sum_{j=1}^{m-1} g(\alpha + jh) + g(\beta) \right]$$

mit $h := (\beta - \alpha)/m$ und $x_j := \alpha + jh$. Es ergibt sich der gleiche Näherungswert, ob man die Aufspaltung des Integrals berücksichtigt oder nicht. Da die iterierte Trapezregel die Konvergenzordnung 2 besitzt, gilt für $g \in C^2(I, \mathbb{R})$

$$|(J - S_m)(g)| \leq ch^2$$

mit einer Konstanten c.

4. Da das genannte Verfahren sich als kontrahierende Abbildung erwiesen hat, kann die Lösung u_m grundsätzlich iterativ entsprechend

$$u^{i+1} = q + T_m u^i \ , \quad u^0 \text{ beliebig} \ , \quad i = 0, 1, 2, \ldots$$

gewonnen werden. Auch hier empfiehlt es sich, das Newtonsche Verfahren zu verwenden, wenn man an höherer Konvergenzgeschwindigkeit interessiert ist.   ☐

6.5.11 Beispiel. Betrachtet werde die Randwertaufgabe

$$y'' = a(x)y + b(x) \ , \ \ y(0) = y(1) = 0 \ .$$

Die Diskretisierung der Integralgleichung

$$y(x) = \int\limits_0^1 G(x,t)(a(t)y(t) + b(t))dt + 0$$

mit der Greenschen Funktion

$$G(x,t) = \begin{cases} x(t-1) \ , & x \le t \\ t(x-1) \ , & x \ge t \end{cases}$$

hat das folgende Aussehen:

$$(11) \qquad u_{mi} = \sum_{j=0}^{m} c_j G_{ij}(a_j u_{mj} + b_j) \ \ i = 1,2,\ldots,m-1$$

mit $u_{mi} := u_m(x_i)$ und $G_{ij} := G(x_i, x_j)$ (es sei $x_0 := 0$, $x_m := 1$, also aufgrund der gegebenen Randwerte $u_{m0} = u_{mm} = 0$). Für die iterierte Trapezregel gilt

$$x_i = ih \ , \ \ i = 0,1,\ldots,m \ , \ \ h := \frac{1}{m}$$

$$c_j = \begin{cases} h & , & j = 1,2,\ldots,m-1 \\ h/2 & , & j = 0 \text{ und } j = m \ . \end{cases}$$

Umformung von (11) führt zu folgendem linearen Gleichungssystem

$$\sum_{j=1}^{m-1}(\delta_{ij} - c_j G_{ij} a_j)u_{mj} = \sum_{j=0}^{m} c_j G_{ij} b_j \ , \ \ i = 1,2,\ldots,m-1 \ ,$$

zur Bestimmung der Unbekannten $u_{m1}, u_{m2}, \ldots, u_{m,m-1}$.

In einem numerischen Beispiel sollen Näherungslösungen für

$$a(x) = 1 \ , \ \ b(x) = x$$

berechnet werden. Die exakte Lösung ist

$$y(x) = -x + \frac{\sinh x}{\sinh 1} \ .$$

Für $m = 8$, also 8 Teilintervalle, erhält man die folgenden Werte

x_i	u_{mi}	$u_{mi} - y(x_i)$
0.125	-0.0183367	2.13 E-5
0.25	-0.0350068	4.08 E-5
0.375	-0.0483176	5.66 E-5
0.5	-0.0565240	6.66 E-5
0.625	-0.0578011	6.86 E-5
0.75	-0.0502157	6.02 E-5
0.875	-0.0316961	3.84 E-5

Betrachtet man den maximalen Fehler

$$E_m := \max_{0 \leq i \leq m} |u_{mi} - y(x_i)| = \|u_m - y\|_m \ ,$$

so erhält man

m	4	8	16	32
E_m	2.65 E-4	6.68 E-5	1.72 E-5	4.32 E-6 .

Hieraus liest man ab, daß der Fehler quadratisch mit h gegen Null geht. Dies legt Richardson-Extrapolation nahe. Mit ihr erhält man in den Punkten 0.25, 0.5, 0.75 bei Verwendung der vier Näherungen für $m=4, 8, 16, 32$ die extrapolierten Werte

$$u(0.25) = -0.035047600211 \ ,$$
$$u(0.5) \ = -0.056590558015 \ ,$$
$$u(0.75) = -0.050275785641 \ ,$$

und diese stimmen mit allen angegebenen Stellen mit den entsprechenden Werten der exakten Lösung überein. $\square$

§6 Differenzenverfahren zur Lösung von Randwertaufgaben linearer Differentialgleichungen

Wie Anfangswertaufgaben so kann man auch Randwertaufgaben durch Diskretisierung der Ableitungen und Auflösen der entstehenden Gleichungssysteme zu behandeln versuchen. Das Einfachste ist es, die Differentialquotienten zu approximieren. Wir werden, wie früher, die Begriffe Konsistenz, Stabilität, Konvergenz einführen, um die mathematischen Sachverhalte zu formulieren. Dabei werden wir diese Begriffe anhand einer Randwertaufgabe zweiter Ordnung herausarbeiten und dann mit den abstrakten Definitionen zu einer allgemeinen Konvergenzaussage gelangen.

Es sei L ein linearer Differentialoperator n-ter Ordnung

$$Ly := \sum_{j=0}^{n} a_j(x) y^{(j)}$$

in einem Intervall $I = [\alpha, \beta]$ mit in I stetigen Funktionen a_j und es sei $a_n > 0$. Ferner bezeichne R einen linearen Randwertoperator

$$Ry := M \begin{pmatrix} y(\alpha) \\ \vdots \\ y^{(n-1)}(\alpha) \end{pmatrix} + N \begin{pmatrix} y(\beta) \\ \vdots \\ y^{(n-1)}(\beta) \end{pmatrix}$$

mit $n \times n$ Matrizen M und N. Beide Operatoren sind erklärt für auf I n-mal stetig differenzierbare Funktionen y.

Zu gegebener Funktion $f \in C(I)$ und einem Vektor $d \in I\!R^n$ kann man dann die dem Operatorenpaar (L, R) zugeordnete Randwertaufgabe

$$\text{(R)} \qquad Ly = f \quad \text{und} \quad Ry = d$$

zur Bestimmung einer Funktion $y \in C^n(I)$ stellen.

Zur Diskretisierung der Randwertaufgabe gehen wir von einer Schrittweitenfolge

$$H = (h_m)_{m \in I\!N}$$

mit

$$h_m = \frac{\beta - \alpha}{m} \text{ für } m \in I\!N \text{ und damit } \lim_{m \to \infty} h_m = 0$$

aus. Sei

$$\text{(1)} \qquad I_h := \{\alpha, \alpha + h, ..., \beta - h, \beta\}, \ h \in H,$$

das Gitter zur Schrittweite h. Zu zwei gegebenen Zahlen $n_1, n_2 \in I\!N_0$ mit $n_1 + n_2 = n$ bezeichne I'_h das aus I_h durch Weglassen der ersten n_1 und letzten n_2 Punkte entstehende Gitter,

$$\text{(2)} \qquad I'_h := \{\alpha + n_1 h, ..., \beta - n_2 h\}.$$

Die Gitterpunkte bezeichnen wir auch mit

$$x_i := \alpha + ih, \quad i = 0, 1, ..., m, \quad h = h_m.$$

Schließlich seien $C_h := C(I_h)$ und $C_h' := C(I_h')$ die Menge der reellen Funktionen auf I_h bzw. I_h' mit den Normen

$$\|u_h\|_h := \max_{x \in I_h} |u_h(x)| \text{ für } u_h \in C_h$$

und

$$\|u_h'\|_{h,0} := \|u_h'\|_0 := \max_{x \in I_h'} |u_h'(x)| \text{ für } u_h' \in C_h' \ ;$$

der Index 0 an der Norm wird erst später plausibel, wenn wir auch die Indizes 1,2,... zulassen.

Unter der zu (R) gehörigen diskretisierten Randwertaufgabe verstehen wir die Aufgabe

$$(R_h) \qquad\qquad L_h u_h = f_h , \quad R_h u_h = d_h , \quad h \in H ,$$

wobei $L_h : C_h \longrightarrow C_h'$ und $R_h : C_h \longrightarrow \mathbb{R}^n$ lineare Operatoren seien und

$$f_h := f \,|_{I_h}, \quad d_h := d .$$

Dann heißt $(L_h, R_h)_{h \in H}$ eine (lineare) _Diskretisierung von (L, R)_.

Bevor wir uns der allgemeinen Aufgabe (R) widmen, wollen wir zur Demonstration typischer Phänomene zunächst die lineare Randwertaufgabe 1. Art der Differentialgleichung 2. Ordnung mit homogenen Randbedingungen

$$
\begin{aligned}
&Ly = f, \ \ Ly := -y'' + py' + qy, \\
(3) \qquad &Ry = 0, \ \ Ry := \begin{pmatrix} y(\alpha) \\ y(\beta) \end{pmatrix},
\end{aligned}
$$

betrachten; p, q und f seien auf I stetige Funktionen, und q genüge der Beziehung

$$(4) \qquad\qquad 0 < q_- \leq q(x) \leq q_+ \text{ für jedes } x \in I$$

mit positiven Konstanten q_-, q_+. Nach Folgerung 6.3.9 hat diese Aufgabe genau eine Lösung.

Für diese einfache Randwertaufgabe soll nun eine Diskretisierung hergeleitet werden.

Der Differenzenoperator L_h sei definiert durch

$$
L_h u(x_j) := -\frac{u_{j+1} - 2u_j + u_{j-1}}{h^2} + p_j \frac{u_{j+1} - u_{j-1}}{2h} + q_j u_j
$$
$$
\text{für } u \in C_h \text{ und } x_j \in I_h' := \{\alpha + h, ..., \beta - h\}
$$

mit $p_j := p(x_j)$, $q_j := q(x_j)$ und $u_j := u(x_j)$, und der Randoperator R_h durch

$$R_h u := \begin{pmatrix} u(\alpha) \\ u(\beta) \end{pmatrix} \text{ für } u \in C_h.$$

Die diskrete Randwertaufgabe (R_h) liefert in diesem Falle für festes $h = (\beta - \alpha)/m$ ein lineares Gleichungssytem mit $m-1$ Gleichungen für $m-1$ Unbekannte $u_1, u_2, ..., u_{m-1}$.

Dies ist also das diskrete Analogon

$$L_h u = f_h, \quad R_h u = 0$$

der Randwertaufgabe

$$Ly = f, \quad Ry = 0.$$

Durch Multiplikation der linearen Gleichungen mit $h^2/2$ erhält man

$$\frac{h^2}{2} L_h u(x_j) = (-\frac{1}{2} - \frac{h}{4}p_j)u_{j-1} + (1 + \frac{h^2}{2}q_j)u_j + (-\frac{1}{2} + \frac{h}{4}p_j)u_{j+1}$$

$$= \frac{h^2}{2} f_j \quad \text{für } j = 1, 2, ..., m-1,$$

also nimmt wegen der Randbedingungen $u_0 = 0 = u_m$ das Gleichungssystem mit den Bezeichnungen

$$a_{j,j-1} := -\tfrac{1}{2} - \tfrac{h}{4}p_j \qquad\qquad j = 2, 3, ..., m-1,$$

$$a_{jj} \quad := 1 + \tfrac{h^2}{2}q_j \qquad\qquad j = 1, 2, ..., m-1,$$

$$a_{j,j+1} := -\tfrac{1}{2} + \tfrac{h}{4}p_j \qquad\qquad j = 1, 2, ..., m-2,$$

$$a_{ij} \quad := 0 \quad \text{für } |i-j| > 1, \qquad i, j = 1, 2, ..., m-1,$$

$$A_h := (a_{ij})_{i,j=1}^{m-1} \qquad f_h' := \frac{h^2}{2} f_h\big|_{I_h'} \in C_h' \qquad u' := \begin{pmatrix} u_1 \\ \vdots \\ u_{m-1} \end{pmatrix} \in C_h'$$

die Form $A_h u' = f_h'$ an.

Es soll jetzt untersucht werden, ob dieses Gleichungssystem, zumindest für hinreichend kleines h, eine Lösung $u' = u_h'$ besitzt und wie sich u' in Abhängigkeit von h verhält.

Bei den folgenden Abschätzungen verwenden wir die Maximumsnorm $\| \cdot \|_0$ des $\mathbb{R}^{m-1}$ und die zugeordnete _Zeilensummennorm_ für Matrizen

$$\|A_h\| := \max_{1 \leq i \leq m-1} \{ \sum_{j=1}^{m-1} |a_{ij}| \},$$

vgl. Definitionen 2.1.7 und 3.2.5. Analog wird bei stetigen Funktionen $g \in C(I)$ die Maximumsnorm $\|g\|_\infty = \max\limits_{x \in I} |g(x)|$ verwendet.

Auf die Matrix A_h läßt sich für hinreichend kleines h der folgende allgemeinere Hilfssatz anwenden:

6.6.1 Hilfssatz. *Es sei $A = (a_{ij})_{i,j=1}^n$ eine <u>diagonaldominante</u> $n \times n$-Matrix, d.h.*

$$(5) \qquad |a_{ii}| > \sum_{\substack{j=1 \\ j \neq i}}^n |a_{ij}| \quad \text{für } i = 1, 2, \ldots, n \, .$$

Dann ist A invertierbar und es gilt in der Zeilensummennorm

$$(6) \qquad \|A^{-1}\| \leq \max_{1 \leq i \leq n} \left\{ \left(|a_{ii}| - \sum_{j=1}^n |a_{ij}| \right)^{-1} \right\} \, .$$

BEWEIS: Sei $x = (x_1, x_2, \ldots, x_n)^T \in I\!\!R^n$, $x \neq 0$, beliebig, sei $\|x\| = |x_k|$ für ein $k \in \{1, \ldots, n\}$ (mit der Maximumsnorm $\|\cdot\|$ des $I\!\!R^n$) und $b := Ax$. Dann gilt

$$\|b\| = \|Ax\|$$

$$= \max_{1 \leq i \leq n} \left| \sum_{j=1}^n a_{ij} x_j \right|$$

$$\geq \left| \sum_{j=1}^n a_{kj} x_j \right|$$

$$= \left| a_{kk} \frac{x_k}{\|x\|} + \sum_{\substack{j=1 \\ j \neq k}}^n a_{kj} \frac{x_j}{\|x\|} \right| \cdot \|x\|$$

$$\geq \left(|a_{kk}| - \sum_{\substack{j=1 \\ j \neq k}}^n |a_{kj}| \right) \|x\| \quad \text{wegen } \frac{|x_j|}{\|x\|} \leq 1 \, , \ \frac{|x_k|}{\|x\|} = 1$$

$$\geq \underbrace{\min_{1 \leq i \leq n} \left(|a_{ii}| - \sum_{\substack{j=1 \\ j \neq i}}^n |a_{ij}| \right)}_{>0} \|x\| \, .$$

Aus $x \neq 0$ folgt also $Ax = b \neq 0$, so daß A invertierbar ist. Aus der vorstehenden

Ungleichungskette folgt daher

$$\|x\| = \|A^{-1}b\|$$

$$\leq \left(\min_{1 \leq i \leq n} \left(|a_{ii}| - \sum_{\substack{j=1 \\ j \neq i}}^{n} |a_{ij}| \right) \right)^{-1} \|b\|$$

$$= \max_{1 \leq i \leq n} \left(|a_{ii}| - \sum_{\substack{j=1 \\ j \neq i}}^{n} |a_{ij}| \right)^{-1} \|b\|$$

für jedes $b \in I\!\!R^n$. Aus der Definition der zugeordneten Norm folgt dann die Behauptung. $\quad\square$

Wir wollen nun zeigen, daß die Voraussetzungen des Hilfssatzes für A_h erfüllt sind. Sei m so groß und damit h so klein gewählt, daß

$$\max_{0 \leq j \leq m} |\frac{h}{2} p(x_j)| < 1$$

erfüllt ist. Dies gilt auf jeden Fall für alle $m \in I\!\!N$ mit

$$(7) \qquad\qquad m > \frac{\beta - \alpha}{2} \|p\|_\infty.$$

Dann sind $a_{j,j-1}$ und $a_{j,j+1}$ negativ und es gilt

$$|a_{j,j-1} + a_{j,j+1}| = |a_{j,j-1}| + |a_{j,j+1}| = 1, \quad j = 2, 3, ..., m-2$$

$$|a_{1,2}| \leq 1, \quad |a_{m-1,m-2}| \leq 1.$$

Aus der Positivität von q in ganz I erhalten wir

$$|a_{j,j}| = 1 + \frac{h^2}{2} q(x_j) \geq 1 + \varepsilon$$

mit

$$\varepsilon = \varepsilon(h) := \frac{h^2}{2} q_-.$$

Hiermit sind die Voraussetzungen von Hilfssatz 6.6.1 für A_h erfüllt. Setzen wir

$$m_\infty := \frac{\beta - \alpha}{2} \|p\|_\infty,$$

dann ist A_h für jedes $h \in H$ mit $h \leq (\beta - \alpha)/m_\infty$ invertierbar und es gilt

$$\|A_h^{-1}\| \leq \frac{2}{h^2 q_-}.$$

Es gibt also für jedes solche h genau eine Lösung u_h der Randwertaufgabe

$$L_h u_h = f_h, \quad R_h u_h = 0,$$

und aus

$$u_h' = A_h^{-1} f_h'$$

mit den vorn eingeführten Abkürzungen folgt die Abschätzung

$$
\begin{aligned}
\|u_h'\|_0 &\leq \|A_h^{-1}\| \cdot \|f_h'\|_0 \\
&\leq \frac{2}{h^2 q_-} \|f_h'\|_0 \\
&= \frac{1}{q_-} \|f_h\|_0 \ .
\end{aligned}
$$

(8)

Sie gilt offensichtlich für jedes $u_h \in C_h$ mit $u_h(\alpha) = u_h(\beta) = 0$, wenn man $f_h := L_h u_h$ einsetzt. Man hat damit eine "Stabilitätsrelation" gefunden:

$$\|u_h\|_h \leq K \|L_h u_h\|_0 \ \text{ für jedes } \ u_h \in C_h \ \text{ mit } \ R_h u_h = 0$$

und der Stabilitätskonstanten $K := \frac{1}{q_-}$. Zunächst gilt diese Stabilitätsrelation nur für alle $u_h \in C_h$, die sich als Lösungen von $L_h u_h = f_h$, $R_h u_h = 0$ für ein $f_h \in C_h'$ darstellen lassen. Da obige Matrix A_h nichtsingulär ist, gilt sie jedoch für alle $u_h \in C_h$ mit $R_h u_h = 0$.

Eine ähnliche Stabilitätsrelation werden wir nun auch bei inhomogenen Randwerten aufstellen.

Zur Lösung der allgemeinen inhomogenen Randwertaufgabe (R) zweiter Ordnung

(9)
$$L y = f, \quad R y = d$$

mit den Operatoren L und R aus (3) werde

$$y_1(x) := \frac{d_1(\beta - x) + d_2(x - \alpha)}{\beta - \alpha}$$

gesetzt. Ist y Lösung von (9), so ist offenbar

$$\tilde{y} := y - y_1$$

Lösung der Randwertaufgabe

$$
\begin{aligned}
L\tilde{y} &= g, \ g := f - L y_1 \\
R\tilde{y} &= 0
\end{aligned}
$$

mit homogenen Randwerten.

Wir notieren außerdem

$$\|y_1\|_0 \leq |d|$$

$$\|L_h y_1\|_0 = \|0 + p \cdot \frac{d_2 - d_1}{\beta - \alpha} + q y_1\|_0$$

$$\leq \frac{2|d|}{\beta - \alpha} \cdot \|p\|_\infty + |d| \cdot \|q\|_\infty.$$

Zur Lösung der inhomogenen diskretisierten Randwertaufgabe macht man für die Lösung u_h den Ansatz

$$u_h = \tilde{u}_h + y_1,$$

wobei $\tilde{u}_h$ homogene Randwerte habe und der Gleichung

$$L_h \tilde{u}_h = L_h u_h - L_h y_1 = f_h - L_h y_1,$$

genüge. Da man auf $\tilde{u}_h$ die bereits abgeleitete Stabilitätsrelation anwenden kann, erhält man

$$\|u_h\|_0 \leq \|y_1\|_0 + \|\tilde{u}_h\|_0$$

$$\leq \|y_1\|_0 + \frac{1}{q_-}(\|f_h\|_0 + \|L_h y_1\|_0)$$

$$\leq |d| + \frac{1}{q_-}(\|f_h\|_0 + \frac{2\|p\|_\infty}{\beta - \alpha}|d| + \|q\|_\infty |d|)$$

$$\leq K_1(\|f_h\|_0 + |d|)$$

mit

$$K_1 := \max(\frac{1}{q_-}, 1 + \frac{2}{\beta - \alpha}\|p\|_\infty + \|q\|_\infty)$$

und daher wegen

$$\|u_h\|_h = \max(|d|, \|u_h\|_0)$$

$$\leq K(\|f_h\|_0 + |d|) \quad \text{mit} \quad K := \max(1, K_1).$$

Also ist

$$\|u_h\|_h \leq K(\|L_h u_h\|_0 + |R_h u_h|)$$

die gesuchte Stabilitätsrelation bei inhomogenen Randbedingungen.

Zur Behandlung der allgemeinen Aufgabe n-ter Ordnung wollen wir einige Bezeichnungen einführen.

6.6.2 Definition. *Sei $(L_h, R_h)_{h \in H}$ eine Diskretisierung von (L, R). Dann heißt die diskrete Randwertaufgabe* stabil *genau dann, wenn es ein $h_0 \in H$ und eine "Stabilitätskonstante" K gibt, für die gleichmäßig für $h \in H$ mit $h < h_0$ die* Stabilitätsrelation

$$\|u_h\|_h \leq K(\|L_h u_h\|_0 + |R_h u_h|)$$

für jedes $u_h \in C_h$ besteht.   □

Hier und im folgenden bezeichne $|\cdot|$ die Maximumsnorm des $I\!\!R^n$.

Die bisherigen Ergebnisse für den Fall $n = 2$ fassen wir in dem folgenden Satz zusammen.

6.6.3 Satz. *Durch die Operatoren (L, R) werde die lineare Randwertaufgabe*

$$Ly = f \quad \text{mit} \quad Ly := -y'' + p(x)y' + q(x)y,$$
$$Ry = d$$

beschrieben, es gelte $f, p, q \in C(I)$ und $q > 0$. Es sei H eine Schrittweitenfolge und $(L_h, R_h)_{h \in H}$, eine Diskretisierung, gegeben durch

$$L_h u(x_j) := -\frac{u_{j+1} - 2u_j + u_{j-1}}{h^2} + p_j \frac{u_{j+1} - u_{j-1}}{2h} + q_j u_j, \quad x_j \in I'_h$$
$$R_h u := \begin{pmatrix} u(\alpha) \\ u(\beta) \end{pmatrix}.$$

Dann ist die diskrete Randwertaufgabe $(L_h, R_h)_{h \in H}$ stabil und zu jedem hinreichend kleinen $h \in H$ gibt es genau eine Lösung $u_h \in C_h$ der Aufgabe $L_h u_h = f_h$, $R_h u_h = d$.

□

Für Randwertaufgaben beliebiger Ordnung n soll jetzt die Konvergenz $u_h \longrightarrow y$ diskutiert werden. Wie bei Anfangswertaufgaben führen wir auch hier den Begriff der Konsistenz und Konsistenzordnung ein.

6.6.4 Definition. *Die Randwertaufgabe (R) mit den Operatoren (L, R) sei eindeutig lösbar mit der Lösung $y \in C^n(I)$. Sei $(L_h, R_h)_{h \in H}$ eine Diskretisierung von (L, R). Die Diskretisierung $(L_h, R_h)_{h \in H}$ heißt <u>konsistent</u> mit (L, R), wenn für $h \longrightarrow 0$ gilt*

$$\|L_h y - Ly\|_0 \longrightarrow 0 \quad \text{und}$$
$$|R_h y - Ry| \longrightarrow 0 .$$

Gelten für eine Zahl $p > 0$ die Beziehungen

$$\|L_h y - Ly\|_0 = O(h^p) \quad \text{und}$$
$$|R_h y - Ry| = O(h^p) ,$$

so hat $(L_h, R_h)_{h \in H}$ (mindestens) die <u>Konsistenzordnung</u> p.

□

Aus der Stabilität und Konsistenz folgt die Konvergenz, falls die diskreten Lösungen existieren.

6.6.5 Satz. *Sei y die eindeutige Lösung der Randwertaufgabe (R) und $(L_h, R_h)_{h \in H}$ eine stabile und konsistente Diskretisierung von (L, R). Es gebe ein $h_1 \in H$, so daß für jedes $h \in H$, $h \leq h_1$ eine Lösung $u_h \in C_h$ der diskreten Randwertaufgabe existiert. Dann sind diese Lösungen für hinreichend kleine h eindeutig bestimmt und es gilt*

$$\|y - u_h\|_h \longrightarrow 0 \quad \text{für} \quad h \to 0 .$$

Ist $p > 0$ die Konsistenzordnung von $(L_h, R_h)_{h \in H}$, so konvergieren die diskreten Lösungen u_h gegen die Lösung y mit der Ordnung p, d.h.

$$\|y - u_h\|_h = \mathcal{O}(h^p) \,.$$

BEWEIS: Sei $h \in H$, $h \leq h_1$ und u_h eine Lösung von

$$L_h u_h = f_h \,, \quad R_h u_h = d_h \,.$$

Ist auch v_h eine Lösung, so folgt aus der Stabilitätsrelation (zumindest für hinreichend kleine $h \leq \min(h_0, h_1)$, h_0 wie in der Definition derStabilitätsrelation)

$$\|u_h - v_h\|_h \leq K(\|L_h(u_h - v_h)\|_0 + |R_h(u_h - v_h)|)$$
$$= K(\|L_h u_h - L_h v_h\|_0 + |R_h u_h - R_h v_h| = 0 \,,$$

da L_h und R_h lineare Operatoren sind, also die Eindeutigkeit. Entsprechend folgt

$$\|y - u_h\|_h \leq K(\|L_h(y - u_h)\|_0 + |R_h(y - u_h)|)$$
$$= K(\|L_h y - L_h u_h\|_0 + |R_h y - R_h u_h|) \,.$$

Durch Einsetzen der Gleichungen

$$Ly = f = f_h = L_h u_h \text{ auf } I'_h \,,$$
$$Ry = d = d_h = R_h u_h$$

erhält man

$$\|y - u_h\|_h \leq K(\|L_h y - Ly\|_0 + |R_h y - Ry|)$$

und mit der vorausgesetzten Konsistenz schließlich

$$\|y - u_h\|_h \longrightarrow 0 \text{ für } h \to 0 \,.$$

Aus der vorangegangenen Abschätzung folgt auch die Aussage über die Ordnung der Konvergenz.   □

6.6.6 Aufgabe. Sei y hinreichend oft differenzierbar. Man verifiziere

$$a) \quad \frac{y(x + h) - y(x - h)}{2h} = y'(x) + \mathcal{O}(h^2) \,,$$

$$b) \quad \frac{y(x + h) - 2y(x) + y(x - h)}{h^2} = y''(x) + \mathcal{O}(h^2) \,,$$

$$c) \quad \frac{1}{12h^2}(-y(x - 2h) + 16y(x - h) - 30y(x) + 16y(x + h) - y(x + 2h))$$
$$= y''(x) + \mathcal{O}(h^4) \,.$$

Die Diskretisierungen a) und b) haben also die Konsistenzordnung 2, diejenige in c) die Konsistenzordnung 4. $\square$

6.6.7 Folgerung. Die Lösungen u_h der im Satz 6.6.3 angegebenen Diskretisierung der Randwertaufgabe 1.Art für eine lineare Differentialgleichung 2. Ordnung konvergieren für $h \rightarrow 0$ und das dortige Verfahren hat die Konvergenzordnung 2. Denn unter Benutzung von Aufgabe 6.6.6 und mit $R = R_h$ erhält man die Konsistenz von (L_h, R_h) mit (L, R) und die Konsistenzordnung 2; die Anwendung von Satz 6.6.5 führt zur angegebenen Konvergenzaussage. $\square$

Wir haben für die Diskretisierung der speziellen Randwertaufgabe zweiter Ordnung Existenz und Konvergenzaussagen und eine Stabilitätsrelation hergeleitet und im allgemeinen Fall bei Vorliegen von Konsistenz und Stabilität auf Konvergenz geschlossen. Man kann ein einfaches Kriterium angeben, mit dem die Stabilität gewisser Diskretisierungen im allgemeinen Fall überprüft werden kann. Man findet solche Betrachtungen z. B. bei W. J. Beyn (Numer. Math. 29, 1978), H. Esser (Numer. Math. 28, 1977), R. D. Grigorieff (Numer. Math. 15, 1970 und Numer. Funct. Anal. and Optimiz. 6(3), 1983) und H.-O. Kreiss (Math. Comp. 26, 1972).

$$\S 7 \text{ Asymptotische Entwicklungen von Lösungen}$$
$$\text{linearer Operatorgleichungen}$$

Wie bei Verfahren zur Lösung von Anfangswertaufgaben ist man auch bei der Lösung von Randwertaufgaben an asymptotischen Entwicklungen des Fehlers nach Potenzen der Schrittweite h interessiert, um z.B. die erhaltenen numerischen Lösungswerte mittels Richardson-Extrapolation zu verbessern oder aber um lokale oder globale Fehler zu kontrollieren. In Beispiel 6.5.11 haben wir anhand einer linearen Randwertaufgabe gesehen, wie mit wenig Aufwand mit Hilfe der Richardson-Extrapolation zusätzliche richtige Stellen der Näherungslösung gewonnen werden können. Das dortige Vorgehen wollen wir jetzt in diesem Paragraphen rechtfertigen. Dazu wollen wir einerseits recht allgemein vorgehen, indem wir Operatorgleichungen in Banachräumen betrachten, so daß z.B. auch Verfahren zur numerischen Lösung von partiellen Differentialgleichungen mit erfaßt sind, andererseits wollen wir uns der Einfachheit und Klarheit halber auf *lineare* Operatorgleichungen beschränken.

Betrachtet werde die lineare Operatorgleichung

$$Ly = f \,.$$

Hierbei sei $L : Y \longrightarrow F$ ein linearer Operator, wobei $Y \subset X$ ein Teilraum des Banachraumes $(X, \|\cdot\|_X)$ und $(F, \|\cdot\|_F)$ ein Banachraum sei. Wir nehmen zusätzlich an, daß der Operator L invertierbar sei, also $L^{-1} : F \longrightarrow Y$ existiere, und die Inverse beschränkt sei, also

$$\|L^{-1}\| < \infty$$

(in der Operatornorm, vgl. Aufgabe 3.2.5). Folglich gibt es zu jedem $f \in F$ genau ein $y \in Y$ mit $Ly = f$, nämlich $y = L^{-1}f$, und es gilt $\|y\|_X \leq \|L^{-1}\| \cdot \|f\|_F$.

6.7.1 Beispiel. Sei $I := [\alpha, \beta]$ und $X = C(I)$, $Y = C^2(I)$ und $F = C(I) \times \mathbb{R}^2$ mit den Normen

$$\|x\|_X := \sup_{t \in I} |x(t)| \ \text{ für } x \in X$$

und

$$\|f\|_F := \sup_{t \in I} |g(t)| + |d| \ \text{ für } f = \binom{g}{d} \in F \,.$$

Weiterhin seien $p, q \in C(I)$ mit

$$(1) \qquad\qquad 0 < q_- \leq q(x) \leq q_+ \ \text{ für jedes } x \in I$$

fest vorgegeben. Hiermit werde der lineare Operator $L : Y \longrightarrow F$ durch

$$(2) \qquad\qquad Ly := \begin{pmatrix} -y'' + py' + qy \\ y(\alpha) \\ y(\beta) \end{pmatrix}$$

definiert. Durch die Gleichung $Ly = f$ wird dann eine lineare Randwertaufgabe beschrieben. Nach Folgerung 6.3.9 gibt es zu jedem $f \in F$ genau ein $y \in Y$ mit $Ly = f$; also ist L invertierbar.

Mit Hilfe der Greenschen Funktion G und einer Fundamentalmatrix Y erhält man für die Lösung y eine Darstellung der Form

$$y(x) = Y(x)c + \int_\alpha^\beta G(x,t)g(t)dt \,, \quad x \in I \,,$$

und hieraus die Abschätzung

$$\|y\|_X \leq \max(\max_{x \in I} \|Y(x)\|, (\beta - \alpha) \max_{x,t \in I} |G(x,t)|) \|f\|_F \,,$$

also die Beschränktheit von L^{-1}.   □

Wir betrachten nun Diskretisierungen von $Ly = f$ zwecks Gewinnung von "Näherungslösungen". Zu jedem $m \in I\!N$ seien Banachräume $(Y_m, \| \cdot \|_m)$ und $(F_m, \|\cdot\|_m)$ gegeben (der Einfachheit halber verwenden wir die gleichen Bezeichnungen für die Normen in beiden Räumen); es gelte $dim\, Y_m = dim\, F_m = m$. Weiterhin seien lineare Operatoren $L_m : Y_m \longrightarrow F_m$ und Elemente $f \in F_m$ für $m \in I\!N$ vorgegeben. Gesucht sind dann Lösungen $y_m \in Y_m$ der diskreten Operatorgleichungen

$$L_m y_m = f_m \,, \quad m \in I\!N \,.$$

Eine jede Lösung y_m (falls diese überhaupt existiert) soll die Lösung y von $Ly = f$ in einem gewissen Sinne approximieren; y und y_m müssen also irgendwie miteinander verglichen werden. Dazu benötigen wir für jedes $m \in I\!N$ lineare <u>Restriktionsoperatoren</u>

$$r_m : Y \longrightarrow Y_m \quad \text{und} \quad \tilde{r}_m : F \longrightarrow F_m \,.$$

Wir setzen voraus, daß diese in der Operatornorm beschränkt sind,

(3) $\|r_m\| \leq r$ und $\|\tilde{r}_m\| \leq r$ für jedes $m \in I\!N$ und ein $r \in I\!R$,

und daß gilt

(4) $\|r_m y\|_m \underset{m \to \infty}{\longrightarrow} \|y\|_X$ für jedes $y \in Y$.

Wir sprechen dann von $(L_m, r_m, \tilde{r}_m)_{m \in I\!N}$ als einer <u>Diskretisierung</u> von L. Jetzt kann man z.B. den globalen Fehler betrachten.

6.7.2 Definition. *Sei $(L_m, r_m, \tilde{r}_m)_{m \in I\!N}$ eine Diskretisierung von L. Die Diskretisierung heißt <u>konsistent</u> mit L genau dann, wenn für jedes $y \in Y$ gilt*

$$\lim_{m \to \infty} \|L_m r_m y - \tilde{r}_m Ly\|_m = 0 \,.$$

Die Größe

$$\delta_m(y) := L_m r_m y - \tilde{r}_m L y$$

heißt <u>Konsistenzfehler</u> der Diskretisierung im Punkte y. Die Diskretisierung heißt <u>konsistent mit der Ordnung p</u> genau dann, wenn es zu jedem $y \in Y$ eine Konstante $C = C(y)$ gibt mit

$$(5) \qquad \|\delta_m(y)\| \leq C m^{-p} \text{ für jedes } m \in I\!N .$$

Schließlich wird die Diskretisierung <u>stabil</u> genannt genau dann, wenn es ein $m_0 \in I\!N$ und eine Konstante K gibt, so daß L_m^{-1} für jedes $m \geq m_0$ existiert und

$$\|L_m^{-1}\| \leq K$$

in der jeweiligen Operatornorm gilt. Gibt es genau eine Lösung y_m von $L_m y_m = f_m$ für $f_m \in F_m$ und ist y Lösung von $Ly = f$, so heißt $\varepsilon := r_m y - y_m$ <u>globaler Fehler</u>. $\square$

Bei der numerischen Lösung von Anfangswertaufgaben haben wir den Konsistenzfehler nur entlang der Lösung y der Aufgabe erklärt. Entsprechendes hätte man auch hier tun können, wenn man nur an der Lösung des einen Problems $Ly = f$ interessiert ist (siehe Satz 6.7.4).

6.7.3 Beispiel. Es werde die Randwertaufgabe $Ly = f$ aus Beispiel 6.7.1 diskretisiert. Für $m \in I\!N$, $m \geq 2$, werde dazu $h := \frac{\beta - \alpha}{m-1}$ und $I_m := \{x_1, x_2, ..., x_m\}$ mit $x_j := \alpha + (j-1)h$ gesetzt. Sei $Y_m := \{y_m : I_m \to I\!R\}$, der isomorph zum $I\!R^m$ ist, versehen mit der Maximumsnorm,

$$\|y_m\|_m := \max_{x \in I_m} |y_m(x)| .$$

Mit $I'_m := \{x_2, x_3, ..., x_{m-1}\}$ sei $F_m := \{g_m : I'_m \to I\!R\} \times I\!R^2$, normiert durch

$$\|f_m\|_m := \max_{x \in I'_m} |g_m(x)| + |d| , \quad f_m = \begin{pmatrix} g_m \\ d \end{pmatrix} .$$

Der Raum F_m ist wiederum isomorph zum $I\!R^m$, und es gilt $\dim Y_m = \dim F_m = m$. Mit den Bezeichnungen und Voraussetzungen aus Beispiel 6.7.1 wird eine Diskretisierung $(L_m, r_m, \tilde{r}_m)_{m \in I\!N}$ definiert: Sei $L_m : Y_m \to F_m$ definiert durch

$$L_m y_m := \begin{pmatrix} \left(-\frac{y_m(x_{j+1}) - 2y_m(x_j) + y_m(x_{j-1})}{h^2} + p(x_j)\frac{y_m(x_{j+1}) - y_m(x_{j-1})}{2h} + \right. \\ \left. + q(x_j)y_m(x_j) \right)_{j=2,3,...,m-1} \\ y_m(x_1) \\ y_m(x_m) \end{pmatrix}$$

Als Restriktionsoperatoren r_m und $\tilde{r}_m$ wählen wir die Auswertungen auf dem Gitter I_m,

$$r_m(y) := (y(x_1), ..., y(x_m)) \text{ für } y \in Y$$

und

$$\tilde{r}_m(f) := (g(x_2), ..., g(x_{m-1}), d_1, d_2) \, , \quad f = \begin{pmatrix} g \\ d \end{pmatrix} \in F \, , \quad d = \begin{pmatrix} d_1 \\ d_2 \end{pmatrix} .$$

Mit Hilfe von Aufgabe 6.6.6 zeigt man sofort, daß die so definierte Diskretisierung $(L_m, r_m, \tilde{r}_m)$ konsistent mit L aus (2) ist und weitergehend sogar konsistent mit der Ordnung 2 ist. Satz 6.6.3 besagt dann gerade, daß die Diskretisierung stabil ist (die Beschränktheit von L_m^{-1} folgt daraus, daß die dortigen Matrizen A_h^{-1} wegen (1) als gleichmäßig beschränkt nachgewiesen worden waren).   ☐

Wie schon früher erhalten wir aus der Konsistenz und Stabilität der Diskretisierung die Konvergenz:

6.7.4 Satz. *Sei* $(L_m, r_m, \tilde{r}_m)_{m \in N}$ *eine stabile Diskretisierung von* L. *Definitionsgemäß gibt es dann ein* $m_0 \in I\!N$ *und eine Konstante* K, *so daß* L_m^{-1} *für jedes* $m \geq m_0$ *existiert und* $\|L_m^{-1}\| \leq K$ *gilt. Sei* y *Lösung von* $Ly = f$ *und* y_m *Lösung von* $L_m y_m = f_m$ *für jedes* $m \geq m_0$ *mit* $f_m \in F_m$. *Dann gilt für den globalen Fehler*

$$(6) \qquad \|r_m y - y_m\|_m \leq K(\|\delta_m(y)\|_m + \|\tilde{r}_m f - f_m\|_m) \, , \quad m \geq m_0 \, .$$

Ist die Diskretisierung zusätzlich konsistent bzw. konsistent mit der Ordnung p *und gilt* $\tilde{r}_m f = f_m$ *für jedes* $m \geq m_0$, *so gilt die Konvergenzaussage*

$$\|r_m y - y_m\|_m \xrightarrow[m \to \infty]{} 0 \quad (Konvergenz)$$

bzw.

$$\|r_m y - y_m\|_m = O(m^{-p}) \quad (Konvergenz \ der \ Ordnung \ p).$$

BEWEIS: Aus $Ly = f$ und $L_m y_m = f_m$ für $m \geq m_0$ folgt

$$L_m(r_m y - y_m) = L_m r_m y - \tilde{r}_m Ly + \tilde{r}_m Ly - L_m y_m$$
$$= L_m r_m y - \tilde{r}_m Ly + \tilde{r}_m f - f_m \, ,$$

also

$$(r_m y - y_m) = L_m^{-1}(\delta_m(y) + \tilde{r}_m f - f_m) \, .$$

Durch Übergang zu den Normen ergibt sich die Behauptung (6) und aus dieser folgen dann unter der Voraussetzung $\tilde{r}_m f = f_m$ die Konvergenzaussagen.   ☐

6.7.5 Bemerkung. Bei der Definition des Konsistenzfehlers wurde nur die Güte der Diskretisierung von L durch L_m in die Definition mit einbezogen. Genauso gut hätte man den die Konvergenz mitbestimmenden Teil $\eta_m(f) := \tilde{r}_m f - f_m$ (vgl.(6)) ebenfalls in die Definition aufnehmen können durch $\|\eta_m(f)\|_m \longrightarrow 0$ für $m \longrightarrow \infty$ bzw. $\|\eta_m(f)\| \leq K(f)m^{-p}$ für $m \longrightarrow \infty$. In der Praxis handelt es sich bei der Diskretisierung von f meist um Punktauswertungen, die vergleichsweise trivial zu handhaben sind und häufig beliebig genau bestimmt werden können.   ☐

Wir kommen jetzt zu den angekündigten asymptotischen Entwicklungen und definieren zunächst, was wir bei linearen Operatorgleichungen darunter verstehen wollen.

6.7.6 Definition. *Sei y Lösung von $Ly = f$ und y_m eindeutige Lösung von $L_m y_m = f_m$ für $m \geq m_0$.*

Der globale Fehler $\varepsilon_m = r_m y - y_m$ besitzt eine <u>asymptotische Entwicklung der Ordnung p</u> für ein $p \in I\!\!N$ genau dann, wenn es ein $e \in Y$ gibt mit

$$(7) \qquad \lim_{m \to \infty} \|m^p \varepsilon_m - r_m e\|_m = 0 \, .$$

Der Konsistenzfehler $\delta_m(y)$ besitzt eine asymptotische Entwicklung der Ordnung p genau dann, wenn es einen linearen Operator $M : Y \to F$ gibt mit

$$(8) \qquad \lim_{m \to \infty} \|m^p \delta_m(y) - r_m M y\|_m = 0 \, . \qquad\qquad \Box$$

Aus der Existenz einer asymptotischen Entwicklung des globalen Fehlers der Ordnung p folgt auch die Konvergenz des globalen Fehlers der Ordnung p. Denn aus (7) folgt, daß es ein $m_1 \in I\!\!N$ gibt mit

$$\|m^p \varepsilon_m\|_m - \|r_m e\|_m \leq \|m^p \varepsilon_m - r_m e\|_m \leq 1 \ \text{ für } \ m \geq m_1 \, ,$$

und daher

$$\|\varepsilon_m\|_m \leq m^{-p}(1 + \|r_m\| \cdot \|e\|_X)$$
$$= O(m^{-p})$$

wegen (3) und (4) gilt, also die Konvergenz der Ordnung p. Die Existenz der asymptotischen Entwicklung besagt zusätzlich zur Konvergenz, daß sich der dominante Teil des Fehlers glatt verhält.

Wie bei Einschrittverfahren zur Lösung von Anfangswertaufgaben eine asymptotische Entwicklung des globalen Fehlers nach Potenzen der Schrittweite h bei Vorliegen einer asymptotischen Entwicklung des lokalen Verfahrensfehlers nachgewiesen werden konnte, so folgt auch hier eine entsprechende Aussage.

6.7.7 Satz. *Sei $(L_m, r_m, \tilde{r}_m)_{m \in I\!\!N}$ eine konsistente und stabile Diskretisierung von L und y die Lösung von $Ly = f$. Es gelte $r_m f = f_m$ und der Konsistenzfehler besitze eine asymptotische Entwicklung der Ordnung p, d.h. es gibt einen linearen Operator $M : Y \to F$ mit $\|m^p \delta_m(y) - r_m M y\|_m \underset{m \to \infty}{\longrightarrow} 0$. Dann besitzt der globale Fehler ε_m eine asymptotische Entwicklung der Ordnung p, d.h. es gibt ein $e \in Y$ mit $\|m^p \varepsilon_m - r_m e\|_m \underset{m \to \infty}{\longrightarrow} 0$, und das Element e ist Lösung der Gleichung*

$$Le = My \, .$$

BEWEIS: Die Stabilität der Diskretisierung besagt, daß es ein $m_0 \in I\!\!N$ und eine Konstante K gibt, so daß L_m^{-1} für jedes $m \geq m_0$ existiert und $\|L_m^{-1}\| \leq K$ gilt. Sei e Lösung von

$$Le = My$$

und seien e_m für $m \geq m_0$ Lösungen von

$$L_m e_m = r_m M y .$$

Wegen der vorausgesetzten Stabilität und Konvergenz folgt aus Satz 6.7.4 die Konvergenz

$$(9) \qquad \|r_m e - e_m\|_m \underset{m \to \infty}{\longrightarrow} 0$$

(beachte, daß die dortige Voraussetzung "$\tilde{r}_m f = f_m$" mit $f = My$ für dieses Problem hier erfüllt ist). Wegen $f_m = \tilde{r}_m f = \tilde{r}_m L y$ gilt

$$
\begin{aligned}
L_m \varepsilon_m &= L_m r_m y - L_m y_m \\
&= L_m r_m y - f_m \\
&= L_m r_m y - \tilde{r}_m L y \\
&= \delta_m(y)
\end{aligned}
$$

und folglich

$$
(10) \qquad
\begin{aligned}
\|m^p \varepsilon_m - e_m\|_m &= \|L_m^{-1}(m^p \delta_m(y)) - L_m^{-1}(r_m M y))\|_m \\
&\leq \|L_m^{-1}\| \cdot \|m^p \delta_m(y) - r_m M y\|_m \\
&\underset{m \to \infty}{\longrightarrow} 0 ,
\end{aligned}
$$

da der Konsistenzfehler eine asymptotische Entwicklung der Ordnung p besitzt. Mit (9) und (10) erhalten wir die behauptete asymptotische Entwicklung der Ordnung p des globalen Fehlers:

$$\|m^p \varepsilon_m - r_m e\|_m \leq \|m^p \varepsilon_m - e_m\|_m + \|e_m - r_m e\|_m \underset{m \to \infty}{\longrightarrow} 0 . \qquad \square$$

6.7.8 Beispiel. Wir betrachten noch einmal die Randwertaufgabe $Ly = f$ und ihre Diskretisierung aus den Beispielen 6.7.1 und 6.7.3. Die Berechnung des Konsistenzfehlers ergibt mit $D := \frac{d}{dx}$

$$
\begin{aligned}
\delta_m(y) &= L_m r_m y - r_m L y \\
&= h^2 \begin{pmatrix} \left(-\frac{1}{12} D^4 y(x_j) + \frac{p(x_j)}{6} D^3 y(x_j)\right)_{j=2,3,\dots,m-1} \\ 0 \\ 0 \end{pmatrix} ,
\end{aligned}
$$

mit $h = (\beta - \alpha)/(m-1)$. Setzt man also

$$
M := \begin{pmatrix} -\frac{1}{12} D^4 + \frac{1}{6} p D^3 \\ 0 \\ 0 \end{pmatrix} ,
$$

so hat der Konsistenzfehler eine asymptotische Entwicklung der Ordnung 2,

$$\|h^{-2}\delta_m(y) - r_m My\|_m \underset{m\to\infty}{\longrightarrow} 0 \, .$$

(Man überlegt sich, daß hier bei diesem konkreten Beispiel $h^{-2} = (m-1)^2$ statt m^2 stehen muß; alle früheren Beweise gehen hiermit genauso durch.) Satz 6.7.7 impliziert die Existenz einer asymptotischen Entwicklung der Ordnung 2 des globalen Fehlers.

Anhand der Randwertaufgabe

$$-y'' + y = 1 \, , \quad y(0) = y(1) = 0 \, ,$$

sollen diese Ergebnisse numerisch getestet werden (ein weiteres Beispiel findet sich in 6.5.11). Die exakte Lösung lautet

$$y(x) = ce^x + de^{-x} + 1 \, , \quad c = \frac{1-e}{e^2-1} \, , \quad d = \frac{1-e}{e-1} \, .$$

Für die Fehler an der Stelle $x = \frac{1}{2}$ ergibt sich mit 16-stelliger Rechengenauigkeit die folgende Tabelle:

h	$|\varepsilon_h(0.5)|$	$|\varepsilon_h^*(0.5)|$	$|\varepsilon_h^{**}(0.5)|$
2^{-2}	$0.529 \cdot 10^{-3}$		$0.828 \cdot 10^{-6}$
2^{-3}	$0.133 \cdot 10^{-3}$	$0.103 \cdot 10^{-5}$	$0.527 \cdot 10^{-7}$
2^{-4}	$0.333 \cdot 10^{-4}$	$0.652 \cdot 10^{-7}$	$0.331 \cdot 10^{-8}$
2^{-5}	$0.834 \cdot 10^{-5}$	$0.408 \cdot 10^{-8}$	$0.207 \cdot 10^{-9}$
2^{-6}	$0.208 \cdot 10^{-5}$	$0.255 \cdot 10^{-9}$	$0.129 \cdot 10^{-10}$
2^{-7}	$0.521 \cdot 10^{-6}$	$0.159 \cdot 10^{-10}$	$0.793 \cdot 10^{-12}$
2^{-8}	$0.130 \cdot 10^{-6}$	$0.917 \cdot 10^{-12}$	$0.132 \cdot 10^{-13}$
2^{-9}	$0.326 \cdot 10^{-7}$	$0.270 \cdot 10^{-12}$	$0.262 \cdot 10^{-12}$
2^{-10}	$0.814 \cdot 10^{-8}$	$0.136 \cdot 10^{-11}$	$0.109 \cdot 10^{-11}$

Hierbei ist ε_h der globale Fehler, $\varepsilon_h = r_h y - y_h$ (wir verwenden den Index h), und

$$\varepsilon_h^* = y - \frac{4y_h - y_{2h}}{3}$$

die Fehlerfunktion der extrapolierten Lösung (hierbei wurde die Angabe der Restriktionsoperatoren unterdrückt). Die letzte Spalte schließlich enthält die Fehlerfunktion

$$\varepsilon_h^{**} = r_h y - (y_h + h^2 e_h^{**}) \, ,$$

wobei e_h^{**} Lösung von

$$L_h e_h^{**} = -(y_h - 1)/12$$

ist, da in diesem Beispiel die rechte Seite eine Näherung für $My = -(y-1)/12$ ist. Man erkennt die Konvergenz zweiter Ordnung in der Spalte für ε_h und die Konvergenz vierter Ordnung in den letzten beiden Spalten (zumindest bis die Rundungsfehler durchschlagen). □

Literaturverzeichnis

[Ai] R.C. Aiken (ed.), Stiff Computation, New York, Oxford 1985

[Al] H.W. Alt, Lineare Funktionalanalysis, Springer-Verlag, Berlin, Heidelberg, New York, Tokyo 1985

[Am] H. Amann, Gewöhnliche Differentialgleichungen, Walter de Gruyter, Berlin, New York 1983

[Bo] E. Bohl, Finite Modelle gewöhnlicher Randwertaufgaben, Teubner, Stuttgart 1981

[Br] M. Braun, Differential Equations and Their Applications, Springer-Verlag, Berlin, Heidelberg, New York 1978

[Co] E.A. Coddington, N. Levinson, Theory of Ordinary Differential Equations, McGraw-Hill Company, New York 1955

[C1] L. Collatz, The Numerical Treatment of Differential Equations, Springer-Verlag, Berlin, Heidelberg, New York 1966

[C2] L. Collatz, Differentialgleichungen, Teubner 1970 (4. Auflage)

[DV] K. Dekker, J.G. Verwer, Stability of Runge-Kutta methods for stiff nonlinear differential equations, North-Holland Publishing Company, Amsterdam, New York, Oxford 1984

[Ge] C.W. Gear, Numerical Initial Value Problems in Ordinary Differential Equations, Prentice Hall, Englewood Cliffs, New Jersey 1971

[GS] I. Gladwell, D.K. Sayers (ed.), Computational Techniques for Ordinary Differential Equations, Academic Press, London, New York 1980

[G1] R.D. Grigorieff, Numerik gewöhnlicher Differentialgleichungen, Band 1, Teubner, Stuttgart 1972

[G2] R.D. Grigorieff, Numerik gewöhnlicher Differentialgleichungen, Band 2, Teubner, Stuttgart 1977

[HW] G. Hall, J.M. Watt (ed.), Modern numerical methods for ordinary differential equations, Clarendon Press, Oxford 1976

[Ha] P. Hartman, Ordinary Differential Equations, John Wiley & Sons 1964, Reprint bei Birkhäuser, Boston, Basel, Stuttgart 1982

[He] P. Henrici, Discrete Variable Methods in Ordinary Differential Equations, John Wiley & Sons, New York, London, Sydney 1962

[Hi] F. Hirzebruch, W. Scharlau, Einführung in die Funktionalanalysis, Bibliographisches Institut, Mannheim 1971

[Ho] P.J. Van der Houwen, Construction of Integration Formulas for Initial Value Problems, North-Holland Publishing Company, Amsterdam 1977

[K1] E. Kamke, Differentialgleichungen - Lösungsmethoden und Lösungen, Band 1, Teubner, Stuttgart 1977

[K2] E. Kamke, Differentialgleichungen - Lösungsmethoden und Lösungen, Band 2, Teubner, Stuttgart 1977

[K3] E. Kamke, Differentialgleichungen I: Gewöhnliche Differentialgleichungen, Akademische Verlagsgesellschaft, Leipzig 1969

[Ke] H.B. Keller, Numerical Methods for Two-Point Boundary-Value Problems, Blaisdell Publishing Company Massachusetts, Toronto, London 1968

[KK] H.W. Knobloch, F. Kappel, Gewöhnliche Differentialgleichungen, Teubner, Stuttgart 1974

[La] J.D. Lambert, Computational Methods in Ordinary Differential Equations, John Wiley & Sons, New York 1973

[LSd] L. Lapidus, J.H. Seinfeld, Numerical Solution of Ordinary Differential Equations, Academic Press, New York, London 1971

[LSr] L. Lapidus, W.E. Schiesser (ed.), Numerical Methods for Differential Systems, Academic Press, New York, London 1976

[Li] P. Linz, Theoretical Numerical Analysis, John Wiley & Sons, New York 1979

[Mi] W.L. Miranker, Numerical Methods for Stiff Equations, Reidel Publishing Company, Dordrecht, Boston, London 1981

[Pe] A. Peyerimhoff, Gewöhnliche Differentialgleichungen (2 Bände), Akademische Verlagsgesellschaft, Frankfurt 1970

[Po] L.S. Pontryagin, Ordinary Differential Equations, Addison-Wesley Publishing Company 1962

[SG] L.F. Shampine, M.K. Gordon, Computer Solution of Ordinary Differential Equations, Freeman and Company, San Francisco 1975

[Ste] H.J. Stetter, Analysis of Discretization Methods for Ordinary Differential Equations, Springer-Verlag, Berlin, Heidelberg, New York 1973

[Str] G. Strang, G.J. Fix, An Analysis of the Finite Element Method, Prentice-Hall 1973

[Ve] W. Velte, Direkte Methoden der Variationsrechnung, Teubner, Stuttgart 1976

[Wa] W. Walter, Gewöhnliche Differentialgleichungen, Springer-Verlag, Berlin, Heidelberg, New York 1976

[We] H. Werner, Praktische Mathematik I (3. Auflage), Springer-Verlag, Berlin, Heidelberg, New York 1982

[WS] H. Werner, R. Schaback, Praktische Mathematik II (2. Auflage), Springer-Verlag, Berlin, Heidelberg, New York 1979

[Wi] R.A. Willoughby, Stiff Differential Systems, Plenum Press, New York 1974

Index

H. Werner

Praktische Mathematik I

Methoden der linearen Algebra
Hochschultext

3. Auflage. 1982. X, 285 Seiten. Broschiert DM 38,–
ISBN 3-540-11073-9

In dieser neuen Auflage ist das erste Kapitel neu bearbeitet worden; insbesondere sind die Abschnitte über die Behandlung von Rundungsfehlern und Fehlerfortpflanzung neu gestaltet. Das Literaturverzeichnis wurde auf den neuesten Stand gebracht.

Aus den Besprechungen: „Insgesamt findet man in dem Buch eine glückliche Synthese zwischen der theoretischen Grundlegung der behandelten Gebiete und der Vermittlung anwendbarer Algorithmen. Sowohl Studenten und Hochschullehrern als auch Praktikern mit Interesse an der Numerischen Mathematik kann das preisgünstige Buch nur empfohlen werden."

Zeitschrift für angewandte Mathematik und Mechanik

„Die bis vor wenigen Jahren fast völlig fehlende deutschsprachige Lehrbuchliteratur zur numerischen Mathematik wird hier um ein wertvolles Exemplar bereichert. Insbesondere hat es der Autor verstanden, über den ziemlich weitreichenden mathematischen Überlegungen nicht die eigentlichen numerischen Fragen aus den Augen zu verlieren, wie es in einer Reihe ähnlicher Bücher nur zu leicht geschieht."

Internationale Mathematische Nachrichten

„Beide Bände sind durch ihren überaus reichen Inhalt allen mit Fragen der anwendbaren Mathematik Beschäftigten sehr willkommen. Sie sind gut und übersichtlich geschrieben, dazu mathematisch streng und überall sehr konkret gehalten. Viele Bemerkungen und Beispiele erleichtern das Verständnis der entwickelten neuen Methoden und Hilfsmittel." *Physikalische Blätter*

Springer-Verlag
Berlin Heidelberg New York
London Paris Tokyo

H. Werner

Praktische Mathematik II

Methoden der Analysis

Nach Vorlesungen an den Universitäten Münster und
Göttingen, herausgegeben mit Unterstützung von J. Ebert
Hochschultext

2., neubearbeitete und erweiterte Auflage. 1979. 36 Abbildungen. VIII, 388 Seiten. ISBN 3-540-09193-9

Die vorliegende zweite, völlig neubearbeitete und erweiterte
Auflage ist das Ergebnis von Vorlesungen, die die Autoren seit
dem Erscheinen der ersten Auflage ihres Buches gehalten
haben, und trägt der stürmischen Entwicklung der Praktischen
Mathematik Rechnung. So wird im 1. Kapitel über Interpolation nun auch die schnelle Fouriertransformation behandelt,
die zunehmend auch in der Informatik an Bedeutung gewinnt.
Kapitel 2 enthält eine Zusammenstellung von Ergebnissen, die
zum klassischen Bestand der Approximationstheorie gehören
wie Fourierreihen, Weierstraßscher Approximationssatz und
die Reihenentwicklung nach Orthogonalpolynomen, die in
den weiterführenden Vorlesungen über mathematische Physik
oder partielle Differentialgleichungen eine zentrale Rolle
spielen. Daneben stehen wie bisher die praktischen Aspekte
der Theorie. Die Einführung der Spline-Funktion in Kapitel 3
wurde erweitert und durch die für die praktische Anwendung
wichtigen B-Splines ergänzt. Kapitel 4 enthält eine ausführliche Darstellung der theoretischen Grundlagen zur Lösung
von Anfangswertaufgaben bei Differentialgleichungen mit
praktischen Anwendungen. So wird die Abhängigkeit von
Parametern anhand eines Beispiels konkret demonstriert und
der konstruktive Charakter dieser Sätze deutlich gemacht.
Der Student ab dem 3. Semester wird in diesem Buch das für
die numerische Praxis eines Diplom-Mathematikers in der
Industrie nötige Handwerkszeug ebenso finden wie das zur
Herleitung dieser Methoden notwendige Theoriegebäude. Es
ist die Intention der Autoren, den Leser in die Lage zu
versetzen, sowohl selbständig neue Resultate zu entwickeln als
auch die zukünftige Literatur über numerische Mathematik
verfolgen zu können. Die in diesem Text schwerpunktmäßig
behandelten Grundlagen der numerischen Mathematik
vermitteln dem Studenten das für ein weiteres Studium der
Angewandten Mathematik benötigte Wissen.

Springer-Verlag
Berlin Heidelberg New York
London Paris Tokyo